中低压配电网规划与设计基础

方向晖　编著

内 容 提 要

本书是一本供用电专业中低压配电网规划与设计培训教材和参考用书，内容广泛，通俗易懂。

本书共分九章，内容包括配电网规划与设计基础知识、配电网负荷预测与计算、配电网短路电流计算与控制、配电网线损及控制、电能质量和无功电压控制、配电网供电可靠性规划与控制、架空配电线路和电力电缆线路设计、配变的选择与经济运行、常用配电设备的选择等内容。

本书既可作为高职、中职学校供用电专业的教材，也可作为供用电专业技术培训教材以及供电企业技术及管理人员的工作参考用书。

图书在版编目（CIP）数据

中低压配电网规划与设计基础/方向晖编著．—北京：中国水利水电出版社，2004.4（2017.12 重印）
ISBN 978-7-5084-1952-7

Ⅰ．中…　Ⅱ．方…　Ⅲ．配电系统-规划-技术培训-教材　Ⅳ．TM727

中国版本图书馆 CIP 数据核字（2004）第 017509 号

书　　名	中低压配电网规划与设计基础
作　　者	方向晖　编著
出版发行	中国水利水电出版社 （北京市海淀区玉渊潭南路 1 号 D 座　100038） 网址：www.waterpub.com.cn E-mail：sales@waterpub.com.cn 电话：（010）68367658（营销中心）
经　　售	北京科水图书销售中心（零售） 电话：（010）88383994、63202643、68545874 全国各地新华书店和相关出版物销售网点
排　　版	中国水利水电出版社微机排版中心
印　　刷	天津嘉恒印务有限公司
规　　格	184mm×260mm　16 开本　17 印张　403 千字
版　　次	2004 年 4 月第 1 版　2017 年 12 月第 9 次印刷
印　　数	27001—29000 册
定　　价	**50.00** 元

前　言

随着我国国民经济的发展，电力用户对电力供应的可靠性和电力服务的要求越来越高，市场经济的建立与电力体制改革的推进，对电力企业自身的供电能力和电力服务水平也提出了更高的要求，供电企业正面临着前所未有的机遇和挑战，基于此，电力工业也得到了蓬勃发展。

为用户提供"可靠能源，可信服务和廉价电力"、真正建立以经济效益为中心、安全生产为基础、优质服务为宗旨、科技进步为后劲的企业运行机制将是供电企业今后的工作重心。优良的电能质量是电力企业优质服务的重要内容，高水平的供电可靠率是供电企业的追求目标，降低电能损耗是供电企业技术经济活动的主题，而以上目标的实现都离不开先进的供电技术和良好的供电网络。所有这些都要求供电企业的工作人员更新观念，进一步提高业务技术水平，适应新形势发展的需要，为此编写本书。其目的在于为大家提供一本中低压配电网规划设计工作的参考书。

在本书编写过程中，得到了浙西电力教育培训中心胡国荣同志的帮助与指导，在此表示感谢。

编者衷心希望，通过阅读本书，能帮助大家在中低压配电网规划与设计工作方面建立起较为系统的概念，拓宽大家的工作思路、提高业务技术水平。本书既可作为高职、中职学校供用电专业的教材，也可作为供用电专业技术培训教材以及供电企业技术及管理人员的工作参考用书。

配电网规划与设计中所涉及到的知识域颇为广泛，在有限的篇幅内很难将资料全面收集在本书中，加上编者的实际水平有限，教材中难免有不尽人意之处，敬希广大读者不吝指教。

编　者

2004年2月20日于新安江

目　录

第一章　配电网及其规划设计基本知识

第一节　配电网的作用及其特点

一、配电网在电力系统中的作用及其地位

电力生产过程通常包括发电、变电、送电、配电和售电五个基本环节。由发电厂、输配电线路、变电设备、配电设备和用电设备及其生产过程联结起来的有机整体称为电力系统。而电力系统中，由送电、变电、配电设备及各种电压等级的电力线路所组成的部分称为电力网，简称电网。

为了方便研究和计算，将电网分为送电网和配电网两部分。一般来讲，将35kV及以上电压等级的电网称送电网；10kV及以下电压等级的电网称为配电网，其作用是将电能分配给用户。它由配电变电所和配电线路组成，配电网的供电电压一般采取两种形式：一是以3～10kV电压的高压大功率用户直接供电；二是经10kV专用变压器或公用变压器降压后以380/220V向低压、小功率用户供电（图1-1）。

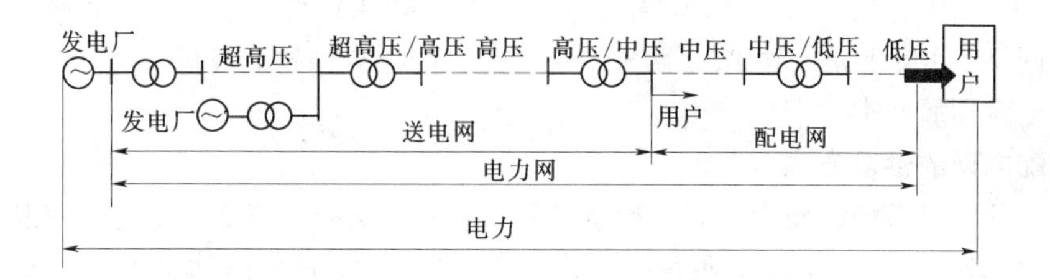

图1-1　电力系统组成示意图

配电变电所一般分为配电室、柱上变压器两种。对30kVA以小容量配电变压器（简称配变），宜采用单柱式变台；40～315kVA的配变可采用双柱式变台；315kVA及以上配变可采用落地式变台或箱式变台；更大容量的变压器可设配电室。

配电线路可分架空裸导线线路、架空绝缘导线线路，电力电缆线路和架空平行集束线路四种。

二、配电网的结构

我国配电系统的电压等级，根据《城市电网规划设计导则》的规定，35、63、110kV为高压配电系统，10（6）kV为中压配电系统，380V及220V为低压配电系统，220kV及以上电压为输变电系统。但是，随着城市供电容量及供电范围的不断扩大，一些特大城市，如北京、上海等地，目前已将220kV的电压引入市区进行配电。而与此同时，却仍然存在着35、110、220kV电压的输变电系统。因此，配电系统一般很难简单地从电压等级上与输变

电系统划分或定义，而是以其功能和作用来定义和区分。

由于使用的电压等级不同，配电系统的结构也有所不同。我国城市配电网的几种不同结构及其特点简要介绍如下。

1. 以单一的 10（6）kV 电压供电的配电网络（含同时存在 10kV 和 6kV 的情况）

这种配电网络，大多数是在城市市区边缘建立具有 35/10(6)kV 双绕组变压器的 35kV 变电所，或具有 110/35/10（6）kV 三绕组变压器的 110kV 变电所，由 10（6）kV 电压对市区的开关站、配电室或柱上式变压器送电，然后以 10（6）kV 或 380V（220V）电压对用户供电。在市郊则以 35kV、10kV 及 380V（220V）电压对用户供电。目前，我国大多数中小城市的配电网络基本上均属此种形式。

2. 以 10（6）kV 和 35kV 电压供电的配电网络

这种配电网络，除在市区边缘建立有 35/10（6）kV 的双绕组变压器或 110/35/10（6）kV 三绕组变压器的 35kV 或 110kV 变电所。以 10（6）kV、35kV 对用户供电外，一般还在市区中心建立了具有 35/10（6）kV 双绕组变压器的变电所，并分别以 35V、10（6）kV及 380V（220V）的电压向用户供电。目前我国一较大的中等城市即属此类。

3. 以 10（6）kV、110kV 电压供电的配电网络

这种配电网络，除如上述那样，在市区边缘建立具有 35/10(6)kV 双绕组变压器或 110/35/10（6）kV 三绕组变压器的变电所，以 10（6）kV 向市区用户供电外，还通过 110kV 架空线路或电缆线路在市区内建立 110/10（6）kV 直降式变压器的变电所，然后以 10（6）kV 电压向用户供电。

4. 同时以 10（6）、35、110kV 电压供电，并将 220kV 引入市区的配电网络

这种网络，实际上是上述 2、3 两种情况相结合的综合结构的发展。目前国内一些特大城市，如上海即属此类。

三、配电网的供电方式

上述四种配电系统结构中，第 1 种情况是最基本的结构，第 2、3、4 种情况是第 1 种情况的扩大和发展。其中，第 3 种情况与第 2 种情况相比，虽然增加了以 110kV 架空线路或电缆线路引入的深引式 110/10（6）kV 直降式变压器的变电所，但是对用户的供电基本上仍是 10（6）kV 电压。除变电所的场地和引入线路的走廊在建设和运行维护中存在某些特有的困难外，其运行特点基本上是一致的。第 2 种情况与第 1 种情况相比，则增加了 35kV 电压直接向用户供电的形式。第 4 种情况则是第 1、2、3 种情况的综合形式，同时兼有各种情况的运行特点。为了便于对各种情况的运行特点进行分析，现仅着重对第 4 种综合形式作一简要的评述。

对用户供电的方式有以下几种情况。

1）由市区周围或进入市区的变电所，分别以 10（6）kV、110kV 或 110kV 电压的单回路直接向用户供电的直馈线路方式；

2）由进入市区内的 35/10（6）kV 变电所或 110/10（6）kV 直降式变电所，以 10（6）kV 电压向用户直接供电的方式；

3）由市区周围或进入市区内的变电所，通过 10（6）kV 配电室、开关站或单台公用配电变压器，以 10（6）kV 或 380V（220V）电压向用户供电的方式；

4)由同一电压等级的双回路以上的线路同时向一个用户供电的双回线路或多回线路供电的方式；

5）由同一电压等级的双回线路向用户供电，但在正常情况下，一回线路运行、一回线路备用的方式，在此情况下，又有带自动投入装置、正常时备用回路带电的热备用方式，和不带自动投入装置、正常时备用回路不带电的由人工进行倒闸操作的冷备用方式；

6)由线路两端分别连接不同的变电所或不同的电源变压器上对用户供电的单回路双电源的供电方式；

7）由环形回路向用户供电，开环运行的方式；

8)由不同电压等级的两回线路向用户供电，但在正常情况下，高电压等级的线路运行，低电压等级的线路备用的方式；

9)由同一电压等级或不同电压等级的两回线路同时向用户供电，但在正常情况下分开运行，在故障或检修时互为备用的方式；

10）由两种不同电压等级的环形回路同时向用户供电，在正常情况下分开运行，故障或检修时互为备用的双重环形回路供电方式；

11）主干线以隔离开关或油断路器分段操作，各分段又分别向不同用户供电，故障时可以阶段进行处理的方式；

12）主干线以隔离开关或油断路器分段操作，各分段又以联络断路器或线路与其他相邻回路相连接，故障时负荷可以通过倒闸操作，由相邻回路供电的多分割多联络的网形供电方式。

此外，对于无论是市区周围的变电所或进入市区的变电所，其对用户的馈线的接线，还存在着单元、桥型、单母线、单母线分段、单母线带旁路、双母线、双母线分段、双母线带旁路，以及各馈线带重合闸或不带动重合闸装置等种种接线的供电方式。

四、配电网的基本要求

1.尽量满足用户的用电要求

满足国民经济各部门及人民生活不断增长的用电需求，保障供给是电力部门的重要任务。电力工业的发展速度，应超前于其他部门的发展速度，起到先行作用。应竭力避免由于缺电而使工业企业不能充分发挥其生产能力的情况。

2.安全可靠的供电

电力生产，安全第一，预防为主。这就要求加强电力系统各元件设备的管理，经常进行监测、维护，并定期进行预防性试验和检修，定期更新设备，使设备处于完好的运行状态；提高工作人员素质，严格执行各项规章制度，不断提高运行水平，防止事故的发生。一旦发生事故，应能迅速和妥善处理，防止事故扩大，做到迅速恢复供电。因为，供电中断将使工农业生产停顿，人们生活秩序混乱，甚至危及人身和设备的安全，造成十分严重的后果。突然停电给国民经济造成的损失远远超过电网本身的损失。因此，首先要确保安全可靠的供电。

电力系统中发生事故是导致供电中断的主要原因，但要杜绝事故的产生是非常困难的，而各种用户对供电可靠性的要求都是不一样的。通常，对一类用户应设置两个或两个以上独立电源，电源间应能自动切换，以便在任一电源发生故障时，使这类用户的供电不致中断；对二类用户也应设置两个独立电源，手动切换可以满足要求，可能造成短时停电；对三类用户一般采用单电源供电，但也不能随意停电。

3. 保证良好的电能质量

良好的电能质量指标是指电力系统中交流电的频率正常（50±0.1～0.5Hz）、电压不超过额定值的±5%～±10%和波形正常（正弦波）。电能质量合格，用电设备能正常运行并具有最佳的技术经济效果；如果变动范围超过允许值，虽然尚未中断供电，但已严重影响到产品质量和数量，甚至会造成人身安全和设备故障，危及电力系统本身的运行。因此，必须通过调频及调压措施来保证额定频率和额定电压的稳定。

4. 保证电力运行的经济性

电能生产的规模很大。在其生产、输送和分配过程中，本身消耗的能源占国民经济能源中的比例相当大，因此，最大限度地降低每生产1kW·h电能所消耗的能源和降低输送、分配电能过程的损耗，是电力部门广大职工的一项极其重要的任务。电能成本的降低不仅意味着对能源的节省，还将降低各用电部门成本，对整个国民经济带来很大的好处。

配电网直接与用户相联，供电半径大，供电范围广，连接用户多，负荷波动与变化频繁，加上由于主客观原因造成不明线损，使配电网线损量占整个电力系统线损比重很大。因此加强配电网的经济运行，降低配电网的线损，对提高整个电力系统的经济性有特别重要的意义。

第二节　配电网的常用接线方式

一、架空线路

按中压配电网的接线方式，架空线路主要有放射式、普通环式、拉手环式、双回路放射式、双回路拉手环式等五种。

1. 放射式

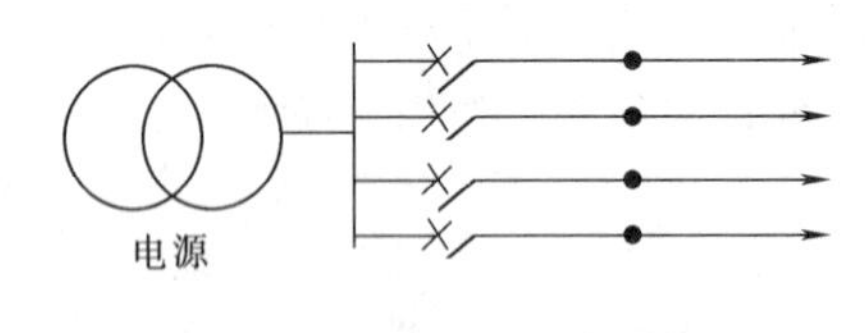

图 1-2　放射式供电接线图

放射式结构见图1-2，线路末端没有其他能够联络的电源。这种中压配电网结构简单，投资较小，维护方便，但是供电可靠性较低，只适合于农村、乡镇和小城市采用。

2. 普通环式

普通环式接线是在同一个中压变电站的供电范围内，把不同的两回中压配电线路的末端或中部连接起来构成环式网络，见图1-3。当中压变电站10kV侧采用单母线分段时，两回线路最好分别来自不同的母线段，这样只有中压变电站配电全中断时，才会影响用户用电；而当中压变电站只有一母线段停电检修时，则不会影响用户供电。这种配电网结构，投资比放射式要大些，但配电线路的停电检修可以分段

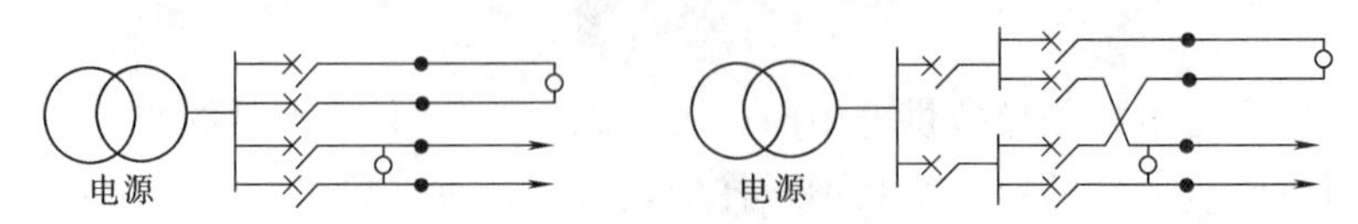

图 1-3　普通环式供电接线原理图

进行，停电范围要小得多。用户年平均停电小时数可以比放射式小些，适合于大中城市边缘，小城市、乡镇也可采用。

3．拉手环式

拉手环式的结构见图 1-4。它与放射式的不同点在于每个中压变电站的一回主干线都和另一中压变电站的一回主干线接通，形成一个两端都有电源、环式设计、开式运行的主干线，任何一端都可以供给全线负荷。主干线上由若干分段点（一般是安装 SF_6、真空、固体产气等各种型式的开关）形成的各个分段中的任何一个分段停电时，都可以不影响其他各分段的供电。因此，配电线路停电检修时，可以分段进行，缩小停电范围，缩短停电时间；中压变电站全停电时，配电线路可以全部改由另一端电源供电，不影响用户用电。这种接线方式配电线路本身的投资并不一定比普通环式更高。但中压变电站的备用容量要适当增加，以负担其他中压变电站的负荷。实际经验证明，不管配电网的接线型式如何，一般情况下，中压变电站主变压器都需要留有 30％的裕度，而这 30％容量的裕度对拉手环式接线也已够用。当然，推荐的裕度要更高些，是 40％。

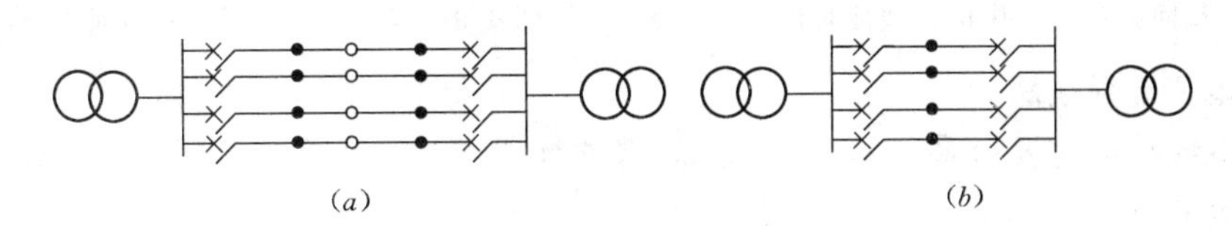

图 1-4　拉手环式供电接线原理图

（*a*）中间断开式；（*b*）末端断开式

拉手环式接线有两种运行方式：一种是各回主干线都在中间断开，由两端分别供电，如图 1-4（*a*）所示，这样线损较小，配电线路故障停电范围也较小，但在配电网线路开关操作实现远动和自动化前，中压变电站故障或检修时需要留有线路开关的倒闸操作时间；另一种是主干线的断开点设在主干线一端，即由中压变电站线路出口断路器断开，如图 1-4（*b*）所示，这样中压变电站故障或检修时可以迅速转移线路负荷，供电可靠性较高，但线损增加，是很不经济的。在实际应用时，应根据系统的具体情况因地制宜。

4．双回路放射式

双回路放射式的结构如图 1-5 所示。这种接线虽是一端供电，但每基电杆上都架有两回线路，每个用户都能两路供电，即常说的双“T”接。任何一回线路事故或检修停电时，都可由另一回线路供电。即使两回线路不是来自两个中压变电站，而是来自同一中压变电站 10kV 侧分段母线的不同母线段，也只有在这个中压变电站全停时，用户才会停电。但运行经验说明，同杆架设的两回架空线路和两回电缆线路不同，线路故障时，往往会影响两回线路同时跳闸；而线路检修时，为了人身安全，又往往要求两回线路同时停电，供电可靠性并不一定比拉手环式高。因此最好两回线路不同杆架设，但路径又会遇到很多困难。这种结构造价较高，只适合于一般城市中的双电源用户。当然，对供电可靠性要求较高的著名旅游区、城市中心区也可采用这种结构，但这些地区一般往往要求采用电缆线路，不用架空线路。

有些地方同杆架设两回架空线路，一回做普通线，一回做专用线，一般用户接在普通线上，重要用户接在专用线上。这样，由于电源不足限电时，可以只停普通线用户，不停专用线用户；但普通线路的负荷很重，专用线路的负荷很轻，从网的概念看是很不经济的。

5. 双回路拉手环式

双回路拉手环式的结构如图 1-6 所示。双“T”接，这种接线两端有电源，从理论上说，供电可靠性很高，但造价过高，很少采用，这里不做详细介绍。

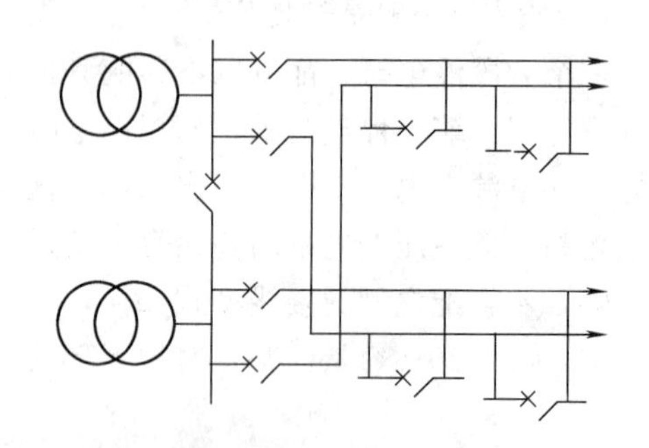

图 1-5 双回路放射式供电接线原理图

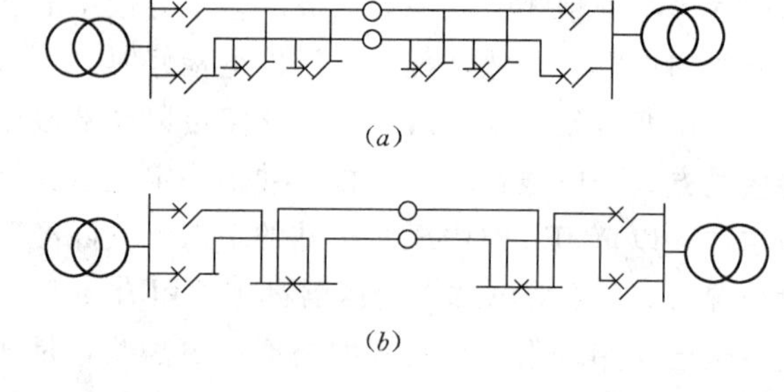

图 1-6 双回路拉手环式接线原理图

二、地下电缆线路

地下电缆线路主要有多回路平行线式、普通环式、拉手环式、双回路放射式、双回路拉手环式等五种。

1. 多回路平行线式

多回路平行线式的结构如图 1-7 所示。这种接线适用于靠近中压变电站的 10kV 大用户末端集中负荷，可以不要备用电缆，提高电缆的利用系数。由于电缆的导线截面一般是按最大发热电流选择的，两回路时，正常每回路可带 50％的负荷，三回路时 66.6％，四回路时 75％。这些回路一般都分别来自中压变电站 10kV 侧分段母线的不同母线段，只有中压变电站全停时用户才会停电。供电可靠性是较高的，年平均停电小时数可以小于 20h 或更少些。

2. 普通环式

普通环式的结构如图 1-8 所示。单一电源供电，由电缆本身构成环式，以保证某段电缆故障时各个用户的用电。图中每个用户入口都要装设由负荷开关或电缆插头组成的“Π”接进口设备。不论是负荷开关还是电缆插头都能保证在某一段电缆故障时，把它的两端断开，其他线路继续供电。由于电缆线路查找和排除故障要比架空线路需要更长的时间，一般总

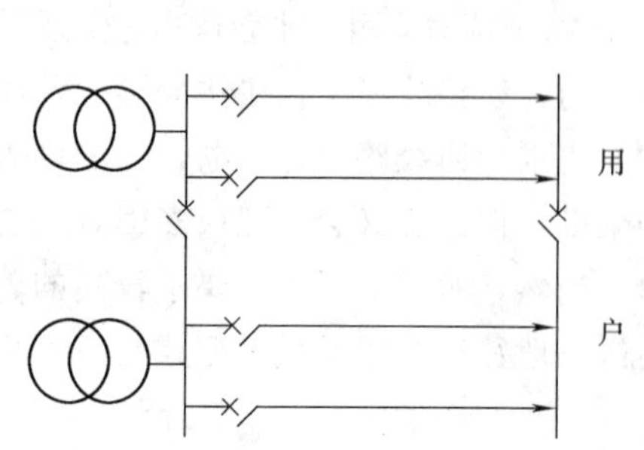

图 1-7 多回路平行线式供电接线原理图

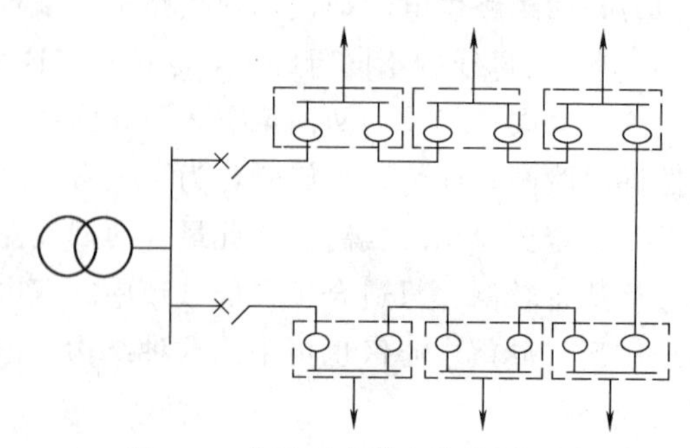

图 1-8 普通环式供电接线原理图

是设计成环式，“Π”接，极少采用放射式。普通环式接线不能排除中压变电站停电对用户的影响，用户年平均停电小时数一般不宜低于20h。

3. 拉手环式

拉手环式的结构如图1-9所示。它比上述普通环式多了一侧电源，中压变电站停电时，用户不受影响，每段电缆检修，用户也可不受影响，供电可靠性较高。但故障停电时人工倒闸会影响用户用电。

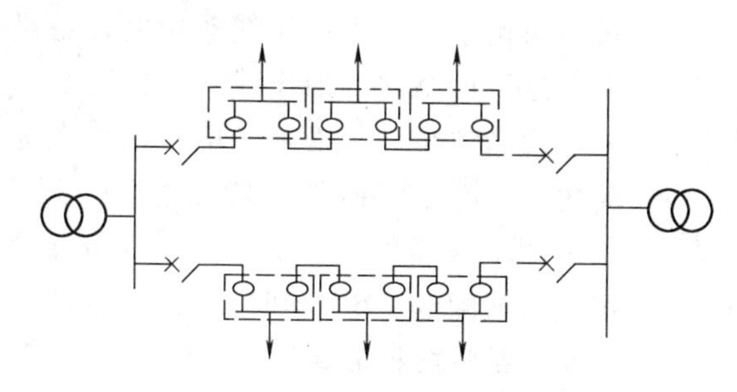

图1-9 拉手环式电缆供电接线原理图

4. 双回路放射式

双回路放射式的结构如图1-5所示，由于电缆线路的特点，这种接线投资不比拉手环式或普通环式高，而供电可靠性却高了许多。

5. 双回路拉手环式

在拉手环式的基础上再增加一回线，形成双回路拉手环式，结构如图1-6（*b*）所示，双“Π”接。这种接线方式对双电源用户基本上可以做到不停电，目前对某些重要用户已采用这种接线供电。

在一个中压配电网或一个中压变电站10kV侧的中压配电线路中，并不需要全部采用架空线路或电缆线路，接线也不一定全部采用一种形式。例如城市配电网就可采用拉手环式；城市边缘和乡镇配电网就可采用普通环式和放射式；中压变电站邻近的末端集中负荷就可采用多回路平行线式；供电可靠性要求高的就可采用双回路放射式或双回路拉手环式。总之，一定要结合负荷情况，从实际出发。

另外，上述各种接线方式都避免不了故障时要停电，只是时间长短不一而已。要解决这个问题，单从接线方式着手是不行的，必需发展远动和自动装置，实现配电网的远动化和自动化。

三、低压配电网的常用接线方式

1. 开式低压配电网

由单侧电源采用放射式、干线式或链式供电，它的优点是投资小、接线简单、安装维护方便，但缺点是电能损耗大、电压低、供电可靠性差以及负荷发展较困难。

(1)放射式低压配电网。由变电所低压侧引出多条独立线路供给各个独立的用电设备或集中负荷群的接线方式，称为放射式接线，如图1-10所示，它适用于以下用电情况。

1）设备容量不大，并且位于变电所不同方向；

2）负荷配置较稳定；

3）单台设备容量较大；

4）负荷排列不整齐；

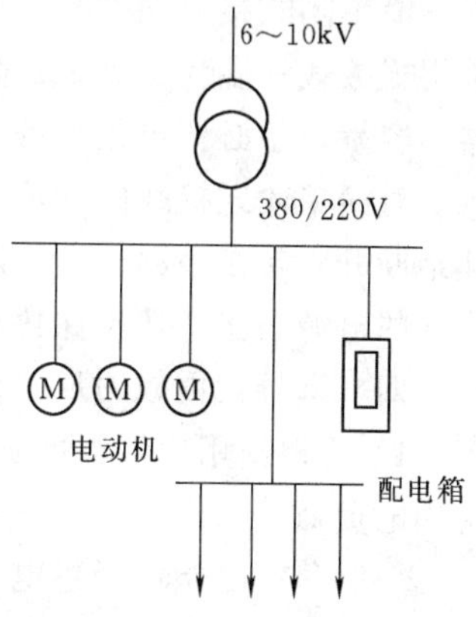

图1-10 放射式低压配电网

(2) 干线式低压配电网：

1）干线式低压配电网，如图1-11（*a*）所示。这种电网不必在变电所低压侧设置低压配电盘，直接从低压引出线经低压断路器和负荷开关引接，因而减少了电气设备的需要量。这种接线适用于以下用电情况：

- 数量较多，而且排列整齐的用电设备；
- 对供电可靠性要求不高的用电设备，如机械加工、铆焊、铸工和热处理等。

2）变压器-干线配电网，如图 1-11（*b*）所示，主干线由变电所引出，沿线敷设，再由主干线引出干线对用电设备供电。这种网络比一般干线式配电网所需配电设备更少，从而使变电所结构大为简化，投资大为降低。一般在生产厂房宜于采用干线式配电系统，对动力站宜采用放射式配电系统。同时，根据供电系统需要，常将两种形式混合使用。

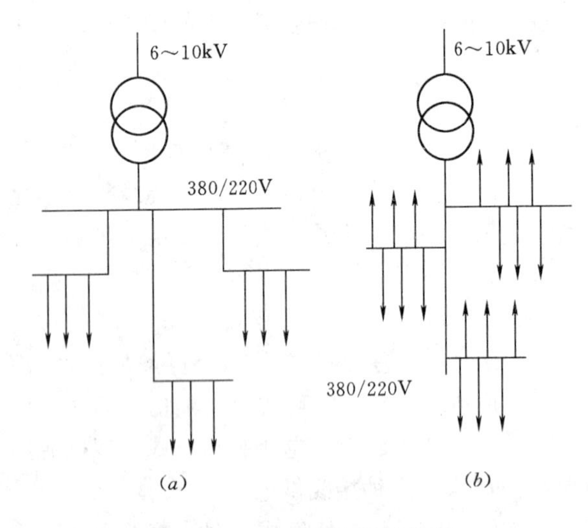

图 1-11　干线式低压配电网络
（*a*）一般干线式低压配电网络；（*b*）变压器-干线配电系统

（3）链式低压配电网。图 1-12 所示为链式接线。链式接线的特点与干线式基本相同，适用彼此相距很近、容量较小的用电设备，链式相连的设备一般不宜超过 5 台，链式相连的配电箱不宜超过 3 台，且总容量不宜超过 10kW。

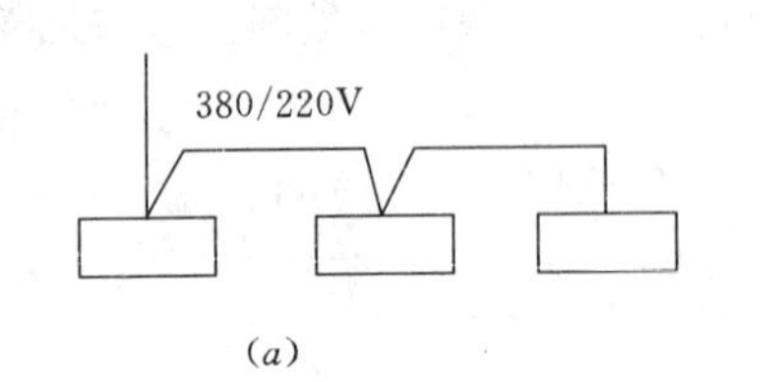

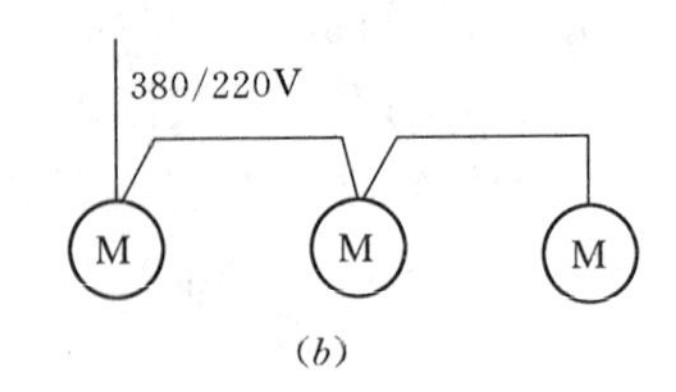

图 1-12　链式低压配电网
（*a*）连接配电箱；（*b*）连接电动机

2. 闭式低压网络

简单闭式接线网络有三角形、星形、多边形及其他混合形等几种，如图 1-13 所示。简单闭式接线的主要特点是：高压侧由多回路供电，电源可靠性较高；充分利用线路和变压器的容量，不必留出很大备用容量；在联络干线端和干线中部都装有熔断器。

对简单闭式接线的特殊要求是：各对应边的阻抗应尽可能相等，以保证熔断器能选择性地断开；连在一起的变压器容量比，不宜大于 1∶2；短路电压比，不宜大于 10%。如从不同的电源引出，还应注意相位和相序关系。

四、选择配网线时应注意的问题

1）要根据用户供电可靠性的要求，选择接线方法。根据用户供电可靠性的要求，一般将用电负荷分为一、二、三三级：

一级负荷是指中断供电将造成人身伤亡者；中断供电将在政治、经济上造成重大损失和很大影响者，如重大设备损坏、重大产品报废、用重要原料生产的产品大量报废、国民

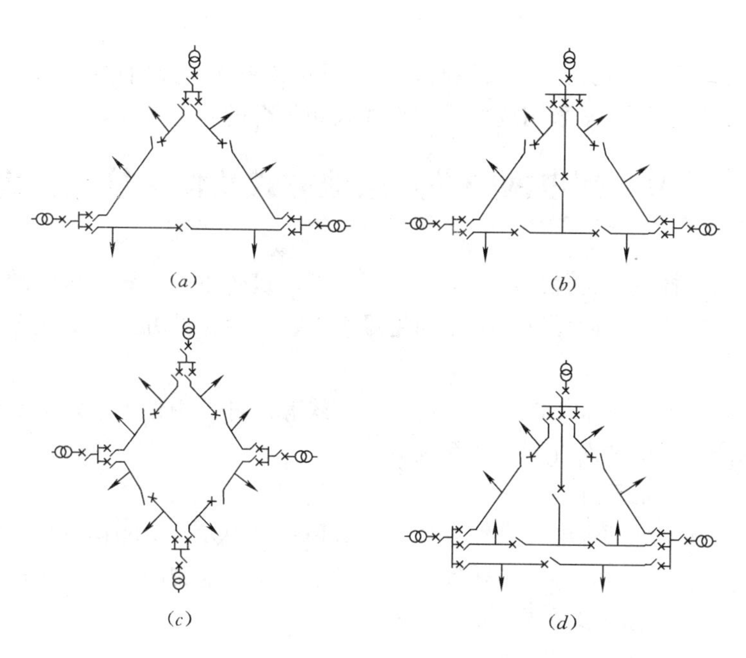

图 1-13　简单闭式接线网络

(a) 三角形；(b) 星形；(c) 多边形；(d) 混合形

经济中重点企业的连续生产过程被打乱，并需长时间才能恢复；重要交通枢纽、重要通信枢纽、重要宾馆、大型体育场、经常用于国际活动的大量人员集中的公共场所等用电单位中的重要电力负荷。在一级负荷中，特别重要的负荷是指中断供电将发生爆炸、火灾或中毒等情况的负荷，如重要的事故照明、通信系统、火灾报警设备、保证安全停产的自动控制装置、执行机构和配套装置等。一级负荷应由两个独立电源供电，当一个电源发生故障时，能自动切换至另一个电源，且不能同时受到损坏，保证不间断向一级负荷中特别重要的负荷供电，除上述两个电源外，还必须增设应急电源。为保证必要时对特别重要负荷的供电，严禁将其他负荷接入应急供电系统。

二级负荷是指中断供电将在政治、经济上造成较大损失者，如主要设备损坏、大量产品报废、连续生产过程被打乱需较长时间才能恢复、重点企业大量减产等；中断供电将影响用电单位的正常工作者，如交通枢纽、通信枢纽等用电单位中的重要电力负荷，以及中断供电将造成大型影剧院、大型商场等大量人员集中的重要的公共场所秩序混乱者。二级负荷对供电电源的要求是应有两个电源供电，应做到当发生电力变压器故障或电力线路发生故障时不致中断供电，或中断后能迅速恢复供电；在负荷较小或供电条件困难时，二级负荷可由一回专用架空线供电。当采用电缆自配电所供电时，必须采用两根电缆，其中每根电缆应能承受100%的二级负荷，且互为热备用线路。

三级负荷是指不属于一级负荷和二级负荷的其他供电可靠性要求不高的用电负荷，这类负荷对供电电源无特殊要求。

2）一般情况下，当负荷围绕电源分布，且为二、三级负荷时，采用放射式线路；

3）当负荷集中在电源的一侧时分布，且为二、三级负荷时，采用干线式线路或开式环式线路；

4）考虑高、低压配电网具体接线时，应尽量避免电能的迂回或倒送；

5）220/380V 线路，常采用放射式和干线式相组合的混合式线路。

第三节　配电网中性点接地方式及保护接地方式

电力系统的中性点是指星形连接的变压器或发电机的中性点。这些中性点的运行方式是个复杂的综合性的技术问题，它关系到绝缘水平、接地保护方式、电压等级和系统稳定等很多方面。

目前，我国电力系统常见的中性点的接地方式有三种：中性点不接地系统、中性点经消弧线圈接地系统和中性点直接接地系统。

一、中性点不接地系统

中性点不接地系统的供电可靠性较高。在这种系统中发生单相接地故障时，不构成短路回路，接地相电流不大，不必切除接地相；但这时非接地相的对地电压却升高为相电压的 $\sqrt{3}$ 倍，因此，对绝缘水平要求高。

（一）中性点不接地系统的正常工作

图 1-14（a）为简化的中性点不接地三相系统正常运行情况的示意图，图中断路器 QF 正常运行时处于合闸状态。正常运行时，三相电源的相电压分别为 U_u、U_v、U_w，并且三相对称，中性点的电位 $\dot{U}_n$ 为零。三相导线之间电容较小，忽略不计；各相导线对地之间的分布电容，分别用集中的等效电容 C_u、C_v 和 C_w 代替。当三相导线基本平衡时，各相对地电容相等，即 $C_u=C_v=C_w$，各相对地电容电流 $\dot{I}_{cu}$、$\dot{I}_{cv}$、$\dot{I}_{cw}$大小相等，相位差为 120°，如图

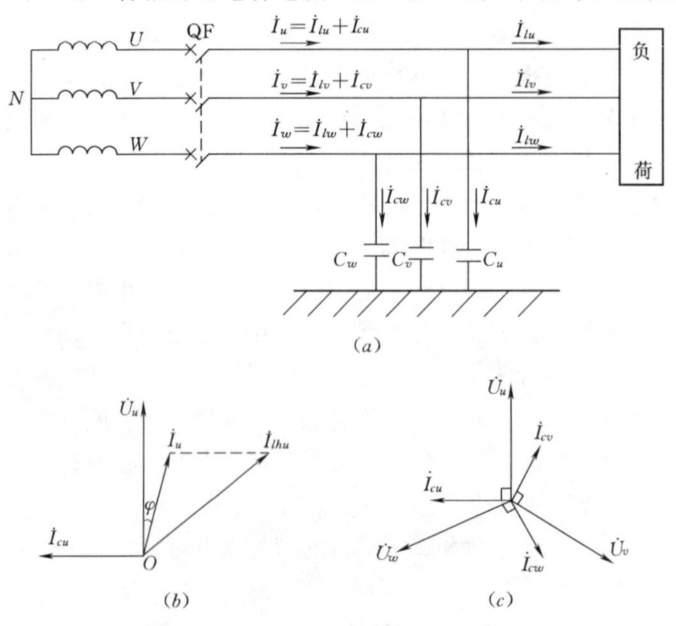

图 1-14　中性点不接地三相系统正常运行情况

（a）中性点不接地接线图；（b）电流相量图；（c）电压相量图

1-14（c）所示，各相对地电容电流的相量和为零，所以对地电流为零。各相电源电流等于各相负荷电流与对地电容电流的相量和，如图 1-14（b）所示，图中仅示出 U 相情况，$\dot{I}_u=\dot{I}_{lc}+\dot{I}_{cu}$。

实际上，由于架空线路的导线排列不对称、换位不完全等原因，各相对地电容是不可能完全相等的；此外，负荷也不可能绝对平衡，中性点的电位可能不为零，这样会产生中性点对地电位偏移的现象，但位移电压较小，可以忽略不计。

（二）中性点不接地系统的单相接地故障

当某一相导线与地之间的绝缘受到破坏，称为单相接地故障，若接地处的电阻近似于零，称为完全接地或金属性接地，否则称为不完全接地。图 1-15 所示为 W 相 d 点发生完全接地的情况。这时故障相对地电压 $\dot{U}_w$ 变为零；而中性点对地电位 $\dot{U}_n$ 不再为零，而为 $-\dot{U}_w$，数值上变为相电压；未接地的 U 相对地电压 $\dot{U}'_u=\dot{U}_u+\dot{U}_n=\dot{U}_u-\dot{U}_w=\dot{U}_{uw}$；未接地的 V 相对地电压 $\dot{U}'_v=\dot{U}_v+\dot{U}_n=\dot{U}_v-\dot{U}_w=\dot{U}_{vw}$。

图 1-15（b）为 W 相发生完全接地时的相量图。由图可见 $\dot{U}_u$ 和 $\dot{U}_v$ 之间的夹角为 60°，非故障两相的对地电压数值升高 $\sqrt{3}$ 倍，即变为线电压；三相系统的线电压大小不变，相位差仍和正常运行时一样，不影响线电压电力用户的工作。

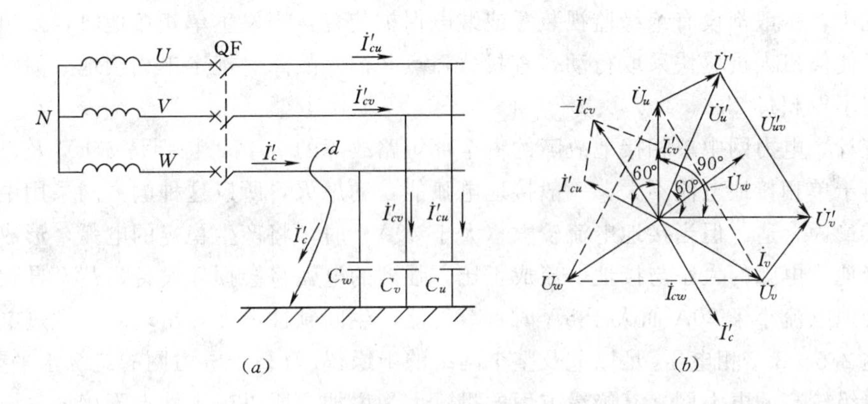

图 1-15　中性点不接地系统的单相接地

（a）电路图；（b）相量图

由于 U、V 两相对地电压较接地前升高 $\sqrt{3}$ 倍，则相对地的电容电流也相应增大 $\sqrt{3}$ 倍；而 W 相已接地，该相对地电容电流为零，这时三相对地电容电流之和不再为零，大地中有电流流过，并通过接地点成为回路，如图 1-15（a）所示，则 W 相接地处的电容电流（即接地电流）为 $\dot{I}_c=-(\dot{I}_{cu}+\dot{I}_{cv})$，电流为容性电流，其有效值为

$$I_c=3\omega CU$$

式中　U——电源的相电压，V；

ω——角频率，rad/s；

C——相对地电容，F。

上式表明，在中性点不接地系统中，单相接地电流等于正常运行时相对地电容电流的三倍。其值与网络的电压、频率和相对地电容的大小有关，而相对地电容又与线路的结构（电缆或架空线）和长度有关。实用计算中按下式计算

对架空线路 $$I_c = \frac{UL}{350}$$

对电缆线路 $$I_c = \frac{UL}{10}$$

式中 U——电网的线电压，kV；

L——相同电压等级的具有电联系的所有线路的总长度，km。

当发生的是不完全接地，即故障经过一定的电阻接地，此时接地相对地电压大于零而小于相电压，未接地相对地电压大于相电压而小于线电压，中性点电压大于零而小于相电压，线电压仍保持不变，接地电流比完全接地时要小一些。

（三）中性点不接地系统的适用范围

中性点不接地系统中，发生单相接地故障时，由于线电压保持不变，三相系统的平衡没有破坏，电力用户可以继续运行，因而供电可靠性高，这是中性点不接地系统的主要优点。在中性点不接地系统中，线路和电气设备的对地绝缘水平都是按线电压设计的，虽然非故障相对地电压升高到 $\sqrt{3}$ 倍，对设备的绝缘水平并不会造成破坏，但若长期带接地故障运行可能会引起非故障相绝缘薄弱处的损坏，继而发展成为两相短路。所以在中性点不接地系统中，一般都设有绝缘监视装置或继电保护装置，当发生单相接地时，发出接地故障信号，使值班人员尽快采取行动，查找故障点并消除故障。规定单相接地故障时继续运行的时间不得超过 2h。

据统计，电力网中单相接地故障约占全部短路故障的 70%，特别是 35kV 及以下的电力网，由于单相接地电流不大，一般接地电弧能自动熄灭，所以这种电力网采用中性点不接地方式最为合适。但当接地电流较大（大于 30A）时，将产生稳定的电弧，形成持续性的电弧接地，电弧的大小与接地电流成正比，强烈的电弧将会损坏设备，甚至导致相间短路；当接地电流小于 30A 而大于 5A 时，有可能产生间歇性电弧，出现间歇性过电压，其幅值可达 2.5～3 倍相电压，足以危及整个网络的绝缘。故对整个电力网的绝缘水平要求高，对电压等级较高的电力网，其绝缘方面的投资大为增加。所以，中性点不接地系统的适用范围为：

1）电压低于 500V 的三相三线制装置；

2）3～10kV 系统当接地电流 $I_c \leqslant 30$A 时；

3）20～60kV 系统当接地电流 $I_c \leqslant 10$A 时；

4）与发电机有直接电气联系的 3～20kV 系统（如要求发电机能带内部单相接地故障运行），当接地电流 $I_c \leqslant 5$A 时。

如不能满足以上条件，通常采用中性点经消弧线圈接地方式或中性点直接接地方式。

二、中性点经消弧线圈接地系统

消弧线圈是一个具有铁芯的可调电感线圈，它装设在变压器或发电机星形接线的中性点。当发生单相接地故障时，可消除接地处的电弧及由它所产生的危害。另外，当接地电流过零值而电弧熄灭之后，消弧线圈的存在可以显著减小故障相电压的恢复速度，从而减

小了电弧重燃的可能性，使单相接地故障自动消除。

（一）消弧线圈的工作原理

正常运行时，因消弧线圈的阻抗较大，各相对地电容相等，中性点对地电压为零，消弧线圈中没有电流通过。

单相接地故障时，如图 1-16 所示，假定 W 相接地，中性点对地电压 $\dot{U}_n=-\dot{U}_w$，未接地相电压升高 $\sqrt{3}$ 倍，线电压不变。此时，消弧线圈处于电源 W 相相电压的作用下，有电感电流 $\dot{I}_l$ 通过，通过消弧线圈的电感电流为 $\dot{I}_l=\dfrac{U_w}{L\omega}$，此电感电流必定通过接地点形成回路，所以接地处的电流为接地电容电流 $\dot{I}_c$ 和电感电流 $\dot{I}_l$ 的相量和，如图 1-16（a）所示。接地故障电流 $\dot{I}_c$ 超前故障相对地电压 $\dot{U}_w$ 90°，电感电流 $\dot{I}_l$ 滞后 $\dot{U}_w$ 90°，$\dot{I}_l$ 和 $\dot{I}_c$ 相角差为 180°，即方向相反，如图 1-16（b）所示，在接地处 $\dot{I}_l$ 和 $\dot{I}_c$ 相互抵消，称为电感电流对接地电流的补偿。如果适当选择消弧线圈的匝数，就可使接地处的电流变得很小或等于零，从而消除了接地处的电弧及由它所产生的危害。

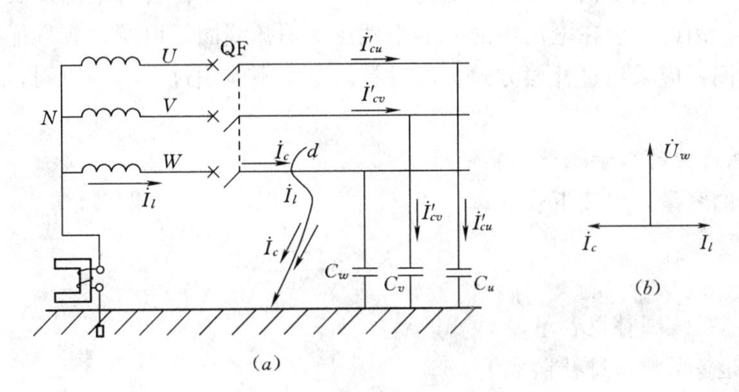

图 1-16　中性点经消弧线圈接地系统

（a）电路图；（b）相量图

（二）消弧线圈的补偿方式

在讨论消弧线圈的补偿时，经常使用补偿度和脱谐度两个概念。单相接地故障时，消弧线圈的电感电流对接地电流的比值，称为补偿度 k，即

$$k=\frac{I_l}{I_c}$$

电容电流与电感电流的差值同电容电流之比，称为脱谐度 υ，即

$$\begin{aligned}\upsilon&=1-k\\&=\frac{I_c-I_l}{I_c}\end{aligned}$$

根据电感电流对电容电流的补偿程度，消弧线圈的补偿方式有三种：完全补偿、欠补偿和过补偿。

1. 完全补偿

完全补偿是使电感电流等于电容电流，即 $I_l=I_c$，补偿度 $k=1$，脱谐度 $\upsilon=0$。此时感

抗 X_l 与容抗 X_c 相等，消弧线圈通过大地与三相电容构成串联谐振电路。当三相对地电容大小不等时，中性点对地会出现一定的电压，将在串联谐振回路产生很大的电流，使消弧线圈有很大的压降，结果，中性点对地电位升高，可能造成设备的绝缘损坏。因此，一般不采用完全补偿方式。

2. 欠补偿

欠补偿是使电感电流小于电容电流，即 $I_l<I_c$，补偿度 $k<1$，脱谐度 $\upsilon>0$。单相接地故障时接地处有容性的欠补偿电流 I_c-I_l。但在欠补偿时，可能在切除部分运行线路时使相对地电容减小，或由于频率下降等原因，均使容抗增大，电容电流下降，结果变成完全补偿，产生满足谐振的条件。因此，装在电网中的变压器中性点的消弧线圈，以及具有直配线的发电机中性点的消弧线圈，一般不采用欠补偿方式。

3. 过补偿

过补偿是使电感电流大于电容电流，即 $I_l>I_c$。补偿度 $k>1$，脱谐度 $\upsilon<0$。单相接地故障时接地处有感性的过补偿电流 I_l-I_c。这种补偿方式不会产生串联谐振，因为当电容电流减小时，过补偿电流更大，不会变为完全补偿。另外，即使将来电网发展，原有的消弧线圈还可使用。因此，装在电网中的变器中性点的消弧线圈，以及具有直配线的发电机中性点的消弧线圈，应采用过补偿方式。但过补偿电流不能超过 10A，否则，接地处的电弧不能自动熄灭。

（三）消弧线圈的容量配置

消弧线圈的容量，可按下式计算

$$Q=KI_c\frac{U_n}{\sqrt{3}}$$

式中 Q——消弧线圈补偿容量，kVA；

K——储备系数，过补偿取 1.35；

I_c——电网或发电机回路总的对地电容电流，A；

U_n——电网或发电机回路的额定线电压，kV。

消弧线圈的总容量确定后，可选择消弧线圈的台数。一般对接地电流的补偿应采取就地平衡的原则，也就是将各台消弧线圈分散安装在系统内各发电机和变压器中性点上。

（四）中性点经消弧线圈接地系统的适用范围

由于消弧线圈能有效地减小单相接地电流，迅速熄灭故障处的电弧，防止间歇性电弧的接地时产生的过电压，故广泛应用于 3～60kV 电压系统。我国规定，凡不符合中性点不接地运行方式的 3～60kV 系统，均应采用中性点经消弧线圈接地的运行方式。个别雷害事故较严重地区的 110kV 系统，为了减少由于雷击造成的单相闪络而引起的线路断路器跳闸的次数，提高供电的可靠性，减少断路器的维修工作量，也可采用经消弧线圈接地的运行方式。电压等级更高的系统一般不采用经消弧线圈接地的运行方式。

三、中性点直接接地系统

将中性点直接与地连接的电力系统，称为中性点直接接地系统，如图 1-17 所示。这种系统中性点的电位固定为地电位，当某一相由于对地绝缘损坏造成接地时，便形成单相短路。

由于中性点的电位被固定为零，未接地相电位不升高，因而相对地的绝缘水平决定于相电压，这就大大降低了电力网的造价。电压等级愈高，其经济效益愈显著，这就是中性点直接接地系统的优点。

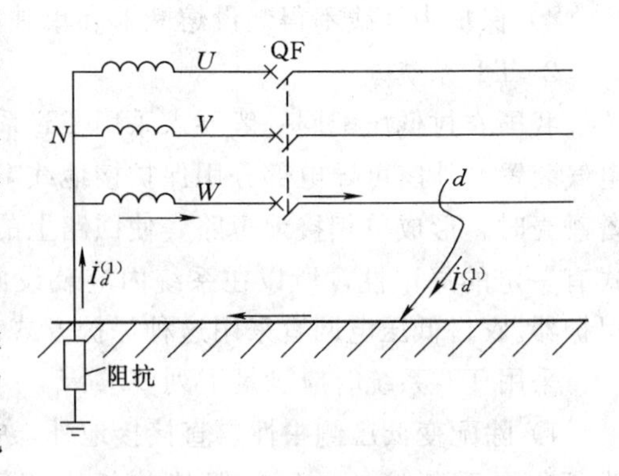

图 1-17　中性点直接接地系统

当中性点直接接地系统发生单相短路时，短路电流 $I_k^{(1)}$ 很大。危害严重，故障线路不能继续运行，并在继电保护作用下，故障线路将被切除，供电连续性中断。在中性点直接接地系统中，一般只将一部分中性点接地，可以减小单相短路电流，同时在输电线路上装设自动重合闸装置，以提高这种系统的供电可靠性。

目前我国电压为 220kV 及以上的系统都采用中性点直接接地的运行方式。110kV 系统中也大都采用中性点直接接地的运行方式。低压 380/220V 三相四线制配网也采用中性点直接接地的运行方式。

四、低压配电网保护接地方式

根据我国 GB 9082.2 和 DL/T499—2001 规定，低压配电系统接地型式分为 TN—C、TT 及 IT 三类，其含义是：

第一个字母表示电力系统的电源端对地关系：

T——中性点直接接地；

I——中性点不接地或经阻抗接地。

第二个字母表示电气装置外露可导电部分（设备金属外壳、金属底座等）的对地关系：

T——独立于电力系统接地点而直接接地；

N——与电力系统接地点进行电气连接。

1. TN—C 系统

我国城镇电力用户一般要求采用 TN—C 系统，整个系统内中性线 N 和保护线 PE 组合成的，叫做保护中性线，标为 PEN（实为电源中性点直接接地的三相四线制低压配电系统）。中性线 N 用淡蓝色作标志，保护中性线 PEN 用竖条间隔淡蓝色作标志，保护线 PE 用绿/黄双色相间作标志。在该系统内所有电气装置的外露可导电部分用保护线接地保护中性线上，如图 1-18 所示。

采用 TN—C 系统时应满足如下要求：

1）为保证在故障时保护中性线的电位尽可能地保持接近于地电位，保护中性线应重复均匀接地，如果条件允许，宜在每一接户线、引接处接地；

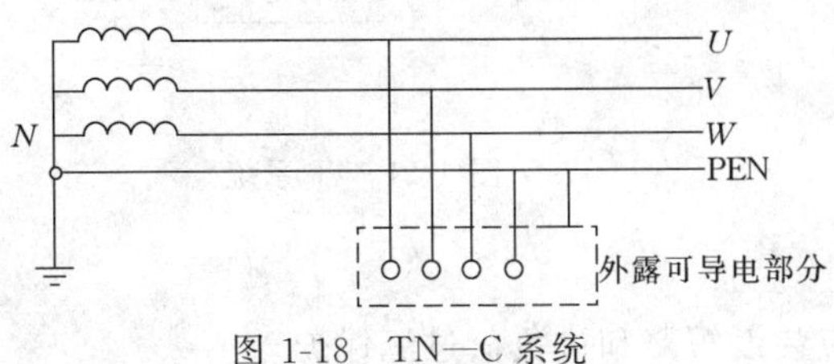

图 1-18　TN—C 系统

2）用户末端应装设剩余电流末级保护，其动作电流应符合相关要求；

3)配电变压器低压侧及各出线回路应装设短路和过负荷保护；

4）保护中性线不得装设熔断器和单独的开关装置。

2. TT 系统

我国农村低压配网一般要求采用 TT 系统。该系统是电源中性点直接接地，系统内所有电气装置的外露可导电部分用保护接地线 PE 接到独立的接地体上。如图 1-19 所示。当设备碰壳时，形成单相接地短路，使回路上的过流保护装置动作，切除故障。由于该保护方式有一定的局限性，所以在系统内应装设漏电保护器。农村低压电网宜采用这种保护方式。

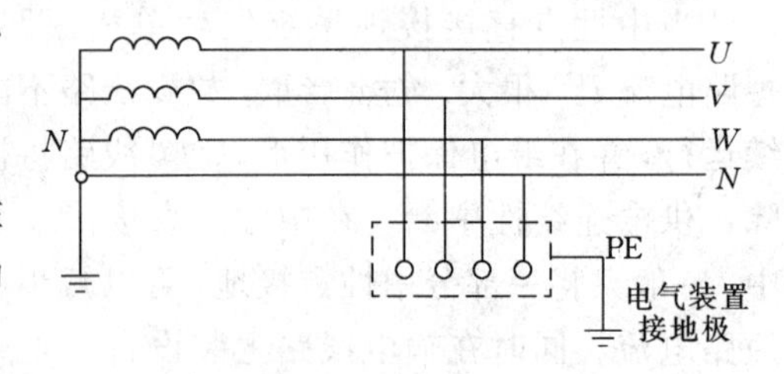

图 1-19　TT 系统

采用 TT 系统时应满足下列要求：

1）除配变低压侧中性点直接接地外，中性线不得再重复接地，且应保持与相线相等的绝缘；

2）必须装设剩余电流总保护、中级保护装置。配变低压侧及各出线回路均应装设短路和过负荷保护；

3）中性线不得装设熔断器或单独的开关装置。

在TT 系统中，除在配电变压器中性点做工作接地外（配变容量）≥100kVA，工作接地的接地电阻值≤4Ω；配变容量＜100kVA，工作接地的接地电阻值≤10Ω，为减轻中性线断路发生事故的危害程度，还在中性线的一处或多处重复接地，这是 TT 系统中的一种保安措施。但低压电网安装剩余电流保护装置后，由于剩余电流动作保护器的零序电流互感器，是以检测剩余电流来起动的，因此中性线上存在重复接地现象时，会使流过零序电流互感器的零序电流 $I'_{\Delta}+I_F$ 过小；就会影响到保护装置的正常工作（如图 1-20 所示）。

因此，PL499—2001 中规定 TT 系统中性线不得重复接地。

3. IT 系统

对安全有特殊要求的厂矿企业或纯排灌的动力电网宜采用 IT 系统，该系统的电源中性点不接地或经过阻抗接地，系统内所有电气装置的外露可导电部分用保护接地线 PE 接到独立的接地体上（图 1-21）。

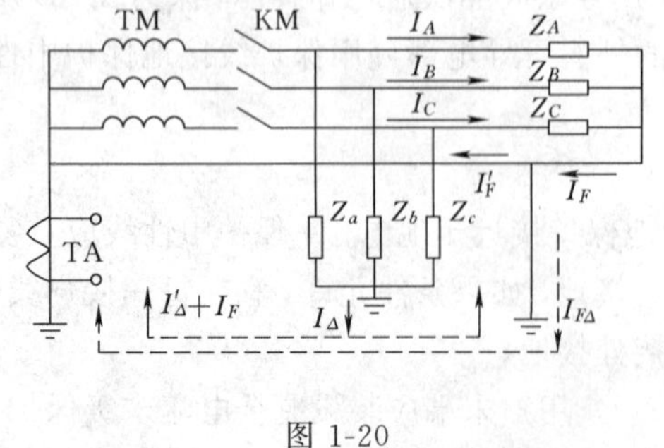

图 1-20

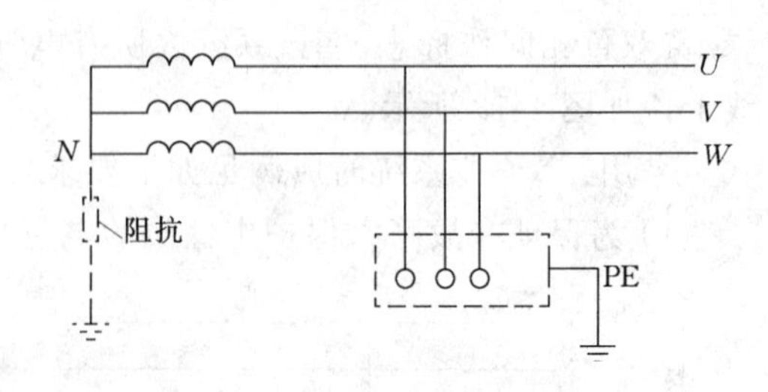

图 1-21　IT 系统

采用 IT 系统时应满足如下要求：

1）配电变压器低压侧及各出线回路均应装设短路和过负荷过流保护；

2）网络内的带电导体严禁直接接地；

3）当发生单相接地故障，故障电流很小，切断供电不是绝对必要时，则应装设能发出接地故障音响或灯光信号的报警装置，而且必须具有两相不同地点发生接地故障的保护措施；

4）各相对地应有良好的绝缘水平，在正常运行情况下，从各相测得的泄漏电流（交流有效值）应小于30mA；

5）不得从变压器低压侧中性点配出中性线作220V单相供电；

6）变压器低压侧中性点和各出线回路终端的相线均应装设高压击穿熔断器。

第四节　配电网规划与建设的基本原则

配电网建设与改造规划是配电网建设与改造工程项目进行可行性研究和编制设计文件的主要依据，应根据《城市电力网规划设计导则》、《关于加快城市电网建设改造的若干意见》及《农村电网建设与改造技术原则》等规定进行编制，规划应符合城乡发展总体规划和省、大区电网规划的要求，使之具有可操作性、适应性和指导性。

城市电网是城市范围内为城市供电的各级电压电网的总称，它一般包括送电网、高压配电网、中压配电网、低压配电网以及网内的发电厂。城市电网是电力系统的重要组成部分，又是其主要负荷中心，也是城市现代化建设的重要基础设施之一。它具有用电量大、负荷密度高、对安全可靠和供电质量要求高等特点。

农村电网大部分是城市电网的延伸，特别在国家增加对农村电网建设与改造的投入后更是如此，城市电网规划设计的编制方法原则也适用于农村电网。农村电网规划是省（市）、县城农村电气化的基础，又是整个电网规划的组成部分。在编制农村电网规划时既要遵循电网规划设计的基本原则，又要体现农村电网的特点，符合国家农业发展规划和乡镇集体经济发展和农村生活用电的需要。

一、配电网规划的主要内容

配电网规划主要内容包括：

（1）分析电网布局与负荷分布的现状，明确以下问题：

1）供电能力能否满足现有负荷的需要及其可能适应负荷增长的程度；

2）供电可靠性；

3）正常运行时各枢纽点的电压水平及主要线路的电压损失；

4）各级电压电网的电能损失；

5）供电设备更新的必要性和可靠性。

（2）负荷预测。

（3）确定规划各期的目标及电网结构原则和供电设备的标准化，包括中低压配电网的改造原则。

（4）进行有功、无功电力平衡，提出城市电网供电电源点（发电厂、220kV及以上的变电所）的建设要求。对于农村电网要注意到在优先发展城市大电网供电的前提下，因地制宜地大力发展小水电。

(5) 分期对城乡电网结构进行整体规划。

(6) 确定城乡电网变电所的地理位置、线路路径，确定分期建设的工程项目。

(7) 确定调度、通信、自动化等的规模和要求。

(8) 估算各规划期需要的投资，主要设备的规范和数量。

(9) 估算各规划实现后的经济效益和扩大供电能力以取得的社会经济效益。

(10) 编写规划说明书及绘出各规划期末的城市电网规划地理位置结构图（包括现状接线图）。

二、规划的年限与各阶段的要求

配电网的规划年限应与国民经济发展规划和城市总体规划的年限一致，一般规定为近期（五年）、中期（十年）、远期（二十年）三个阶段。

近期规划应着重解决当前城乡电网存在的主要问题，逐步满足负荷发展的需要，提高供电质量的可靠性。要依据近期规划编制年度计划，提出逐年改造和新建的项目。

中期规划应与近期规划相衔接，着重将城乡电网结构及设施有步骤地过渡到规划网络，并对大型项目进行可行性研究，做好前期工作。

远期规划主要考虑城乡电网的长远发展目标，研究确定电源布局和规划网络，使之满足远期预测负荷水平的需要。

三、规划基础资料的收集与分析

作为国民经济发展主要能源供应的电力工业，它的发展规模和速度与国民经济其他行业的发展规模和速度是密切相关的，因此要做好电力系统规划就必须进行调研和收集资料。不仅要调查收集与电力工业本身有关的资料（如电力系统现状、城市电力网现状、农村电力网现状、动力资源分布、能源供应与运输条件、厂址条件等），而且必须收集国民经济各部门生产和基本建设的发展规划及其电力负荷的增长需要（城市、地区、县里的国民经济总体发展规划等）。

配电网建设与改造规划所需的基础资料分为三大类，即社会资料、负荷资料和电源及电网资料。

（一）社会资料

1. 自然地理与社会经济状况

(1) 自然地理基本情况。包括地理位置、总面积、耕地面积；山地面积、河湖面积，森林面积，植物覆盖率，气候情况，气温情况，降水量，旱涝频率地面径流，地形地貌，水文地质，雷电活动，风速及冰冻等。

(2) 行政区划情况。包括城区、县规划面积数；全市（县）人口，户数，近几年市（县）人口平均增长率。

(3) 经济情况。包括全市（县）国民经济总产值（GDP），工农业总产值，其中工业总产值，农业总产值，还有第三产业总产值。第一、二、三产业的产值占国民经济总产值中的百分比数，近几年的平均增长率等。

(4) 资源状况。包括全市（县）特产；矿产品种，储量，矿产开发现状及其前景；森林资源，储量及其他具有特色的土地资源，渔牧业等资源状况。

2．近期与中长期社会经济发展规划

全市（县）近期与中长期社会经济发展规划是城乡电网规划的重要依据资料。全市近期与中长期社会经济发展规划也随时间推移、情况变化进行多次修正，电力系统的规划也要依据修正的社会经济发展规划做相应的调整。城乡电网的发展变化要适应国民经济的发展变化并满足它们的需要。

（二）负荷资料

1．系统现有负荷水平及其特性资料

1）近年来系统供电综合最大负荷；

2）近年来系统用电综合最大负荷；

3）近年来系统全年总供电量；

4）近年来系统全年总用电量；

5）系统年内各季代表的日负荷曲线；

6）系统月最大负荷及年内月平均负荷；

7）系统用电负荷组成情况；

8）系统工农业季节性负荷特性；

9）系统各主要用电行业的典型负荷曲线。

2．规划期确定电力负荷发展水平的资料

在确定电力负荷发展水平时，应根据规划阶段确定规划基准年，并且一般与国民经济发展规划阶段和电源建设阶段相适应。

1）规划电网和地域范围内的电力、电量及其增长的历史资料；

2）规划电网和地域范围内国民经济生产总值及其增长率的历史统计资料；

3）规划电网和地域内各有关国民经济部门的发展计划，包括工农业建设项目、规模、布点、建设进度、用电负荷及其增长率；

4）上级部门对规划区域内国民经济发展的有关指示；

5）当没有上述资料时，应从当地政府有关单位取得规划区域内有关国民经济部门发展的初步设想、区域规划方案及自然状况方面等资料；

6）确定电力负荷时，对大用户作为点负荷应当逐户进行计算，对小型用户及公用负荷（如市政用电等）一般只需根据统计资料及其规划计算其综合增长数字；

7）为了进行大用户电力负荷的计算，必须收集下列资料：用户的设备资料，企业以实物产品或产值表示的单位耗电定额（即单耗资料），已设计或已投产的类似用户的用电负荷资料（包括典型日负荷曲线）；

8）对于某些特殊用户，不可能根据上述方法求得电力负荷时，应由这些用户直接提出负荷数字；

9）对于现有的城镇和工业区，应考虑有规模发展和劳动生产率提高以及新技术的采用而引起负荷自然增长。

（三）电源和电网资料

1）规划基准年现有水电、火电等电源及电网资料，包括发电厂、变电所增容扩建和输电线路升压改造的意见；

2）规划基准年在建水电、火电等电源资料；

3）掌握规划期间内电源及电网发展的资料。

四、配电网规划与建设的目标要求

目前我国城乡电网有电送不进、用不上的问题十分严重，影响人民生活的提高和国民经济的发展，为此国家决定将城乡电网建设与改造列入国家基础建设范围之内，投入巨额资金对城乡电网进行大规模建设与改造。城市电力网是城市重要的基础设施，是现代化城市必不可少的能源供应系统。

对于城市电力网建设与改造的目标要求：

1）提高城市电力网整体供电能力，根除供电“卡脖子”现象；

2）提高城市电力网安全运行水平，增强抗御自然灾害能力。城市供电可靠性要达到99.9%；大中城市中心区供电可靠性要达到99.99%；

3）提高电能质量，降低线损。城市电力网电压合格率达到98%，线损率降低至不大于10%；

4）注重环境保护，市区变电、配电设施的建设应与环境相协调，电磁环境应符合标准。

对于农村电力网建设与改造目标要求是着重解除供电设施陈旧、综合线损高、供电能力不足和供电可靠性差等问题，经过改造后的农村电网应达到：

1）要把农网高压线损率降到10%以内，低压线损率不超过12%以下；

2）变电站10kV侧功率因数达到0.9及以上，100kVA及以上电力用户的功率因数达到0.9及以上，农业用户的功率因数达到0.8及以上；

3）用户端电压合格率达到90%及以上，电压允许偏差值应达到表1-1数值；

表1-1　　农网电压允许偏差值

用户端电压（kV）	电压允许偏差值（%）	用户端电压（V）	电压允许偏差值（%）
35	−10～+10	380	−7～+7
10	−7～+7	220	−10～+7

4）城镇地区10kV供电可靠率达到国家电力公司可靠性中心提出的标准；

5）农村主变压器容量与配电变压器容量之比宜采用1∶2.5，配电变压器容量与用电设备容量之比宜采用1∶1.5～1.8。

五、城市配电网建设的技术原则

为加强对城市中低压配电网改造工作的技术指导，前电力工业部在引用《城市电力网规划设计导则》等标准的基础上，制定DL/599—1996《城市中低压配电网改造技术导则》，并要求在城市配电网改造中积极慎重采用新技术、新设备、新工艺、新材料，以确保电力系统的安全运行。各地供电部门根据《城市电网规划设计导则》、《城市中低压配电网改造技术导则》的规定，结合实际，因地制宜地具体制定出本地区的实施细则。现结合某省电力局制定的“城市中低压配电网改造技术原则”，就本节前面涉及的一些具体技术原则加以说明。

1. 总体要求

1）城市中低压配电网是城市重要的基础设施之一，城市配电网的改造应纳入城市建设和改造的统一规划，并应与城市高压电网的规划和改造相结合；

2）城市中压配电线路供电半径的确定要进行技术经济比较，在满足供电质量和导线发热等技术条件下，中压配电线路的投资随着供电半径的增大而增加，而中压变电站的投资随着供电半径的增大而减少。因此要有一个经济供电半径，计算经济供电半径可采用下式核算

$$r=\frac{\sqrt{K}}{2\sqrt[3]{\sigma}}$$

$$K=\frac{P}{\sqrt[3]{\sigma}}$$

式中 r——中压配电线路经济供电半径，km；

P——中压变电站经济容量，kVA；

K——与中压配电线路及中压变电站建设投资有关的系数；

σ——地区负荷密度，kW/km^2。

一般，大中城市中压配电系统架空线路的 K 值是 2800，经济供电半径如表 1-2 所示。

表 1-2　中压配电系统经济供电半径

负荷密度 (kW/km^2)	经济供电半径 (km)	中压变电站经济容量 (kVA)	中压配电线路导线截面 (mm^2)（八回出线）
1250	2.45	30140	8×185
2500	1.95	38000	8×240
5000	1.54	47900	8×300
10000	1.23	60300	8×400

中压配电网应尽量深入到负荷中心，以降低线损。供电半径在负荷重的城市中心地区不大于 4km，一般负荷的线路不大于 10km。

3）低压配电网的供电半径视负荷量的大小而定，不宜过大，应满足线路末端电压降不大于 4%，市区不宜超过 250m，繁华地区不宜超过 150m；

4）城市中低压配电网改造工作要同调度自动化、配电自动化、变电站无人值班、无功优化结合起来；

5）城市中低压配电网无功补偿，应根据就地平衡和便于调整电压的原则进行配置，可采用集中补偿与分散补偿相结合并以分散补偿为主的方式。中低压配电网无功补偿装置要保证不向变电站倒送无功功率；

6）改造后电网应达到城乡电网建设与改造的目标要求。

2. 中压配电网

（1）城市中压配电网应根据高压变电所布点、负荷密度和运行管理的需要划分成若干个相对独立的分区配电网，分区配电网应有比较明显的供电范围，一般不应交叉重叠，分区的划分要随着情况的变化及时调整。

（2）中压配电网应有较高的适应性，主干线路截面应按长期规划（一般为 20 年）一次选定，多年不变。可根据条件选用裸导线、绝缘导线、绝缘电缆等。在不敷需要时，可另敷设新的线路或插入新的高压变电所。

(3) 高压变电站之间的中压配电网应有足够的联络容量，一般为额定容量的1/3，正常时开环运行，异常时能转移负荷。

(4) 一般情况下，中压配电网的导线截面可参照表1-3选择。

表1-3　10kV配电线路的导线截面选择

	架空导线截面 (mm^2)	电缆导线截面 (mm^2)	
材料	铝绞线	铝绞线	铜绞线
主干线	150～240	>240	>185
分支线	70	满足载流量及热稳定	

(5) 中压配电网的配电线一般由电缆线路和架空线路组成，下列地区宜采用电缆线路：

1) 依据城市规划，繁华地区、高新开发区、重点旅游区、大中型住宅小区和市容环境有特殊要求的地区。

2) 街道狭窄、架空线路走廊对建筑物不能保护安全距离的地区。

3) 负荷密度大和供电可靠性要求的地区，用架空线不能满足要求时。

4) 严重腐蚀和易受热风暴袭击的主要城市的重点供电区。

5) 电网结构需要时。

除以上情况，一般采用架空线路。在市区新建和改造的线路应采用绝缘架空线，在道路绿化树与架空线之间矛盾严重、负荷密集、人员流动量大、跨越房屋等其他区域更应采用绝缘导线。

(6) 城市中压架空配电网应采用环网布置、开环运行的结构。中压线路的主干线和较大的分支线装设分段或分支开关。相邻变电所及同一变电所送出的相邻线路之间应装设联络开关。

(7) 城市中压电缆配电网应发展公用电缆网，严格控制专用电缆线路。公用电缆网的结构形式可以采用单环网式和双环网式，按环网布置开环运行。

(8) 中压供电一般不供应单相负荷。

3. 低压配电网

1) 低压配电网应结构简单，安全可靠。宜采用柱上变压器或配电室为中心的放射式结构。相邻变压器低压干线之间可装设联络开关和熔断器，正常情况下各变压器独立运行，事故时经倒闸操作后继续向用户供电；

2) 低压配电网应实行分区供电的原则，低压线路应有明确的供电范围，低压架空线路不得越过中压架空线路的分段开关；

3) 低压配电网采用电缆线路的要求原则上和中压配电网相同；

4) 低压配电网应有较强的适应性，主干线宜一次建成，在不敷需要时，可插入新装变压器；

5) 低压配电线路的主干线、次主干线和各分支线的末端零线应进行重复接地。三相四线制接线户在入户支架处，零线也应重复接地；

6) 城市低压架空线路应采用绝缘导线供电。主干线绝缘导线截面不宜小于150mm^2，次干线不宜小于95mm^2，分支线不宜小于50mm^2；

7) 在三相四线制供电系统中，零线截面应与相线截面相同；

8) 低压用户30A以下的单相负荷可以单相供电，超过30A的应以两相三线或三相四线供电；

9）按照国家电力公司1998年制定《城镇一户一表改造的若干规定》的要求，按城镇居民每户用电达到4～10kW的中等电气化水平（日平均用电7～20kW·h）的目标，建设与改造进户线与户内配线。每户进户表前线应按不小于10mm^2铝芯绝缘线或6mm^2铜芯绝缘线，户内配线不小于2.5mm^2铜芯绝缘线标准一步到位建设。

六、农村电网建设的主要技术原则

为确保农村电网建设与改造工程的质量，明确农村电网建设与改造的技术要求和标准，控制建设规模，降低工程造价，提高经济效益，国家发展计划委员会以计基础［1999］555号文转发国家电力公司制定的《农村电网建设与改造技术原则》，要求参照执行。现将其主要技术原则概述如下。

1．总体要求

1）农村电网改造工程，要注重整体布局和网络结构的优化，应把农村电网改造纳入电网统一规划；

2）《农村电网建设与改造技术原则》规定：农村电网线路供电半径一般应满足下列要求：400V线路不大于0.5km；10kV线路不大于15km；35kV线路不大于40km；110kV线路不大于150km；

3）在供电半径过长或经济发达地区宜增加变电站的布点，以缩短供电半径。负荷密度小的地区，在保证电压质量和适度控制线损的前提下，10kV线路供电半径可以适当延长。长远目标为每乡一座变电站，以保证供电质量，满足发展需要。

DL499—92《农村低压电力技术规程》根据负荷密度和供电地区形状提供一个低压供电半径大致范围，其基本原则和《农村电网建设与改造技术原则》是一致的，可以参考表1-4中的内容。

表1-4　　农村低压电网供电半径（km）

供电地区形状	受电设备容量密度（kW/km^2）			
	＜200	200～400	400～4000	＞1000
块状（平地）	0.7～1.0	＜0.7	＜0.5	0.4
带状（山地）	0.8～1.5	＜0.7	＜0.5	—

4）在经济发达和有条件的地区，电网改造工作要同调度自动化、配电自动化、变电站无人值班、无功优化结合起来。暂时无条件的也应在结构布局、设备选择等方面予以考虑。

改造后农村电网应达到城乡电网建设与改造的目标要求。

2．农网的输变电工程

1）110kV输变电工程的建设应满足10～15年用电发展需要。工程建设必须严格执行国家现行的有关规程、规范。变电站的建设应从全局出发，采用中等适用的标准。

2）35kV变电站的建设应坚持“密布点、短半径”的原则，向“户外式、小型化、低造价、安全可靠、技术先进”的方向发展。标准可考虑10年负荷发展的要求，一般按两台主变设计，要考虑无人值班，变电站进出线路尽量考虑双回路及以上接线，线路应采用环网接线方式开环运行，或根据情况采用单放射式接线方式。

主变采用节能型变压器，其他设备宜选用自动化、无油化、少维护产品。

3）架空输电线路的导线一般按表1-5中的经济电流密度选择，并留有10年的发展裕度。导线截面不得小于70mm²。

4）农村主变压器容量与配电变压器容量之比宜采用1∶2.5，配电变压器容量与用电设备容量之比宜采用1∶1.5～1.8。

3．10kV配电网

1）农村配电变压器台区应按“小容量、密布点、短半径”的原则建设和改造，新建和改造的台区，应采用节能型低损耗配电变压器，配电变压器容量以现有负荷为基础，适当留余地。新增加生活用电变压器，单台容量一般不超过100kVA。

容量在315kVA及以下的配电变压器宜采用杆上配置，315kVA以上的配电变压器宜采用落地式安装，选用多功能配电柜，不宜再建配电房。

城镇配电网应采用环网布置，开环运行的结构。乡村配电线路以单放射式接线方式为主，较长的主干线或分支线装设分段或分支开关，有条件应推广使用自动重合器和自动分段器，并留有配电网自动化发展的余地。

2）架空配电线路的导线一般按表1-5中经济密度选择，并留有5年的发展裕度，导线截面不得小于35mm²。

表1-5　　经济电流密度

材料	最大负荷利用小时（h）		
	3000以下	3000～5000	5000以上
铜芯	2.5	2.25	2.0
铝芯	1.92	1.73	1.54

4．无功补偿

1）农村电网无功补偿，坚持“全面规划、合理布局、分级补偿、就地平衡”及“集中补偿与分散补偿相结合，以分散补偿为主；高压补偿与低压补偿相结合，以低压补偿为主；调压与降损相结合，以降损为主”的原则。

2）变电站宜采用密集型电容补偿，按无功规划进行补偿。无功规划时，可以按主变容量的10%～15%配置。

3）100kVA及以上的配电变压器宜采用自动跟踪补偿。

七、配电网设计的一般要求

（1）遵守规程，执行政策。必须遵守国家的有关规程和标准，执行国家的有关方针政策，包括节约能源、节约有色金属等技术经济政策。

（2）安全可靠，先进合理。应做到保障人身和设备的安全、供电可靠、电能质量合格、技术先进和经济合理，应采用效率高、能耗低、性能较先进的电气产品。

（3）近期为主，考虑发展。应根据工程特点、规格和发展规划，正确处理近期建设与远期发展的关系，做到远、近期结合，以近期为主，适当考虑扩建的可能性。

（4）全局出发，统筹兼顾。必须从全局出发，统筹兼顾，按照负荷性质、用电容量、工程特点和地区供电条件等，合理确定设计方案。

八、配电网设计的基本内容

（一）农村配电设计的基本内容

1）负荷计算及无功补偿计算；

2）变电所主变压器台数和容量的确定（配电所设计不含此项）；

3）配变所接线方案的选择；

4）配变所所址的选择；

5）配变所进出线的选择；

6）短路计算及开关设备的选择；

7）二次回路方案的确定及继电保护的选择与整定；

8）防雷保护与接地装置的设计；

9）编写设计说明书；

10）绘制配变所主电路图、平面图、剖面图、二次回路图及其他施工图纸；

11）编制设备材料清单及工程概算。

（二）配电线路设计的基本内容

1）乡镇配电方案的确定；

2）负荷计算；

3）导线或电缆的选择；

4）杆位的确定及电杆、绝缘子、金具的选择；

5）防雷保护和接地装置的设计；

6）编写设计说明书；

7）绘制乡镇线路系统图、平面图、电杆总装图及其他施工图纸；

8）编制设备材料清单及工程概算。

（三）配电网设计的设计程序

1. 初步设计的主要任务

1）收集设计所需的原始资料；

2）计算乡镇的最大用电容量和电能需要量；

3）与当地供电部门签订借用电协议；

4）确定乡镇供电系统方案；

5）选择乡镇供电系统的主要电气设备及线路器材；

6）绘制设计图纸，包括乡镇供电系统的总体布置图、主电路图和变配电所平面布置图等；

7）编写设计说明书；

8）编制主要设备材料清单及工程概算。

2. 施工设计的主要任务

1）验证和修正初步设计阶段的有关基础资料和计算数据；

2）绘制全套施工图纸，包括变配电所平面图、剖面图、有关设备的安装图以及某些部件的制作安装图等；

3）编制设备材料明细表；

4）编制工程总预算，必要时编写施工说明书。

第二章　配电网负荷预测与计算

第一节　各类用户负荷的特点与影响因素

一、各类用户的负荷特点

（一）居民住宅

居民住宅用电设备主要是电灯、家用电器。需用系数较高，一般为70%～95%，年负荷率为10%～20%，即年15min最大负荷利用小时数为900～1800h左右，一般沿海城市较高，内地较低；同时率为0.9～0.85。

（二）机关团体

机关团体的用电设备主要是电灯、电风扇、空调器等家用电器以及锅炉房的风机水泵等。需用系数一般为60%～90%；年负荷率为15%～25%，即年15min最大负荷利用小时数为1350～2250h左右；同时率为0.85～0.80。

（三）商业大楼

商业大楼是指宾馆、餐厅、百货商场、贸易中心等高层建筑而言，用电设备除电灯、电风扇、电视机外，还有空调、电梯、水泵等。需用系数一般为40%～70%；年负荷率为25%～30%，即年15min最大负荷利用小时数为2250～2700h左右；同时率为0.9～0.85。

（四）路灯

路灯的需用系数接近100%；年负荷率夏季约为15%～25%，冬季约为50%，同时率为0.85～0.80。

（五）工业

凡以电为原动力，或以电冶炼、烘焙、熔焊的工业生产用电设备以及生产车间的照明、空调等都在内。由于一班、二班、三班生产的不同，规模大小、产品种类的差异，各种系数也随之而有很大差距。一班生产、二班生产的需用系数约50%～80%，但负荷率前者只有25%～30%，即月最大负荷小时数180～220h，后者可达40%～55%，即月最大负荷利用小时数290～400h；三班生产的机械、水泥等行业需用系数约为60%～80%，负荷率约为60%～70%；钢铁、煤炭、纺织、造纸、自来水等行业需用系数可达80%～90%，负荷率约为70%～80%；冶炼、化工等行业需用系数可达70%～80%，负荷率超过90%；中压配电电压受电，容量在160kVA以上的工业用户，功率因数标准是0.9，低压配电电压受电，容量在100kVA以上的工业用户是0.85。

（六）农业灌溉

用电设备主要是电动机带动的水泵，需用系数可达80%～100%，月负荷率最高可达70%～80%，最低可为0，年负荷率很低，约为15%～20%，同时率约为0.9～0.65。

二、影响电力负荷变化的因素

影响电力负荷变化（从而也影响负荷曲线的形状）的因素很多，归纳起来有以下几类。

1. 作息时间的影响

一般白天上班时间负荷较高，晚上和凌晨负荷达到最大值，深夜负荷是每天负荷的最低点，中午休息时间也往往出现负荷降低。

2. 生产工艺的影响

连续性生产（如冶炼、化工等）电力负荷非常稳定。三班制加工业除交接班时负荷较小外，其他时间的负荷也很平稳。一班制工业负荷集中在白天，夜间负荷很小，日负荷很不均匀。

3. 气候影响

气候的变化对电力负荷会产生很大的影响。例如，阴雨天白天照明负荷增加，高温天气空调、电扇负荷上升。随着空调设备的逐渐普及，气温将成为电力负荷的一个比较敏感的因素。

4. 季节影响

不同季节负荷有明显的差别。例如，排灌季节负荷增大，有些系统致使系统最大负荷出现在夏季排灌期间，或者使电力系统出现两个以上的高峰负荷。此外，由于季节性用户的存在，用电设备的大修理，以及负荷在年内的增长等均对电力负荷及其曲线产生较大的影响。一般季节性影响使得负荷在年内呈现规律性分布。

第二节　负荷曲线及其特性指标

电力负荷随时间在不断变化，一般用负荷曲线来描述。负荷曲线可显示在一段时间内负荷随时间的变化规律。负荷曲线不仅对电力运行调度和用电管理很有用处，而且在电网规划、设计中也需以预测的负荷曲线为依据。

一、负荷曲线的种类

1）根据负荷的性质，可分为有功负荷曲线和无功负荷曲线；

2）根据负荷的持续时间，可分为周负荷曲线、日负荷曲线、月负荷曲线和年负荷曲线；

3）根据统计范围，可分为个别用户负荷曲线、变电所负荷曲线、发电厂负荷曲线和电力系统负荷曲线；

4）通过对原始数据加工，可得到代表日负荷曲线、日负荷持续曲线，年最大负荷曲线、年持续负荷曲线以及日电量累积曲线和年电量累积曲线等，各类负荷曲线如图 2-1 所示。

依时序变化的负荷曲线称为负荷分布曲线，它反映在统计期内电网中电力负荷随时间变化的关系［如图 2-1（a）、（b）］。

负荷持续曲线指不按时序而按负荷大小及其持续时间排列的派生负荷曲线。在图 2-1（c）中，日负荷率越大，曲线越平滑，当日负荷率大于 0.85 时，可以认为是一条直线。年负荷持续曲线，ad 段为曲线，表示最大负荷与最小负荷间的负荷大小及其与持续时间间的关系，de 段为直线，表示各种基荷的持续时间。

负荷分布曲线、负荷持续曲线与坐标轴相闭合部分的面积就是对应时间段内电量。电量累积曲线表示电力负荷与其负荷间的关系，主要用于确定电厂的工作容量。分为日电量

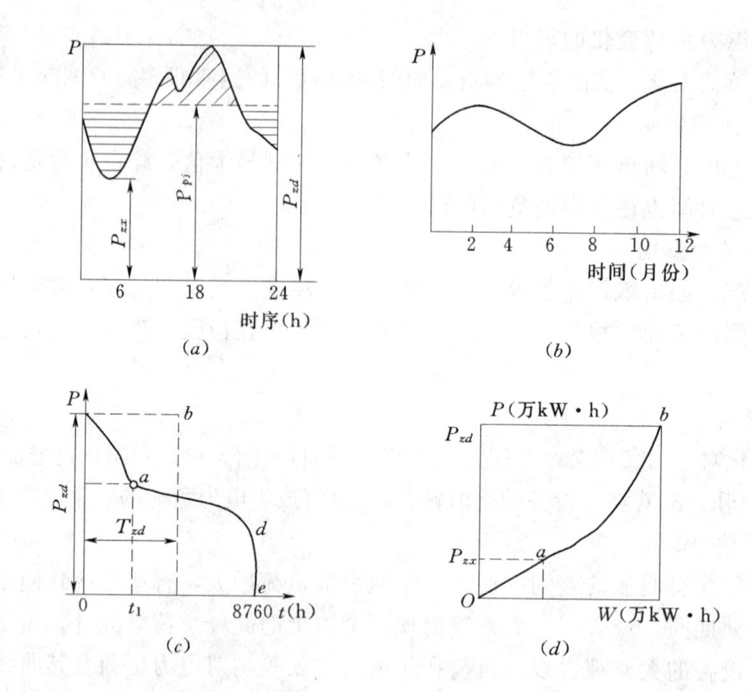

图 2-1 负荷曲线

(a) 日负荷曲线；(b) 年负荷曲线；(c) 年负荷持续曲线；(d) 电量累积曲线

累积曲线和年电量累积曲线。在图 2-1 (d) 中 Oa 段为直线，表示日（年）内基荷与其累积电量间的关系。ab 段为曲线，表示大于基荷的负荷及其累积电量之间的关系，日（年）负荷率越高，ab 段就越接近直线。

二、负荷曲线的特性指标

负荷曲线的特性指标主要有以下几个：

1）负荷率 f：测计时段内负荷曲线中平均功率与最大功率的比值：

$$f=\frac{P_{pj}}{P_{zd}}$$

2）最小负荷率 α：测计时段内负荷曲线中最小功率与最大功率的比值：

$$\alpha=\frac{P_{zx}}{P_{zd}}$$

上述两个指标越大，说明负荷曲线越平稳，对应的电力负荷波动越小，通常 $\alpha<f<1$，其值的大小主要受用户的性质、类别、构成、生产班次及对应网络内工业用电、动力用电、生活用电等所占的比例的影响。不同的用户、不同的电网会有不同的 α、f 值。

3）最大负荷利用小时数 T_{zd}；假定测计时段电压与功率因数都不变，在时段 T 内，某元件在变化电流下所通过的电能等于在最大电流下持续时间 T_{zd}所通过的电能，则称 T_{zd}为最大负荷利用小时。

$$T_{zd}=\frac{A}{P_{zd}}$$

4）年最大负荷利用率 β：该年最大负荷利用小时数与全年小时数之比值，即：

$$\beta = \frac{T_{zd}}{8760}$$

5）月用电不均衡率 σ：月平均日电量与最大日电量的比值称为月用电不均衡率 σ，即

$$\sigma = \frac{A_{pj}}{A_{zd}}$$

6）年负荷率 δ：全年实际用电量与全年按最大负荷用电所需电量之比值，即

$$\delta = \frac{A}{8760P_{zd}}$$

7）负荷年增长率 υ_P：本年度最大负荷与上年度最大负荷之比值，即

$$\upsilon_P = \frac{P_{zd \cdot t}}{P_{zd \cdot t-1}} \times 100\%$$

8）电量年增长率 υ_P：本年度用电量与上年度用电量之比值，即

$$\nu_P = \frac{A_{zd \cdot t}}{A_{zd \cdot t-1}} \times 100\%$$

第三节 负荷预测基本知识

一、负荷预测的作用与期限

在充分考虑一些重要的系统运行特性、增容决策、自然条件与社会影响的条件下，研究或利用一套系统处理过去与未来负荷的数学方法，在满足一定精度要求的前提下，确定未来某特定时刻的负荷数值，称为负荷预测。

电力负荷预测是供电部门的重要工作之一。准确的负荷预测，可以经济合理地安排电网内部发电机组的启停，来满足用户的需求，保证供电的可靠性和电网的安全稳定运行，减少不必要的储备容量；合理安排机组检修计划，保证社会的正常生产和生活，有效降低发电成本，提高经济效益和社会效益。

电力负荷预测一般可分为长期、中期、近期、短期四种。近期预测为电网近期规划而做；为中期电网规划而做的负荷预测称中期负荷预测（5～10 年左右）；为了远景电网规划而做负荷预测称长期负荷预测（10～20 年或更长时间）。中、长期负荷预测是电力系统建设的依据，每年需新装多少容量的发电机组，配多少容量的变电所，增减多少公里的输配电线路以及如何分布等，都必须与该地区的经济、社会发展和人民生活水平的提高相适应，不然就可能产生电力不足而制约该地区的经济文化的发展。但电力建设投资过早，会使过剩的电力设备不能发挥作用。不能产生经济效益，对电力企业来说增加了还贷难度。对一个尚处于社会主义初期阶段的发展中国家来说应该避免这样的情况出现，编制电力系统规划的目的也就在于此。

二、负荷预测的特点

负荷预测是根据电力负荷的过去和现在推测它的未来数值，所以负荷预测工作所研究的对象是不肯定事件。只有不肯定事件、随机事件，才需要人们采用适当的预测技术，推知负荷的发展趋势，这就使负荷预测具有以下明显的特点。

（1）不准确性。因为电力负荷未来的发展受到多种多样复杂因素（如政治、经济、气

象、国家政策等）影响，而且各种影响因素也是发展变化的。有些发展变化人们能够预先估计，有些无法估计（如气象的剧烈变化，严重灾害，国家宏观经济发展趋势，国家政策发生重大变化等。）加上一些预测技术上的问题（数学模型建立的不恰当，资料收集不全面等）影响，这些都决定了预测结果的不准确性或不完全准确性。

（2）条件性。各种负荷预测都是在一定条件下做出的，如果预测人员掌握了电力负荷的发展规律，那么预测条件就是必然条件，所做出预测结果往往是比较可靠的。而很多情况下由于负荷发展的不确定性，所以就需要一些假设条件。例如：夏天持续高温的话，家用空调负荷将保持较高的数值等。当然，这些假设根据研究分析综合历年用电情况而得来，该预测结果加以一定的前提条件，更有利于供电部门使用预测结果。

（3）时间性。各种负荷预测都有一定的时间范围，往往需要确切地指明预测的时间。

（4）多方案性。由于预测的不准确性和条件性，所以有时要对负荷在各种情况下可能的发展状况进行预测，就会得到各种条件下不同的负荷预测方案。

三、负荷预测的一般规定

负荷预测是城乡电网规划设计的基础。预测工作应在经常调查分析的基础上，收集城乡建设和各行各业发展的信息，充分研究本地区用电量和负荷的历史数据和发展趋势进行测算。为使预测结果有一定的科学性、准确性，采用多种方法进行预测，并相互补充，同时可适当参考国内外同类型地区的资料进行校核。

负荷预测分近期、中期和远期。近期还应按年分列，中期和远期可只列期末数据。由于影响负荷变化的因素太多，预测数据可用高、低两个幅值，或高、中、低三个幅值。幅值相差不宜过大。

为使城乡电网结构的规划设计更为合理，应从用电性质、地理区域或功能分区、电压等级分层等方面分别进行负荷预测。

负荷预测的结果应该以GB/50293—1999《城市电力规划规范》[1] 制定的各项规划用电指标作为预测或校核远期规划负荷预测值的控制指标，规范规定的用电指标包括：规划人均综合用电量指标；规划人均居民生活用电量指标；规划单位建设用地负荷指标；规划单位建筑面积负荷指标等。

四、负荷预测的基本程序

怎样做好负荷预测，使它具有科学性，这就要求有一个基本程序，一般程序如下：

（1）确定负荷预测的目的。制定预测计划，负荷预测要明确目的，紧密联系电力系统实际需要（如是近期规划、中期规划，还是远期规划，或短期负荷预测）。只有目的明确，才能相应拟定一个负荷预测工作计划。在预测计划中要考虑的问题主要有：准备预测时期所需要的历史资料（按年、按季、按月、按周或按日）；需要多少项资料；资料的来源和搜集资料的方法；预测方法（如短期与中远期预测方法是不同的）；预测完成时间；所需经费来源等。

（2）负荷预测需收集的资料。一般应包括以下内容：

1）城市总体规划中有关人口、用地、能源、产值、居民收入和消费水平以及各功能分区的布局改造和发展规划（包括各类负荷所计划发展的建筑面积和土地利用比率）等；

---

[1] 中华人民共和国国家标准，中国建筑工业出版社出版，1999年10月。

2）市计划、统计部门以及气象部门等提供的有关历史数据和预测信息；

3）电力系统规划中电力、电量的平衡，电源布局等有关资料；

4）全市及各分区分块、分电压等级按用电性质分类的历年用电量，高峰用电和负荷典型日负荷曲线及电网潮流图；

5）各级电压变电所，大用户变电所及配电所（包括柱上变压器）的负荷记录和典型负荷曲线、功率因数；

6）大用户的历年用电量、负荷、装接容量、合同电力需量、主要产品产量和用电单耗；

7）大用户及其上级主管部门提供的用电发展规划、计划新增和待建的大用户名单、装接容量、合同电力需量、时间地点。国家及地方经济建设发展中的重点项目及用电发展资料；

8）当电源及供电网能力不足造成供不出电时，应根据有关资料估算出潜在负荷的情况。

挑选资料的标准，一要直接有关，二要可靠，三要最新。先把符合这三点的资料挑出来，加以深入研究，在这以后，才能考虑是否还需要再收集其他资料。收集统计资料，尤其在我国目前情况下，各层次的资料往往不够完整，再加上保密问题尚未解决，就更增加了难度。如果资料收集和选择不当，会直接影响负荷预测质量。

（3）资料整理。对所收集的有关统计资料进行审核和必要的加工整理，是保证预测质量所必须的。预测的质量不会超过所用资料的质量。整理资料的目的是为了保证资料的质量，从而为保证预测质量打下基础。

1）衡量统计资料质量的标准：

·资料完整无缺，各期指标齐全；

·数字准确无误，反映的都是正确状态下的水平，资料中没有异常的“分离项”；

·时间数列各值间有可比性。

2）资料整理的主要内容：

·资料的补缺推算。如果中间某一项的资料空缺，则可利用相邻两边资料取平均值近似代替，如果开头一项资料空缺，则可利用趋势比例计算代替；

·对不可靠的资料加以核实调整；对能查明原因的异常值，用适当方法加以订正；对原因不明而又没有可靠修改根据的资料，宁删勿留；

·对时间数列中不可比资料，加以调整。时间数列资料的可比性主要包括：各期统计指数的口径范围是否完全一致；各期价值指标所用价格有无变动；各期时间单位长度是否可比；周期性的季节变动资料的各期资料是否可比，是否能如实反映周期性变动规律。用不同方法处理上述各种可比性问题时，务必使资料在时间上有可比性。此外，还要根据研究目的，认真考虑时间数列的起止时间，即应截取哪一段时间的资料使用。

（4）对收集资料的初步分析。对所收集资料进行初步分析，包括以下几方面：

1）画出动态折线图或散点图，从图形中观察资料变动的轨迹，特别注意离群的数值（异常值）和转折点，研究它是由偶然的还是由其他什么原因造成的；

2）查明异常值的原因后加以处理；

3）计算一些统计量，如自相关系数，以进一步辨明资料轨迹的性质，为建立模型做准备。

（5）建立预测模型。负荷预测模型也就具体为一个数学公式，模型是统计资料轨迹的概括，它反映了资料的内在变化规律的一般特征，与该资料的具体结构并不完全吻合，也就是资料画出动态负荷模型数学公式表达并不完全重合。公式求出的数值，也就是预测值。负荷预测模型是多种多样的（因为负荷变化轨迹是多种多样的），以适用不同结构的资料。因此，对一个具体资料，就有选择适当预测模型问题。有时负荷变化轨迹呈现多种多样性，在不同阶段，变化规律不同只选择一种模型会造成测差过大，这就需要我们采用几种数学模型进行运算，以便对比选择。所以正确选择预测模型在负荷中是具有关键性一步。

（6）综合分析，确定预测结果。通过选择适当的预测技术，建立负荷预测数学模型，进行运算得到预测值，或利用其他方法（如主观经验法）得到了初步预测值，还要参照当前已经出现的各种可能性，对新的趋势和发展（如国民经济发展趋势变化、政策变化和自然气候变化等都会对预测结果准确性产生很大影响）进行综合分析，对比判断推理和评价，最终对初步预测结果进行调整和修正。所以，要对影响预测值新因素进行分析，对预测模型进行适当的修正后确定预测值。

预测值的确定决不是经过某些数学预测运算就能解决。搞好预测需要科学，也需要艺术和良好的综合判断能力，它是个人经验、教训与个人才能综合作用的结果。

（7）编写预测说明。根据预测结果，编写预测说明。因为预测结果是多种预测方法得出，所以说明中要对取得这些结果的预测条件、假设及限制因素等情况详细说明。在说明中有数据资料、报告分析、数学模型、预测结果及必要图表，让使用者一目了然，便于以后规划时应用。由于负荷预测、归类分析工作量大，且需要经常更新数据，宜应用计算机进行。

第四节　负荷预测方法

负荷预测工作，可以从全面和局部两方面进行：一是对全城市地区的总的需要量进行全面宏观预测，以便确定规划年的输配电系统所需要的设备分量；二是对供电区内每个分块（分区）的需要量进行局部预测，以确定变电所的合理分布，一般变电所建在负荷中心。分块预测每块面积大小和电网电压等级有关，电压高的面积大，如35～110kV电网的块分为1～3km²；0.4～10kV电网必须划的更小；而且还和供电区的负荷密度相关。分块的目的是为了使规划设计的系统布局和实际的负荷需要尽可能一致。具体的预测，还可将每分区内的一般负荷和大用户分别预测，一般负荷作为均布负荷，大用户则在预测时把它们作为点负荷来处理，把负荷值纳入相应的预测总值中。各分区负荷预测值综合后的总负荷，应与宏观预测的全区总负荷进行相互校核。

负荷预测工作一般先进行各目标年的电量预测，以年综合最大负荷利用小时数或年平均日负荷率求得最大负荷的预测值，也可按典型负荷曲线得出其各时间断面的负荷值。

由于负荷预测的是规划设计的基础，特别是电力市场的形成，预测准确程度直接影响了电力生产管理水平的高低。所以，负荷预测技术研究也就变得越来越重要。为了找到使用方便、精度高、计算快的预测方法，理论上展开了广泛的研究。目前能应用于工程的预测方法很多（在工程中常采用几种方法进行，并相互校核），GB/50293—1999《城市电力规划规范》提出了电力弹性系数法、回归分析法、增长率法、人均用电指标法、横向比较法、负荷密度法、单耗法、时间序列预测法等。这里介绍几种常用的负荷预测方法。

一、用电单耗法

根据产品（或产值）用电单耗和产品数量（或产值）来推算电量，是预测有单耗指标的工业和部分农业用电量的一种直接有效的方法。目前，我国城市重工业用电还占较大比重，单耗法还是负荷预测中一个重要的方法，它适用于近、中期规划。

一个地区的工业生产用电，可按照行业划分为若干部门，如煤炭、石油、冶金、机械、建筑、纺织、化纤、造纸、食品等，再对每个部门统计出主要产品的单位产品耗电量Q，知道了每种产品的产量G，就可得到n种工业产品总用电量A，即

$$A = \sum_{i=1}^{n} G_i Q_i$$

具体预测中，可用往年的各产业的产值及其用电量得到产值单耗，再根据未来发展趋势得到各产业产值单耗递增（减）率。表2-1为县级主要工矿企业用电单耗。一般随着时代的发展，科技的进步，节能措施执行，产业结构调整，单位产品电耗呈逐年下降趋势，如果假定某产业的产值单耗按一定递减率C下降，则计算规划期末需电量A_m如下：

$$A_m = G_m Q_0 (1 + C)^n$$

式中 A_m——某产业产值在第m年预测需电量；

G_m——某产业在第m年的产值；

Q_0——某产业在计算基准年的产值单耗；

C——预测期内某产业产值单耗递减（增）率。

表 2-1　县级主要工矿企业用电单耗

指　标	计算单位	单位耗电指标(kW·h)	最大负荷利用小时数(h)	指　标	计算单位	单位耗电指标(kW·h)	最大负荷利用小时数(h)
一、煤碳工业				六、纺织工业			
立井采煤(年产60万t)	t	18～25	3500	棉布	万m	1200～1400	5000
斜井采煤(年产60万t)	t	20～24	4200	针织品	万m	2500～2800	4500
露天采煤(年产60万t)	t	15～20	4600	毛纺织	万m	1800～2000	4200
二、冶金工业				七、造纸工业			
硅铁（75%）	t	9000～12500	5500	木浆	t	800～1000	4000
胚钢	t	150～160	5000	印刷纸	t	650～800	5000
电解铝	t	18500	5000	包装纸	t	500～600	3800
三、机械工业				八、食品工业			
小型水轮机	台	800～1000	4300	花生油（1500t）	t	280～320	3800
汽车修理	辆	500～550	3600	白酒（3000t）	t	10～20	4500
农业机械	台	250～300	4600	面粉（中型）	t	50～60	4300
四、化学工业				九、其他工业			
合成氨（5000t）	t	1500～2000	4500	水泥预制构件	m^3	35～50	3600
烧碱（1000t）	t	3000～3500	4500	自来水（20万t）	t	0.4～0.5	3500
磷氨肥	t	1000～1200	5200				
五、建材工业							
水泥（10万t）	t	100～110	4200				
机制瓦	万块	600～650	3400				
玻璃钢	t	650～680	3800				

单耗法需要做大量细致的统计调查工作，近期预测效果较佳。但在实际中很难对所有产品较准确地求出其用电单耗，即使做工作量也太大，有时考虑用国民生产总值或工农业生产总值，结合其产值单耗，计算出用电量，这就是产值单耗法。后一种方法用得较为方便一些，预测公式同产品单耗法形式一样。

【例 2-1】 某地区 1995 年国民生产总值（GDP）为 125 亿元，按地区经济发展规划，今后十年发展速度仍保持 10%的增长率。已知 1994 年该地区 GDP 产值单耗为 0.160kW·h/元，产值单耗一般随科技进步和节能措施的执行及第三产业的发展呈逐年下降趋势。若年递减率取 2%，预测 2001 年的用电量。

解

$$\begin{aligned}A_{2001} &= G_{2001}Q_{2001}\\ &= G_{1995}(1+0.10)^6 Q_{1994}(1-0.02)^6\\ &= 125\times(1.10)^6\times0.16\times(1-0.02)^6\\ &= 221.445\times0.142\\ &= 31.45\,(\text{亿 kW·h})\end{aligned}$$

二、电力弹性系数法

利用电力弹性系数进行负荷预测，是编制电力发展规划时常用的一种负荷预测方法。这种方法的优点是计算简单，缺点是预测结果准确度不高，可用作远期规划粗线条的负荷预测。

电力弹性系数 k_{dt}是指用电量的年平均增长率 k_{zcl}与国内生产总值（GDP）的年平均增长率 K_{gzcl}的比值。在某一特定的历史发展阶段，电力弹性系数有一个大体比较稳定的数值范围。表 2-2 为我国 1980～1991 年电力弹性系数。根据历史上电能消费与经济增长的统计数据，计算出电力弹性系数，然后利用此值预测未来年份的电力需求的方法称为电力弹性系数法，电力弹性系数的定义为

$$k_{dt}=\frac{k_{zcl}}{k_{gzcl}}$$

表 2-2　我国 1980～1991 年电力弹性系数

年　份	电力弹性系数	年　份	电力弹性系数	年　份	电力弹性系数	年　份	电力弹性系数
1980	1.03	1983	0.73	1986	1.23	1989	1.77
1981	0.61	1984	0.54	1987	1.04	1990	1.22
1982	0.73	1985	0.67	1988	0.85	1991	1.21

注　本表中资料取自纪雯主编《电力系统设计手册》（中国电力出版社出版，1998 年）。

假设国内生产总值和需电量均按比例正常增长，则

$$k_{zcl}=\sqrt[n]{\frac{A_n}{A_0}}-1$$

$$k_{gzcl}=\sqrt[n]{\frac{G_n}{G_0}}-1$$

式中　G_n、A_n——第 n 年末的国内生产总值和需电量；

G_0、A_0——基准年的国内生产总值和发电量。

需电量为

$$A_m = A_0(1 + k_{gzcl}k_{dt})^n$$

式中 A_m——规划期年末需电量；

A_0——规划期始基准年的需电量；

k_{gzcl}——国内生产总值的年平均增长率；

n——计算期的年数。

【例 2-2】 某地区电力弹性系数根据地区以往数据，并结合地区发展规划取为 1.050，GDP 产值年均增长率取 15%，1995 年的用电量为 20 亿度，预测 2001 年的用电量。

解

$$A_{2001} = A_{1995}(k_{gzcl}k_{dt})^n$$

$$= 20 \times (1 + 0.15 \times 1.05)^6$$

$$= 48\ (\text{亿 kW} \cdot \text{h})$$

三、负荷密度法

负荷密度是指每平方公里土地面积上的平均负荷数值，在城乡负荷预测中均有采用。对于城市负荷预测，一般并不直接预测整个城市的负荷密度。而是按城市分区或网点来统计负荷。首先计算现状和历史的分区负荷密度，然后根据地区发展规划对各分区负荷发展的特点，通过推算，求出各分区各目标年的负荷密度预测值。至于分区中的少数集中用电的大用户在预测时可另做负荷单独计算。

总之，要根据需要按城市的具体情况具体处理。分类用地的用电指标在采用负荷密度法编制城乡负荷规划时应用最广，表 2-3 为部分建设分类用地用电指标，但大城市与中小城市，城市与乡镇的负荷密度差别都很大，而且发展也很快。例如，表 2-4 为 1987 年我国某些城市负荷密度（kW/km^2），但北京市在近期规划城市负荷水平时，对四环路以内负荷密度按 40～50MW/km^2、四环路以外至规划市区边负荷密度按 10MW/km^2、市区外，则按 0.19～0.32MW/km^2 进行规划和设计。

表 2-3　规划单位建设用地负荷指标

城市建设用地用电分类	单位建设用地负荷指标（kW/ha）
居民住宅用电	100～400
公用设施用电	300～1200
工业建筑用电	200～800

注　本表中资料取自 GB/50293—1999《城市电力规划规范》，超出表中三大类建设用地以外的其他各类建设用地的单位建设用地负荷指标的选取，可根据所在城市的具体情况确定。

表 2-4　1987 年我国大城市负荷密度（kW/km^2）

城　市	全　市	市　区	市中心	城　市	全　市	市　区	市中心
北京	126.7	1733.0	2832.0	天津	137.6	222.2	4620
沈阳	98.3	218.45	2829.8	深圳	—	838.0	—
上海	—	—	6957.0	珠海	50.6	72.0	673.1
广州	73.0	526.50	5217.0	武汉	120.25	4329.0	
重庆	37.2	1195.0	3553.0				

注　本表中资料取自纪雯主编《电力系统设计手册》（中国电力出版社出版，1998 年）。

由于城市的社会经济和电力负荷常随同某种因素而不连续（跳跃式）发展的特点，由此应用负荷密度法是一种比较直观的方法，其计算公式为

$$P = Sd$$

式中 P——某地区年综合负荷；

S——该地区土地面积；

d——平均每平方公里负荷密度。

将负荷密度法用于农村负荷预测时，可按每亩地的平均用电量来测算，和城市负荷预测类似，对农业用地也应进行分类处理。按有关文件规定，乡镇企业和农村个体工业中，符合工业生产条件的，要列入有关的工业行业用电，不列入农业用电。表 2-5 为 1991 年全国部分省、市每亩地的平均用电量。

表 2-5　　1991 年我国部分省、市每亩地的平均用电量

省、市	1990 年末耕地面积（万亩）	农村用电量（亿 kW·h）	每亩耕地用电量（kW·h/亩）
北京	616.8	20.0	324.3
天津	647.7	18.1	279.6
河北	9824.6	65.5	66.7
黑龙江	13278.4	20.3	15.6
江西	3515.6	16.8	47.8
河南	10380.3	52.1	50.2
湖南	4965.3	25.8	52.0
安徽	6530.2	28.0	39.8
浙江	2572.3	84.0	326.6
山东	10251.1	84.2	82.1
湖北	5187.7	27.8	53.6
四川	9421.1	48.0	50.9
陕西	5281.7	28.6	54.1
新疆	4673.8	12.0	25.7
青海	868.8		

注　本表中的数据根据《1992 年中国统计年鉴》数据折算。

【例 2-3】　某市 1995 年市区综合负荷密度为 0.8MW/km²，局部中心区为 25MW/km²。根据国民经济的发展，与相近城市通过横向、纵向比较，预计 2001 年负荷密度：市区综合负荷密度为 1.6MW/km²，局部中心区为 38MW/km²。市区面积 S_1 为 500km²，局部中心区面积 S_2 为 2km²，预测 2001 年市区的负荷和局部中心区的负荷值。

解

市区：
$$P_{2001} = d_{2001}S_1 = 1.6 \times 500 = 800\ (\text{MW})$$

局部中心区：
$$P_{2001} = d_{2001}S_2 = 38 \times 2 = 76\ (\text{MW})$$

四、人均用电量指标法

通过分析与本国本地区国民生产总值、产业结构、发展速度、人口、面积等相似的国

内外地区情况，并对照本国本地区规划期内人口及人均国民生产总值的增长速度，预测相应的人均用电水平。采用人均用电量指标法或横向比较的方法，以该城市的现状人均生活用电量为基础，对照表 2-6 按不同城市居民生活用电水平预测 2010 年城市居民生活用电量指标。

表 2-6　　1991～2010 年我国城市人均居民生活用电量指标（不含市辖市、县）

序　号	城市人均居民生活用电水平	1991 年城市人均居民生活用电量指标（kW·h/人·a）	2010 年城市人均居民生活用电量指标（kW·h/人·a）	1991～2010 年人均居民生活用电量递增速度（%）
1	较高生活用电水平	400～201	2500～1501	9.60～10.57
2	中上生活用电水平	200～101	1500～801	10.60～10.91
3	中等生活用电水平	100～51	800～401	10.96～10.86
4	较低生活用电水平	50～20	400～200	10.98～12.20

注　本表中资料取自 GB/50293—1999《城市电力规划规范》条文说明。

五、时间序列预测法

时间序列预测法是以时间为自变量，以预测的目标（如用电量）作为应变量，建立适当的数学模型。然后将要预测的年份代入模型的方程组中，即可求出未来的预测量。使用这种方法预测时，一般要用十年或十年以上的历史数据，这样建立的相应的数学模型才能比较准确反映事物的变化趋势。利用时间序列预测法进行负荷预测时，必须具备的一个关键性问题是可比性，包括时间可比性和指标的可比性。时间可比性是指序列的各个时期、时距的时间长短必须保持一致，如长短不一、参数不齐或有缺失，应首先做必要的调整或计算处理。指标可比性是指指标的内容、计算方法、计量单位应前后一致。

利用时间序列趋势进行负荷预测数学模型有三种：

1）线性趋势 $y=a+bt$ 法，适用于逐年增减量大致相同（称一次差分）；

2）指数趋势 $y=ab^t$ 法，适用于每年的增减率（即增减百分数）大致相同，这说明每年以接近的发展速度递增（减）变化；

3）抛物线趋势 $y=a+bt+t^2$ 法，适用于每年增减量之间相差数（称二次差分）大致相同。

1. 线性趋势 $y=a+bt$ 法

根据事物的发展趋势进行预测，其中以线性趋势配合的方法准确度较高。若有一组历史统计数据，画在坐标纸上，如果图上出现的点子其发展轨迹趋势接近于一条直线，则数学模型可表达为：

$$y = a + bt$$

式中　y——预测量，如用电量；

t——自变量，如年份；

a，b——常数，a，b 两个常数可以根据最小二乘法的理论来求得，有

$$a = \frac{\sum y_i - b\sum t_i}{n}$$

$$= \bar{y} - b\bar{t}$$

$$b = \frac{n\sum t_i y_i - \sum t_i \sum y_i}{n\sum t_i^2 - (\sum t_i)^2}$$

$$= \frac{\sum t_i y_i - n\bar{t}\bar{y}}{\sum {t_i}^2 - n\bar{t}^2}$$

式中　n——所用历史资料时间的期数；

y_i——预测量过去在历史资料上历史的各期实际数值，$\bar{y}$ 为其平均值；

t_i——历史年代（或期量）的序列量，$\bar{t}$ 为其平均值。

【例 2-4】　某地区用电量逐年增长，其中 9 年用电量如表 2-7 所示，试预测第十年本地区用电量。

表 2-7　　　　　　　　　　某地区近十年用电量统计表

时间 t	时间序列 t_i	用电量 y_i (MW·h)	t^2	$t_i y_i$	时间 t	时间序列 t_i	用电量 y_i (MW·h)	t^2	$t_i y_i$
1	−4	2763	16	−11052	6	1	3181	1	3181
2	−3	2881	9	−8643	7	2	3370	4	6740
3	−2	2890	4	−5780	8	3	3413	9	10239
4	−1	2972	1	−2972	9	4	3563	16	14252
5	0	3122	0	0	$\sum$	0	28155	60	5965

解　已知 $n=9$，由上表可得有关参数：

$$\bar{y} = \frac{\sum y_i}{n} = \frac{28155}{9} = 3128.3$$

$$\sum t_i^2 = 60$$

$$\frac{\sum t_i}{n} = \frac{0}{9} = 0$$

$$\sum t_i y_i = 5965$$

$$a = \frac{\sum y_i - b\sum t_i}{n} = \frac{\sum y_i}{n} = \bar{y}$$

$$= 3128.3$$

$$b = \frac{n\sum t_i y_i - \sum t_i \sum y_i}{n\sum t_i^2 - (\sum t_i)^2} = \frac{\sum t_i y_i}{\sum {t_i}^2} = \frac{5965}{60} = 99.42$$

故可得外推方程：

$$y = 3128.3 + 99.42t$$

由上式可求得第十年该地区预测用电量（图 2-2）：

$$y_{10} = 3128.3 + 99.42 \times 5$$

$$= 3625.4\ (\text{MW} \cdot \text{h})$$

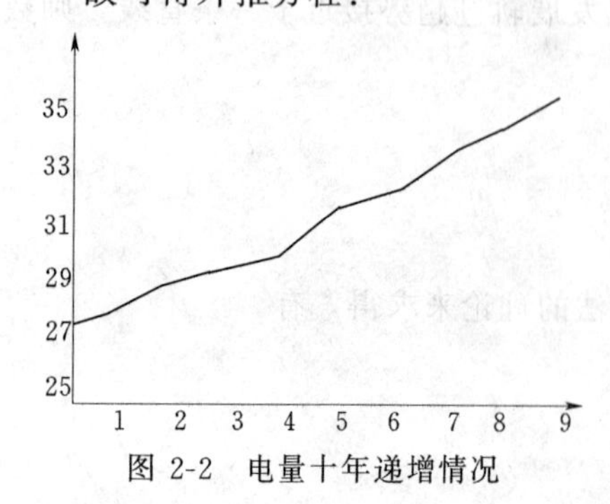

图 2-2　电量十年递增情况

2. 指数趋势 $y=ab^t$ 法

若用电量每年增（减）率大致相同，即有一组历史统计数据，画在坐标纸上，图上出现的点子发展趋

势接近于指数曲线，则数学模型为 $y=ab^t$，要求出 a、b 两常数之值，可在方程两边取对数，即

设 $$\lg y=\lg a+t\lg b,\quad Y=\lg y,\quad A=\lg a,\quad B=\lg b$$

则前式可改写为：

$$Y=A+Bt$$

用最小二乘法，有

$$A=\frac{\sum y_i-B\sum t_i}{n}$$

$$B=\frac{n\sum t_i y_i-\sum t_i\sum y_i}{n\sum t_i^2-(\sum t_i)^2}$$

【例 2-5】 设某地区用电量逐年增长量相同，数据如表 2-8 所示，试用指数趋势 $y=ab^t$ 法预测第十年的用电量。

表 2-8　　某地区近十年用电量统计表

时间 t	时间序列 t_i	t_i^2	用电量 y_i（亿 kW·h）	$\lg y_i$ (Y_i)	$t_i\lg y_i$	$(\lg y_i)^2$
1	−4	16	45.89	1.66	−6.64	2.76
2	−3	9	59.09	1.77	−5.31	3.14
3	−2	4	68.14	1.83	−3.66	3.36
4	−1	1	78.15	1.89	−1.89	3.58
5	0	0	72.69	1.86	0	3.47
6	1	1	84.80	1.93	1.93	3.72
7	2	4	96.06	1.98	3.96	3.93
8	3	9	107.34	2.03	6.09	4.12
9	4	16	121.85	2.08	8.32	4.35
Σ	0	60	733.97	17.03	2.8	32.43

解　因为每年增长率相同，故预测须用指数形式计算，方法如下：

$$n=9$$

$$\bar{t}=\frac{\sum t_i}{n}=\frac{0}{9}=0$$

$$A=\frac{\sum\lg y_i}{n}=\frac{\sum y_i}{9}=\frac{17.03}{9}=1.89$$

$$B=\frac{\sum t_i\lg y_i}{\sum t_i^2}=\frac{\sum t_i y_i}{\sum t_i^2}=\frac{2.8}{60}=0.047$$

$$y_i=1.89+0.047t$$

$$A=\lg a$$

$$B=\lg b$$

$$a=\lg A^{-1}=77.62$$

$$b=\lg B^{-1}=1.1143$$

$$y_i = ab^t = 77.62 \times (1.1143)^t = 77.62 \times (1.1143)^5 = 133.34$$

故第十年预测电量为：133.34（亿 kW·h）

六、因果法

电力负荷和用电量的变化趋势与许多因素有关。电力工业为国民经济的重要组成部分，与国民经济的其他部门存在着多方面的相互储存、相互制约的关系。如电力负荷和用电量与国民经济增长率、工农业产值、人口、人均收入、产品电耗等因素都有一定关系，而这种关系总表现为事物的因果关系。这种关系也为相关关系，它和函数关系不一样。数理统计学研究相关关系时，可以运用回归分析和相关分析方法。回归分析的主要步骤是：

1）从一组或几组数据出发，分析变量间存在什么样的关系，建立这些相关变量之间的数学模型（回归方程），并对数学模型的可信度进行统计检验；

2）利用回归方程式，根据一个或几个变量的值，预测或控制另一个变量的取值；

3）从影响某一变量的许多变量中，判断哪些变量的影响是显著的，哪些是不显著的，从而建立更实用的回归方程；

4）利用得到的数学模型，对生产过程、自然现象进行预测或控制。

回归分析由可分为一元回归、多元回归和逐步回归分析等几种。当只选用一个影响变量因素，且预测事物之值与相关变量的关系大致是线性的，那就是一元线性回归预测，其回归方程为：

$$y = a + bx$$

式中 y——预测事物的值；

x——影响预测事物的变量因素；

a，b——回归系数，可利用最小二乘法求得：

$$a = \frac{\sum y_i - b\sum x_i}{n} = \overline{y} - b\overline{x}$$

$$b = \frac{n\sum x_i y_i - \sum x_i \sum y_i}{n\sum x_i^2 - (\sum x_i)^2} = \frac{\sum x_i y_i - n\overline{x}\,\overline{y}}{\sum x_i^2 - n\overline{x}^2}$$

$$\overline{x} = \frac{\sum x_i}{n}$$

$$\overline{y} = \frac{\sum y_i}{n}$$

式中 $\overline{x}$——变量 x 的平均值；

$\overline{y}$——预测量历史数据 y 的平均值；

n——期数。

为了考察回归方程的可信度，还需用此方程解出 y 的历年数据估算值 i 与历年实际值进行比较，以判断其误差值。若误差不大，则此方程是可信的。一般可用求相关系数 r 的办法，来判断回归方程的可信程度。相关系数 r 值的范围是 $0 \leqslant |r| \leqslant 1$。

若 $r=0$，说明变量 x 与 y 不相关，x 与 y 不存在线性关系，或者存在其他关系。

若 $r=1$，说明 x 与 y 线性相关，r 值较大，表明相关程度密切。

r 值由下式决定

$$r=\frac{\sum x_i y_i - n\,\overline{xy}}{\sqrt{(\sum x_i^2 - n\overline{x}^2)(\sum y_i^2 - n\overline{y}^2)}}$$

【例 2-6】 某地区需电量历年增加，假如 2001 年计划工业产值为 29 亿元，试用因果分析预测 2001 年用电量，并求相关系数 r。1991～2000 年工业产值 x 与用电量 y 资料如表 2-9 所示。

表 2-9　　某地区需电量与工业产值统计表

年　份	工业产值亿元	用电量（10^8kW·h）	xy	x^2	y^2
1991	10	4	40	100	16
1992	12	5	60	144	25
1993	14	6	84	196	36
1994	17	6.5	110.5	289	42.25
1995	20	8.5	170	400	72.25
1996	22	9	198	484	81
1997	20	8	160	400	64
1998	21	8.5	178.5	441	72.25
1999	24	10	240	576	100
2000	26	10.5	273	676	110.25
$\sum$	186	76	1514	3706	619

解　由已知条件得 $n=10$

$$\overline{x}=\frac{\sum x_i}{n}=\frac{186}{10}=18.6$$

$$\overline{y}=\frac{\sum^n y_i}{n}=\frac{76}{10}=7.6$$

$$\sum x_i^2=3706$$

$$\sum x_i y_i=1514$$

$$\sum y_i^2=619$$

$$b=\frac{\sum x_i y_i - n\overline{x}\,\overline{y}}{\sum x_i^2 - n\overline{x}^2}$$

$$=\frac{1514-10\times 18.6\times 7.6}{3706-10\times 18.6^2}$$

$$=0.407$$

$$a=\overline{y}-b\overline{x}$$

$$=7.6-0.407\times 18.6$$

$$=0.0298$$

$$r=\frac{\sum x_i y_i - n\overline{x}\,\overline{y}}{\sqrt{(\sum x_i^2 - n\overline{x}^2)(\sum y_i^2 - n\overline{y}^2)}}$$

$$=\frac{1514-10\times18.6\times7.6}{\sqrt{(37.6-10\times18.6^2)(619-10\times7.6^2)}}=0.994$$

故可得预测方程 $y=0.0298+0.407x$

相关系数如下：

$r=0.994$，说明相关程度密切，可用上述方程预测2001年用电量

$$y_{2001}=0.0298+0.407\times29=11.833\times10^8\ (\text{kW}\cdot\text{h})$$

总之，采用数理统计方法进行负荷或用电量的预测，需用要搜集积累大量的历史数据，然后进行数据分析和预测计算。人工计算比较麻烦和困难，电子计算机的应用为预测创造了有利条件。

七、最大负荷预测

通过负荷预测求出规划年的需电量 A 后，可用年最大负荷利用小时数来预测年最大负荷，计算公式为：

$$P_{zd}=\frac{A}{T_{zd}}$$

最大负荷年利用小时数 T_{zd} 可查有关表格。

第五节 用电负荷计算

一、用电负荷计算的目的

用电负荷计算主要是确定"计算负荷"。"计算负荷"是按发热条件选择电气设备的一个假定的持续负荷，"计算负荷"产生的热效应和实际变动负荷产生的最大热效应相等。所以根据"计算负荷"选择导体及电器时，在实际运行中导体及电器的最高温升不会超过容许值。

计算负荷是确定供电系统、选择变压器容量、电气设备、导线截面和仪表量程的依据，也是整定继电保护的重要依据。计算负荷确定的是否合理，直接影响到电器和导线的选择是否经济合理。如计算负荷确定过大，将使电器和导线截面选择过大，造成投资和有色金属的浪费；如计算负荷确定过小，又将使电器和导线运行时增加电能损耗，并产生过热，引起绝缘过早老化，甚至烧坏，以致发生事故，同样给国家造成损失。为此，正确进行负荷计算与预测是供电设计的前提，也是实现供电系统安全、经济运行的必要手段。

二、用电负荷计算方法

用电负荷计算方法，大致有五种，在实际运作时按具体情况选用（表2-10）中的一种。

表2-10 用电负荷计算方法

序号	计算方法	适用范围
1	需用系数法	用电设备台数较多、各台设备容量相差不太悬殊时，特别在乡镇的计算负荷时采用
2	二项试法	用电设备台数较少、各台设备容量相差悬殊时，特别在干线和分支线的计算负荷时采用

续表

序 号	计 算 方 法	适 用 范 围
3	单位产品耗电量法	乡镇用电负荷初步设计中在估算负荷时采用
4	单位面积耗电量法	建筑的初步设计中估算照明负荷时采用
5	典型调查及实测法	有特别使用要求的用户采用

（一）需用系数法

需用系数法是将设备的额定容量加起来，再乘上需用系数就得出计算负荷，即：

$$P_{js}=K_x\sum P_n$$
$$=K_tK_f\sum P_n$$

式中 K_x——需用系数，如表 2-11 所示；

K_f——负荷系数；

K_t——同时系数；

$\sum P_n$——所有负荷的总和。

表 2-11　用电负荷及部分乡镇企业的需用系数和功率因数

序号	用电设备名称	需用系数 K_x	功率因数 $\cos\varphi$	序号	用电设备名称	需用系数 K_x	功率因数 $\cos\varphi$
1	机械加工	0.2～0.25	0.6	10	粮库	0.25～0.4	0.85
2	木器加工	0.25～0.35	0.65	11	工厂及办公室	0.81～1.0	1.0
3	机修厂	0.2～0.25	0.6	12	生活区照明	0.6～0.8	1.0
4	电镀厂	0.4～0.6	0.85	13	街道照明	1	1.0
5	变压器厂	0.3～0.4	0.65	14	电气开关厂	0.35	0.75
6	开关厂	0.25～0.3	0.7	15	电机厂	0.33	0.65
7	煤气站	0.5～0.7	0.65	16	电线厂	0.35	0.73
8	水厂	0.5～0.65	0.8	17	煤矿机械厂	0.32	0.71
9	锅炉房	0.65～0.75	0.8				

计算工厂负荷时，先将设备按工作性质划分为若干组，然后分组计算，再将若干组计算负荷之和乘以同时系数即得总负荷（如果厂区较大时，则应加上配电线路损耗 ΔP）即：

$$P_{js\Sigma}=K_{t\Sigma}\sum(K_xP_n)=K_{t\Sigma}K_f\sum P_{js}$$

式中 $K_{t\Sigma}$——综合同时系数，可取 0.9。

（二）二项式系数法

二项式系数法是适用于容量差别大，需要考虑大容量设备的影响，如机床加工车间。将总负荷和负荷最大设备的负荷之和分别乘以不同的系数后相加，得出计算负荷，即：

$$P_{js}=c\sum P_{n.zd}+b\sum P_n$$

式中 $\sum P_n$——总负荷；

$\sum P_{n.zd}$——最大设备负荷之和；

c、b——系数，如表 2-12 所示。

表 2-12　　二项式系数参考值

序号	用电设备名称	二项式系数		最大负荷设备台数
		b	c	
1	小批生产的金属冷加工机床的电动机	0.14	0.4	5
2	大批生产的金属冷加工机床的电动机	0.14	0.5	5
3	小批生产的金属热加工机床的电动机	0.24	0.4	5
4	大批生产的金属热加工机床的电动机	0.26	0.5	5
5	通风机、水泵、空气压缩机及其电动发电机组	0.65	0.25	5
6	非连锁的连续运输机械及铸造工厂、整砂机械	0.4	0.4	5
7	连锁的连续运输机械及铸造工厂、整砂机械	0.6	0.2	5
8	锅炉房和机修、机加装配等企业的吊车	0.06	0.2	3
9	铸造车间吊车	0.09	0.3	3
10	自动连续装料的电阻炉设备	0.7	0.3	2
11	实验室用小型电热设备（电阻炉、干燥箱等）	0.7	0	

（三）单位产品耗电量法

单位产品耗电量法是以总产量乘单位耗电量来求计算负荷（表 2-13），单位产品耗电量是根据统计调查而得，或按产品单位耗电量乘产品数量得总电量 W，再与该类负荷的最大负荷利用小时数相除便得计算负荷：

$$P_{js}=\frac{A}{T_{zd}}$$

式中　T_{zd}——最大负荷年利用小时数。可以查有关表格。

表 2-13　　部分产品单位耗电量

序号	产品名称	产品单位	产品单耗（kW·h/产品单位）	序号	产品名称	产品单位	产品单耗（kW·h/产品单位）
1	电动机	台	14	8	大米	t	25
2	变压器	台	2.5	9	玉米面	t	24.13
3	肥皂	t	16.6	10	红砖	万块	43.6
4	草报纸	t	174	11	水泥	t	82
5	水	t	0.28	12	水泥电杆	根	9.2
6	饼干	t	384	13	水泥瓦	万片	131
7	啤酒	t	92.1	14			

（四）单位面积耗电量法

将单位建筑面积所需 P 乘建筑面积 S 得计算负荷为（表 2-14）：

$$P_{js}=PS$$

式中　P——单位建筑面积所需电力，W/m^2；

　　S——建筑面积，m^2。

表 2-14　　照明负荷单位耗电参考表

名　称	单位耗电量（W/m²）	名　称	单位耗电量（W/m²）	名　称	单位耗电量（W/m²）
学　校	20～30	办公楼	15～25	仓库	2～6
医　院	20～25	托儿所	15～25	一般宾馆	20～30
图书馆	15～25	公共食堂	25	走廊、厕所、厨房	6～10
商　店	20～40	小型工厂	15～20		

三、几点注意

1）供电范围较大，负荷也较大时，在求总负荷时应加上配电线路线损，范围较小时的可忽略。配电线路损失可按下两式之一计算：

$$\Delta P_l = 3I^2 rl \times 10^{-3} \quad 或 \quad \Delta P_l = \frac{S^2}{1000U_n^2} rl = \frac{P^2 + Q^2}{1000U_n^2} rl$$

式中　I——线电流，A；

r——每相线路电阻，Ω；

S——视在功率，kVA；

U_n——线路额定电压，kV；

P——有功功率，kW；

Q——无功功率，kvar。

【例 2-7】　一条三相 0.4kV 线路，长为 1km，传输的视在功率 100kVA，导线电阻为 $r_0=0.2\Omega/\text{km}$，求线损。

解

$$\Delta P_l = \frac{S^2}{1000U_n^2} r = \frac{S^2}{1000U_n^2} r_0 l = \frac{100^2 \times 0.2 \times 1}{1000 \times 0.4^2} = 12.5\ (\text{kW})$$

2）求单台电动机或少数几台电动机的计算负荷时要考虑电动机的效率。因电动机铭牌上注的额定功率是电动机轴的机械输出功率。例如一台 30kW 电动机，效率 η 为 0.85，则输入功率为 $P=30/0.85=35.3$kW。用电设备台数小于等于 3 时，一般按满负荷运行计算，即将设备容量之和作为计算负荷。

【例 2-8】　某厂金工车间计算负荷为 50kW，铸铁车间 150kW，空压机站 50kW，锻压车间 100kW，后勤 50kW，配电线路线损 10kW，计算总负荷为多少（取同时系数 K_t 为 0.5）。

解

$$\begin{aligned} P_{js} &= K_t \sum (K_x P_n) + \Delta P_l \\ &= 0.5 \times (50+150+50+100+50) + 10 \\ &= 210\ (\text{kW}) \end{aligned}$$

3）单相用电设备三相分布负荷计算：单相用电设备接于线电压，若需要求每相承担的负荷时，可按下式换算成相负荷。

A 相：　$P_a = P_{ab}K_{(ab)a} + P_{ca}K_{(ca)a}$

B 相：　$P_b = P_{ab}K_{(ab)b} + P_{bc}K_{(bc)b}$

C 相：　$P_c = P_{ca}K_{(ca)c} + P_{bc}K_{(bc)c}$

式中 P_a、P_b、P_c——换算至A、B、C相的有功功率；

P_{ab}、P_{bc}、P_{ca}——接在AB、BC、CA线电压的有功功率；

$K_{(ab)a}$、$K_{(ab)b}$、$K_{(bc)b}$、$K_{(ca)c}$、$K_{(ca)a}$、$K_{(bc)c}$——接于AB、BC、CA间线电压的容量换算至相负荷的换算系数（表2-15）。

表 2-15　　　　换　算　系　数

换算系数	负荷的 cosφ								
	0.35	0.4	0.5	0.6	0.65	0.70	0.80	0.90	1.0
$K_{(ab)a}$、$K_{(bc)b}$、$K_{(ca)c}$	1.27	1.17	1.0	0.89	0.84	0.8	0.72	0.64	0.5
$K_{(ab)b}$、$K_{(bc)c}$、$K_{(ca)a}$	−0.27	−0.17	0	0.11	0.16	0.2	0.28	0.36	0.5

【例 2-9】 接于线电压的单相设备的连接容量为$P_{ab}=30$kW，$\cos\varphi=0.5$；$P_{bc}=40$kW，$\cos\varphi=1.0$；$P_{ca}=50$kW，$\cos\varphi=0.7$。求每相计算负荷。

解　$P_a=P_{ab}K_{(ab)a}+P_{ca}K_{(ca)a}=30\times1+50\times0.2=30+10=40$（kW）；

$P_b=P_{ab}K_{(ab)a}+P_{bc}K_{(bc)b}=30\times0+40\times0.5=0+20=20$（kW）；

$P_c=P_{ca}K_{(ca)c}+P_{bc}K_{(bc)c}=50\times0.8+40\times0.5=40+20=60$（kW）

4）特殊设备容量计算：

①反复短时工作制的电动机设备计算容量是指统一换算至暂载率$JC=25\%$时的额定功率，换算公式如下：

$$P_n=P'_n\sqrt{\frac{JC}{25\%}}=2P'_n\sqrt{JC}$$

式中 P_n——换算到暂载率为25%时电动机的设备容量，kW；

P'_n——换算前电动机铭牌额定功率，kW；

JC——设备铭牌暂载率，用百分值代入公式计算。

【例 2-10】 一电动机，铭牌暂载率为40%，额定功率为10kW，试换算到暂载率TC为25%时的设备计算容量。

解

$$\begin{aligned}P_n&=P'_n\sqrt{\frac{JC}{25\%}}\\&=2P'_n\sqrt{JC}\\&=2\times10\times\sqrt{0.4}\\&=20\times0.63=12.6\ (\text{kW})\end{aligned}$$

②电焊机及电焊装置的设备容量是换算到暂载率$JC=100\%$时的额定功率。换算公式如下：

$$P_n=P'_n\sqrt{\frac{JC}{100\%}}=P'_n\sqrt{JC}=S_n\cos\varphi\sqrt{JC}$$

式中 S_n——电焊机铭牌额定视在容量；

$\cos\varphi$——对应S_n时的额定功率因数。

5）计算负荷 P_{js}，也就可以按以下方法计算负荷总容量、无功负荷：

$$S_{js}=\frac{P_{js}}{\cos\varphi},\ Q_{js}=P_{js}\text{tg}\varphi$$

【例 2-11】 有一家庭装有 40W 电灯 3 只，1000W 空调 1 台，80W 电视机 2 台，60W 电冰箱 1 个，求计算负荷。

解 $P_{js}=40\times3+1000+80+80+60=1340$（W）

【例 2-12】 有一住宅小区，500 户人家，每户平均用电负荷按 4kW 计算，同时系数取 0.7，求计算负荷。

解 $P_{js}=0.7\times4\times500=1400$（kW）

例：某商店，使用建筑面积共为 500m^2，求照明负荷（按 30W/m^2 计算）。

解 $P_{js}=30\times500=1500$（W）$=15$（kW）

【例 2-13】 某重型机械厂总降压变电所以放射式线路对全厂各车间供电，各车间设备总容量及有关技术数据如表 2-16，要求在高压侧计量电能并使功率因数不低于 0.90，试计算全厂总计算负荷和功率因数。已知用电电压 0.4kV，厂区配电电压 10kV。

表 2-16 各车间设备情况表

序　号	车间名称	设备容量 P_n（kW）	照明容量（kW）	总降到各车间线路长度（km）	导线型号
1	金工车间	940	7	0.10	LJ—25
2	铸铁Ⅰ车间	1100	6	0.30	LJ—35
3	铸铁Ⅱ车间	900	5	0.40	LJ—25
4	工具车间	350	6	0.05	LJ—16
5	锻压车间	1300	6	0.20	LJ—25
6	锅炉房	300	3	0.40	LJ—25
7	空压机站	300	1	0.20	LJ—25

解 1. 计算各车间计算负荷（以金工车间为例）：

（1）低压侧：

1）对动力设备查表得 $K_x=0.3$，$\cos\varphi=0.65$，$\text{tg}\varphi=1.15$，$P_{js}=K_x\sum P_n=0.3\times940=282$（kW）

$$Q_{js}=P_{js}\text{tg}\varphi=282\times1.15=324\ (\text{kvar})$$

2）对照明设备查表得 $K_x=0.9$，$\cos\varphi=1$，$\text{tg}\varphi=0$，$P_{js}=K_x\sum P_n=0.9\times7=6.3$（kW）

加补偿 210kvar 后计算容量：

$$S_{js}=\sqrt{(282+6.3)^2+(324.3-210)^2}=310\ (\text{kVA})$$

（2）变压器损耗，配电变压器有功损耗一般按其容量的 2%计、无功损耗一般按其容量的 10%计，因此：

$$\Delta P_b=0.02S_{js}=0.02\times310=6.2\ (\text{kW})$$

$$\Delta Q_b=0.1S_{js}=0.1\times310=31\ (\text{kvar})$$

（3）高压侧：$P'_{js}=P_{js}=+\Delta P_b=282+6.3+6.2=294.5$（kW）

$$Q'_{js}=Q_{js}-Q_c+\Delta Q_b=324.3-210+31=145.3\ (\text{kvar})$$

$$S'_{js}=\sqrt{294.5^2+145.3^2}=328.4\ (\text{kVA})$$

（4）配电线路功率损耗：由表 2-17 查得线路参数并代入公式得：

$$\Delta P_l=\frac{S'_{js}}{1000U_n^2}rl=\frac{329^2}{1000\times 10^2}\times 1.27\times 0.1=0.138\ (\text{kW})$$

$$\Delta Q_l=\frac{S'_{js}}{1000U_n^2}xl=\frac{329^2}{1000\times 10^2}\times 0.377\times 0.1=0.04\ (\text{kvar})$$

表 2-17　　配电线路功率损耗计算表 $U_n=10$kV

序号	线路名称	传输容量 S'_{30} (kVA)	线路		导线参数		功率损耗		备注
			截面 (mm²)	长度 (km)	r_0 (Ω/km)	x_0 (Ω/km)	ΔP_x (kW)	ΔQ_x (kVA)	
1	金工车间	329	25	0.10	1.27	0.377	0.138	0.04	线间几何均距 1m
2	铸铁Ⅰ车间	540	35	0.30	0.91	0.366	0.80	0.32	线间几何均距 1m
3	铸铁Ⅱ车间	422	25	0.40	1.27	0.377	0.90	0.27	线间几何均距 1m
4	工具车间	122	16	0.05	1.96	0.391	0.0146	0.003	线间几何均距 1m
5	锻压车间	450	25	0.20	1.27	0.377	0.517	0.153	线间几何均距 1m
6	锅炉房	255	25	0.40	1.27	0.377	0.33	0.098	线间几何均距 1m
7	空压机站	309	25	0.20	1.27	0.377	0.24	0.07	线间几何均距 1m
	小计						2.94	0.954	

其他各用电组的计算负荷计算在此不再重复。各用电阻计算结果见表 2-18。

表 2-18　　全厂负荷计算表

序号	车间名称	设备容量 P_n (kW)	需用系数			低压计算负荷		无功补偿	低压补偿后	变压器损耗		高压计算负荷			备注
			K_x	cosφ	tgφ	P_{js} (kW)	Q_{js} (kvar)	Q_c (kvar)	S_{js} (kVA)	ΔP_b (kW)	ΔQ_b (kvar)	P_{js} (kW)	Q_{js} (kvar)	S_{js} (kVA)	
1	金工	动力 940	0.3	0.65	1.15	282	324.3	210	310	6.2	31.0	294.5	145.3	328.4	白炽灯照明
		电照 7	0.9	1	0	6.3	0								
2	铸铁Ⅰ	动力 1100	0.4	0.7	1.02	440	449	210	505.5	10.1	50.6	455.5	289.6	539.8	白炽灯照明
		电照 6	0.9	1	0	5.4	0								
3	铸铁Ⅱ	动力 900	0.4	0.7	1.02	360	367	210	396.9	7.9	39.7	372.4	196.7	412.2	白炽灯照明
		电照 5	0.9	1	0	4.5	0								
4	工具	动力 350	0.3	0.65	1.17	105	123	90	115.2	2.3	11.5	112.7	44.5	121.2	白炽灯照明
		电照 6	0.9	1	0	5.4	0								
5	锻压	动力 1300	0.3	0.65	1.17	390	456	300	425	8.5	42.5	403.5	198.5	450	白炽灯照明
		电照 6	0.9	1	0	5.4	0								
6	锅炉房	动力 300	0.75	0.8	0.75	225	169	90	241	4.82	24.1	232.5	103.1	254.3	白炽灯照明
		电照 3	0.9	1	0	2.7	0								

续表

序号	车间名称	设备容量 P_n (kW)	需用系数			低压计算负荷		无功补偿 Q_c (kvar)	低压补偿后 S_{js} (kVA)	变压器损耗		高压计算负荷			备注
			K_x	$\cos\varphi$	$tg\varphi$	P_{js} (kW)	Q_{js} (kvar)			ΔP_b (kW)	ΔQ_b (kvar)	P_{js} (kW)	Q_{js} (kvar)	S_{js} (kVA)	
7	空压机站	动力 300	0.85	0.75	0.88	255	224	90	288.9	5.78	28.0	261.7	162.9	308.3	白炽灯照明
		电照 1	0.9	1	0	0.9	0								
小计												2133.2	1140.6		
全厂配电子线路功率损耗，见表 2-17												2.94	0.95		此值过小可略去
考虑同时系数 K_t 后，全厂 10kV 侧总计算负荷（K_p 取 0.9）												1923	1028	2180	$\cos\varphi$ =0.88
总降压变电所 10kV 侧无功补偿容量													300		
总降压变电所主要变压器功率损耗												41	205.6		
全厂总计算负荷												1964	933.6	2175	$\cos\varphi$ =0.91

2. 计算全厂总计算负荷：

将各车间高压低压侧的计算负荷及配电线路损耗（见表 2-18）相加后，再乘以综合需用系数，可得总降压变电所 10kV 侧的计算负荷：

$$P_{js}=(2133.2+2.94)\times 0.9=1923\ (kW)$$

$$Q_{js}=(1140.6+0.95)\times 0.9=1027\ (kvar)$$

全厂 10kV 侧计算容量： $S'_{js\Sigma}=\sqrt{1923^2+1027^2}=2180$ (kVA)

全厂 10kV 侧功率因数：$\cos\varphi=P_{js\Sigma}/S_{js\Sigma}=1923/2180=0.88<0.9$

故需进行高压无功补偿。设备补偿容量为 300kvar，则总变压器的损耗为：

$$S_{js\Sigma}=\sqrt{1923^2+(1027-300)^2}=2056\ (kVA)$$

$$\Delta P'_b=0.02S_{js\Sigma}=0.02\times 2056\approx 41\ (kW)$$

$$\Delta Q'_b=0.1S_{js\Sigma}=0.1\times 2056=205.6\ (kvar)$$

计入总主变的损耗后，全厂总计算负荷为：1964kW、829kvar、2157kVA，其高压量电侧功率因数为 $\cos\varphi=1964/2157=0.91>0.9$，合格

第三章　配电网短路电流计算与控制

第一节　短路的基本知识

一、短路的基本概念

1．短路的定义

短路是电力系统运行中常见的一种十分严重的故障形式。所谓“短路”，是指三相系统中相与相或相与地之间的非正常连接，如通过电弧和其他小阻抗的相间短接；此外在中性点直接接地系统或三相四线制系统中，还指单相或多相接地（或接中性线）。

在中性点不接地系统或中性点经消弧线圈接地中，短路主要是指各种相间短路，包括不同相的多点接地。单相接地不会造成短路，仅有不大的接地电流流过接地处，系统仍可继续运行，故称为接地故障，而不称为短路。

2．短路的类型

三相系统中短路的基本类型有：三相短路、两相短路、单相短路、两相接地短路。各种短路用相应的文字符号表示：三相短路——$d^{(3)}$，两相短路——$d^{(2)}$，单相短路——$d^{(1)}$，两相接地短路——$d^{(1,1)}$，图 3-1 所示这各种短路的示意图。

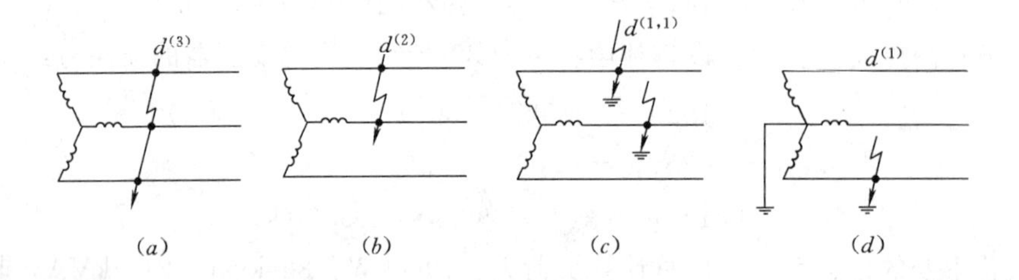

图 3-1　短路的类型

(*a*) 三相短路；(*b*) 两相短路；(*c*) 两相接地短路；(*d*) 单相短路

三相短路时，由于短路回路的各相阻抗相等，三相的电流仅较正常运行时增大，电压较正常时降低，但三相仍是对称的，故三相短路是对称短路。除三相短路外，其他的几种短路都属于不对称短路，三相处于不同情况，每相电路中的电流数值不完全相等，电压和电流之间的相位角也不相同。

事故统计表明，在中性点直接接地系统中，最常见的是单相短路，约占短路故障的65%～70%，两相短路故障约占10%～20%；三相短路故障约占5%。三相短路所占比例虽小，但三相短路所造成的后果严重，而且，计算三相短路电流的方法是不对称短路计算的基础。因此在后面着重介绍三相短路计算。

3. 短路的原因

造成短路的主要原因是电气设备载流部分的绝缘损坏。引起绝缘损坏的因素很多，主要有：各种形式的过电压，如雷电过电压等；绝缘材料的自然老化和污秽；设备本身不合格，绝缘强度不够；直接的机械损伤等。

工作人员由于未遵守技术规程和安全规程而发生误操作，或者误将低电压设备接入较高电压的电路中；还有供用电网络中线路的断线和倒杆事故，都可能造成短路。

鸟兽跨越在裸露的相线之间或相线与接地物体之间，或者咬坏设备和导线电缆的绝缘，也是导致短路的一个原因。

4. 短路的危害

发生短路时，由于短路回路的阻抗减小，短路回路的电流急剧增大，此电流称为短路电流。短路电流基本上是感性电流，在数值上可能达到正常工作电流的几倍到几十倍，绝对值可达几千安培甚至几万安培，对导体、设备，以至整个电力系统都会产生极大的危害。

(1) 毁坏设备。短路时短路点会产生电弧，电弧温度极高，会烧断导体，烧坏设备；短路电流在电源和短路点之间流动，所经之处，导体和设备都严重发热，使绝缘损坏。同时短路电流产生的电动力，会使导体弯曲变形，使设备产生机械损坏或者支架受到损坏。

(2) 中断供电。三相短路时，短路点的电压为零，短路点以后的用户供电中断。同时电源与短路点间的线路电压突然降低，使其间的用电设备的正常工作也受到破坏。短路点距电源越近，停电范围越大。

(3) 系统解列。严重的短路要影响电力系统运行的稳定性，可使并列运行的发电机失去同步，严重的情况下会造成系统解列。

(4) 通信干扰。不对称短路时，其电流将产生较强的不平衡交变磁场，在附近的通信线路和电子设备中产生感应磁场，形成对通信的严重干扰。

为了保证系统安全可靠地运行，减轻短路的影响，除在运行维护中应努力设法消除可能引起短路的一切原因外，还应尽快地切除故障部分，使系统电压在较短时间内恢复到正常值。为此，可采用快速动作的继电保护和断路器，配电网中使用重合器、分段器等。此外，还应考虑采用限制短路电流的措施，如在电路中加装电抗器等。

二、短路的基本过程

无限大容量系统发生三相短路时，其短路电流变化过程如图 3-2 所示，由图可以看出，短路的基本过程可分为暂态过程和稳态过程两个阶段。

在暂态过程中，短路电流随时间而衰减，此时短路电流可分为直流分量和交流分量两部分，其中交流分量的幅值和有效值等于稳态短路电流幅值和有效值，而直流分量则在一定时间内衰减为零。衰减的时间取决于短路回路中的总电抗 X_Σ 与总电阻值 R_Σ。即衰减时间 τ 为：

$$\tau = \frac{X_\Sigma}{314R_\Sigma}$$

所以，总电阻 R_Σ 越大，衰减时间 τ 越小，一般经过 0.2s 就会全部衰减完成，此后可认为电路中只剩下稳态（交流）分量了，暂态过程结束，进入了稳态过程。

在稳态过程中，短路电流维持在持续稳定状态，直到短路电流被切除为止。

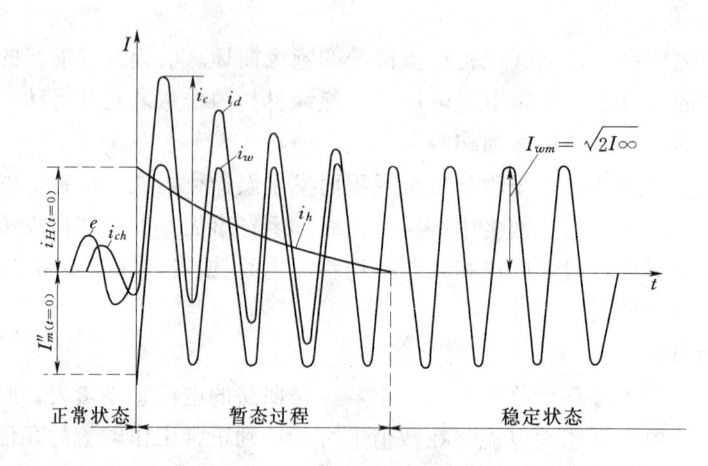

图 3-2 短路电流变化曲线

三、短路电流的特征参数

从图 3-2 中可以看出，在整个短路过程中，各阶段的短路电流值都在变化，在短路电流计算和电气选择中，主要以以下几个短路电流值作为依据：

1. 次暂态短路电流 I''

刚发生短路时，短路电流周期分量的瞬时值。主要用来对电气设备的载流导体进行热稳定校验和整定继电保护装置。

2. 稳态短路电流 i_d 及稳态短路电流有效值 I_d

短路瞬变过程结束转到稳定过程时（约需 0.2s）的短路电流瞬时值和有效值。主要用来对电气设备的载流导体进行热稳定校验和整定继电保护装置。

一般认为，次暂态短路电流 I'' 与稳态短路电流有效值 I_d 相等。

3. 短路冲击电流 i_c

短路发生经半个周期（$f=50$Hz，$t=0.01$s）时所达到的短路电流瞬时最大值称为短路冲击电流。设备导体选择必须用三相短路冲击电流值进行动稳定校验。

4. 短路电流最大有效值 I_c

短路发生经半个周期（$f=50$Hz，$t=0.01$s）时所达到的短路电流最大值的有效值，即短路冲击电流 i_c 的有效值，设备导体选择必须用三相短路冲击电流最大有效值进行动稳定校验。

$$i_c = I_d\sqrt{2}K_c，I_c = I_d\sqrt{1+2(K_c-1)^2}$$

式中 K_c——短路电流冲击系数，取决于短路回路中 X/R 的比值，X/R 不同，则 K_c 也不同，在工程实用计算中，对配电网络，通常取 $K_c=1.8$，则

$$i_c = 2.55I_d，I_c = 1.52I_d$$

当在 1000kVA 及以下的变压器二次侧短路时，取：

$$i_c = 1.84I_d，I_c = 1.08I_d$$

5. 短路容量

短路容量是衡量断路器切断短路电流大小的一个重要参数，在任何时候，断路器的切

断能力都应大于短路容量。短路容量 S_d 的定义为：

$$S_d = \sqrt{3}U_eI_d$$

式中 U_e——线路额定电压，kV。

第二节　配电网电力元件参数及标么值计算

在进行高压短路电流计算时，一般只需对短路电流值有较大影响的电路元件，如发电机、变压器、电抗器、架空线及电缆等加以考虑。这些元件由于电阻远小于电抗，因此可不考虑电阻的影响。但当架空线及电缆较长，使短路回路的总电阻大于总电抗的1/3时，仍需计入电阻的影响。

一、标么值

为了便于计算高压系统的短路电流，通常采用标么值。所谓标么值，是指实际有名值（任意单位）与基准值（与实际有名值同单位）之比。所以，计算时应首先选定一个基准容量（S_j）及基准电压（U_j），将短路计算系统中各个参数（容量、电压、电流、阻抗等）转为该参量和基准量的比值来表示，用公式表示为

容量标么值 $$S_* = \frac{S}{S_j}$$

电压标么值 $$U_* = \frac{U}{U_j}$$

电流标么值 $$I_* = \frac{I}{I_j}$$

电抗标么值 $$X_* = \frac{X}{X_j} = X\frac{S_j}{U_j^2}$$

以上式中 S，U，I，X——分别以有名值单位表示的容量，MVA；电压，kV；电流，kA；电抗，Ω；

S_j，U_j，I_j，X_j——分别以基准量表示的容量，MVA；电压，kV；电流，kA；电抗，Ω。

在工程计算中，基准容量可采用任意值或等于一个电源或数个电源的总容量。为了计算方便，基准容量通常取 S_j=100MVA 或 S_j=1000MVA。基准电压一般取线路平均额定电压，其等级为：230kV，115kV，37kV，10.5kV，6.3kV，3.15kV，0.4kV，0.23kV。当基准容量和基准电压取定后，基准电流及基准电抗可用下式表示

$$I_j = \frac{S_j}{\sqrt{3}U_j}$$

$$X_j = \frac{U_j}{\sqrt{3}I_j} = \frac{U_j^2}{S_j}$$

表 3-1 列出了基准容量为 100MVA 时，各基准电压下的基准电流和基准电抗值。

表 3-1　　　　各级电压常用基准值（S_j=100MVA）

基准电压（kV）	230	115	37	10.5	6.3	3.15	0.4	0.23
基准电流（kA）	0.25	0.5	1.56	5.5	9.16	18.3	144.3	251
基准电抗（Ω）	529	132	13.7	1.1	0.397	0.0992	0.0016	0.00053

二、配电网元件参数及标么值

1. 发电机

同步发电机的参数一般均给的是发电机额定容量下的电抗标么值（或称百分值）$X''_d\%$。因此，在基准容量 S_j 及基准电压 U_j 下的发电机电抗标么值为

$$X''_{f*}=\frac{X''_d\%}{100}\frac{S_j}{P_n/\cos\varphi}$$

式中　X''_{f*}——基准值下的发电机电抗标么值；

P_n——发电机额定容量，MW；

$\cos\varphi$——发电机额定功率因数。

2. 变压器

双绕组变压器的参数，厂家一般给出变压器阻抗电压百分数（或称短路电压百分数）$U_d\%$，它即为变压器额定容量下的电抗标么值。在基准值下的标么值为

$$X_{b*}=\frac{U_d\%}{100}\frac{S_j}{S_n}$$

式中　S_n——变压器的额定容量，MVA。

三绕组变压器及自耦变压器，厂家一般给出两绕组间的阻抗电压百分数 $U_{d12}\%$、$U_{d23}\%$、$U_{d31}\%$，即高-中、中-低及高-低绕组间的阻抗电压百分数。因此，额定容量下的各绕组电抗标么值为

$$U_{d1}\%=\frac{1}{2}(U_{d12}\%+U_{d31}\%-U_{d23}\%)$$

$$U_{d2}\%=\frac{1}{2}(U_{d12}\%+U_{d23}\%-U_{d31}\%)$$

$$U_{d3}\%=\frac{1}{2}(U_{d23}\%+U_{d31}\%-U_{d12}\%)$$

在基准值下的各绕组电抗标么值可用计算双绕组电抗公式求得。

3. 电抗器

可从厂家说明书或从有关手册上查得限流电抗器的电抗百分值 $X_{dk}\%$、额定电压 U_n 及额定电流 I_n，所以电抗器的有名电抗为

$$X_{dk}=\frac{X_{dk}\%}{100}\times\frac{U_n}{\sqrt{3}I_n}$$

在基准容量 S_j 及基准电压 U_j 下的电抗标么值为

$$X_{dk*}=\frac{X_{dk}\%}{100}\times\frac{U_n}{\sqrt{3}I_n}\times\frac{S_j}{U_j^2}$$

4. 线路及电缆

架空线路及电缆的电抗标么值，在基准值下可用下式计算

$$X_{l*}=X_0 l\frac{S_j}{U_j^2}$$

式中 l——线路的长度，km；

X_0——线路单位长度的电抗，Ω/km。

若已知线路单位长度的电抗标么值 X_{0*}，则

$$X_*=X_{0*}l$$

5. 电力系统

当已知电力系统的短路容量 S_d 时，系统的等效电抗标么值可用下式计算

$$S_{s*}=\frac{S_j}{S_d}$$

为了计算及使用方便，将各元件的电抗标么值计算式列于表 3-2 中。

表 3-2　　电力系统元件的电抗标么值计算式

名　称	标　么　值	说　　明
电力系统	$X_{s*}=\frac{S_j}{S_d}$	S_d：系统短路容量（MVA）
发电机	$X''_{f*}=\frac{X''_{d*}}{100}\times\frac{S_j}{S_n}$	X''_{d*}、S_n：发电机次暂态电抗标么值及额定容量
变压器	$X_{b*}=\frac{U_d\%}{100}\times\frac{S_j}{S_n}$	$U_d\%$、S_n：变压器阻抗电压百分数及额定容量
线路	$X_{l*}=X_0 l\frac{S_b}{U_b^2}$	l：线路长度（km）；x_0：线路平均电抗（Ω/km）；对电缆 3～10kV，$x_0=0.08$；35kV，$x_0=0.12$；对加空线 3～10kV；$x_0=0.4$，35～110kV，$x_0=0.425$
电抗器	$X_{dk*}=\frac{X_{dk}\%}{100}\times\frac{U_n}{\sqrt{3}I_n}\times\frac{S_j}{U_j^2}$	$X_{dk}\%$：电抗器电抗百分值；U_n、I_n：电抗器额定电压及电流

三、常用元件参数标么值

1. SFS—5600～60000/110 型三绕组变压器电抗标么值（S_j=100MVA）

SFS 型三绕组变压器电抗标么值如表 3-3 所示。

表 3-3　　SFS 型三绕组变压器电抗标么值

变压器容量（kVA）		5600	7500	10000	15000	20000	31500	45000	60000
短路电压 $U_d\%$	高-中	17	17	17	17	17	17	17	18.5
	高-低	10.5	10.5	10.5	10.5	10.5	10.5	10.5	10.5
	中-低	6	6	6	6	6	6	6	6.5

续表

变压器容量（kVA）		5600	7500	10000	15000	20000	31500	45000	60000
电抗标么值 X_*	高压	1.92	1.434	1.075	0.717	0.538	0.341	0.239	0.187
	中压	1.115	0.834	0.625	0.417	0.313	0.198	0.139	0.121
	低压	−0.045	−0.033	−0.025	−0.0166	−0.0125	−0.008	−0.006	−0.0125

注 当 SFS 三绕组变压器的高-中、高-低的短路电压 $U_d\%$互换时，则电抗标么值的中压、低压须相应互换。SFS 三绕组变压器电抗等值线路如图 3-3 所示。其中图 3-3（*b*）为 SFS—10000/110 型变压器，其 $U_d\%$组合方式为：高-中　17；高-低　10.5；中-低　6。图 3-3（*c*）中的变压器相同，但 $U_d\%$组合方式为：高-中　10.5；高-低　17；中-低　6。

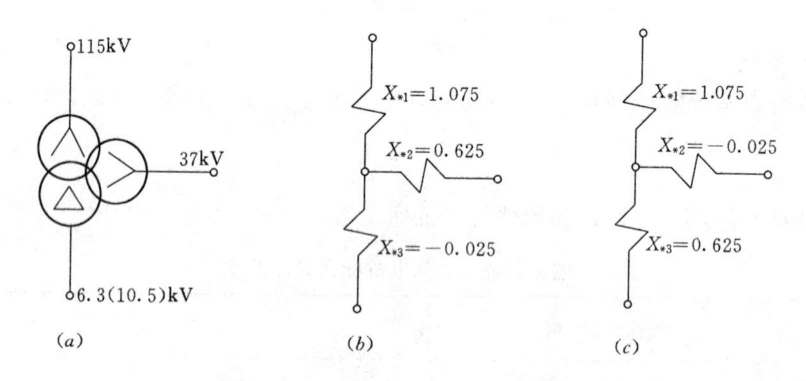

图 3-3　SFS 三绕组变压器等值线路

（*a*）原电路；（*b*）等值电路；（*c*）等值电路

2. SF—5600～60000/110 型双绕组变压器电抗标么值（S_n=100MVA）

SF 型双绕组变压器电抗标么值见表 3-4。

表 3-4　　**SF 型双绕组变压器电抗标么值**

变压器容量（kVA）	5600	7500	10000	15000	20000	31500	45000	60000
短路电压 $U_d\%$	10.5	10.5	10.5	10.5	10.5	10.5	10.5	10.5
电抗标么值 X_*	1.88	1.4	1.05	0.7	0.525	0.333	0.233	0.175

3. SJ、SJL、SF—100～10000/35 型双绕组变压器电抗标么值（S_j=100MVA）

SJ、SJL、SF 型变压器电抗标么值见表 3-5。

表 3-5　　**SJ、SJL、SF 型变压器电抗标么值**

变压器容量（kVA）	100	180	320	560	750	1000	1800	2400	3200	4200	5600	7500	10000
短路电压 $U_d\%$	6.5	6.5	6.5	6.5	6.5	6.5	6.5	6.5	7	7	7.5	7.5	7.5
电抗标么值 X_*	65	36.1	20.3	11.6	8.67	6.5	3.61	2.71	2.19	1.67	1.34	1.0	0.75

4．SJL_1—10（6）/0.4 型变压器电抗标么值（S_j=100MVA）

SJL_1 型变压器电抗标么值见表 3-6。

表 3-6　　SJL_1 型变压器电抗标么值

变压器容量（kVA）	100	125	160	200	250	315	400	500	630	800	1000
短路电压 U_d%	4	4	4	4	4	4	4	4	4	4.5	4.5
电抗标么值 X_*	40	32	25	20	16	12.7	10	8	6.36	5.63	4.5

5．SJ、SJL、S_7、S_9—10（6）/0.4 型变压器电抗标么值（S_j=100MVA）

SJ、SJL、S_7、S_9 型变压器电抗标么值见表 3-7

表 3-7　　SJ、SJL、S_7、S_9 型变压器电抗标么值

变压器容量（kVA）	100	135	180	240	320	420	560	750	1000
短路电压 U_d%	4.5	4.5	4.5	4.5	4.5	4.5	4.5	4.5	4.5
电抗标么值 X_*	4.5	33.3	25	18.8	14.1	10.7	8	6	4.5

6．线路电抗标么值（100MVA）

6～10kV 线路电抗标么值见表 3-8；35kV 线路电抗标么值见表 3-9；架空线每 km 电抗标么值见表 3-10。

表 3-8　　6～10kV 线路电抗标么值

线路长度（km）		1	2	3	4	5	6	7	8	9	10	12	14	16	18	20
架空线	6.3kV	1.01	2.02	3.02	4.03	5.04	6.05	7.06	8.07	9.08	10.1	12.1	14.1	16.1	18.2	20.2
	10.5kV	0.364	0.727	1.09	1.45	1.82	2.18	2.54	2.91	3.27	3.64	4.37	5.09	5.82	6.55	7.27
电缆线	6.3kV	0.2	0.4	0.605	0.81	1.01	1.21	1.41	1.61	1.82	2.02	2.42	2.82	3.22	3.63	4.03
	10.5kV	0.073	0.145	0.218	0.29	0.364	0.437	0.508	0.582	0.654	0.728	0.872	1.02	1.16	1.31	1.45

表 3-9　　35kV 线路电抗标么值

线路长度（km）	2	4	6	8	10	15	20	25	30	3	40	45	50	55	60
架空线	0.062	0.124	0.186	0.248	0.31	0.466	0.62	0.776	0.93	1.09	1.24	1.40	1.55	1.71	1.86
电缆线	0.0175	0.035	0.0526	0.07	0.088	0.131	0.175	0.219	0.263	0.306	0.35	0.394	0.438	0.482	0.52

表 3-10　　架空线路每公里电抗标么值

电压（kV）＼导线截面（mm^2）	16	25	35	50	70	95	120	150	185	240
6	1.048	1.012	0.988	0.957	0.932	0.912	0.889	0.872	0.854	0.831
10	0.378	0.364	0.356	0.345	0.336	0.328	0.32	0.314	0.308	0.299
35			0.032	0.0314	0.0307	0.0298	0.0292	0.0286	0.0283	0.0277

注　表内架空线电抗数值，当 6～10kV 时按 LJ 型铝绞线计算；当 35kV 时，按 LGJ 型钢芯铝绞线计算。

四、阻抗网络的变换

在进行网络短路电流计算时，往往先要求计算出电源到短路点之间的电抗，即转移电抗或称短路回路总电抗 $X_{*\Sigma}$。这就要求对所计算的网络进行必要的变换和化简。网络化简常用的方法有串联电路的合并、并联电路的化简以及星形与三角形或三角形与星形变换等方法。

阻抗网络变换和化简的图形及换算公式如表 3-11 所示。

表 3-11　　　　阻抗网络变换计算公式

原来的接线图	简化或变换后的接线图	换算公式
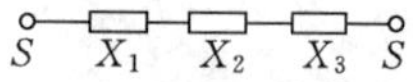 S　X_1　X_2　X_3　S	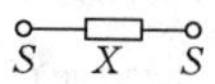 S　X　S	$X=X_1+X_2+\cdots+X_n$
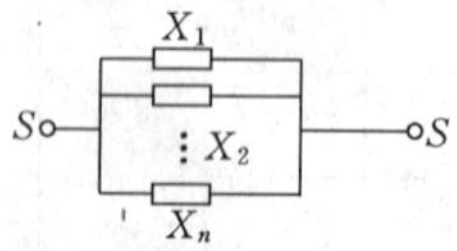 S　X_1　X_2　X_n　S	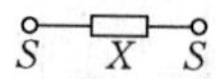 S　X　S	$X=\dfrac{1}{\dfrac{1}{X_1}+\dfrac{1}{X_2}+\cdots+\dfrac{1}{X_n}}$ 当只有两支时，$X=\dfrac{X_1X_2}{X_1+X_2}$
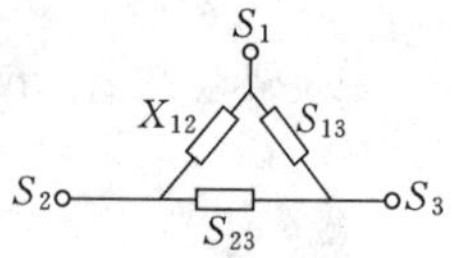 S_1　X_{12}　S_{13}　S_2　S_3　S_{23}	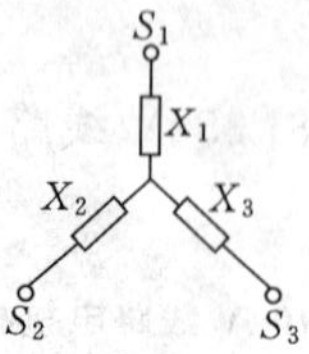 S_1　X_1　X_2　X_3　S_2　S_3	$X_1=\dfrac{X_{12}X_{13}}{X_{12}+X_{13}+X_{23}}$ $X_2=\dfrac{X_{12}X_{23}}{X_{12}+X_{13}+X_{23}}$ $X_3=\dfrac{X_{13}X_{23}}{X_{12}+X_{13}+X_{23}}$
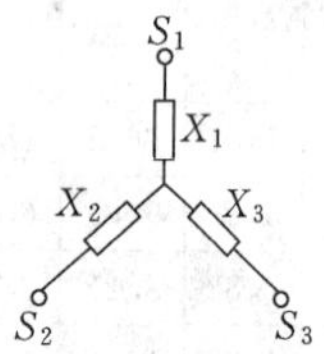 S_1　X_1　X_2　X_3　S_2　S_3	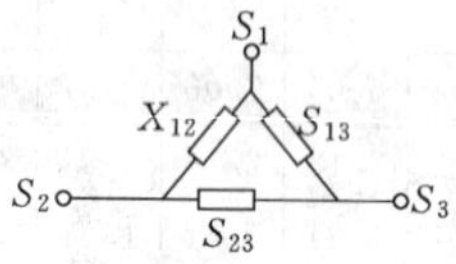 S_1　X_{12}　S_{13}　S_2　S_3　S_{23}	$X_{12}=X_1+X_2+\dfrac{X_1X_2}{X_3}$ $X_{23}=X_2+X_3+\dfrac{X_2X_3}{X_1}$ $X_{13}=X_1+X_3+\dfrac{X_1X_3}{X_2}$

第三节　无限大容量中压配电网短路电流计算

一、短路计算的基本假设

在现代电力系统的实际条件下，要进行极准确的短路计算是相当复杂的，同时，对解决大部分实际工程问题，并不要求极准确的计算结果。为了简化和便于计算，实用中多采用近似计算方法，这种方法是建立在一些基本假设条件的基础上，计算结果有些误差，但不超过工程中的允许范围。

短路电流实用计算的基本假设条件：

1）系统在正常运行时是三相对称的；

2）电力系统各元件的磁路不饱和，即各元件的电抗为一常数，计算中可以应用叠加原理；

3）略去变压器的励磁电流和所有元件的电容；

4）在高压电路的短路计算中略去电阻值，但在计算低压网络的短路电流时，应计及元件电阻，可以不计算复阻抗，用阻抗的绝对值$|Z|=\sqrt{R^2+X^2}$进行计算；

5）所有发电机电势的相位在短路过程中都相等，频率都与正常工作时相同。

二、无限大容量电源的概念

所谓无限大容量电源是指内阻抗为零的电源。当电源内阻抗为零时，不管供出的电流如何变动，电源内部均不产生压降，电源母线上的输出电压维持不变。实际上电源的容量不可能无限大。这里所说的无限大容量是一个相对的容量，由于工矿企业等用户的变电所容量一般不会很大，电压等级也不太高，用标么值表示的线路与变压器的电抗数值就比较大，在同一基准值下，系统的等值内阻抗就很小。当在用户变电所中发生短路时，短路电流在电源内电抗的电压降就很小，系统内的母线电压变化也很小。因此，在实用计算中，当电源的阻抗不大于短路总阻抗的5%～10%时，可将该电源系统看作是无限大容量电源系统。供用电网络中的三相短路计算，一般都把电源系统看作是无限大容量电源系统。

三、无限大容量系统三相短路电流计算步骤

无限大容量电源短路电流计算步骤，一般是先计算系统元件的电抗标么值，然后作出系统的等值电路图，并进行网络变换和简化，最后计算出总的等值电抗标么值$X_{*\Sigma}$，则对应的三相稳定短路电流标么值为

$$I_*=\frac{1}{X_{*\Sigma}}$$

对应的稳态短路电流的有名值为

$$I_d^{(3)}=I_*\frac{S_j}{\sqrt{3}U_j}$$

其他特征短路电流值按前述关系进行计算。

四、两相短路电流计算

通过计算分析可得，两相短路电流与三相短路电流的关系为：

$$I_d^{(2)}=0.866I_d^{(3)}$$

$$I_c^{(2)}=0.866I_c^{(3)}$$

$$i_c^{(2)}=0.866i_c^{(3)}$$

因此，三相短路稳态短路电流、三相短路冲击电流在各种情况下均大于两相短路时的相应值。对于稳态短路电流，一般情况下，两相短路电流小于三相短路电流，仅在短路计算电抗标么值小于0.6时，两相短路电流才会大于三相短路电流。因此，通常对电气设备的动稳定及热稳定均以三相短路电流校验。而对于继电保护中保护装置对两相短路动作灵敏度时，才采用最小短路电流值，即两相短路电流值。

【例3-1】 某10kV城市配电网如图3-4所示，110kV变电所高压侧110kV母线短路容量为6000MVA，（短路电流31.5kA），10kV线路采用架空线路，干线型号为LJ—185其电抗标么值为0.308/km，SF型变压器容量及线路各段长度均标在图中，试计算d_1、d_2、d_3点分别适中时的三相短路电流。

解 （1）计算电力元件的参数及标么值

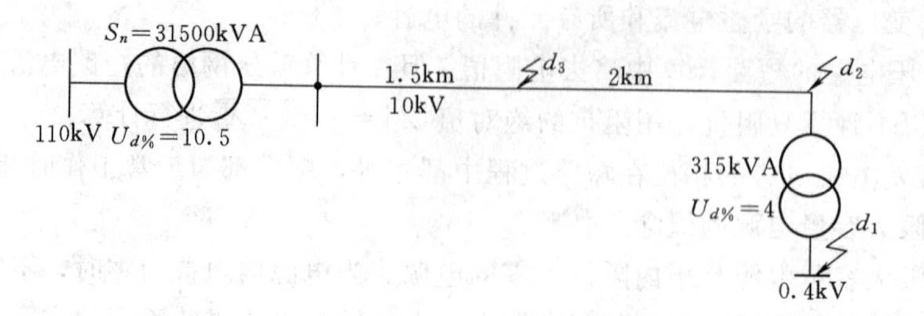

图 3-4 配电网接线图

取基准容量 $S_j=100\text{MVA}$，基准电压取各段平均额定电压 U_j，各元件标么值如下：

110kV 系统：$X_{s*}=\dfrac{S_j}{S_d}=\dfrac{100}{6000}=0.0167$

110kV 变压器：$X_{b1*}=\dfrac{U_d\%\times S_j}{100\times S_n}=\dfrac{10.5\times 100}{100\times 31.5}=0.333$

1.5km，10kV 架空线路：$X_{1l*}=X_{0*}L_1=1.5\times 0.308=0.462$

1.5km，10kV 架空线路：$X_{2l*}=X_{0*}L_2=2\times 0.308=0.616$

10kV 配电变压器：$X_{b2*}=\dfrac{U_d\%\times S_j}{100\times S_j}=\dfrac{4\times 100}{100\times 0.315}=12.7$

（2）作等值电路

计算的等值电路如图 3-5 所示：

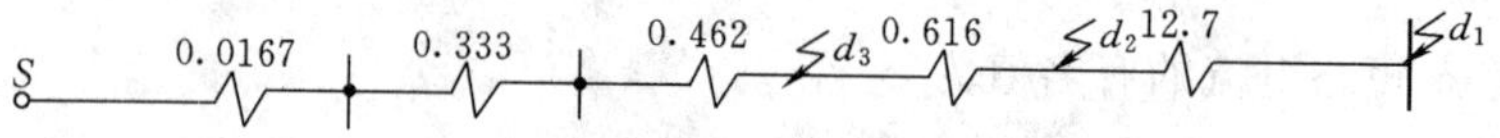

S　0.0167　0.333　0.462　d_3　0.616　d_2　12.7　d_1

图 3-5 等值电路图

（3）计算电源到各短路点的（短路回路）总电抗

d_1 点：$X_{*z1}=0.0167+0.333+0.462+0.616+12.7=14.1277$

d_2 点：$X_{*z2}=0.0167+0.333+0.462+0.616=1.4277$

d_3 点：$X_{*z3}=0.0167+0.333+0.462=0.8117$

（4）求各短路点的三相短路电流

当求得各短路点到电源间的总电抗后，就可以求得各短路点的短路电流。

d_1 点：

$$I_{d1}=\frac{1}{14.1277}\times\frac{100}{\sqrt{3}\times 0.4}=10.22\ (\text{kA})$$

$$I_{c1}=1.09\times 10.22=11.14\ (\text{kA})$$

$$i_{c1}=1.84\times 10.22=18.8\ (\text{kA})$$

$$S_{d1}=\frac{100}{14.1277}=7.08\ (\text{MVA})$$

d_2 点：

$$I_{d2}=\frac{1}{1.4277}\times\frac{100}{\sqrt{3}\times 10.5}=3.85\ (\text{kA})$$

$$I_{c2}=1.52\times 3.85=5.85\ (\text{kA})$$

$$i_{c2}=2.55\times 3.85=9.82\ (\text{kA})$$

$$S_{d2}=\frac{100}{1.4277}=70.04\ (\text{MVA})$$

d_3 点：

$$I_{d3}=\frac{1}{0.8117}\times\frac{100}{\sqrt{3}\times 10.5}=6.78\ (\text{kA})$$

$$I_{c3}=1.51\times 6.78=10.2\ (\text{kA})$$

$$i_{c3}=2.55\times 6.78=17.79\ (\text{kA})$$

$$S_{d3}=\frac{100}{0.8117}=123.20\ (\text{MVA})$$

【例 3-2】 图 3-6 所示为某农村配电网原理接线图，110kV 系统短路容量为 4000MVA，110kV 变压器容量为 31500kVA，阻抗电压百分数为 $U_{d12}\%=10.5$，$U_{d13}\%=17$，$U_{d23}\%=6$；35kV 采用 LGJ—185 导线架设，线长 18km；35kV 变压器容量为 6300kVA，$U_d\%=7.5$。试计算 d_1、d_2、d_3 点短路时的三相短路电流。

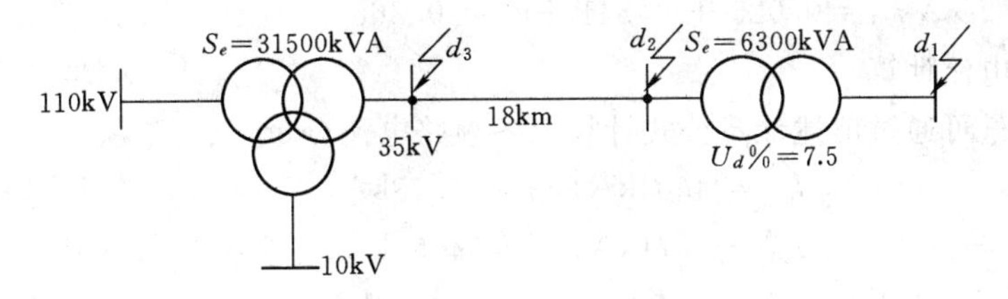

图 3-6　某农网原理接线图

解　(1) 计算参数并作等值电路图

取基准容量为 100MVA，基准电压取各段平均额定电压，各元件参数标么值计算如下。

$$110\text{kV 系统}：X_{s*}=\frac{S_j}{S_d}=\frac{100}{4000}=0.025$$

110kV 三绕组变压器：

$$U_{d1}\%=\frac{1}{2}\times(10.5+17-6)=10.75$$

$$U_{d2}\%=\frac{1}{2}\times(10.5+6-17)=-0.25$$

$$U_{d3}\%=\frac{1}{2}\times(17+6-10.5)=6.25$$

对应的三个绕组电抗分别为：

$$X_{*1}=\frac{10.75}{100}\times\frac{100}{31.5}=0.341$$

$$X_{*2}=\frac{-0.25}{100}\times\frac{100}{31.5}\approx 0$$

$$X_{*3}=\frac{6.25}{100}\times\frac{100}{31.5}=0.198$$

35kV 变压器　　$X_{b*}=\frac{U_d\%}{100}\times\frac{S_j}{S_n}=\frac{7.5}{100}\times\frac{100}{6.3}=1.19$

35kV 线路：查表 3-10 知单位长度导线电抗标么值为 0.0283，则线路电抗为 $18\times 0.0283=0.509$。

计算用的等值电路如图 3-7 所示。

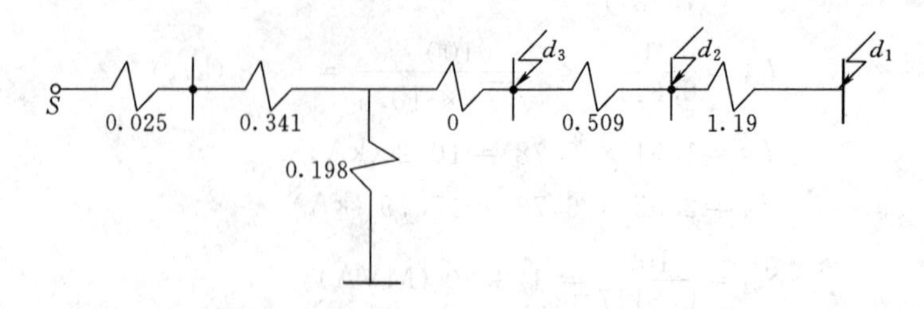

图 3-7　图 3-6 的等值电路图

(2) 计算短路点到电源间的总电抗

d_1 点：　　$X_{*z1}=0.025+0.341+0+0.509+1.19=2.065$

d_2 点：　　$X_{*z2}=0.025+0.341+0+0.509=0.875$

d_3 点：　　$X_{*z3}=0.025+0.341+0=0.366$

(3) 短路电流计算

短路电流量可通过前述计算公式计算出各短路电流分量。

d_1 点：$I_{d1}=2.66\text{kA}$，$I_{c1}=4.04\text{kA}$，$i_{c1}=6.78\text{kA}$，$S_{d1}=48.43\text{MVA}$；

d_2 点：$I_{d2}=1.78\text{kA}$，$I_{c2}=2.71\text{kA}$，$i_{c2}=4.54\text{kA}$，$S_{d2}=114.29\text{MVA}$；

d_3 点：$I_{d3}=4.26\text{kA}$，$I_{c3}=6.48\text{kA}$，$i_{c3}=10.86\text{kA}$，$S_{d3}=273.22\text{MVA}$。

第四节　低压配电网短路电流计算

一、低压配电网短路电流的计算特点

一般用户的低压用电网络为中性点直接接地的，电压为 380/220V 的三相四相制系统。高压供电网短路电流计算的基本假设同样适用于低压用电网络，但低压用电网络的短路电流计算还有以下特点：

计算时可以把配电变压器的一次侧，即把电源当作无限大容量电源系统。

低压电路电阻值较大，电抗值较小，各元件的电阻都要计入。当 $X>R/3$ 时才计算 X 的影响，因为 $X=R/3$ 时，用 R 代替 Z，误差为 5.4%，在工程允许范围内。

低压电路阻抗多以毫欧计，用有名值计算比较方便，这时电压单位用 V，容量单位用 kVA，电流用 A。

非周期分量衰减很快，一般可以不考虑，仅在配电变压器低压母线附近短路时，才考虑非周期分量。短路电流冲击系数 K_c 在 1～1.3 范围内。K_c 可通过求 X_Σ/R_Σ 比值后按下式直接计算：

$$K_c=1+e^{\frac{-3.14R_\Sigma}{X_\Sigma}}$$

二、低压配电网各元件的阻抗

1. 电源的阻抗

配电变压器高压侧系统短路容量为已知时，可求出系统的内电抗，否则按电源系统内电抗为零考虑。电源系统的内电阻一般均认为等于零。

2. 变压器的阻抗

变压器的阻抗按下式计算：

电阻
$$R_b=\frac{\Delta P_{dn}U_{2n}^2}{S_{nb}^2}$$

阻抗
$$Z_b=\frac{U_d\%}{100}\times\frac{U_{2n}^2}{S_{nb}}$$

电抗
$$X_b=\sqrt{Z_b^2-R_b^2}$$

式中 ΔP_{dn}——变压器额定负载下的短路损耗，kW；

U_{2n}——变压器二次侧的额定电压，V；

S_{nb}——变压器的额定容量，kVA；

$U_d\%$——变压器的短路电压百分值。

3. 架空线路和电缆线路的阻抗

在低压电线短路电流中，线路与电缆的长度以米计算，阻抗都以毫欧计算具体数值可查有关设计手册，在此不一一例举。另外低压电路短路电流计算中，母线、开关电器、电流互感器的阻抗可不考虑。

三、低压配电网短路电路的等值电路

在低压短路电流计算时，由于电阻相对较大，同时各元件的阻抗角又不同，因此用复数计算比较复杂。在实际计算中，一般先分别求出总电阻 R_Σ 和总电抗 X_Σ 后，再求总阻抗 Z_Σ。求总电阻 R_Σ 时，将电路中的各元件的电抗短路；求总电抗 X_Σ 时，将电路中各元件的电阻短路。

四、三相短路电流计算

在低压电路中，三相短路电流周期分量的有效值可按下式计算：

$$I_d^{(3)}=\frac{U_j}{\sqrt{3}Z_\Sigma}=\frac{U_j}{\sqrt{3}\sqrt{R_\Sigma^2+X_\Sigma^2}}$$

【例 3-3】 某供电电路如图 3-8 所示，已知变压器高压侧短路容量为 80MVA，变压器为 SL_7—500/10 型，变比为 10/0.4kV，短路电压 4%，短路损耗 6.9kW。电缆为 VLV2—

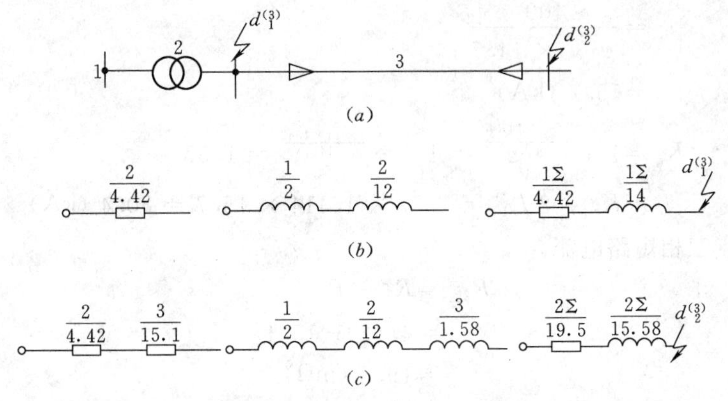

图 3-8 供电电路及其等值电路图

(a) 供电电路；(b) d_1 点短路等值电路图；(c) d_2 点短路等值电路图

3×50+1×16 型，长 20m，试求：

(1) 变压器低压侧出线配电盘母线 $d_1^{(3)}$ 点的三相短电流；

(2) 负载侧电缆 $d_2^{(3)}$ 处的三相短路电流。

解 1. 计算短路电路中各元件阻抗。

(1) 高压供电系统的内电抗：$X_1 = \dfrac{U_{(2n)}^2}{S_d} = \dfrac{400^2}{80 \times 10^6} = 2\ (\text{m}\Omega)$

(2) 变压器的阻抗：

电阻 $$R_b = \frac{\Delta P_{de} U_{(2n)}^2}{S_{(nb)}^2} = \frac{6.9 \times 400^2}{500^2} = 4.42\ (\text{m}\Omega)$$

阻抗 $$Z_b = \frac{U_d\%}{100} \times \frac{U_{(2n)}^2}{S_{(nb)}} = \frac{4}{100} \times \frac{400^2}{500} = 12.8\ (\text{m}\Omega)$$

电抗 $$X_b = \sqrt{Z_b^2 - R_b^2} = \sqrt{12.8^2 - 4.42^2} = 12\ (\text{m}\Omega)$$

(3) 电缆的阻抗：

查表（李俊主编《供用电网络及设备》，附表 8，中国电力出版社）得：$R_0 = 0.754\text{m}\Omega/\text{m}$，$X_0 = 0.079\text{m}\Omega/\text{m}$ 则

$$R_3 = R_0 L = 0.754 \times 20 = 15.1\ (\text{m}\Omega/\text{m})$$

$$X_3 = X_0 L = 0.079 \times 20 = 1.58\ (\text{m}\Omega/\text{m})$$

2. 作等值电路图如图 3-8 (*b*) (*c*) 所示。

3. 求 d_1 点三相短路电流。

$$R_{1\Sigma} = 4.42\ (\text{m}\Omega)$$

$$X_{1\Sigma} = X_1 + X_b = 2 + 12 = 14\ (\text{m}\Omega)$$

$$Z_{1\Sigma} = \sqrt{R_{1\Sigma}^2 + X_{1\Sigma}^2} = \sqrt{4.42^2 + 14^2} = 14.7\ (\text{m}\Omega)$$

$$I_{d1}^{(3)} = \frac{U_j}{\sqrt{3} Z_{1\Sigma}} = \frac{400}{\sqrt{3} \times 14.7} = 15.7\ (\text{kA})$$

$$K_c = 1 + e^{\frac{-3.14 R_\Sigma}{X_\Sigma}} = 1 + e^{\frac{-3.14 \times 4.42}{14}} = 1.37$$

$$i_c = K_c \sqrt{2} I_{d1}^{(3)} = 1.37 \times 1.414 \times 15.7 = 30.4\ (\text{kA})$$

4. 求 d_2 点三相短路电流。

$$R_{2\Sigma} = R_b + R_3 = 4.42 + 15.1 = 19.5\ (\text{m}\Omega)$$

$$X_{1\Sigma} = X_1 + X_b + X_3 = 2 + 12 + 1.58$$

$$= 15.58\ (\text{m}\Omega)$$

$$Z_{1\Sigma} = \sqrt{R_{2\Sigma}^2 + X_{2\Sigma}^2} = \sqrt{19.5^2 + 15.58^2} = 24.97\ (\text{m}\Omega)$$

$$I_{d2}^{(3)} = \frac{U_b}{\sqrt{3}\,Z_{2\Sigma}} = \frac{400}{\sqrt{3} \times 24.97} = 9.25\ (\text{kA})$$

$$K_c = 1 + e^{\frac{-3.14R_{\Sigma}}{X_{\Sigma}}} = 1 + e^{\frac{-3.14\times 19.5}{15.58}} = 1.02$$

$$i_c = K_c\sqrt{2}\,I_{d2}^{(3)} = 1.02 \times 1.414 \times 9.25 = 13.3\ (\text{kA})$$

第五节 配电网短路电流限值及控制措施

近几年来，随着城乡电网的改造和建设，城乡电网有了很大的发展，省会城市和沿海大城市已经基本上建成了220kV及以上电压等级的超高压外环网或C形网，110～220kV高压变电所已经广泛深入市区负荷中心，大大增强了市区电网的供电能力。由于城乡电网的发展，各级电压的短路容量不断增大，不少城网已出现短路容量超过《城市电力网规划设计导则》中短路容量的限值，甚至超过了断路器的开断容量。为使各电压等级电网的开断电流与设备的动、热稳定电流得以配合，并满足目前我国的设备制造水平，城乡各级电压电网的短路电流和短路容量不应超过表3-12所列数值。

表 3-12　短路电流及短路容量限值

名称		220kV	110kV	35kV	10kV
短路电流（kA）	城网	40～50	31.5	25	16
	农网	31.5～40	25	16	12.5
短路容量（MVA）	城网	15000～19000	6000	1500	280
	农网	12000～15000	4800	1000	200

如果城乡电网的短路容量超过上述规定，就应采取必要的措施限制短路电流。

一、选择合适的城网结构及运行方式

1. 城市电网分片运行

目前，为了提高供电能力和供电可靠性，大中城市外围已基本上建成了220kV及以上电压等级的超高压外环网或C形网，系统短路容量越来越大，如果不从网络的结构上采取措施，仅靠串联电抗器等措施限制短路电流已很难满足要求，且经济上也不合理。因此，可以将原来的110（60）kV城网分片运行。

城网分片运行时，片区内高压配电网电源从城市外围超高压枢纽变电所经110（60）kV高压配电网直接送至市区负荷中心。这样既有效地降低短路容量，又避免了高低压电磁环网。如我国某直辖市，目前已将城网分成三个独立供电片区，计划到2020年，将城网进一步分成七个片区，使各片区能独立运行，又能相互支援。

城网分片运行时，首先应保证供电可靠性，必须符合“N-1”安全准则，这就要求在高压配电网的设计上采取必要的措施，如采用双电源、环网等供电方式。其次还应使各供电

片区的负荷基本平衡，供电范围不宜过大，以保证良好的电压质量。

2. 环形接线开环运行

高中压电网采用环形接线的主要目的是为了提高供电可靠性，但随着变电容量的不断扩大，短路容量也不断增大，可能超过开关设备的额定开断能力。因此，对于环形接线，在正常运行时应将环打开，故障时闭环运行。同理，对于双电源供电的高中压配电网，正常运行时两侧电源不并列，只有在失去一个电源时，才将联络开关投入，从而起到有效降低短路电流的目的。

3. 简化接线及母线分段运行

简化接线就是使变电所的接线尽可能简单、可靠，如对110kV变电所高压侧采用桥式接线或线路变压器组成接线等，10kV中压侧采用单母线分段接线等。对中压开关站一般采用单母线分段，两回进线配多回出线接线。对配电所采用环网单元接线形式。这样既能降低短路容量，又能节省建设投资。

母线分段是将某些大容量变电所低压侧母线分段，两段母线间可不设分段开关，对负荷采用辐射式供电方式，从而使一段母线短路时的短路回路电抗大为增加，有效地降低短路水平。

二、选择合适的变压器容量及变压器参数

1. 选择合适的变压器容量

变电所中变压器台数及容量是影响城乡电网结构、可靠性和经济性的一个重要因素，同时对电网的短路水平也有很大的影响。在变电所供电范围及最大供电负荷确定之后，变电所中变压器容量及台数的确定目前国内尚无明确的标准。从国内外情况看，变电所中使用变压器的台数大多为两台，极少有四台以上的。以变电所装设两台主变来看，若变压器取高负荷率时，$T=65\%$，这意味着变压器容量可适当地选小一些。当一台变压器故障时，另一台变压器按1.3倍负荷倍数承受短时（2h）过负荷，这样选的主要优点是经济性好，提高设备利用率，变压器容量相对较小，短路容量小；若变压器取低负荷率时，$T=50\%$。这样，当一台变压器故障时，另一台变压器承担全部负荷而不是过负荷，因此不必在相邻两变电所间建立联络线，负荷转供切换均在本所内进行。

综上所述，就我国目前电网现状，大多数观点倾向于高负荷率方式。我国《城市电力网规划设计导则》也明确要求变电所中变压器采用高负荷率。在实际选容量时，各地应根据当地电网现状及发展情况具体掌握。

2. 选用高阻抗变压器

在现在的城网中，随着电网的联系不断紧密和变电容量的增大，变电所各侧短路容量都较大，除将电网分片及开环运行外，还有选用阻抗较大的变压器限制短路电流。这时变压器正常运行时的功率损耗则降为次要位置。

但在有些变电所中，即使采用了高阻抗变压器，仍无法将低压侧短路电流限制在允许值以下，这样就提出了在变压器内部低压线圈上串接小电抗来限制短路电流的方案。这种方法目前在法国、加拿大等国应用较多，而我国则尚无应用。其主要观点是：内部串接的小电抗为空芯绕组，低压绕组带有铁芯，两者的阻抗不同，在这两个绕组之间形成了一个过电压的节点，当出现过电压时，冲击波在节点要发生反射和折射，在节点处形成一个绝缘薄弱点，影响变压器安全运行。同时，由于绕组额外增加了一个串接元件，增加了变压器结构的复杂性，且小电抗若不加屏蔽，会在主变铁芯漏磁作用下产生过热现象，降低了变压器整体的可靠性。

3. 采用分裂变压器

图 3-9 所示为分裂变压器的原理接线及等值电路图。正常工作时，两个低压分裂绕组各流过相同的电流 $I/2$，不计激磁损耗时，高压绕组电流为 I。高压绕组到低压绕组的穿越电抗：

$$X_{1\text{-}2} = X_1 + \frac{X_{2'}}{2} = X_1 + \frac{1}{4}X_{2'\text{-}2''}$$

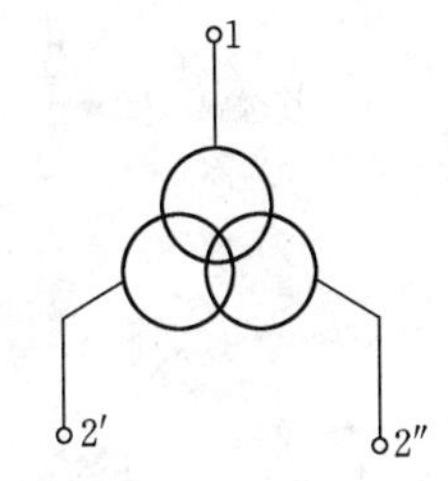

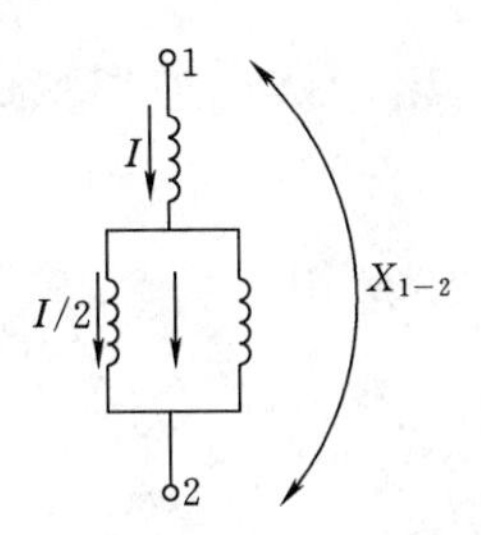

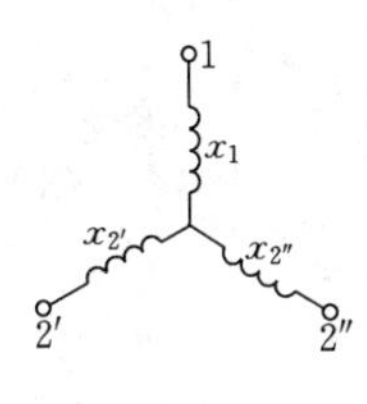

图 3-9　分裂绕组变压器及等值电路

式中　$X_{1\text{-}2}$——分裂变穿越电抗；

$X_{2'\text{-}2''}$——分裂变的分裂电抗。

当一个绕组（设 2′）短路时，来自高压侧的短路电流将受到半穿越电抗 $X_{1\text{-}2'}$ 的限制。即

$$X_{1\text{-}2'} = \left(1 + \frac{1}{4}k_f\right)X_{1\text{-}2}$$

式中　$X_{1\text{-}2'}$——半穿越电抗；

k_f——分裂变的分裂系数，其值为 $k_f = \frac{X_{2'\text{-}2''}}{X_{1\text{-}2}}$ k_f 值若取 3.5，则 $X_{1\text{-}2'} = 1.875X_{1\text{-}2}$。

通过以上分析表明，分裂变压器正常工作时电抗值较小，而一个分裂绕组短路时，来自高压侧的短路电流将受到半穿越电抗 $X_{1\text{-}2'}$ 的限制，其值近似为正常工作电抗（穿越电抗 $X_{1\text{-}2}$）的 1.9 倍，很好的限制了短路电流。因此，这种变压器在大型发电厂及短路容量较大的变电所中得到了较广泛的应用。

三、利用限流电抗器限制短路电流

限流电抗器限制短路电流，按安装位置不同可分为变压器低压侧串联电抗器，分段装电抗器及出线装电抗器等几种。

变压器低压侧串联电抗器，可明显壮大短路回路电抗，降低低压短路容量。

母线分段上装设电抗器，母线上发生短路故障或出线上发生短路故障时，来自高压侧的短路电流都通受到限制，如图 3-10 所示。所以分段电抗器的优点就是限制短路电流的范围大。

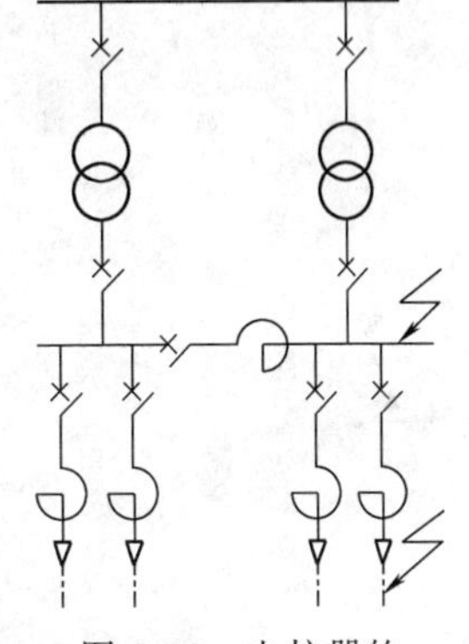

图 3-10　电抗器的作用和接法

出线上装设电抗器，对本线路的限流作用较母线分段电抗器要大得多。尤其是以电缆为引出线的城网，出线电抗器可有效地起

到限制短路电流的目的。

限流电抗器按结构可分为普通限流电抗器和分裂电抗器。分裂电抗器与普通电抗器的不同点是在线圈中心有一个抽头作为公共端。它的主要优点是正常工作时压降小，短路时电抗大，限流作用强等。其缺点是一侧短路，另一侧没有电源而仅有负荷时，会引起感应过电压，另外一侧负荷变动大时，也会引起另一侧的电压波动。

第四章　配电网线损计算及控制

第一节　线损及线损管理概述

一、线损的概念

线损是电能在传输过程中所产生的有功、无功电能和电压损失的简称（在习惯上通常为有功电能损失）。电能从发电机输送到客户要经过各个输变电元件，而这些元件都存在一定的电阻和电抗，电流通过这些元件时就会造成一定的损失；电能在电磁交换过程中需要一定的励磁也会形成损失；另外，还有设备泄漏、计量设备误差和管理等因素造成的电能损失。

这些损失的有功部分称为有功损失，习惯上称为线损，它以发热的形式通过空气和介质散发掉，有功电能损失（损失力率）与输入端输送的有功电能量（有功功率）之比的百分数称为线损率，即

$$\Delta A\% = \frac{\Delta A}{A} \times 100\%$$

$$\Delta P\% = \frac{\Delta P}{P} \times 100\%$$

无功功率损失部分称为无功损失，无功损耗使功率因数降低、线路电流增大、有功损失加大、电压损失增加，并使发变电设备负载率降低。

电压损失称为电压降或压降，它使负载端电压降低，用电设备出力下降甚至不能正常使用或造成损坏。

二、线损管理的重要性

线损是供电企业的一项重要的经济技术指标，也是衡量供电企业综合管理水平的重要标志。供电企业的主要任务就是要安全输送与合理地分配电能，并力求尽量减少电能损失，以取得良好的社会效益与企业经济效益。考核一个供电企业的重要经济技术指标之一就是线损率的高低，它不仅表明供电系统技术水平的高低，还能反映企业管理水平的好坏，所以加强线损管理是供电企业的一项重要工作。

所谓线损管理，就是通过技术上可行、经济上合理和对环境保护无妨碍的一切措施，诸如：采取合理配置能源、实施科学管理以及优化经济结构手段，以期降低供、用电过程中电能消耗，消除浪费现象，提高电力能源的有效利用程度，从而实现“以较小的电能消耗取得最大的经济效益”的最佳管理追求。

线损率是电网经济运行管理水平和供电企业经济效益的综合反映，也是国家考核电力企业的一项重要经济指标，又是“企业达标”、“创一流供电企业”和“创建示范（文明）窗

口”的必备条件。同时，线损管理涉及面广，跨度较大，是一项政策性、业务性、技术性很强的综合性工作。为适应电力企业由计划经济向市场经济的转变，搞好电力供应，减少供电损失，向客户提供质优、价廉、充足的电力，提高企业自身经济效益和社会经济效益，必须加强电网的线损管理工作。由此可见，在电力系统内部，特别是对县供电企业而言，作为“自负盈亏、自我约束、自我控制、自我发展”的基层独立（或非独立法人）企业，线损管理水平的高低，直接关系到经济来源的多少，甚至在一定程度上影响和决定企业的生存、发展与兴衰，可说十分重要，应予以高度重视。

严格地说，线损是一个余量，因为线损电量是供电口子各电能表电量总和（即供电量）减去按周期抄见的客户电能表电量和的总和（即售电量）所得的结果。其准确与否，在很大程度上，既取决于计量供电量和售电量若干电能表计的精确度，也受制于供电企业对客户售电量的抄录是否正确和统计能否真实。

事实上，供电企业统计和考核线损率，都是按照供电量实际和售电量实际来计算的。在求得的实际线损电量中，既有电能在传输和分配过程中无法避免的合理损失部分，也有缘于抄表、偷漏或差错而引起的不明损失。前者，完全为当时特定的电网负荷得出，所以被称为理论线损电量，可通过理论计算便可得出，所以被称为理论线损电量，又叫技术线损。后者，损失的电量取决于人为因素，与企业的管理水平密切相关，被称为管理线损。

从目前供电系统运营情况来看，线损的两个部分，因网、因地、因企业的不同，尤其是基层企业管理水平的不同，实际悬殊，差距很大，即使在同一个县的范围内，不同的供电营业所，线损考核的的结果，往往存在着非常明显的差异。应该说，县供电企业线损管理还有很多潜力可挖。推而广之，现在，我国年发量已经达到11500亿kW·h之多，如果平均线损率下降1%，一年就少消耗电能115亿kW·h，即使平均线损率只比上年实际降低0.1%，全国每年也将节电10多个亿kW·h。这是有待开发、非常诱人的，是另一种意义上的电力市场。

综上所述，努力降低线损，不但节约了电能，可以达到“多供少损”的目的，同时，又节约了煤炭、石油等宝贵的动力资源，对供电企业来说，降低了线损率，相应地降低了供电成本，提高了效益。因此，降低线损是供电企业生产经营活动中的首要任务之一，也是电力系统节能降损的突破口。各级电力部门要加强电力规划设计，改善电网结构，不断提高生产技术水平，改进经营管理，努力降低电力网能量损耗，实现电力网的经济运行。

三、线损的分类及其构成

依据不同的划分标准，可以将线损分为不同的类别。线损的分类，一般有三种方法：

1. 按损耗特点分

（1）固定损失（或不变损失）。这部分损耗是电力网各个元件中与负荷电流变化关系不大的那部分损耗。因为只要设备带电，就有这种损失，所以，也称为“不变损失”或“基本损失”。固定损失主要包括：

1）升压、降压变压器及配电变压器的铁芯损失；

2）线路的电晕损失；

3）调相机、调压器、互感器、电抗器、消弧线圈等设备的铁芯损失以及电容器、绝缘子的损失；

4）电度表电压线圈损失及电度表附件损失等。

（2）可变损失（或负载损失）。这部分损耗是电力网中各元件的电阻与通过的电流的平方成正比的损耗。电流越大，可变线损也越大，可变线损主要包括：

1）送电线路和配电线路的电阻损失，即电流通过线路的损失；

2）升压、降压及配电变压器的绕组电阻损失，即电流通过绕组时的损失；

3）调相机、调压器、互感器、电抗器、消弧线圈等设备的电阻损失；

4）接户线的电阻损失；

5）电能表电流线圈以及电流互感器的绕组电阻损失等。

（3）其他损失。这部分损耗是电能损耗中除去固定损失和可变损失的其余部分，由多种成分构成，通常也视同管理损失。主要包括：

1）漏电、窃电及电表误差等；

2）变电所的直流充电、控制及保护，信号、设备通风冷却等设备消耗的电能；

3）其他。

2．按损耗性质分

（1）技术线损。在电力网输送和分配电能过程中，有一部分损耗无法避免，是由当时电力网的负荷情况和供电设备的参数决定的，可以通过理论计算得出，我们把这部分正常合理的电能消耗，称之为技术线损，又可称之为理论线损。

（2）管理线损。在电力营销的运用过程中，为准确计量和统计，需要安装若干互感器、电能表等计量装置和表计，这些装置与表计都有不同程度的误差。与此同时，由于用电抄收人员的素质关系，又会出现漏抄、估抄和不按规定周期抄表等现象，再加上管理工作不善，执行制度不力，存在部分偷漏和少量自用及其他不明因素造成的各种损失。这些损失，归根到底是我们管理不善引起的，所以称之为管理线损。

3．按损耗的等级和范围分

为了加强线损管理，推行和落实线损管理责任制，把线损按照电压等级，结合调度管辖范围进行分类。

（1）一次供电损失（或主网损失）。这部分损失，属网局、省局调度的送、变电设备（包括调相机的电能损耗），一般由网调（中调）与省调负责管理和考核。

（2）二次供电损失（送变电损失或地区损失）。这部分损失，属供电局（含电业局和地区供电局）调度范围的送、变电设备（包括调相机）的电能损失。一般由县级以上供电局（公司）负责管理和考核。

（3）配电及不明损失。这部分损失，主要是县供电企业及其派出机构（供电营业所或供电所）配电设备的电能损失，包括营业漏电、违章、窃电与表计误差等造成的损耗。配电及不明损失，由基层供电企业负责管理与考核。

四、供电企业线损管理范围

1）配电线路损失；

2）配电变压器损失；

3）低压线路损失；

4）配电线路无功以及低压无功补偿管理；

5）配电线路和低压线路的电压损失管理。

第二节　技术线损的理论计算方法

线损理论计算是降损节能，加强线损管理的一项重要的技术管理手段。通过理论计算可发现电能损失在电网中分布规律，通过计算分析能够暴露出管理和技术上的问题，对降损工作提供理论和技术依据，能够使降损工作抓住重点，提高节能降损的效益，使线损管理更加科学。所以在电网的建设改造过程以及正常管理中要经常进行技术线损的理论计算。

线损理论计算是项繁琐复杂的工作，特别是配电线路和低压线路由于分支线多、负荷量大、数据多、情况复杂，这项工作难度更大，线损理论计算的方法很多，各有特点，精度也不同。这里介绍比较简单、精度比较高的几种计算方法。

一、电力元件理论线损计算

1. 架空线路损耗

架空配电线路只考虑导体上电阻的发热损耗，当负荷电流通过线路时，在线路电阻上会产生功率损耗。

(1) 单一线路有功功率损失计算公式为

$$\Delta P = I^2R$$

式中　ΔP——损失功率，W；

I——负荷电流，A；

R——导线电阻，Ω。

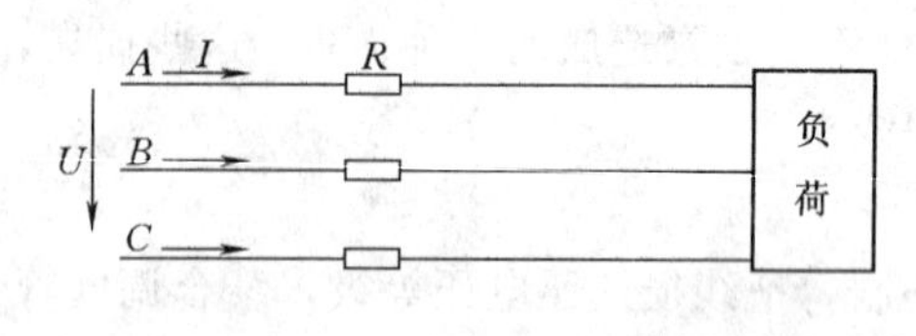

图 4-1　三相电力线路图

(2) 三相电力线路示意图如图 4-1 所示。线路有功损失为

$$\Delta P = \Delta P_A + \Delta P_B + \Delta P_C = 3I^2R$$

$$\Delta A = \Delta P \times 8760 \quad (\text{W}\cdot\text{h})$$

规划设计时可以利用最大负荷时的电能损耗法计算：

$$\Delta A = \Delta P_{pj} \times 8760 + \Delta P_{zd}\tau \quad (\text{W}\cdot\text{h})$$

式中　τ——最大负荷损耗时间。

(3) 导线的等值电阻。导线电阻 R 不是恒定的，在电源频率一定的情况下，其阻值随导线温度的变化而变化。

在有关的技术手册中给出的是在环境温度 20℃时的导线单位长度电阻值。但实际运行的电力线路周围的环境温度是变化的；另外，负载电流通过导线电阻时发热又使导线温度升高，所以导线中的实际电阻值，随环境温度和负荷电流的变化而变化。为了减化计算，通常把导线电阻分为三个分量考虑：

1）基本电阻：即 20℃时的导线电阻值：

$$R_{20} = RL$$

式中　R——导线电阻率，Ω/km，见表 4-1；

L——导线长度，km。

表 4-1　**LJ、LGJ 铝导线 20℃时电阻率及最大载流量**

型　号	S (mm²)	16	25	35	50	70	95	120
LJ	R (Ω/km)	1.98	1.28	0.85	0.64	0.46	0.34	0.27
	I_{MZ20} (A)	110	142	179	226	278	341	394
LGJ	R (Ω/km)	2.04	1.38	0.92	0.65	0.46	0.33	0.27
	I_{HZ20} (A)	110	142	179	231	230	352	399

2）温度附加电阻：

$$R_t = \alpha(t_p - 20)R_{20}$$

式中　α——导线温度系数，铜、铝导线 $\alpha=0.004$；

t_p——平均环境温度，℃。

3）负载电流附加电阻：

$$R_I = \beta R_{20}$$

$$\beta = Q(T_{MH} - 20)\left(\frac{I}{I_{MH20}}\right)^2 = 0.2\left(\frac{I}{I_{MH20}}\right)^2$$

式中　β——负载电流引起的导线附加电阻系数；

I_{MH20}——导线在环境温度 20℃时，持续允许通过的最大载流量，见表 4-1；

T_{MH}——架空导线最高持续允许温度，$T_{MH}=70$℃。

4）线路实际电阻：

$$R = R_{20} + R_t + R_I$$

2. 电缆线路损耗

电缆线路的电能损耗除了芯线的电阻发热损耗外，在绝缘层中还有介质损耗，即空载损耗，在护套、铠甲及加强层中还有护套损耗和铠装损耗，即电缆线路总的电能损耗为：

$$\Delta A = \Delta A_0 + (1 + \lambda_1 + \lambda_2)\Delta A_{fz} \quad (\text{kW}\cdot\text{h})$$

式中　ΔA_0——空载损耗；

ΔA_{fz}——电缆芯线的电阻发热损耗（负载损耗），与架空线路的发热损耗计算相同；

λ_1——电缆护套损耗系数；

λ_2——电缆铠装损耗系数。

3. 配电变压器的电能损耗（简称变损）ΔA_b

(1) 双绕组变压器

$$\Delta A_b = \left[\Delta P_0\left(\frac{U_{pj}}{U_n}\right)^2 + \Delta P_{dn}\left(\frac{I_{jf}}{I_n}\right)^2\right]T$$

式中　ΔP_0——配电变压器额定空载损耗（也称铁损）功率，kW；

ΔP_{dn}——配电变压器额定负载损耗功率，kW；

I_n——通过配电变压器一次侧的额定电流，A；

I_{jf}——配电变压器的代表日的均方根电流，A；

U_n——配电变压器的一次侧额定电压，kV；

U_{pj}——配电变压器的平均电压，kV；

T——测计期时间，h。

（2）三绕组变压器

$$\Delta A_b = \Delta P_0\left(\frac{U_{pj}}{U_n}\right)^2 T + \left[\Delta P_{gn}\left(\frac{I_{1jf}}{I_n}\right)^2\right] + \Delta P_{zhn}\left(\frac{I_{2jf}}{I_n}\right)^2 + \Delta P_{dn}\left(\frac{I_{3jf}}{I_n}\right)^2\Big]T$$

式中 ΔP_0——配电变压器额定空载损耗（也称铁损）功率，kW；

ΔP_{gn}、ΔP_{zhn}、ΔP_{dn}——变压器高、中、低压绕组额定负载损耗功率，kW；

I_n——通过配电变压器一次侧的额定电流，A；

I_{1jf}、I_{2jf}、I_{3jf}——规划到变压器一次侧各绕组通过的均方根电流，A；

U_{pj}——配电变压器的平均电压，kV。

配电变压器分为铁损（空载损耗）和铜损（负载损耗）两部分。铁损对某一型号变压器来说是固定的，与负载电流无关。铜损与变压器负载率的平方成正比。

4. 电容器的电能损耗

$$\Delta A = 0.04 Q_n T$$

式中 Q_n——电容器的额定容量，kvar；

T——电容器的运行时间，h。

5. 电抗器的电能损耗

$$\Delta A = \Delta P_n T$$

式中 ΔP_n——电抗器在额定电压下的功率损耗，kW；

T——电抗器的运行时间，h。

6. 电能表的损耗计算

电能表的电流线圈损耗可略去不计，对电压线圈的损耗，根据电能表的部颁标准规定，每个电压线圈的损耗不超过1.5W，因此，每月每只电能表的电能损耗，单相电能表的取1kW·h，三相电能表取3kW·h。

二、配电网电能损失理论计算方法

配电网的电能损失，包括配电线路和配电变压器损失。由于配电网点多面广，结构复杂，客户用电性质不同，负载变化波动大，要想模拟真实情况，计算出某一条线路在某一时刻或某一段时间内的电能损失是很困难的。因为不仅要有详细的电网资料，还要有大量的运行资料。有些运行资料是很难取得的。另外，某一段时间的损失情况，不能真实反映长时间的损失变化，因为每个负载点的负载随时间、随季节发生变化。而且这样计算的结果只能用于事后的管理，不能用于事前预测，所以在进行理论计算时，都要对计算方法和步骤进行简化。这些简化要求提供较少的原始运行数据，有较少的计算工作量，却又能使计算结果有足够的准确度。

配电网线损计算的基本方法如表4-2所示。

（一）等值电阻计算法

利用等值电阻计算线损时，一般有以下两点假设：

表 4-2　　　　　　　　　　　　配电网线损计算方法

序号	方法名称	所需的假设条件	计算量	计算结果准确程度	适用场合
1	分散系数法	各负荷点负荷曲线运送相同 各负荷点功率因数相同 不考虑沿线电压变化	较小	不高	负荷点过多，负荷分布规律较明显的情况
2	逐点分段简化法	各负荷点功率因数相同 不考虑沿线电压变化	较大	较高	负荷点不太多，负荷分布规律不明显的情况
3	等值电阻法	各负荷点功率因数相同 不考虑沿线电压变化	较小	较低	线路接线不变、线路始端电量变化后的线损计算
4	压降法	各负荷点负荷曲线运送相同 各负荷点功率类数相同	较小	较低	负荷点数量很多，高低压配电干线的电能损耗计算
5	双分量平衡法	不考虑沿线电压变化	最大	最高	需要确定降损技术措施或计算线路补偿效果的情况

1）线路总电流按每个负载点配电变压器的容量占该线路配电变压器总容量的比例，分配到各处负载点上。

2）每个负载点的功率因数 $\cos\varphi$ 相同。

这样，就能把复杂的配电线路利用线路参数计算并简化成一个等值损耗电阻。这种方法叫等值电阻法。

设：线路有 m 个负载点，把线路分成 n 个计算段，每段导线电阻分别为 $R_1, R_2, R_3, \cdots, R_n$，如图 4-2 所示。

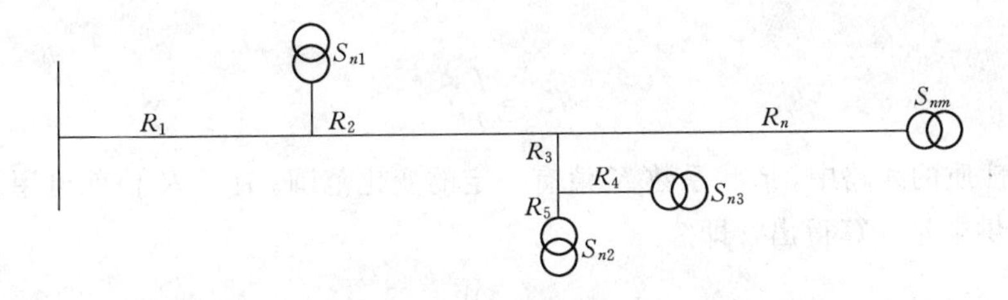

图 4-2　等值电阻计算线

1. 基本等值电阻 R_{dz}

$$R_{dz} = \frac{1}{S_{n\Sigma}^2}\sum_{i=1}^{n} S_{ni}^2 R_i$$

式中　$S_{n\Sigma}$——线路配电变压器容量之和，kVA；

S_{ni}——第 i 计算段后配电变压器容量之和；

R_i——第 i 计算段导线电阻（20℃时）。

2. 温度附加电阻 R_{dzT}

$$R_{dzT} = \alpha(T_P - 20)R_{dz}$$

3. 负载电流附加电阻 R_{dzI}

$$R_{dzI} = I^2 A_r$$

$$A_r = \frac{0.2}{S^4_{n\sum}} \sum_{i=1}^{n} \frac{S^4_{ni} R_i}{I^4_{MH20i}}$$

式中 A_r——等值附加电阻常数；

I——计算用线路总电流；

I_{MH20i}——第 i 个计算段导线最大载流量。

4. 总的等值电阻

$$\sum R_{dz} = R_{dz} + R_{dzT} + R_{dzI}$$

在线路结构未发生变化时，R_{dz}、R_{dzT}、R_{dzI}三个等效电阻其值不变，就可利用一些运行参数计算线路损失。

5. 总的线损计算

$$\Delta A = \sum \Delta A_b + \sum \Delta A_l = \Delta A_b + 3(\sum I_{jf})^2 \sum R_{dz} T$$

式中 $\sum \Delta A_b$——所有配变的损耗之和；

$\sum \Delta A_l$——总的线路损耗；

$\sum I_{jf}$——各台配变的均方根电流之和。

6. 均方根电流计算方法

利用均方根电流法计算线损，精度较高，而且方便。利用代表日线路出线端电流记录。就可计算出均方根电流 I_{jf}和平均电流 I_P。

$$I_{jf} = \sqrt{\frac{I_1^2 + I_2^2 + \cdots + I_n^2}{n}}$$

$$I_{pj} = \frac{I_1 + I_2 + \cdots + I_n}{n}$$

取形状系数

$$K = \frac{I_{jf}}{I_{pj}}$$

在一定性质的线路中，形状系数 K 值有一定的变化范围。有了 K 值就可用 I_{pj}代替 I_{jf}。I_{Pj}可用线路供电量计算得出，即

$$I_{pj} = \frac{W}{\sqrt{3} U \cos\varphi T}$$

式中 U——线路首端平均电压值，kV；

T——供电时间，h。

功率因数用有功电量 W 和无功电量 Q 算出，即

$$\cos\varphi = \frac{W}{\sqrt{W^2 + Q^2}}$$

则电能损失计算

$$\Delta A = 3(KI_{pj})^2 (R_{dz} + R_{dzT} + R_{dzI}) T$$

（二）分散系数计算法

分散损耗系数法应用于配电线路负荷沿线分布有一定规律时，计算电能损耗的一种简化方法，它根据配电线路出口总的均方根电流、负荷沿线分布形式和主干线参数直接求出

总损耗，不必逐点进行计算。

所谓分散系数，是指分支线的功率损耗与末端集中负荷时的功率损耗之比（G'），或分支线的功率损耗与负荷均匀分布时的功率损耗之比（G），如表 4-3 所示。

表 4-3　　典型分布负荷的分散第数

序号	负荷分布类型	负荷分布示意图	G	G'
1	末端集中分布	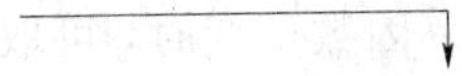	3.0	1.0
2	沿线均匀分布	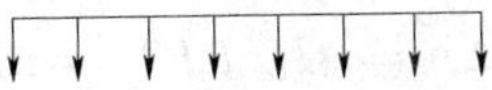	1.0	0.333
3	沿线渐增分布	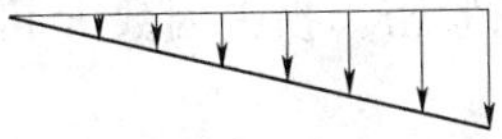	1.6	0.533
4	沿线渐减分布	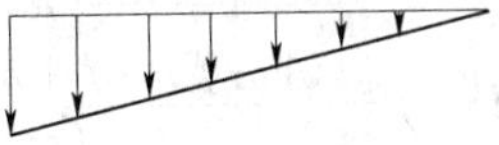	0.6	0.20
5	中间较分布	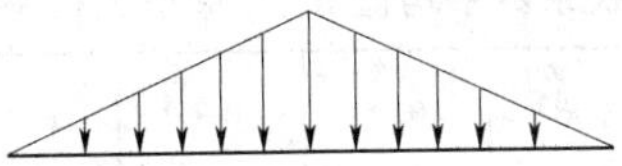	1.14	0.38

设配电线路是按一个末端集中负荷供电，线路出口总的均方根电流为 I_{jf}，线路电阻为 R，则电能损耗为：

$$\Delta A = 3(I_{jf})^2 RT$$

当分支线路的负荷数量相同时，电能损耗为

$$\Delta A = 3(I_{jf})^2 RTG \qquad \text{或} \qquad \Delta A = 3(I_{jf})^2 RTG'$$

需要注意的是，如分支线的长度和截面不同时，导线的长度应进行折算。

（三）损失因数法

损失因数法也称最大电流法，它是利用均方根电流与最大电流的等效关系进行电能损耗计算的方法。

损失因数 F 等于计算时段内（日、月、季、年）的平均功率损失 ΔP_{Pj} 与最大负荷功率损失 ΔP_{zd} 的比值，即

$$F = \frac{\Delta P_{pj}}{\Delta P_{zd}} = \frac{I_{jf}^2}{I_{zd}^2}$$

$$= \left(\frac{I_{jf}}{I_{pj}}\right)^2 \left(\frac{I_{Pj}}{I_{zd}}\right)^2 = K^2 f^2$$

式中　f——为负荷率；

　　K——为负荷曲线形状系数。

负荷曲线形状系数 K 是均方根电流与平均电流之比，即 $K = I_{jf}/I_{pj}$，不同的负荷曲线

形状系数 K 也不同，对各种典型的持续负荷曲线的分析可知，形状系数 K 的数值范围是

$$1 \leqslant K \leqslant \frac{1+\alpha}{2\sqrt{\alpha}}$$

式中 α 为最小负荷率，是负荷曲线中最小负荷与最大负荷的比值，简化计算时，可以用二阶梯持续负荷曲线的形状系数的平均值 K_{pj} 进行计算。即

$$K_{pj}^2 = 0.5 + \frac{(1+\alpha)^2}{8\alpha}$$

K_{pj} 也可从表 4-4 查得，当功率因数不变时，可取 $K_q=K_p=K$，否则按有功和无功负荷曲线分别计算形状系数。

通过损失因数 F，可以用最大负荷时的功率损耗计算时段 T 内的电能损耗值。

$$\Delta A = 3I_{zd}{}^2RFT = \Delta P_{zd}FT$$

损失因数的大小与电力结构、损耗种类、负荷分布及负荷曲线形状等因素有关，特别与负荷率 f 及最小负荷率 α 关系紧密。损失因数 F 可采用以下近似公式计算。

1）洛桑德损耗因数公式：

当 $f \geqslant 0.5+(1+\alpha)$ 时，$F=f-\frac{(f-\alpha^2)(1-f)}{1+f-2\alpha}$

当 $f \leqslant 0.5+(1+\alpha)$ 时，$F=f-\frac{(1-f)(f+\alpha-2f\alpha)}{2-f-\alpha}$

表 4-4　　形状系数平均值 K_{pj} 与最小负荷率 α 的关系

α	0.1	0.2	0.3	0.4	0.5	0.6	0.7	0.8	0.9	1.0
K_{pj}	1.418	1.183	1.097	1.055	1.031	1.017	1.008	1.003	1.001	1.00

2）当 $f \geqslant 0.5$ 时，按直线变化的持续负荷曲线计算 F 值　$F=\alpha+\frac{(1-\alpha)^2}{3}$

当 $f \leqslant 0.5$ 时，按二阶梯的持续负荷曲线计算 F 值　$F=f(1+\alpha)-\alpha$

3)对负荷点很多的配电网，若负荷的错峰效应使负荷曲线的最大负荷持续时间很短时，可以采用更简化的公式：

$$F = 0.2f + 0.8f^2$$

4）西宁供电局刘应宽用分段积分法求负荷曲线族的损失因数公式

$$F = 0.639f^2 + 0.361(f + f\alpha - \alpha)$$

（四）压降法

线路理论计算需要大量的线路结构和负载资料，虽然在计算方法上进行了大量的简化，但计算工作量还是比较大，需要具有一定专业知识的人员才能进行。所以在资料不完善或缺少专业人员的情况下，仍不能进行理论计算工作。下面提供一个用测量电压损失，估算的电能损失的方法，这种方法适用于低压配电线路。

1）基本原理和方法

线路电阻 R，阻抗 Z 之间的关系：

$$R = Z\cos\varphi_z$$

式中，$\cos\varphi_z$ 为线路的阻抗角的余弦。

线路损失率：

$$\eta = \frac{\Delta P}{P} \times 100\%$$
$$= \frac{I^2 R}{IU\cos\varphi} \times 100\%$$
$$= \frac{IZ\cos\varphi_z}{U\cos\varphi} \times 100\%$$
$$= \frac{\Delta U}{U} \times \frac{\cos\varphi_z}{\cos\varphi} \times 100\%$$
$$= K_\varphi \Delta U\%$$
$$K_\varphi = \frac{\cos\varphi_z}{\cos\varphi}$$

由上式可以看出，线路损失率η与电压损失百分数$\Delta U\%$成正比，$\Delta U\%$通过测量线路首端和末端电压取得。K_φ为损失率修正系数，它与负载的功率因数和线路阻抗角有关。表4-5、表4-6分别列出了单相、三相无大分支低压线路的K_φ值。

表 4-5　单相线路损失修正系数 K_φ

cosφ / 导线截面（mm²）	1.0	0.95	0.90	0.85	0.80	0.75	0.70	0.65	0.60
25	1.28	1.347	1.422	1.506	1.6	1.707	1.829	1.969	2.133
35	1.24	1.305	1.378	1.459	1.55	1.653	1.771	1.908	2.067
50	1.173	1.235	1.304	1.38	1.467	1.564	1.676	1.805	1.956
70	1.079	1.137	1.2	1.271	1.35	1.44	1.543	1.662	1.8

表 4-6　三相低压线路损失率修正系数 K_φ

cosφ / 导线截面（mm²）	1.0	0.95	0.90	0.85	0.80	0.75	0.70	0.65	0.60
25	1.109	1.167	1.232	1.304	1.386	1.478	1.584	1.705	1.848
35	1.074	1.13	1.193	1.263	1.342	1.432	1.534	1.652	1.79
50	1.016	1.07	1.129	1.195	1.27	1.355	1.452	1.563	1.694
70	0.935	0.985	1.039	1.1	1.169	1.247	1.336	1.439	1.559

在求取低压线路损失时，只要测量出线路电压降ΔU，知道负载功率因数就能算出该线路的电能损失率。

2）如果一个配变台区有多路出线，要对每条线路测取一个电压损失值，并用该线路的负载占总负载的比值修正这些电压损失值，然后求和算出总的电压损失百分数和总损失率。即：

$$\eta = \left(\frac{P_1}{P} \Delta U_1\% + \frac{P_2}{P} \Delta U_2\% + \cdots + \frac{P_n}{P} \Delta U_n\% \right) K_\varphi$$

3）线路只有一个负载时，K_φ 值要进行修正，实际 K_φ 值是表 4-5、表 4-6 中的 1.5 倍。

4）线路中负载个数较少时，K_φ 乘以（$1+1/2n$），n 为负载个数。

5）按线路电压损耗率进行低压线路线损率的估算，也可采用以下方法：

$$\eta = 0.76(1+a)K_{fb}\Delta U\%$$

式中 K_{fb}——负荷分布系数，均匀分布时取 0.57～0.66；递减分布时取 0.5～0.6；递增分布时取 0.7～0.8；等腰分布取 0.6～0.7；末端集中分布取 1；

a——负荷不对称系数，按计算得出。

【例 4-1】 某三相三线低压电网，实测配变出口电压为 400V，用户最低点电压为 362V，负荷近似为沿线均匀分布，负荷不对称系数 1.67，试确定其线损率。

解 $$\Delta U\% = \frac{U_1 - U_2}{U_1} \times 100\% = \frac{0.4 - 0.362}{0.4} \times 100\% = 9.5\%$$

取 $K_{fb}=0.62$，则线损率为

$$\eta = 0.76(1+a)K_{fb}\Delta U\% = 0.76(1+1.67) \times 0.62 \times 9.5\% = 11.95\%$$

若抄见电量为 600000kW·h，则线损电量为

$$\Delta A = \eta A = 600000 \times 11.95\% = 71700\ (\text{kW} \cdot \text{h})$$

（五）逐点分段简化法

对 6～10kV 高压配电线路的电能损耗计算，一般需收集下列各项原始资料：

1）配电线路的单线接线图，图上标明每一线段的导线型号和长度，所接各配电变压器的容量；

2）配电线路始端的高压用户处全月的有功电量和无功电量的记录值；

3）线路始端和高压用户处的代表日 24h 的电流或有功电量和无功电量的记录；

4）公用配电变压器的分类情况，每一类别配电变压器代表日的电流实测记录；

5）配电线路始端代表日的电压曲线。

为简化计算，逐点分段简化法需要两点基本假设：

1）各负荷点的功率因数均与始端的功率因数近似相等；

2）忽略多分支线路沿线的电压变化对电能损耗的影响。

由于有以上两点基本假设，线路始端的平均电流等于各负荷点的平均电流之和。

由于 6～10kV 配电线路上所接的 6～10kV 用户的负荷曲线形状不相同，各类公用配电变压器的负荷曲线形状也不同，因此线路各分段的损耗因数也应不同。

若用线路各分段的均方根电流来计算线损，在求得平均电流的分布以后，还须求得每一分段的形状系数。由于配电线路的负荷点很多，负荷的错峰应使各分段的负荷曲线的最大负荷持续时间很短，故可选用下式来计算线路各分段的形状系数，即

$$K = \sqrt{F}/f = \sqrt{0.2f + 0.8f^2}/f = \sqrt{0.2/f + 0.8}$$

由上式可见，对于多分支的 6～10kV 配电线路，可以认为各分段的形状系数仅与负荷率有关。所以可以根据某一负荷点及其后一个分段的平均电流、负荷率，求出该负荷点前一分段的加权平均负荷率 $f_{jp.i}$，再将求得的 $f_{jp.i}$ 值代入上式，即可求得形状系数 K。

逐点分段简化法可按下列步骤计算配电线路的电能损耗：

1）确定线路的分段数和每一个分段的电阻值，并画出计算线损用的单线图；

2）根据配电线路始端的代表日电压记录，计算测计期内的平均电压 U_{pj}；

3）根据线路始端和高压用户的全月有功电量和无功电量，计算各自的月平均电流，即

$$I_{pj.0}=\sqrt{A_p^2+A_Q^2}/(\sqrt{3}U_{pj}T)$$

$$I_{pj.m}=\sqrt{A_{p.m}^2+A_{Q.m}^2}/(\sqrt{3}U_{pj}T)$$

式中下标 0、m 分别表示线路始端和各高压用户的编号。

4）各公用配电变压器的月平均电流可按容量分配的办法来进行计算，即

$$i_{pj}=(I_{pj.0}-\sum I_{pj.m})/\sum S_n$$

$$I_{pj.n}=S_n I_{pj}$$

式中 i_{pj}——配电变压器每 kVA 额定容量所分配到的月平均电流，A/kVA；

S_n——各公用配电变压器的额定容量，kVA；

$I_{pj.n}$——分配到各公用配电变压器的月平均电流，A。

从干线和支线的末端开始，向始端方向逐段代数相加，求出每一分段的平均电流，并标在单线图上。

5）根据各类公用配电变压器的典型调查或代表日记录，求得各类公用配电变压器的负荷率 f_n；根据高压用户代表日的负荷记录，求得各用户的负荷率 f_m；根据平均电流的分布各负荷点的负荷率，求出线路各分段的加权平均负荷率 $f_{jp.i}$；求得各分段的形状系数 K_i，最后可得到线路各分段的均方根电流 $I_{jf.i}=K_i I_{pj.i}$，并将这些数据填入计算表内。

6）按逐点分段计算再累加的方法，求得全线路的月电能损耗为

$$\Delta A=3(\sum I_{jf.i}^2 R_i)T\times10^{-3}$$

【例 4-2】 有一条 10kV 的高压配电线路，它的接线如图 4-3 所示，计算这条高压配电线路线损用的已知数据有：①线路各分段的导线型号和长度；②线路上各公用配电变压器的容量；③测计期（某月）内线路始端和两个高压用户的有功电量和无功电量；④高压用户和公用配电变压器根据代表日负荷数据计算所得的负荷率；⑤测计期内线路始端的平均电压。试计算这条高压配电线路全月的理论线损电量和线损率。

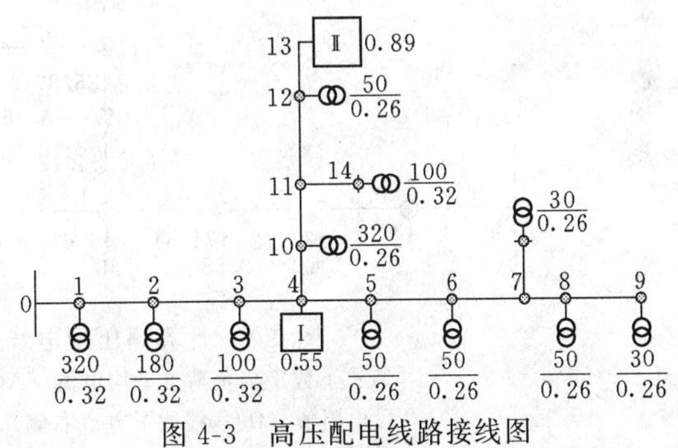

图 4-3 高压配电线路接线图

（Ⅰ、Ⅱ为高压用户；变压器旁的数字：分子为额定容量（kVA），分母为负荷率）

解 （1）确定线路的分段数和每个分段的电阻值。根据负荷点的分布情况，全线路分为 15 个分段，由各分段的导线型号和长度，可算出各分段的电阻值。这些电阻值已标在如图 4-4 所示的计算用单线图上。

（2）确定平均电流的分布。假设已知线路始端的月平均电压 $U_{pj}=10$kV，月有功电量和无功电量分别为 94.6×10^4kW·h 和 60.46×10^4kvar·h；高压用户Ⅰ月供电量为 28.54×10^4kW·h，$\cos\varphi_{pj}=0.92$；高压用户Ⅱ月供电量为 34.52×10^4kW·h，$\cos\varphi_{pj}=0.86$。可求出线路始端和两个高压用户的月平均电流为

$$I_{pj.0}=(\sqrt{94.6^2+60.46^2})\times 10^4/(\sqrt{3}\times 10\times 720)$$
$$=112.27\times 10^4/1.247\times 10^4=90.03\ (A)$$
$$I_{pj.\mathrm{I}}=28.54\times 10^4/(\sqrt{3}\times 10\times 0.92\times 720)=25\ (A)$$
$$I_{pj.\mathrm{II}}=34.52\times 10^4/(\sqrt{3}\times 10\times 0.86\times 720)=32\ (A)$$

公用配电变压器的平均电流可按容量分配，即根据图 4-3 公用配变共 11 个

因此：$\sum S_n=50+100+320+30+320+180+100+50+50+50+30$
$=1280\ \mathrm{kVA}$

$$i_{pj}=\frac{90.03-(25+32)}{1280}=0.0258\ (A/kVA)$$

每一公用配电变压器的平均电流按 $I_{pj.i}=S_{ni}i_{pj}$ 计算。从干线和支线末端的负荷点向线路始端方向逐点计算，可得到各分段的平均电流，其结果已标在图 4-4 上。

(3) 各线段加权平均负荷率的计算。已知容量为 30kVA、50kVA 的公用配电变压器都供给纯照明负荷，其负荷率 $f_1=0.26$，其余容量的配电变压器供给城市公用负荷，负荷率 $f_2=0.32$；高压用户 Ⅰ 为二班制企业，负荷率 $f_{\mathrm{I}}=0.55$，高压用户 Ⅱ 为三班制企业，负荷率 $f_{\mathrm{II}}=0.89$；各负荷点的负荷率均标在单线图上。利用图 4-4 所示的平均电流分布，可求得各分段的加权平均负荷率 $f_{jp.i}$ 和形状系数 K_i，计算结果如表 4-7 中 4、5 两栏所示。

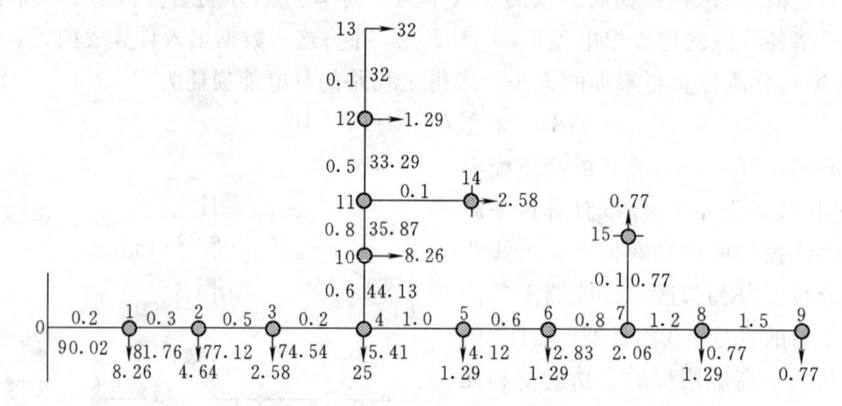

图 4-4　计算高压配电线路线损电量用单线图

［箭头下数字为负荷点平均电流（A）；线段上方（左侧）数字为分段电阻值（Ω）；线段下方（右侧）数字为该分段平均电流（A）］

(4) 电能损耗计算。15 个线段逐段计算 $I_{jf.i}^2R_i$ 值，由表 4-7 可见，$\sum I_{jf.i}^2R_i=11764.36$ (W)，故得全月损耗电量为

$$\Delta A=3\times 11764.36\times 720\times 10^{-3}=25411\ (kW\cdot h)$$

该线路月线损率为

$$\Delta A\%=\frac{25411}{94.6\times 10^4}\times 100\%=2.69\%$$

由图 4-4 可见，由于高压用户和各类公用配电变压器的负荷曲线形状不同和负荷率不同，在求得平均电流分布之后，可用加权平均法求得各分段的负荷率和形状系数，从而得到均方根电流的分布，最终求得全线的电能损耗。这样的逐点分段简化法，可称为双电流

表 4-7　　　　高压配电线路逐点分段简化计算线损用表

1	2	3	4	5	6=3×5	7	8
线段编号	分段电阻(Ω)	分段计算用平均电流(A)	加权平均负荷率 $f_{jp.i}$	分段的形状系数 K_i	分段均方根电流 $I_{jf.i}$ (A)	分段功率损耗 $I_{jf.i}^2R_i$ (W)	加权平均负荷率之计算 $f_{jq.i}$
0—1	0.2	90.02	0.582	1.069	96.23	1852.04	(0.609×81.76+0.32×8.26) ÷(81.76+8.26)=0.582
1—2	0.3	81.76	0.609	1.062	86.73	2261.83	(0.626×77.12+0.32×4.64) ÷(77.12+4.64)=0.609
2—3	0.5	77.12	0.626	1.058	81.59	3328.46	(0.637×7454+0.32×2.58) ÷(74.54+2.58)=0.626
3—4	0.2	74.54	0.637	1.055	78.64	1236.85	(0.26×5.41+0.732×44.13+0.55×25)÷74.54=0.637
4—5	1.0	5.41	0.26	1.253	6.78	45.97	
5—6	0.6	4.12	0.26	1.253	5.16	15.98	
6—7	0.8	2.83	0.26	1.253	3.55	10.08	
7—8	1.2	2.06	0.26	1.253	2.58	7.99	
8—9	1.5	0.77	0.26	1.253	0.96	1.38	
7—15	0.1	0.77	0.26	1.253	0.96	0.09	
4—10	0.6	44.13	0.732	1.036	45.72	1254.19	(0.827×35.87+0.32×8.26) ÷(35.87+8.26)=0.732
10—11	0.8	35.87	0.827	1.021	36.62	1072.82	(0.866×33.29+0.32×2.58) ÷(33.29+2.58)=0.827
11—12	0.5	33.29	0.866	1.015	33.79	570.88	(0.89×32+0.26×1.29)÷(32+1.29)=0.866
12—13	0.1	32.0	0.89	1.012	32.38	104.85	
11—14	0.1	2.58	0.32	1.194	3.08	0.95	
$\sum I_{jf.i}^2R_i$						11764.36 (W)	

(平均电流和均方根电流）分布简化法。

三、线损统计计算

1. 统计线损电量

所谓统计线损电量是指用电能表计量的总供电量 A_G 和总售电量 A_S 之间的差值 ΔA，即

$$\Delta A = A_G - A_S$$

统计线损电量包括技术线损电量和管理线损电量，它不一定反映电网的真实损耗情况，它因电网结构、电源类型和电网的布局、负荷性质不同而有较大的变化。因此统计线损电量不能作为线损的考核指标。

2. 统计线损率

$$\Delta A\% = \frac{A_G - A_S}{A_G} \times 100\%$$

3. 理论线损率

设理论计算得到的线损电量为 ΔA_l，kW·h

$$\Delta A_l\% = \frac{\Delta A_l}{\Delta A_G} \times 100\%$$

4. 线路导线损耗率

$$\Delta A_d\% = \frac{\Delta A_d}{\Delta A_l} \times 100\%$$

式中 ΔA_d——线路导线损耗的电量，kW·h。

5. 变压器损耗率

$$\Delta A_b\% = \frac{\Delta A_b}{\Delta A_l} \times 100\%$$

式中 ΔA_b——变压器损耗的电量，kW·h。

6. 综合技术损失率为 $\Delta A\%$

$$\Delta A\% = \Delta A_d\% + \Delta A_b\%$$

第三节　低压线路电能损失计算方法

低压线路的特点是错综复杂，变化多端，比高压配电线路更加复杂。有单相供电，3×3 相供电，3×4 相供电线路，更多的是这几种线路的组合。因此，要精确计算低压网络的损失是很困难的，一般采用近似的简化方法计算。

一、简单线路的损失计算

1. 单相供电线路

(1) 一个负荷在线路末端时

$$\Delta P = 2I_{jf}^2R = 2(KI_{pj})^2R$$

式中 I_{jf}，I_{pj}——线路的均方根电流和平均电流；

R——线路总电阻，Ω；

K——形状系数。

(2) 多个负荷时，并假设均匀分布，考虑负荷分散系数：

$$\Delta P = \frac{2}{3}I_{jf}^2R = \frac{2}{3}(KI_{pj})^2R$$

2. 3×3 相供电线路

(1) 一个负荷点在线路末端

$$\Delta P = 3I_{jf}^2R = 3(KI_{pj})^2R$$

(2) 多个负荷点，假设均匀分布且无大分支线，考虑负荷分散系数：

$$\Delta P = I_{jf}^2R = (KI_{pj})^2R$$

3. 3×4 相供电线路

(1) A、B、C 三相负载平衡时，零线电流 $I_0=0$，计算方法同 3×3 相线路。

(2) 三相负载不平衡时，$I_0 \neq 0$。

取不平衡损失系数 α，平均电流 $I=(I_a+I_b+I_c)/3$

$$\alpha=\frac{1+\beta_1{}^2+\beta_2^2+\left(1-\frac{\beta_1+\beta_2}{2}\right)^2}{(1+\beta_1+\beta_2)/3}$$

式中 β_1、β_2——负载较小的两相与最大负载那一相电流的比值，β_1、$\beta_2\leqslant1$，α 值见表4-8。

1）一个负载时

$$\Delta P=3\alpha I_{jf}^2R=3\alpha(KI_{pj})^2R$$

2）有多个负载均匀分布时

$$\Delta P=\alpha I_{jf}^2R$$

由表4-8可见，当负载不平衡度较小时，α 值接近1，电能损失与平衡线路接近，可用平衡线路的计算方法计算。

表 4-8　3×4 相负载不平衡损失系数 α

β_2 \ β_1	1.0	0.9	0.8	0.7	0.6	0.5
1.0	1.00					
0.9	1.003	1.006				
0.8	1.014	1.017	1.030			
0.7	1.034	1.038	1.052	1.078		
0.6	1.065	1.072	1.089	1.119	1.165	
0.5	1.110	1.120	1.141	1.178	1.233	1.313

4. 各参数取值说明

1）电阻 R 为线路总长电阻值；

2）电流为线路首端总电流：可取平均电流和均方根电流。取平均电流时，需要用形状系数 K 进行修正。平均电流可实测或用电能表所计量求得；

3）在电网规划时，平均电流用配电变压器二次侧额定值计算最大损耗值，这时 $K=1$；

4）形状系数 K 是随电流的变化而变化，变化越大，K 越大；反之就小。它与负载的性质有关。

【例 4-3】 图4-5为三相三线低压线路，采用LGJ—35导线供电，电阻率为 $R_0=0.92\Omega/\text{km}$，年运行时间为7000h，配变二次额定电压为400V，容量为100kVA，空载损耗为0.32kW，短路损耗为2.0kW，试计算线路损耗和损耗率。

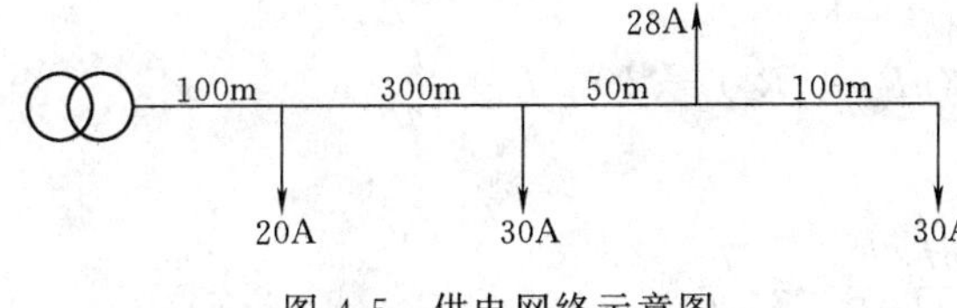

图 4-5　供电网络示意图

解　(1) 线路功率损耗为

$$\Delta P_l=3\times0.92[20^2\times0.1+30^2\times0.4+28^2\times0.45+30^2\times0.55]$$
$$=3.444\ (\text{kW})$$

(2) 配变有功损耗为

$$I_{n2}=\frac{S_n}{\sqrt{3}\,u_{n2}}=\frac{100}{\sqrt{3}\times0.4}=144.5$$

$$I_{f2}=20+30+28+30=108\ (\text{A})$$

$$K_{fz}=\frac{I_{fz}}{I_{n2}}=\frac{108}{144.5}=0.747$$

$$\Delta P_b=P_0+K_{fz}^2P_{dn}=0.32+0.747^2\times2=1.436\ (\text{kW})$$

(3) 总有功功率损耗为

$$\Delta P=\Delta P_l+\Delta P_b=3.444+1.436=4.88\ (\text{kW})$$

（4）年损耗电量为

$$\Delta A = \Delta P \times T = 4.88 \times 7000 = 34160 \text{ (kW·h)}$$

（5）年总供电量为

$$A = \sqrt{3} U_{n2} I_{fz} T = 1.73 \times 400 \times 108 \times 7000 = 523152 \text{ (kW·h)}$$

（6）线损率为

$$\eta = \frac{\Delta A}{A} \times 100\% = \frac{34160}{523152} \times 100\% = 6.5\%$$

二、复杂线路的损失计算

0.4kV 线路一般结构比较复杂。在三相四线线路中单相、三相负荷交叉混合，有较多的分支和下户线，在一个台区中又有多路出线。为便于简化，先对几种情况进行分析。

1. 分支线对总损失的影响

假设一条主干线有 n 条相同分支线，每条分支线负荷均匀分布。主干线长度为 L，分支线长度为 l。则

主干线电阻 $R_g = r_0 L$

分支线电阻 $R_f = r_0 l$

总电流为 I，分支总电流为 $I_{fc} = I/n$

（1）主干总损失 ΔP_g

$$\Delta P_g = 3I^2 R_g / 3 = I^2 R_g = n^2 I_f^2 R_g$$

（2）各分支总损失 ΔP_f

$$\Delta P_f = n I_f^2 R_f$$

（3）线路全部损失

$$\Delta P = \Delta P_g + \Delta P_f = I^2 n (n R_g + R_f) = I^2 r_0 \left(L + \frac{l}{n} \right)$$

（4）分支与主干损失比

$$\frac{\Delta P_f}{\Delta P_g} = \frac{n I_f{}^2 R_f}{n^2 I_f{}^2 R_g} = \frac{l}{nL}$$

也即，分支线损失占主干线的损失比例为 l/nL。一般分支线小于主干线长度，即 $\frac{l}{nL} < \frac{1}{n}$。

2. 多分支线路损失计算

若各分支长度不同，分别为 l_1，l_2，…，l_n，而单位长度负载量和导线截面相同，则

$$\Delta P_f = \sum_{i=1}^{n} I_{fi}{}^2 R_{fi} = I_0{}^2 r_0 \sum_{i=1}^{n} l_i^3$$

式中 I_0——单位长度负载电流，$I_0 = I / \sum l$；

$\sum l$——分支线长度总和。

线路总损失

$$\Delta P = \Delta P_g + \Delta P_f = I^2 R_g + I_0^2 r_0 \sum_{i=1}^{n} l_i^3$$

3. 等值损失电阻

（1）主干、分支导线截面相同时的等值电阻

$$R_{dz} = \frac{r_0}{3}\left(L + \frac{\sum_{i=1}^{n} l_i^3}{\sum l}\right)$$

（2）主干、分支导线截面均不同，即 r_0 不同

$$R_{dz} = \frac{1}{3}\left(r_{0g}L + \frac{\sum_{i=1}^{n} r_{0f.i} l_i^3}{\sum l}\right)$$

（3）主干、分支导线截面相同，各分支长度相等

$$R_{dz} = \frac{1}{3} r_0 \left(L + \frac{l}{n}\right)$$

4. 损失功率

$$\Delta P = 3\alpha I_{jf}^2 R_{dz}$$

三相三线线路 $\alpha=1$，三相四线线路 α 值以主干线导线截面查表 4-8。

5. 多线路损失计算

配变台区有多路出线（或仅一路出线，在出口处出现多个大分支）的损失计算。设有 m 路出线，每路负载电流为 I_1，I_2，…，I_m

台区总电流 $$I = I_1 + I_2 + \cdots + I_m$$

每路损失等值电阻为 $$R_{dz1}, R_{dz2}, \cdots, R_{dzm}$$

则

$$\Delta P_g = \Delta P_1 + \Delta P_2 + \cdots + \Delta P_m$$
$$= 3({I_1}^2 R_{dz1} + {I_1}^2 R_{dz2} + \cdots + {I_m}^2 R_{dzm})$$

如果各出线结构相同，即 $I_1 = I_2 = \cdots = I_m, R_{dz1} = R_{dz2} = \cdots = R_{dzm}$ 则

$$\Delta P = \frac{3}{m} I^2 R_{dz1}$$

6. 下户线的损失

主干线到各个用户的线路称为下户线。下户线由于线路距离短，负载电流小，其电能损失所占比例很小，在要求不高的情况下可忽略不计。

取：下户线平均长度为 l_0，有 n 个下户线总长为 L，线路总电阻 $R=r_0L$，每个下户线的负载电流相同均为 I。

（1）单相下户线

$$\Delta P = 2I^2 R = 2I^2 r_0 L$$

（2）三相或三相四线制下户线

$$\Delta P = 3I^2 R = 3I^2 r_0 L$$

第四节　技术线损分析

一、配电网技术线损的一般分布规律

1. 多分支线路电能损失分析

线路中的电能损失与线路结构和负载性质有关。通过线损分析找出影响损失的主要因素，并针对各要素采取相应的措施，以取得较大降损效果和经济效益。本节主要讨论损失

分布规律、电网结构、无功负载对损失的影响。

(1) 线损分布规律。对多分支线均布负荷线路，线损在线路中不是平均分布的，线路前端损失大，主干线损失大于分支线损失。为便于分析，设一典型线路，如图 4-6 所示，线路中有 n 个相同的负载，将线路分为相等的 n 段。

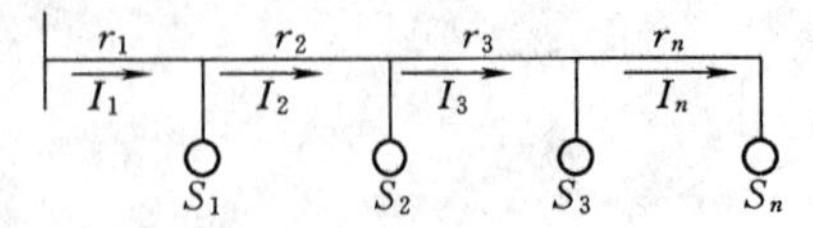

图 4-6 典型线路分布

$$r_1 = r_2 = \cdots = r_n = r$$

$$S_1 = S_2 = \cdots = S_n = S$$

每个负载的电流为 I，总电流为 nI。

各段电流分别为

$$I_1 = nI, I_2 = (n-1)I, I_1 = I_2 = \cdots = I_n = I$$

线路损失功率：

$$\Delta P = \frac{1}{6} I^2 rn(n+1)(2n+1)$$

前 m 段损失占线路总损失的比重，从首端到末端累计损失比重见表 4-9。

表 4-9　　前 m 段线路损失比重表

m/n	0.1	0.2	0.3	0.4	0.5	0.6	0.7	0.8	0.9	1.0
$\Delta P_m/\Delta P$ (%)	27.1	48.8	65.7	78.4	87.5	93.6	97.3	99.2	99.9	100
损失增量 (%)	27.1	21.7	16.9	12.7	9.1	6.1	3.7	1.9	0.7	0.1

由表 4-9 中可以看出：

1) 从首端起，10%的线路其损失占总损失的 27.1%，到 60%线路时，损失比达到 93.6%。

2) 由前往后同样长度的线路段损失比迅速降低。

由此可见，多分支线均布负荷线路，线路损失集中在线路前半部分，应重点考虑这部分线路的降损措施。

(2) 分支线损失与主干线损失比。设有 n 个分支的线路，截主干为相等的 n 段（见图 4-7)，各分支结构相同为图 4-7 所示结构。每个分支均匀联接着彼此相等的 n 个负载，则共有 n^2 个负载。每个负载的电流为 I。

分支损失功率之和

$$\sum \Delta P_f = \frac{1}{6} I^2 rn^2(n+1)(2n+1)$$

主干线路损失功率

$$\Delta P_g = \frac{1}{6} I^2 rn^3(n+1)(2n+1)$$

分支与主干损失之比

$$\frac{\sum \Delta P_f}{\Delta P_g} = \frac{1}{n}$$

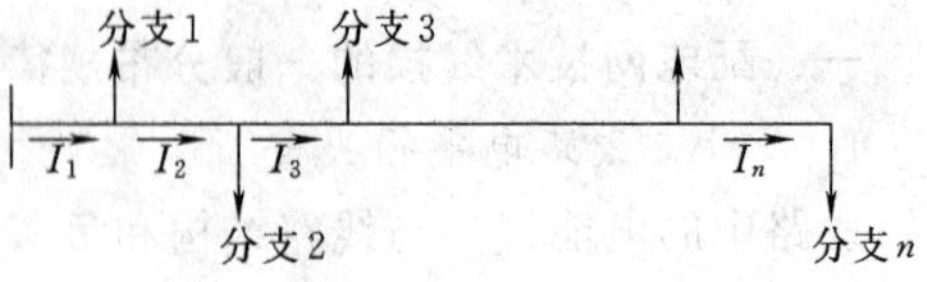

图 4-7 各分支结构

当分支较多时，分支损失占的比重较小。当分支数少于 n 或各分支线长度小于主干线时，其比重小于 $1/n$。因此，线路中的损失大部分集中在主干线上。

2. 线路结构对损失的影响

将图 4-7 的电源点由首端改为线路中间（见图 4-8），线路总损失由 ΔP 变为 $\Delta P'$，即

$$\Delta P' = \frac{1}{24}I^2rn^2\left(n+\frac{1}{2}\right)\left(2n+\frac{1}{2}\right)$$

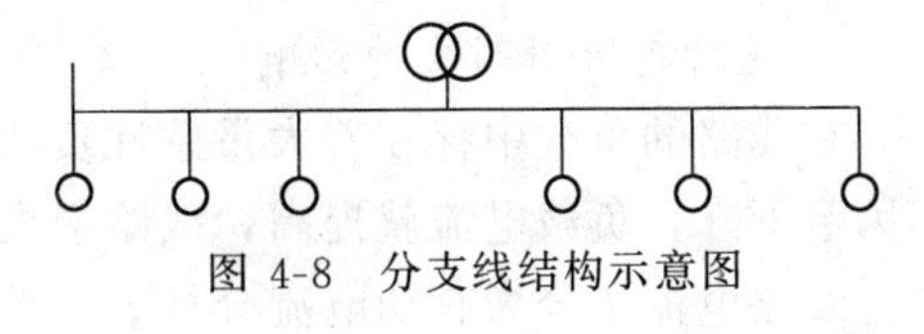

图 4-8 分支线结构示意图

与原损失的比为

$$\frac{\Delta P'}{\Delta P} \approx \frac{1}{4}$$

即线损降为原来的 1/4。

十字状线路由一端供电改为中心供电，见图 4-9。

假设线路各分支对称，每支路有 n 个负载，共 $4n$ 个。

(1) 图 4-9 (a) 一端供电时，线路损失为

$$\Delta P_1 = \frac{1}{6}I^2rn(80n^2+30n+1)$$

(2) 图 4-9 (b) 中心供电时，线路损失为

$$\Delta P_2 = \frac{2}{3}I^2rn(n+1)(2n+1)$$

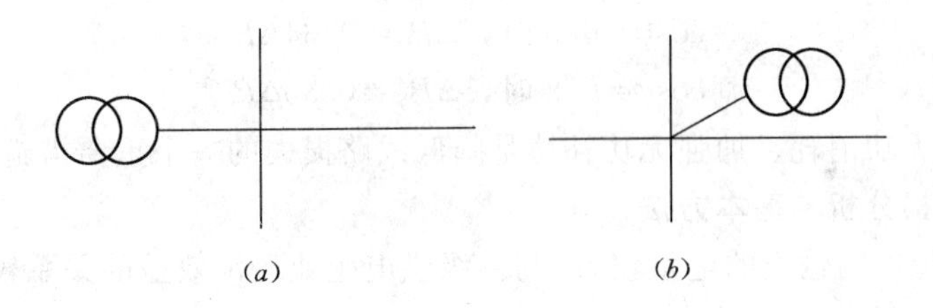

(a) (b)

图 4-9 十字状线路

当 $n=5$ 时

$$\frac{\Delta P_1}{\Delta P_2} = \frac{\frac{1}{6}I^2r\times 5(80\times 25+30\times 5+1)}{\frac{2}{3}I^2r\times 5\times 6\times 11} = 8.16$$

当 $n=100$ 时

$$\frac{\Delta P_1}{\Delta P_2} = \frac{\frac{1}{6}I^2r\times 100\times(80\times 100^2+30\times 100+1)}{\frac{2}{3}I^2r\times 100\times 101\times 201} = 9.89$$

所以，当 $5\leqslant n\leqslant 100$ 时

$$8.16 \leqslant \frac{\Delta P_1}{\Delta P_2} \leqslant 9.89$$

即图 4-9（a）线路损失是图 4-9（b）线路损失 8 倍以上。

从上面的分析看出，电源应放在负荷中心，使电网呈现网状结构，线路向周围辐射，这种电网结构，损失最小。应尽量避免采用链状或网树状结构。

3. 无功电流对损失的影响

在线路的负载中存在着大量感性负载使得线路功率因数降低。在输送同样的功率下，功率因数下降，负载电流就提高，线路损失成平方比增加。要减少损失，就必须减少电流。

线路电流 I 分为有功电流分量 I_r，无功电流分量 I_x。如果功率因数为 $\cos\varphi$，线路损失为 ΔP，则

$$I_r = I\cos\varphi$$

$$I_x = I\sin\varphi$$

有功电流造成的损失为

$$\Delta P_r = \Delta P\cos^2\varphi$$

无功电流造成的损失分量为

$$\Delta P_x = \Delta P\sin^2\varphi = \Delta P(1 - \cos^2\varphi)$$

在一定的线路中，有功电流造成的损失分量 ΔP_r 是不可改变的，但无功电流造成的损失分量 ΔP_x 可通过无功补偿方法，减少无功电流，使 ΔP_x 减少，使总损失 $\Delta P=\Delta P_r+\Delta P_x$ 减少。

无功电流在线路中造成的损失功率与 $\sin^2\varphi$ 成正比，在 $\cos\varphi$ 较低时，ΔP_x 占 ΔP 比例是很大的。

例

$\cos\varphi=0.6$ 时，$\Delta P_x=0.64\Delta P$

$\cos\varphi=0.8$ 时，$\Delta P_x=0.36\Delta P$

所以，降低无功消耗、加强无功补偿是降低线路损失的一个重要措施。

二、技术线损分析的基本方法

由于 10kV 配电网输送的电量较大，与县级供电企业经济效益的关系较为密切，并且线路较长，变压器等设备较多，管理 工作较为繁重，特别是其线损中，既有可变损耗，又有固定损耗，还有不明损耗，其线损率也较高，所以，下面以 10kV 配电网为代表进行线损分析。

（一）实际线损率与理论线损率对比

多数情况下是实际线损率接近或略高于理论线损率；当实际线损率远大于理论线损率，则必然是管理线损过大；即由于“偷、漏、差、误”四方面原因造成的不明损失过大。反之，管理线损过大，必然造成实际线损率过高，远高于理论线损率。

管理线损过大在管理工作较为后进的县级供电企业尤为突出，特作如下定量分析，如图 4-10 所示：

为计算分析方便，设已算得：供电功率因数 $\cos\varphi=0.81$，负荷曲线形状系数 $K=1.0$，线路总等值电阻 $R_\Sigma=R_{d.d}+R_{d.b}=35\ (\Omega)$；线路末端配电变压器二次侧总表电力负荷不变，即 $P_2=90$kW，线路的固定损耗（即配变的空载损耗）因不随负荷变化而变化，为分析方便起见不予考虑；ΔP_{bm}为线路末端配变二次侧总表前由用户偷电、违章用电、线路漏电等因素造成的不明损失，且由零逐渐增加；ΔP_l 为线路的理论功率损耗，随线路上传输的增加而

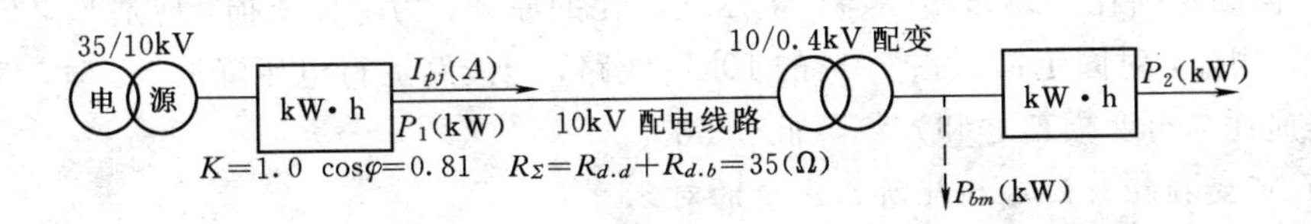

图 4-10 管理线损过大定量分析图

增加；P_1 为线路首端的供出功率，应与下面的负荷相平衡，显然此时也是呈增加趋势；I_{pj} 为线路上传输的平均负荷电流，显然此时也是呈增大趋势；$\Delta A_l\%$为线路的理论线损率；$\Delta A_s\%$为线路实际线损率。

上述诸量应满足下列互相有影响的关系式：

$$I_{pj}=\frac{P_1}{\sqrt{3}\,U e\cos\varphi}=\frac{P_1}{14.03}\ (\text{A})$$

$$\Delta P_l=3I_{pj}^2K^2R_{\Sigma}\times10^{-3}=0.105I_{pj}^2\ (\text{kW})$$

$$P_1=P_2+\Delta P_l+\Delta P_{bm}\ (\text{kW})$$

$$\Delta A_l\%=\frac{\Delta P_l}{P_1}\times100\%$$

$$\Delta A_s\%=\frac{P_1-P_2}{P_1}\times100\%$$

根据上列关系式，当假定 ΔP_{bm}为若干个数值后，即可得到如表 3-1 所示的数量关系。

从表中数字可见，习题线路末端通过配变二次侧总的用电负荷没有增加，但是由于未通过配变二次侧总表（即在表前）的窃电、违章用电等负荷不断地逐渐增加，使线路首端的供电负荷、线路中传输的负荷电、线路中的功率损失均随这相应增中；最后必然导致线路的实际线损率比理论线损率以更大的幅度升高，差距越来越大。

这说明，如果供电企业的电网实际线损率很高，远高于电网理论线损率，或它的上升幅度较大，而售电量增加很少或几乎没有增加，则这个企业的管理是不善的，电网中的“偷、漏、差、误”不良现象是较为严重的，经济效益是不会得到提高的。

（二）固定损耗与可变损耗所占比重的对比

经济合理的情况是两者基本相等；当前者大于后者时，则说明该线路和设备处于轻负荷状态。结果是造成实际线损率和理论线损率都比较高而未达到经济合理值。要采取的主要措施是：

1）发展线路的用电负荷，在没有或少量有工业负荷的情况下，要整顿好农村低压电价，出台新的合理电价政策，切实解决农民和村“用不起电”和“用电难”的问题，确保线路有足够的输送负荷。当某供电站区有一定负荷时，可采取分线路轮流定时集中供电的方法；

2）更新运行中的高能耗变压器，推广应用低损耗节能型变压器，以逐渐减少前者在线路上的所占比重，增大后者所占的比重，并充分利用后者的降损节电的优越性；

3）调整“大马拉小车”的变压器，提高线路与变压器综合负载率，以减少线路中固定损耗（即变压器空载损耗或铁损）所占比重；

4）要尽量减少变压层次，因为每经过一次变压，大致要消耗电网 1%～2%的有功功率和 8%～10%的无功功率，变压层次越多，损耗就越大；

5）根据固定损耗与线路实际运行电压成正比的原理，为降低线损，应适当降低其电压运行水平。例如，对固定损耗占70%的10kV线路，当线路运行电压降低5%时，线路总损耗（固定损耗与可变损耗之和）将降低3.58%。

（三）可变损耗与固定损耗所占比重的对比

当变损比重大于固定损耗时，则说明该线路和设备处超负荷运行状态（此种情况对工业线路或在用电高峰季节较为突出，此种线路被称为重负荷线路）。其结果也是造成实际线损率和理论线损都较高而未达到经济合理值。要采取的降损措施主要有：

1）调整运行迂回和“卡脖子”的线路，缩短线路供电半径，增大导线截面，使之符合技术经济的要求；

2）根据可变损耗与线路实际运行电压成反比的原理，为降低线损，应适当提高其电压的运行水平。例如，对于可变损耗占60%的10kV线路，当运行电压提高5%时，线路总损耗（固定损耗与可变损耗之和）将降低1.48%；

3）为减少线路上无功功率的输送量和有功功率的损失，应随着线路输送负荷量的增长而适当增加其无功补偿（配变的随器补偿各线路的分点补偿）容量，以提高线路供电功率因数；

4）为满足线路输送负荷增长的需要，应适时将线路进行升压改造和升压运行；或将高压线路直接适当深入负荷中心；或采取双回路或多回路供电方式。例如，将6kV线路升压10kV线路，可降低损耗64%，将10kV线路升压为35kV可降低损耗91.84%；

5）调整线路的日负荷，峰谷差，实现均衡用电，提高线路的负荷率；

6）调整线路三相负荷，使之保持基本平衡；如有不平衡现象出现，应控制在允许范围内，即其不平衡度在配变出口处不得超过10%，在低压主干线和主要分支线的始端不得超过20%；

7）更换调整过载运行的变压器，使变压器的容量与用电负荷相配套，并尽量使其在经济负载下运行。

（四）线路导线线损与变压器铜损的对比

线路导线上的损耗与变压器铜损（即配变绕组中的损耗）两者之和，当占据10（6）kV线路总损耗的50%时，为经济合理；其中，当线路上的配电变压器的综合实际负载率达到或接近综合经济负载率时，造成的配变铜损及其所占比重为经济合理值；此时可变损耗中剩余部分，即为合理的线路导线损耗。显然，线路导线线损与配变铜损各为多少、占多少比重较为合理，一般没有一个固定的数值，是由具体电网结构与运行两参数所决定的。这里存在四种情况：

1）变压器为轻载（即未到经济负载率），线路的负荷也不重，两者损耗之和不足线路总损耗（加上配变铁损得之）的50%，显然这是轻负荷运行的线路；其降损措施参见前述；

2）变压器为重载（即超过经济负荷率），线路的负荷也不轻（即超过经济负荷电流），两者损耗之和超过线路总损耗的50%，显然这是超负荷运行的线路；降损措施前面已有叙述；

3）变压器的负荷率小于其经济值（即轻载），线路的负荷超过其经济负荷电流，那么，两者损耗之和要超过线路总损耗的50%，这条线路是属于超负荷运行的线路；其降损措施应重点放在线路及其导线上。例如：更换为较大截面的导线，缩短线路供电半径，增加线路上的无功补偿容量，提高其供电功率因数，适当提高线路的运行电压，调整线路的日负荷和三相负荷，减少其峰谷差和不平衡度等；

4）变压器的负荷率超过其经济值（即过载），而线路的负荷未超过其经济负荷电流，那么，当两者损耗之和未超过线路总损耗的50%时（这种情况很少出现），则这条线路仍属于轻载运行的线路；其降损措施的重点应放在配电变压器上。例如：更换过载运行的变压器，使变压器的容量与用电负荷相匹配，并尽量使其在经济负载下运行。

（五）理论线损率与最佳理论线损率的对比

线路理论线损率达到或接近线路最佳理论线损率（即经济运行线损率）为最经济合理，否则为不经济合理；即线路理论线损率在其变化规律曲线 $\Delta A_{l.\Sigma}\%=f\ (I_{pj})$ 的“左高位置”，属于轻负荷运行区，或为轻负荷线路；反之，线路理论线损率在曲线 $\Delta A_{l.\Sigma}\%=f\ (I_{pj})$ 的“右高位置”，属于超负荷运行区，或为重负荷线路。两种情况的相应降损措施，前面已有叙述，可直接参考。

第五节　影响线损的不利因素

一、架空线路方面

1）线路布局不合理，近电远供，迂回供电；

2）导线截面小，长期过负荷运行或不在最佳状态下运行；

3）线路轻、空载运行，如农电线路在非农灌期间，一般只有少量照明，配电负荷很小，却又不停空载变压器；

4）接户线过长、过细、年久失修，破损严重；

5）瓷横担、针式、悬式绝缘子表面积灰严重、油泥、污染物等物，在雾天和蒙蒙细雨天气，表面泄漏增加，污区不清扫，不冲洗；

6）零值、低值、破损、绝缘子穿弧漏电。平时不测量，不能发现绝缘子泄露情况，不抓紧调换低值绝缘子；

7）线路接头、搭头、桩头电阻大，增加接触面发热损耗；

8）导线对树枝、毛竹碰线引起漏电；

9）雾天、木横担、大风碰线、倒杆引起事故；

10）城镇配电变压器经常过载运行；

11）低压线路三相负荷不平衡，引起中性线电流增大，损耗相应增加；

12）低压线路过长，末端电压过低，损耗相应增加。

二、变电所方面

1）主变压器铜、铁损超过国家标准，不及时改造或更新；

2）主变压器过载运行或轻载运行，不调整运行方式或调换适当的主变压器；

3）主变压器无功补偿容量不足，引起受进无功过大，造成有功损耗相应增加；

4）设备检修不及时，介质损耗增大；

5）主变压器没有有载自动调压装置，使运行电压经常偏离额定电压；

6）针式绝缘子、悬式绝缘子、瓷质套管积灰、雾天或蒙蒙雨天表面泄露增加。

三、用电方面

1）用电设备和变压器负载不配套，“大马拉小车”或“小马拉大车”，引起损耗增大；

2）用户的无功补偿不合理，不按照经济功率因素进行补偿，形成高峰时，无功从电网受进过多，低谷时向系统倒送无功功率；

3）电度表未按规定校表周期进行定期检修或校验制度不严格，造成走慢走快；

4）计量互感器比较差，不符合规定要求，极性不明，精确度不够等；

5）计量设备容量大，用电负荷小，长期过载或空载计量；

6）计量设备安装不符合规定：①机械电度表安装后不垂直、不水平；②二次回路导线采用不符合规定或二次回路负载过大；③计量点没有安装在接近资产的分界点；④装、换、拆计量设备时，不凭工作传票进行，造成倍率混乱，漏计抄表卡，装出、拆回表码误记、漏记等；⑤计量设备安装完毕，未认真检查，造成错误接线就投入运行；⑥高压客户计量设备与客户指示仪表合用互感器时，没有制定防止影响计量的措施，电压回路有串接熔丝。

7）放松计量设备运行管理和定期检查制度：①对计量设备运行情况不定期检查，表计失常不清楚；②计量回路的一、二次回路接触不良；③因客户检修等原因造成表计接线错误；④客户利用计量电流互感器在二次回路中串接其他指示仪表及继电保护设备；⑤客户擅自拉停电压互感器柜的隔离开关，致使电能表电压线圈失电及没有发现电压互感器熔丝熔断而影响计量；⑥低压三相负荷不平衡的客户及农村客户未采取“三代一”装表计量法；⑦对低压用电单位没有积极推广带电接入法装表；⑧表计在运输、搬运中受到震动，造成表计失常，影响计量。

8）无表及违章用电：①农村照明用电采用估算、定量等计量方法；②供电部门内部检修、试验、生产、生活、变电所生活、大修等用电无表计量；③因窃电及破坏计量设备，影响正确计量。

9）抄表日期不固定，存在不抄、估抄、漏抄、电话抄表或延长时间抄表等现象。

四、网络接线方式方面

1）导线选择不当、不按经济电流密度选择导线载面或根据已定导线截面，不按经济容量运行；

2）系统电压层次过多，不合理的串级供电；

3）无功容量不足，电压水平低，形成高峰时低电压运行；低谷时高电压运行，致使线损增加；

4）主要变压器运行不合理，该并联的不并联，该停用时不停用，该起用时不起用；

5）低压配电网络供电半径过长，输送容量太大，末端电压过低。

五、运行管理方面

1）检修安排不合理，造成运行线路和变压器超载运行；

2）不坚持计划检修，不进行定期清扫制度，造成泄露增加；

3）不及时按季节调节主、配变压器分接头位置，不充分利用调压手段而尽量使运行电压维持在额定状态下运行；

4）不进行负荷和电压实测工作，不以常平衡低压三相负荷，不进行移负荷工作。

了解上述情况，对乡镇供电营业所管理人员而言，应该说非常必要，有利于联系实际，采取措施，降低线损。

第六节　降低线损的技术措施

线损率是配电网的重要指标，线损管理的目的就是通过技术和管理措施，降低线路的电能损耗，提高电网的经济效益。针对电网线损的规律和特点，采取相应的技术措施，就能以较少的投资取得最大的节能效果，实现多供少损。

目前，我国县（市）现代化电力企业标准中，对线损提出的标准是：高压电网的综合线损率为8%，低压电网为12%，而美国不分高低压，从变电所出口至计算点为6%～7%。可见我国在线损方面还有较大的差距，为减少这方面的差距，我们在电网建设、运行时应重视降低线损的技术要求。

一、改善电网结构

1. 确定合理的供电半径

在确定电网的结构和运行方式时，应尽量缩短供电半径，避免近电远供和迂回供电。10kV最大为15km，400V线路的供电半径应不大于500m。也可根据经济发展情况和供电环境依据下列原则确定：对低压线路负荷在1000kW/km^{2}为400m；负荷在400～1000kW/km^2，取500m；负荷在200～400kW/km^2，取700m；负荷在200kW/km^{2}以下的，取1000m；平原及山牧区，设备容量密度小于200kW/km^{2}的供电半径：平原块状地区不应大于1.0km，带状地区不应大于1.5km。

2. 选择合理的导线截面

增加导线截面会降低导线电阻，减少电能损耗和电压损失。导线电能损耗与导线的截面积成反比，但增加导线截面会增加投资，在增大导线的截面时应考虑投资与降损之间的最优化方案。经济电流密度是根据节省建设投资和年运行费用（包括线损）等多种因素，由国家经过分析和计算规定的。导线截面可根据经济电流密度来选择。

3. 变压器装设在负荷中心，负荷由变压器向四周辐射供电（图4-11）

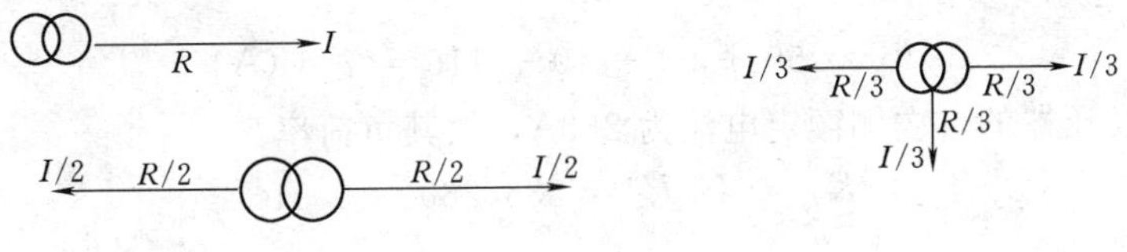

图4-11　负荷中心布置示意图

对于集中负荷单侧供电，负荷集中在电源一侧时，线损为：

$$\Delta P_{l1}=3I^2R\times10^{-3}\quad(\text{kW})$$

对于集中负荷双侧供电，负荷集中分布在变压器两侧，其线损为：

$$\Delta P_{l2}=3\times2\times\left(\frac{I}{2}\right)^2\times\frac{R}{2}\times10^{-3}=\frac{3}{4}I^2R\times10^{-3}\quad(\text{kW})$$

对于向三侧集中供电，负荷集中分布在变压器两侧，其线损为：

$$\Delta P_{l2} = 3 \times 3 \times \left(\frac{I}{3}\right)^2 \times \frac{R}{3} \times 10^{-3} = \frac{1}{3} I^2 R \times 10^{-3} \quad (\text{kW})$$

4. 合理规划配变台区

变压器台区在电网中的位置选择是否恰当，也会直接影响线路电能损耗，现举例说明如下：

如图 4-12 所示配电网，原变压器容量为 100kVA，空载损耗为 0.73kW，短路损耗为 2.4kW，设在 C 处，单向 B 处供电，现因发展需要在 A 处增加 116A 的负荷，可采用以下两种方案：

方案一：将变压器容量增加至 180kVA，此变压器的空载损耗为 1.2kW，短路损耗为 4kW，采用原方法供电。

方案二：将线路从 A 点断开，增设一台容量为 100kVA 的同型号变压器，装在 B 处，按图接线。

从降低线损角度来比较上述两种方案。

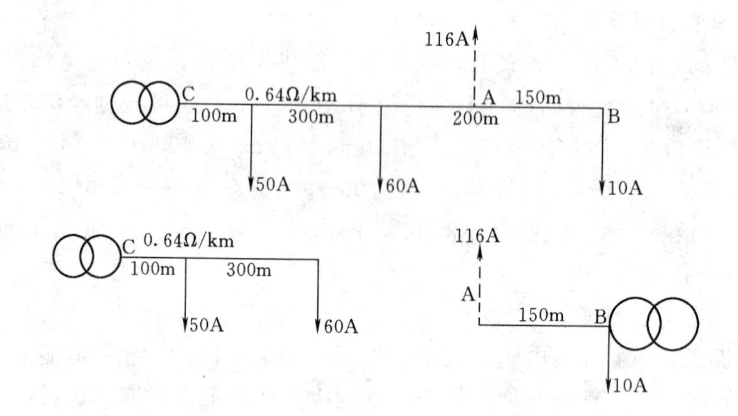

图 4-12 负荷中心布置示意

解

（1）第一种方案线损计算

总负荷电流为

$$I_{fz} = 50 + 60 + 10 + 116 = 236\ (\text{A})$$

180kVA 变压器的二次侧额定电流为 260A，故其负荷率为

$$K_{fz} = I_f / I_{nz} = 236/260 = 0.91$$

线路损耗为

$$\Delta P_{l1} = 3 \times 0.64 \times (10^2 \times 0.6 + 116^2 \times 0.45 + 60^2 \times 0.4 + 50^2 \times 0.1) \times 10^{-3}$$
$$= 14.98\ (\text{kW})$$

配变损耗为

$$\Delta P_{b1} = \Delta P_0 + K_{fz}{}^2 P_{dn} = 1.2 + 0.91^2 \times 4 = 4.51\ (\text{kW})$$

总损耗

$$\Delta P_1 = \Delta P_{l1} + \Delta P_{b1} = 14.98 + 4.51 = 19.49\ (\text{kW})$$

（2）第二种方案的线损计算

$$\Delta P_{l2} = 3 \times 0.64 \times (60^2 \times 0.4 + 50^2 \times 0.1 + 116^2 \times 0.15 + 10^2 \times 0) \times 10^{-3}$$
$$= 7.11 \text{ (kW)}$$

原配变的负荷电流和负荷率为

$$I_{fz1} = 50 + 60 = 110 \text{ (A)}, I_{n2} = \frac{100}{\sqrt{3} \times 0.4} = 144.5 \text{ (A)}, K_{fz1} = 110/144.5 = 0.76$$

新增配变的负荷电流和负荷率为

$$I_{fz2} = 116 + 10 = 126 \quad K_{fz2} = 126/144.5 = 0.87$$

两配变损失

$$\Delta P_{b2} = 0.73 + 0.76^2 \times 2.4 + 0.73 + 0.87^2 \times 2.4 = 3.933 \text{ (kW)}$$

总损耗

$$\Delta P_2 = 7.12 + 3.933 = 11.05 \text{ (kW)}$$

若年运行时间为7000h，每kW·h电费为0.53元，则年节约电费为

$$(19.49 - 11.05) \times 7000 \times 0.53 = 31312.4 \text{元}$$

二、配电网经济运行

1. 平衡三相负荷

三相负荷不平衡将导致线路损耗严重增加，因此，在运行中应尽量使配电线路各相负荷平衡。

(1) 相负荷的不平衡度 λ

如果三相负荷电流各为 I_A、I_B、I_C，则三相电流的平均值为

$$I_{pj} = \frac{I_A + I_B + I_C}{3}$$

则各相负荷平衡度定义为

$$\lambda = \frac{I_\varphi - I_{pj}}{I_{pj}} \times 100\%$$

因此有

$$\lambda_A = \frac{I_A - I_{pj}}{I_{pj}} \times 100\%$$

$$\lambda_B = \frac{I_B - I_{pj}}{I_{pj}} \times 100\%$$

$$\lambda_C = \frac{I_C - I_{pj}}{I_{pj}} \times 100\%$$

各相电流可改写成为

$$I_A = (1 + \lambda_A)I_{pj} \quad I_B = (1 + \lambda_B)I_{pj} \quad I_C = (1 + \lambda_C)I_{pj}$$

相电流 I_φ 的最大值可取 $3I_{pj}$，最小值可取0，因此 λ 的最大值可取2，最小值可取−1

(2) 线损增加率 α

$$\alpha = \frac{\Delta P_B - \Delta P_D}{\Delta P_D} \times 100\%$$

式中 ΔP_B——不对称情况下的线路损耗；

ΔP_D——对称情况下的线路损耗。

分析指出，线损增加率 α 与 λ_A、λ_B、λ_C 的关系如下：

对中线与相线截面积相同时，有

$$\alpha = \frac{5(\lambda_A{}^2 + \lambda_B{}^2 + \lambda_A\lambda_B)}{3} \times 100\%$$

对中线与相线截面积不相同时，有

$$\alpha = \frac{8(\lambda_A{}^2 + \lambda_B{}^2 + \lambda_A\lambda_B)}{3} \times 100\%$$

（3）线损增加情况的讨论

1）一相负荷重，一相负荷轻，第三相为平均负荷时，设 A 相为重负荷，$\lambda_A=\lambda$；B 相为平均负荷，$\lambda_B=0$；C 相轻负荷，$\lambda_C=-\lambda$，则上两式分别变为：

$$\alpha = \frac{5}{3}\lambda^2 \times 100\%, \alpha = \frac{8}{3}\lambda^2 \times 100\%$$

规程规定，线路负荷不平衡度不大于 20%，设 $\lambda=0.21$，当中线与相线截面相等时，线损增加率为：

$$\alpha = \frac{5}{3} \times 0.21^2 \times 100\% = 7.35\%$$

当中线截面为相线截面的 1/2 时，有

$$\alpha = \frac{8}{3} \times 0.21^2 \times 100\% = 11.76\%$$

2）一相负荷重，两相负荷轻的情况。

此时设 $\lambda_A=2\lambda$，$\lambda_B=\lambda_C=-\lambda$，当中线与相线截面积相同时，有

$$\alpha = \frac{5(\lambda_A{}^2 + \lambda_B{}^2 + \lambda_A\lambda_B)}{3} \times 100\% = \frac{5}{3}(4\lambda^2 + \lambda^2 - 2\lambda^2) = 5\lambda^2$$

当中线截面为相线截面的 1/2 时，有

$$\alpha = \frac{8(\lambda_A{}^2 + \lambda_B{}^2 + \lambda_A\lambda_B)}{3} \times 100\% = \frac{8}{3}(4\lambda^2 + \lambda^2 - 2\lambda^2) = 8\lambda^2$$

此时若取 $\lambda=0.2$，则上述两种情况下，线损增加率 α 分别为

$$\alpha = 0.2 = 20\%, \quad \alpha = 0.32 = 32\%$$

若取 $\lambda=0.5$，则上述两种情况下，线损增加率 α 分别为

$$\alpha = 1.25 = 125\%, \quad \alpha = 2 = 200\%$$

可见，在负荷严重不对称情况下，线损将成倍增加。

2. 合理确定环网的经济运行方式

电力网有时形成了一些环形电网，环形电网是闭环运行还是开环运行以及在哪一点开环运行，都是与电力网的安全、可靠和经济有关的综合性问题。从提高供电经济性出发，经常采用闭环运行方式，但闭环运行时会造成短路电流增大，有时使断路开断容量不足，导致环网继电保护复杂化，又影响供电可靠性。所以，一些环形电网需要选择适当点开环运行，可采用手动或自动切换等方式运行。

在环网中，功率按照各线路阻抗关系进行分布称为自然功率分布，按照各线路电阻关系进行分布时，称为经济功率分布，对应的有功功率损耗最小。对同一电压等级 X/R=常

数的均一线路电力网，采用闭环运行方式可取得很好的降损效果，因为潮流按自然功率分布和按经济功率分布两者是一致的；对非均一线路的电力网（如电缆和架空线路构成的环网和通过变压器构成的电磁环网等到），不均一程度愈大，潮流按自然功率分布和按经济功率分布的差别愈大，两者有功功率损失的差值也愈大。这时，只要负荷调整适当，并选择好解列点，开环运行对降损效果有利。对严重非均一线路的电力网，经过技术经济比较后，有时在环网中加上串联电容器、纵向或横向调节变压器以强制实现有功功率和无功功率的经济分布。

图 4-13 为双电源拉手式网络，若将断开点由 A 点移到 B，使开环点两侧的负荷大致平衡，通过计算可知，每月约可减少有功损耗电量 1550kW·h。

3. 合理调峰填谷，提高负荷率

电力系统的负荷曲线的峰谷差如果很大，不但需满足高峰负荷时的发电和输配电设备，而且也使线损增加。在运行中，负荷曲线的峰谷愈小愈好，这样不但可以使发电和输配电设备得到合理和充分利用，使线损减少，而且给电力系统的调频调压创造了有利条件。

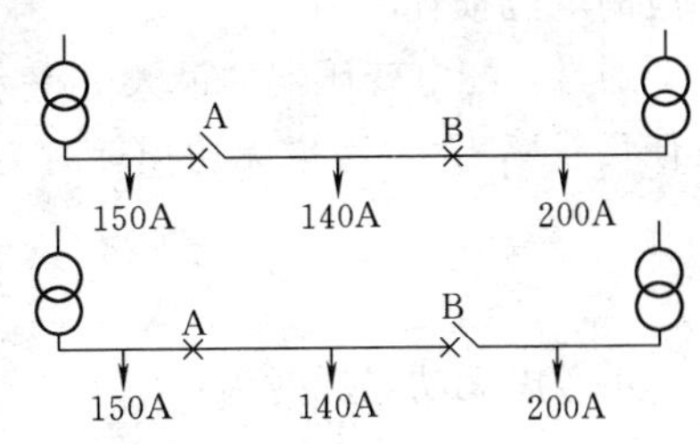

图 4-13　合理布置开环点

若一条公用配电线路等值电阻为 R，可由首端最大电流 I_{zd}和损失因数 F 来计算测计期内的电能损耗，即

$$\Delta A = 3I_{zd}^2 FRT \times 10^{-3} = 3\left(\frac{I_{pj}}{f}\right)^2 RFT \times 10^{-3}$$

以 $I_{pj}=A/(\sqrt{3}U_{pj}\cos\varphi_{pj}T)$ 和 $F=0.2f+0.8f^2$ 代入上式，整理后可得

$$\Delta A = \frac{RA^2}{T(U_{pj}\cos\varphi_{pj})^2}\left(\frac{0.2}{f}+0.8\right) \times 10^{-3}$$

从上式可见，在配电线路首端供电量 A 和运行参数不变的情况下，电能损耗随负荷率的提高而减小。调整负荷曲线的具体措施有：

1）采用市场经济手段，对高峰、低谷、非峰谷各时段的送受电力和电量的电价做不同规定，高峰负荷时电价贵，低谷负荷时电价便宜，让用户主动参与削峰填谷；

2）实行各工矿企业轮流休息制度；

3）实行计划用电；

4）采用先进技术设备，用音频、工频、无线电载波等负荷控制装置实现负荷调整。

三、降低配电变压器的电能损耗

配电变压器的电能损失在配电系统电能损失中占有很大的比例，减少配变的电能损耗，对降低线损具有很大的作用。

1. 选择节能型配电变压器

积极推广应用 S9 系统和非晶体合金变压器。坚决淘汰 64、73 系列高耗能变压器。

2. 合理选择配电变压器的容量

一般农村配电变压器的负荷率较低，其铁损功率 P_0 大于铜损功率 P_{dn}，合理选择配变容量 S_n，提高其负载率 K_{fz}，使其运行在最高效率附近，可达到降低损耗的目的。

合理选择变压器容量，既要防止出现“大马拉小车”现象，又要避免变压器经常性地过载。

3. 配电变压器经济运行

变压器的电能损耗可按下式计算：

$$\Delta P = P_0 + K_{fz}{}^2 P_{dn} + \lambda(Q_0 + K_{fz}{}^2 Q_{dn})$$

式中 λ——无功当量，取 0.09～0.1。

变压器的效率可按下式计算：

$$\eta = \left(1 - \frac{P_0 + K_{fz}^2 P_{dn}}{K_{fz} S_n \cos\varphi_2 + P_0 + K_{fz}^2 P_{dn}}\right) \times 100\%$$

由上式可以画出变压器效率 η 与负荷率 K_{fz} 之间的关系曲线如图 4-14 所示，则即可得相应的电能损耗率值。

通常，配电变压器的最大效率 η_{zd} 出现在配电变压器的铁损等于铜损时，此时，配变的最佳负载率 K_{zj}，考虑无功损耗时为：

$$K_{zj} = \sqrt{\frac{P_0 + \lambda Q_0}{P_{dn} + \lambda P_{dn}}}$$

不考虑无功损耗时为：

$$K_{zj} = \sqrt{\frac{P_0}{P_{dn}}}$$

配电变压器可以分为三个运行区（如图 4-15 所示），即经济区，不良区和高耗区（过轻区），一般情况下，要使变压器运行在最佳负荷率处 K_{zj} 是很困难的，在实际工作中，较易实现的是使变压器运行在接近于最佳负荷率状态，即在经济区运行，经济区在变压器整个运行区（0～100%）的 30%左右。随着变压器容量改变，变压器相应的空载损耗 P_0 和短路损耗 P_{dn} 也随之发生变化，但空载损耗 P_0 和短路损耗 P_{dn} 比值，即最佳负荷率 K_{zj} 基本保持不变。通过分析计算，可得到常用变压器的三个运行区间的大致范围（如表 4-10 所示）。

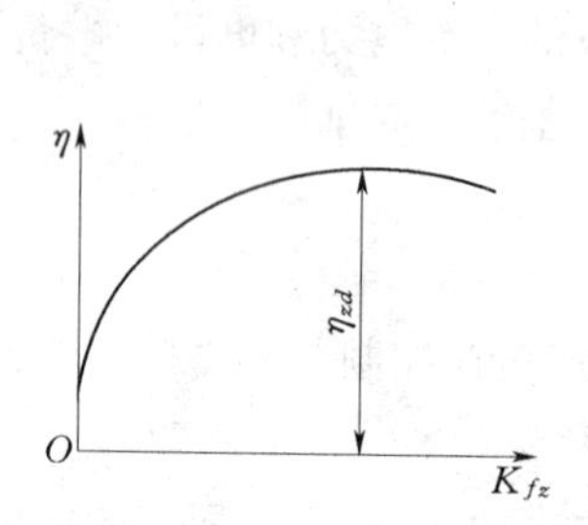

图 4-14 变压器效率特性图

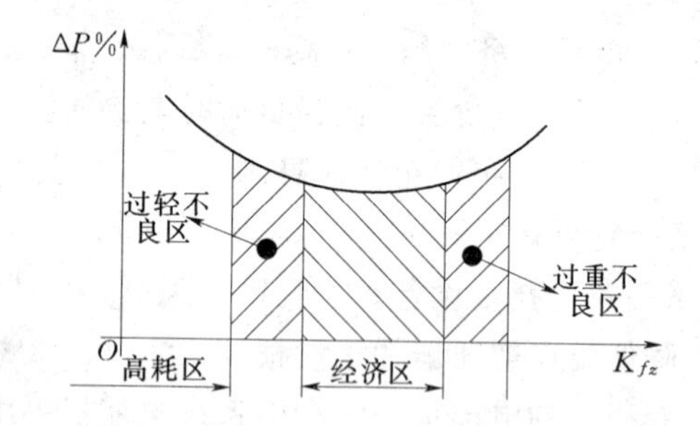

图 4-15 变压器损耗特性图

S_7 系列铜芯和铝芯变压器，K_{zj} 基本在 0.39～0.43 之间，可取 0.42，对应的三个运行区间的负荷率范围为：高耗区（过轻区）为 0～0.176、过轻不良区为 0.176～0.305、经济区为 0.306～0.609、重载不良区为 0.609～1；

对于 S_9 系列铜芯和铝芯变压器，K_{zj} 约为可取 0.45，因此，对应的三个运行区间的负荷率范围为：高耗区（过轻区）为 0～0.203、过轻不良区为 0.203～0.3723、经济区为 0.3723～0.6723、重载不良区为 0.6723～1；

表 4-10 常用配电变压器经济运行参数表

变压器类型	额定容量（kVA）	空载损耗（W）	短路损耗（W）	最佳经济负荷率（%）	经济运行负荷率范围（%）	经济运行负载量范围（kVA）	允许运行的负载量范围		不允许运行的高耗负荷量范围
							过轻不良区	过重不良区	
S_7 或 SL_7 系列	30	150	800	43.3	30.0～62.5	9.0～18.75	5.6～9.0	18.75～30	0～0.9
	50	190	1150	40.65	27.4～59.8	13.7～29.9	8.3～13.7	29.9～50	0～8.26
	80	270	1650	40.45	27.1～59.9	21.7～47.8	13.1～21.7	47.8～80.0	0～13.1
	100	370	2450	38.86	26.8～56.4	26.8～56.4	15.1～26.8	56.4～100	0～15.1
S_9 系列	30	130	600	46.55	33.8～64.2	10.1～19.3	6.5～10.1	19.3～30.0	0～6.5
	50	170	870	44.20	31.0～63.1	15.5～31.6	9.7～15.5	31.6～50.0	0～9.7
	80	240	1250	43.82	30.7～62.5	24.6～50.0	15.4～24.4	50.0～80.0	0～15.4
	100	290	1500	43.97	31.0～62.7	31.0～62.7	19.5～31.0	62.7～100	0～19.3

4. 切除空载运行配电变压器

在配网中，配电变压器的损耗约占总损耗的60%～70%，而其中的固定损耗（空载损耗）又占变压器损耗的80%以上，即空载损耗占配网总损耗的50%～60%左右。因此，及时切除某些季节性不用电的农用配电变压器，对降低整个配电网的电能损耗是非常有意义的。

5. 利用节能自动相数转换开关调整配变运行状况

农村电网深入各乡各寨，千家万户，由于覆盖地域广，100kV 以下的小容量变压器甚多，且多半为动力、生活混合供电，乡镇企业多的地方，动力用电比重大些，但绝大部分的农村，仍是生活用电比重大。因此，一般村寨农村电网中的配电变压器有以下共性：一是峰、谷负荷相对悬殊；二是低谷用电时间内变压器二次电压升高；三是变压器的实际电能转换效率低。低谷负荷时，尤其是夜深人静时，农村配电变压器几乎处于三相空载运行，380V 电压往往高达 410～430V，且这类变压器空载、轻载运行时间较长，造成铁损大增加。如能在空载、轻载运行时使变压器作单相运行，保证少量用户的单相零星用电，计算表明，仅变压器损耗就比三相运行时减少约 60%，加上电网线损的减少，效益是可观的。

如图 4-16 示出能实现相数转换的节能开关原理接线与使用中的情况。该开关由单相高压开关，低压开关，信号检测系统，电子逻辑控制板，分、合闸操作机构等部分组成。其基本功能为：当变压器保相二次负荷电流均小于某一整定值（如 3、6A 或 9A）且没有三相动力用电时，图中的 S_1 自动打开，S_2 自动接在 1 的位置。变压器一次两相绕组接线电压，二次电压 $U_{ab}=0$，$U_{ac}=U_{bc}$，$U_{ao}=U_{bo}\approx U_{co}\approx$（1/2）$U_{bc}$。由于在轻载和空载时，三相变压器二次线电压常达 410～430V，相对地电压有 205～215V，仍可维持零星单相供电，尤其是对照明用电，没有什么不利影响。当某相负荷大于或等于整定值，或有三相动力用电负荷时，变压器能在 0.9s 的短暂延时内恢复成三相，即将图中的 S_1 接通，S_2 接在 2 的位置。显然这种节能开关对降低变压器和线路的空载、轻载损耗有明显的效果，但单相运行时，线路处于非全相运行状态，甩开相的电压有可能比未转换时更高。

四、提高用户和配电网的功率因数

当配电线路通过电流 I 时，线路的有功损耗为

$$\Delta P = 3I^2R \times 10^{-3} \quad (\text{kW})$$

式中　R——线路的电阻，Ω；

I——线路的流过的电流，A。

所以有：

$$\Delta P = 3\left(\frac{P}{\sqrt{3}U\cos\varphi}\right)^2 R \times 10^{-3} = \frac{P^2R}{U^2}\left(\frac{1}{\cos^2\varphi}\right) \times 10^{-3} \quad (\text{kW})$$

可见，线路有功率损失 ΔP 与 $\cos^2\varphi$ 成反比，采用无功补偿，提高功率因数 $\cos\varphi$，线路的功率损失 ΔP 将显著下降。

在配电网中采用绝缘导线和电力电缆，可提高线路的电容电流，能起到无功补偿的效果，从而提高电网的功率因数，降低线路的电能损耗。

有关无功的方法和补偿的容量等问题，我们将在下一章内容中进行专门的探讨。

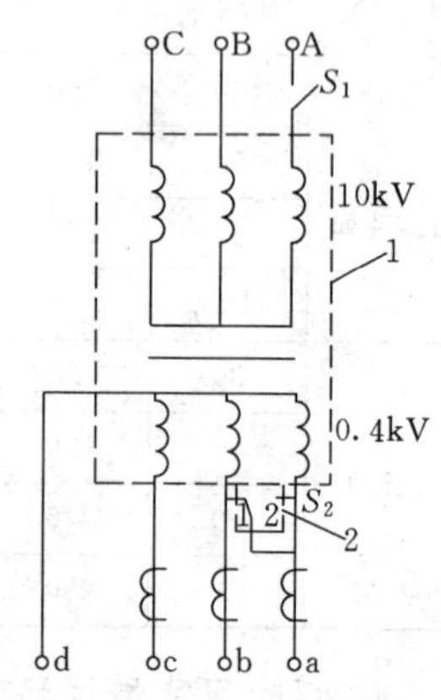

图 4-16　配变节能自动开关

五、合理调整线路电压、及时调整配变的分接开关位置

由上式可见，在负荷不变的情况下，适当提高线路的运行电压，会降低线路上通过的电流，从而降低线路的损耗。

运行在额定电压下的线路，电压允许在额定电压值上作一定范围的波动，线路运行在电压上限与下限时线路中的电能损耗是不同的。

对于 10kV 和 380V 线路，其允许电压波动范围是±7%，对应的电压上限分别是 10.7kV 和 407V，电压下限分别是为 9.3kV 和 353V，即电压上限值是正常额定电压的 1.07 倍，电压下限是正常额定电压的 0.93 倍，采用电压上限运行与采用电压下限运行的线路损耗之比为：

$$\Delta P_s / \Delta P_x = (0.93)^2/(1.07)^2 = 0.755$$

即：在负荷相同的情况下，采用电压上限运行比采用电压下限运行减少线路损耗 24.5%。

表 4-11　提高运行电压与降低线损之间的关系

运行电压提高率（%）	1	3	5	7	10
可变线损降低（%）	1.93	5.74	9.09	12.38	17.35

但是提高配电线路供电电压会增加配电变压器的损耗，变压器的空载损耗与所加的电压的平方成正比，有时，提高配电变压器的运行电压，反而会增加综合损耗，所以要综合考虑线损和变损两方面的因素，合理地选用运行电压。线路负荷高时应适当提高运行电压，负荷低时适当降低运行电压；变压器的空载损耗大于线路损耗时，宜降低运行电压。因此，对具有季节性负荷变动特点的配电变压器，尽量采用有载调压变压器，以利于根据负荷变化来调节分接开关位置，从而在不影响供电可靠率的情况下调整运行电压，实现降损目的。提高运行电压与降低可变线损的关系如表 4-11 所示。

六、正确选择计量表计，正确安装计量设备

1）正确选用计量表计的容量；

2）正确安装计量表计。

第七节 降低线损的管理措施

技术线损和管理线损是综合线损的重要组成部分，技术线损是电网运行中不可避免、客观存在的，可通过技术措施来降低技术线损。管理线损在综合线损中占有较大的比重，主要是由于电力体制、管理制度和人员素质等原因，在某些地方和环节存在人情电、关系电、权力电和窃电等行为，造成线路运行中出现电能的不明损耗，加强线损管理，不仅有利于提高电力企业的经济效益，同时也具有较高的社会效益。

所谓线损管理是电力企业赖以降低损耗的诸多措施的综合，这些措施就是计量完善、控制误差、零点抄表、分级考核、损失分析、理论计算、专业竞赛、奖金分配等。农村低压电网的线损管理，是线损管理的一个很重要的方面，因为低压网的线损在整个网络中占有很高的比例，改善低压电网的线损率可以使电网总体线损电量有较大幅度的下降。

一、加强组织领导，建立建全线损管理组织机构

线损管理涉及的范围较广，必须建立相应的组织机构，统筹管理整个电网的线损工作。电力企业应当在供电局、用电管理所、供电所、用电营业所等各级各部门建立健全线损管理网络，设立专兼职人员加强线损管理工作，对各级线损管理人员明确职责，层层落实责任，分级、分专业、分线路、分电压、分用户抓好线损的统计和分析，严格考核。

二、抓好线损指标分解和落实，实行目标管理

线损率是一个综合性的指标，线损率的高低反映了电力企业的技术、设备等级和管理水平，线损考核应与其他指标相结合。

供电企业线损率保证体系，应包括高压线路和配电变压器的技术线损指标、管理线损指标及综合损失指标、每条线路和用户的功率因数指标、高低压电压合格率电能表实抄率、电费核算差误率、无功补偿设备投运情况、电能表校验和轮换情况、高耗设备的淘汰和节能设备的改造情况等，必须细化线损管理中“分层控制、分级负责、分别管理”的要求，将这些线损指标尽可能地分解成若干个小指标，落实到每级电压、每条线路、每个台区和每个责任人，实行目标管理、严格考核，才能不断降低线损，提高运行经济性。

三、重视基础工作，做好线损理论计算与分析工作

线损理论计算是运用科学理论知识指导降低线损的重要方法，通过科学理论与生产实际的紧密结合，测算和分析电网线损情况，从而为降损工作指明方向，以便找准薄弱环节，有的放矢地解决问题。计算机在线损计算中的应用，提高了线损计算速度和准确度。线损的具体计算，是一项较强理论性和复杂的工作，计算方法前面已经讲述。

线损分析是在线损计算结果上进行的，它也是线损计算的最后一环，其目的在于鉴定网络结构和运行的合理性、供电管理的科学性，找出计量装置、设备性能、用电管理、运行方式、理论计算、抄核收等方面的问题，以便提出降低线损的具体措施。线损分析的具体方法如下：

（1）划分范围，详细分析。乡镇供电营业所应分台区、分线路、分电压、分用户统计线损，通过认真比较，找出关键问题，逐一加以解决。

（2）抓住重点，重点分析。针对线损偏高的线路和主要设备，排查原因，找准问题核

心，区别轻重缓急，采取对策，分步实施，努力将线损降下来。

（3）电能平衡分析。电能平衡分析就是对输入端与输出端电量比较分析，对乡镇供电营业所而言，主要是配变台、配电室计量装置输入与输出电能分析、计量总表与分表电量的比较，用于监督电能计量设备的运行情况。经常开展这项工作，能及时发现问题，及时采取措施，使计量装置保持在正常运行状态。

（4）理论线损与实际线损对比分析。实际线损与理论线损偏差的大小，能反映管理上的差距，能分析出问题的原因，并结合其他方法，找出管理中存在的问题，采取相应措施。

（5）现实线损与历史同期线损比较。对与季节有关的负荷，随季节的不同而不同，与历史同期线损值比较，可排除气象条件等因素的影响，通过比较，可以发现问题。

（6）与平均线损水平相比较分析。一个连续的较长时间的线损平均水平，能消除因负荷、时间变化、抄表时间差等原因形成的线损波动现象，与这个平均水平比较，能发现线损是否正常。

（7）与先进水平比较分析。与周围、省内外同等单位的线损比较，能发现线损管理的差距，促进线损管理工作的进一步提高。

四、加强用电营业管理，降低不明损耗

线损管理应贯穿于整个电力营销过程，在管理过程中，不但要加强员工的素质，也要加强电力法规宣传，加强用电检查，堵塞各种漏洞，力求减少线损。

1. 加强计量管理

乡镇供电营业所应设专兼职计量管理员，负责计算装置的日常管理工作，对客户电能表实行统一管理，建立台账，统一按周期修、校和轮换，提高计量的准确性，采用新型电能表和集抄表。要根据用户的设备容量、负荷性质和变化情况，合理地配置计量装置，提高计量装置的准确性，选用具有防窃电性能的计量装置。计量管理过程中的主要降损措施有：

1）正确合理选择计量点；

2）正确选择计量方式；

3）正确选择计量装置；

4）正确选择计量安装方式；

5）做好计量装置的防故障措施；

6）定期检查和巡视计量装置；

7）做好防窃电措施；

8）更新和改造计量装置。

2. 提高抄表的准确度

加强抄表人员的素质教育，提高他们的敬业精神，加强制度管理，保证抄表到位，杜绝估抄、漏抄和错抄现象。

3. 建立同步抄表制度

减少因抄表时间差造成的线损波动。如果上下表计抄表时间不同步，就会因时间差负荷差造成线损的虚增虚减现象。如上表是月末 0 点抄表，而下表是每月 25 日 10 点抄表，这样在 2 月份上表间隔时间是 28 天，而下表间隔时间是 31 天，上下表间就有 3 天的电量形成负线损，到3月份则有2天的电量形成正线损。另外，前月25日到月末几天和后月25日到月末几天的负荷量不一致，也会形成线损。这样在大小交替过程中使线损不断波动，给线损分析和管理带来困难。因此，应坚持同步抄表制度，消除时间差造成的线损。

4. 加强用电检查

用电检查的目的和主要任务就是防止窃电和保证正确计费。

五、加强配电网的运行管理

及时按周期进行电网设备和计量装置巡视与维护，及时清线路通道，减少线路漏电和其他不明电能损耗。

第五章　配电网的电能质量和无功电压控制

第一节　电能质量的基本知识简介

一、电能质量的基本概念

电能质量包含两方面的含义：一是描述供电的电压质量和电力系统特性对用电负荷运行的影响；二是用电负荷的电气特性，影响到电力系统或其他用电负荷的运行，常规电能质量指标有电压、频率、波形三个指标。电能质量的好坏可以从以下几方面来衡量：

1. 电压有效值变化

电压有效值变化引起的电能质量问题包括：电压陷落（Voltage Sag）即电压在几个周波内突然下降；电压摇摆（Voltage Swing），即电压随负荷启动、负荷波动而变化；电压中断（Voltage Interruption），即由于电压调整设备故障或系统故障重合闸设备操作引起的一个周波以上的电压瞬时中断。

2. 瞬时值电压变化

电压瞬时值变化引起的电能质量问题包括：间谐波（interharmonic）和谐波，间谐波是那些介于电力系统电压和电流谐波之间的、非整数倍工频的分量。

谐波　　$f=h\times 50$，h 为频率的倍数，$h>0$ 且为整数；

直流　　$f=0\text{Hz}$（$f=h\times 50$，但 $h=0$）；

间谐波　　$f\neq h\times 50$，$h>0$ 且为整数；

次谐波　　$0<f<50$。

其中，50 为电力系统的基波频率。

二、电力系统中的电能质量问题

电力系统中的电能质量问题包括电力系统元件存在的电能质量问题和用电负荷中存在的电能质量问题两个方面

（一）电力系统元件存在的电能质量问题

电力系统元件对的电能质量的影响主要有发电机产生的谐波、变压器励磁电流产生的谐波、直流输电产生的谐波、输电线路对谐波的放大作用、变电站并联电容器补偿装置对谐波的影响。

1. 发电机产生的谐波

由于受发电机磁极的影响，使得励磁磁场不是真正的正弦波，非正弦波的空间磁场引起发电机电势中包含一定量的谐波。同时定子开槽引起的齿谐波，也增加了发电机的谐波含量。上述由发电机产生的谐波都可以在电机设计过程中采取措施加以抑制。如通过改善磁极外形（对于凸极机）或励磁绕组的分布（对于隐极机）、采用 Y 接线方式、采用短距绕组和分布绕组等措施改善空间磁场的正弦形，通过采用磁性槽楔或半闭口槽、斜槽和分数槽等措施来减少齿谐波。由于发电机产生的谐波电势只取决于发电机本身的结构和运行工况，而与外接阻抗基本无关，因此可看作谐波电压源。对于处于系统末端的用户来说，其影响很小。

2. 变压器励磁电流产生的谐波

变压器励磁电流的谐波含量与其饱和程度密切相关，当正常运行时，变压器运行于额定电压，铁心工作于线性范围，此时谐波含量不大。但当运行电压偏高时，铁心的饱和程度加深，励磁电流急剧增大，谐波含量也增大，空载和轻载时的电压波形严重畸变。变压器励磁电流中的谐波主要以 3 及 3 的倍数次谐波为主。减少变压器励磁谐波影响的关键是避免变压器过电压运行和采取合理的接线方式。

3. 直流输电产生的谐波

直流输电是目前电力系统中最大的谐波源，由于采用晶闸管整流和逆变技术，使得换流站产生较大的谐波电流。当采用 12 脉冲接线时，其谐波主要以 11、13、23、25 等次谐波为主。由于直流输电一般直接与超高压系统相连，并接入负荷中心，因此其谐波的影响较大，必须采取有效的治理措施。

4. 输电线路对谐波的放大作用

输电线路特别是超高压输电线路，由于线路对地分布电容的影响，当线路较长时，会造成对某几次谐波电流的放大，其作用是电源端的谐波比负荷端的谐波大，对此电网运行部门应进行核算，特别是当负荷端有较大的谐波源时，应核算谐波放大可能造成的对电源端发电机的影响。

5. 变电站并联电容器补偿装置对谐波的影响

为提高电网无功补偿设备储备和补偿系统无功功率的考虑，在系统的变电站大量装设了并联电容补偿设备，一般按变压器容量的 20%～30%设计，设计中为抑制投入时的涌流和避免谐波放大，接入了百分率不同的串联电抗器（早期没有串联电抗器）。

（二）用电负荷中存在的电能质量问题

一些会引起供电电压畸变、三相不平衡、电压波动及闪变，从而干扰用户电器或电力设备正常运行的负荷予以特别考虑。这类特殊负荷有炼钢电弧炉、焊接设备、感应电炉、轧钢机、矿山卷扬机、电解、矿热炉和铁路牵引机车等，这些负荷电流的快速变化和波动，会引起用户端电压的波动和闪变，从而影响用户的用电效率和正常生产，严重时会影响产品质量甚至危及用电设备的安全。

1. 配电系统负荷的分类

配电系统中大量的工业和民用负荷，依据其特性，可分为一般负荷和非线性负荷两大类。其中，同步电动机、异步电动机、白炽灯、电阻加热类等负荷可看成为一般负荷，而其他大量的负荷，从工业用的整流负荷、变频电源、交（直）流传动、机车牵引、城市地铁和电车、感应加热和电弧加热等，到民用的电视机、音响、日光灯、计算机、各类打印机、不间断电源等都是非线性负荷。

2. 产生谐波的非线性负荷

产生谐波的非线性负荷主要是各类采用直流或交流变流器传动的轧钢机、轧管机、压延机负荷；采用整流器供电的直流电弧炉负荷；采用交流供电的交流电弧炉负荷；整流供电的电解负荷；电气化铁道机车负荷；城市的地铁、电车；各类交直流电源；各类电焊机、缝焊机负荷；计算机、电视机、日光灯、充电器等。

3. 引起无功冲击和电压波动的负荷

引起无功冲击和电压波动的负荷各类采用直流或交流变流器传动的轧钢机、轧管机、压延机负荷；采用整流器供电的直流电弧炉负荷；采用交流供电的交流电弧炉负荷；各类电焊机、焊机负荷；频繁启动的电动机负荷。

4. 产生电压闪变的负荷

产生电压闪变的负荷主要有电焊机、交流供电的交流电弧炉、直流电弧炉。

5. 产生负序的负荷

产生负序的负荷主要有交流供电的电弧炉负荷、交流单相供电的电气化铁道机车负荷、磷炉负荷、其他单相供电的低压负荷（如电焊机等）

三、电能质量治理的五个层次

电能质量治理包括五个层次，即输电系统级、配电和变电系统级、工厂级、生产线和办公楼级特定的设备。以上五层次，应进行分级协调，各有侧重，达到全网电能质量治理的最佳效果。

四、电能质量控制技术

电能质量控制技术主要包括以下技术：滤波技术、无源滤波技术、有源滤波技术、无源和有源混合滤波技术、无功功率补偿技术、静止型无功功率补偿、静止无功发生器、电压控制技术、无弧调压、动态电压恢复器等等。

第二节　电压质量管理的概念

一、电压管理的重要性

电压是电能质量的主要指标之一，电压质量对电网稳定及电力设备安全运行、线路损失、工农业安全生产、产品质量、用电单耗和人民生活用电都有直接的影响。

在电力系统中，电压偏移超过允许范围时，对客户用电设备的运行具有很大的影响。由于各种用电设备都是按额定电压来设计的，所以用电设备都是在额定电压下运行才能取得最佳技术经济效果。偏离额定电压运行，会导致效率下降，经济性变差，当电压偏离过大时，必然会影响工农业生产、甚至会损坏用电设备。

当电力系统电压过低时，用户异步电动机的转差率将增大，引起工业产品出现废品和次品，同时电动机绕组中的电流将增大，引起绕组温升，使电动机的寿命减少。另外，电压过低对照明负荷也有影响，将使白炽灯发光效率大降低，日光灯反应迟钝。

当电力系统电压过高时，会对各电气设备的绝缘产生不利的影响。也会缩短白炽灯和日光灯的使用寿命。

电压质量的好坏对电力系统本身的安全、经济运行也有重要的影响。系统运行电压偏离要求过大时，将有可能危及电力系统的安全稳定运行，影响系统持续可靠地向客户供电，还将可能影响发电厂机组的正常发电，另外对系统的线损也会产生不利的影响。严重时还将造成电压崩溃，使电网瓦解而引起大面积停电。因此电压质量管理非常重要。

二、配电网电压质量指标

（一）允许电压偏差

1）10kV用户电压允许偏差值，为系统额定电压的±7%；

2）380V电力用户电压允许偏差值，为系统额定电压的±7%；

3）220V电力用户电压允许偏差值，为系统额定电压的+7%～－10%；

4）特殊用户电压允许偏差值，按供用电合同商定的数值确定。

（二）三相电压允许不平衡度

不平衡度是指三相电力系统中三相不平衡的程度用电压负序分量与正序分量的均方根值百分比表示。我国《电能质量三相允许不平衡度》第3条中规定[1]：

3　电压不平衡度允许值

3.1　电力系统公共连接点正常电压不平衡度允许值为2%，短时不得超过4%；

3.2　接于公共接点的每个用户，引起该点正常电压不平衡允许值一般为1.3%，根据连接点的负荷状况，邻近发电机、继电保护和自动装置安全运行要求，可作适当变动，但必须满足3.1条的规定。

（三）电压允许波动和闪变

电压波动和闪变是指电力系统中具有冲击性功率的负荷（生产运行过程中周期性地电网中取用快速变动功率的负荷，例如：炼钢电弧炉、轧机、电弧焊机等），会造成公共供电点电压的快速变化及由此可能引起人眼对灯闪的明显感觉。我国《电能质量电压允许波动和闪变》第4条中规定：[1]

4　电压波动和内变的允许值

4.1　电力系统公共供电点，由冲击性功率负荷产生的电压波动允许值如表1所示：

4.2　电力系统公共供电点，由冲击性功率负荷产生的闪变电压值应满足ΔU_{10}或ΔU_t允许值。

4.2.1　ΔU_{10}允许值见表2。

表1　　电压波动允许值

额定电压	电压波动允许值 U_t（%）
10kV及以下	2.5
35～110kV	2
220kV及以上	1.6

表2　　ΔU_{10}允许值

应用场合	ΔU_{10}允许值（%）
对照明要求较高的白炽灯负荷	0.4（推荐值）
一般性照明负荷上	0.6（推荐值）

（四）谐波电压限值

谐波电压限值，我国《电能质量公用电网谐波》第4条中规定[1]。

4　谐波电压限值

公用电网谐波电压（相电压）限值见表1。

[1] 中国电机工程学会编：《常用供用电电气标准指南》，中国水利水电出版社，2004年1月。

表 1　　　　　　　　　　　　**公用电网谐波电压限值**

<table>
<tr><th rowspan="2">电网额定电压
(kV)</th><th rowspan="2">电网总谐波
畸变率
(%)</th><th colspan="2">各次谐波电压含有率
(%)</th><th rowspan="2">电网额定电压
(kV)</th><th rowspan="2">电网总谐波
畸变率
(%)</th><th colspan="2">各次谐波电压含有率
(%)</th></tr>
<tr><th>奇次</th><th>偶次</th><th>奇次</th><th>偶次</th></tr>
<tr><td rowspan="2">0.38</td><td rowspan="2">5.0</td><td rowspan="2">4.0</td><td rowspan="2">2.0</td><td>35</td><td rowspan="2">3.0</td><td rowspan="2">2.4</td><td rowspan="2">1.2</td></tr>
<tr><td>66</td></tr>
<tr><td>6</td><td rowspan="2">4.0</td><td rowspan="2">3.2</td><td rowspan="2">1.6</td><td rowspan="2">110</td><td rowspan="2">2.0</td><td rowspan="2">1.6</td><td rowspan="2">0.8</td></tr>
<tr><td>10</td></tr>
</table>

三、配电网电压波动的主要原因

配电网结构简单，网架薄弱，导线截面小，无功补偿不足，且管理工作薄弱，对负荷的变化没有足够的吞吐能力。当负荷波动时，电压偏移量大。影响配电网电压波动的主要原因有：

1. 用户原因

用户的有功功率、无功功率和功率因数是随时间变化的，这必然引起负荷电流的变化，从而使高、低压配电网中各点的电压损耗和电压损耗率发生变化，造成用户受电端电压的波动。

2. 配电系统运行方面的原因

配电系统个别元件或单元故障或检修退出运行，或运行方式改变，则势必造成配电网功率分布和阻抗的改变，从而使电压损耗和电压损耗率发生变化，造成用户受电端电压的波动。

3. 配电系统规划设计方面的原因

由于设计不完善，造成配电线路供电半径超过允许范围或设备过负荷，均会引起电压损耗和电压率超出允许范围。

4. 上级系统的原因

上级高压送电系统、发电厂、变电所等上级系统的电压原因运行方式的改变等，二次变电站以及低压变电所的母线电压可能变动，从而造成用户受电端电压的波动。

四、配电网电压质量管理的主要任务

所谓电压质量管理，就是指在保证配电网工作电压始终在规定范围内运行的调整全过程。根据我国《供电营业规则》等有关法规规定，配电网电压质量管理的主要任务是：

1）不断加强无功电力补偿及其管理，执行分级管理责任制；

2）落实相应无功补偿设施；

3）做好用电部门的监督管理工作，认真执行《供用电合同》，保证功率因数在合同规定的范围内运行；

4）严格执行调度下达的无功电压曲线；

5）电压质量监测、统计、考核和奖惩工作。

第三节　配电网电压损耗及调压原理

一、电压损耗与电压损失率的概念

电能从发电厂送到用户要经过输电、变电、配电等环节，当负荷电流流过这些环节的

设备时，必然在这些设备的阻抗上产生电压降落和电压损失。

如图 5-1 所示为线路的等值电路，当只计及元件阻抗上电压损耗时，则线路的电压降可表示为：

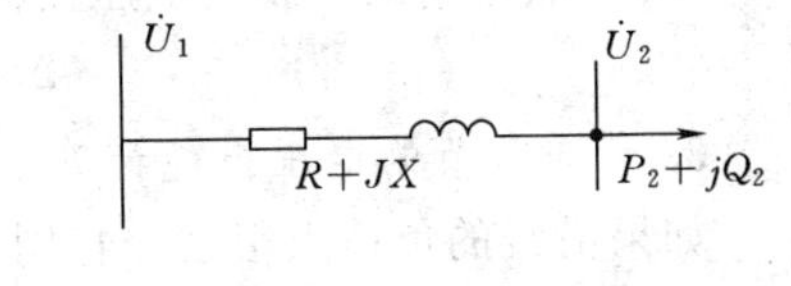

$$\Delta\dot{U}=\dot{U}_1-\dot{U}_2=\frac{P_2R+Q_2X}{\dot{U}_2}+j\frac{P_2X-Q_2R}{\dot{U}_2}$$

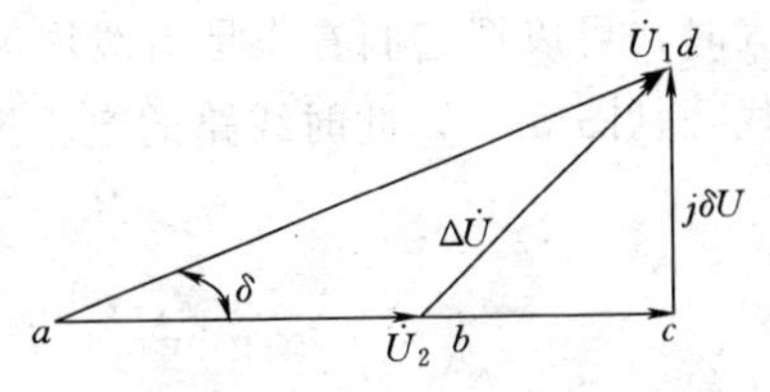

图 5-1　线路电压损耗原理

式中　$\Delta\dot{U}$——线路电压降，kV；

$\dot{U}_1$——线路首端电压，kV；

$\dot{U}_2$——线路末端电压，kV；

P_2——线路输送有功功率，kW；

R——线路电阻，Ω；

X——线路电抗，Ω；

Q_2——线路输送无功功率，kvar。

在 110kV 及以下配电网中，考虑到电压降纵分量 δU 对电压绝对值大小影响很小，故上式可以简化为：

$$\Delta U=U_1-U_2=\frac{P_2R+Q_2X}{U_2}$$

上式中 ΔU 即为线路首末两端电压的绝对值之差，称为电压损耗，配电线路的电压损耗与首端电压比值的百分数称谓电压损失率 $\Delta U\%$，表示为：

$$\Delta U\%=\frac{\Delta U}{U_1}\times100\%$$

二、架空线路和电力变压器的电压损耗计算

在配电网电压损耗计算中，一般只考虑电压损耗的纵分量，不考虑它横分量，其误差是允许的。

（一）架空线路电压损耗 ΔU 的计算

1. 当线路末端只有一个集中负荷时，电压损耗 ΔU（kV）为

$$\Delta U=\frac{PR+QX}{U_n}$$

式中　P、Q——线路输送的有功功率和无功功率，kW、kvar；

R、X——线路的电阻和电抗，由线路的长度确定，Ω；

U_n——线路的额定电压，kV。

2. 用倒推法计算电压损耗

当线路有两个集中负荷时，可以采用倒推法从末端开始逐步向首端计算，如图 5-2 所示：1－2 点之间的电压损耗 ΔU_{1-2}

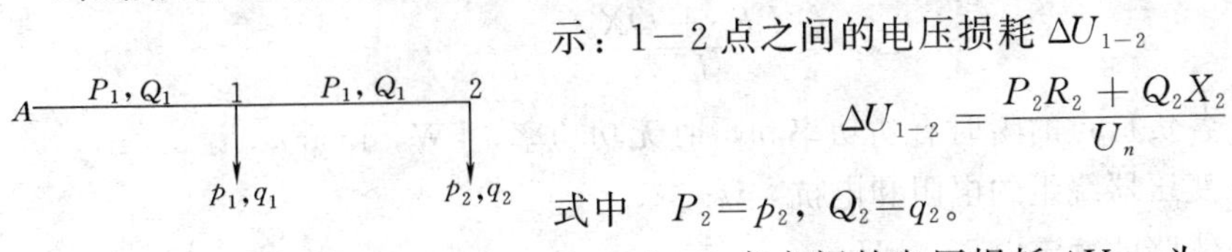

图 5-2　线路负荷示意图

$$\Delta U_{1-2}=\frac{P_2R_2+Q_2X_2}{U_n}$$

式中　$P_2=p_2$，$Q_2=q_2$。

$A-1$ 点之间的电压损耗 ΔU_{A-1}为

$$\Delta U_{A-1}=\frac{P_1R_1+Q_1X_1}{U_n}$$

式中 $P_1=p_1+p_2$，$Q_1=q_1+q_2$。

$A-2$ 点之间的全线的电压损耗 ΔU_{A-2} 为

$$\Delta U_{A-2}=\Delta U_{1-2}+\Delta U_{A-1}$$

3. 均布负荷的电压损耗计算

如果沿线的负荷点很密，特别是某些配电线路连接的配电变压器很多，而容量又相差不大时，可以把它们看作是沿线均匀分布的负荷，即在线路的中点用一个集中的等值负荷来代替（图 5-3），此时线路的电压损耗计算式为：

$$P+jQ=(p+jq)(l_c-l_b)$$

$$\Delta U_{AC}=\frac{Pr_0+Qx_0}{U_n}\left(l_b+\frac{l_c-l_b}{2}\right)$$

式中 l_b、l_c——负荷分布的线路长度；

$p+jq$——均布负荷；

$P+jQ$——全线均布负荷的等值总负荷；

U_n——线路的额定电压，kV。

4. 有多个集中负荷时电压损耗计算

中压配电网经常有一条干线带有多个集中负荷的供电方式，如图 5-4 所示，从线路首端到末端负荷之间的总电压损耗为：

$$\Delta U_{zd}=\frac{1}{U_e}\sum_{i=1}^{n}(p_ir_i+q_ix_i)$$

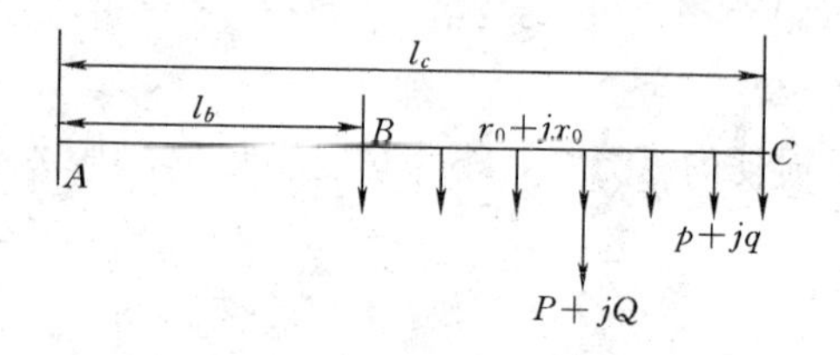

图 5-3 负荷均布线路图

r_0+jx_0—均布负荷阻抗

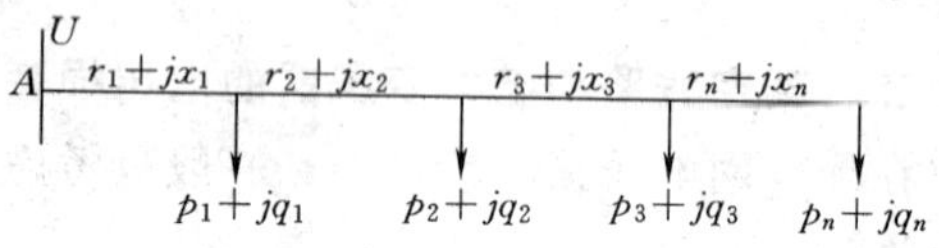

图 5-4 多个集中负荷线路图

若用负荷的有功率及功率因数表示，则最大电压损耗为：

$$\Delta U_{zd}=\frac{1}{U_n}\sum_{i=1}^{n}\frac{P_i}{\cos\varphi_i}(r_i\cos\varphi_i+x_i\sin\varphi_i)$$

（二）变压器电压损耗计算

变压器电压损耗 ΔU（kV）可按下式计算

$$\Delta U=\frac{PR_b+QX_b}{U_n}$$

式中 P、Q——各负荷点的瞬时有功功率和瞬时无功功率，kW，kvar；

R_b，X_b——变压器绕组的电阻和电抗，Ω；

U_n——线路的额定电压，kV。

【例 5-1】 某 10kV 配电线路，长为 5km，采用 LGJ—120 导线架设，线路末端所带负荷有功功率为 4000kW，功率因数为 0.85，试求线路的电压损耗、电压损耗率各为多少？

解 查有关电力工程手册得，LGJ—120导线的参数为$r_0=0.27\Omega/km$，X_0取$0.4\Omega/km$，故

$$R=r_0l=0.27\times 5=1.35\ (\Omega)$$

$$X=X_0l=0.4\times 5=2\ (\Omega)$$

$$Q=P\times \text{tg}\,\varphi=4000\times 0.62=2480\ (\text{kvar})$$

$$\Delta U=\frac{PR+QX}{U}=\frac{4\times 1.35+2.480\times 2}{10}=1.036\ (\text{kV})$$

三、配电网电压调整的基本原理

配电网电压调整的基本原理可用图5-5所示简单配电网来加以说明。图中变电所A无功充足，其母线具有较好的电压质量，该变电所低压侧及线路末端电压可用下式表示：

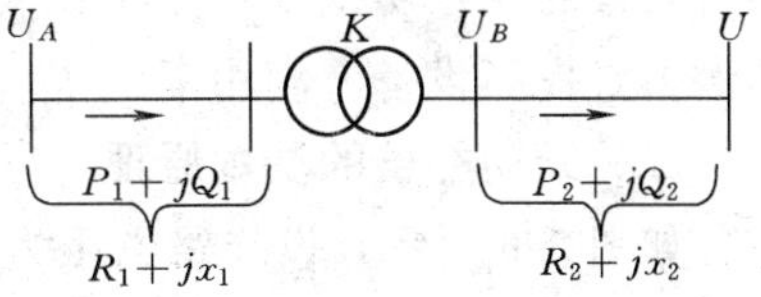

$$U=U_B-\frac{P_2R_2+Q_2X_2}{U_B}$$

图5-5 简单配电网示意图

由上式可以看出，要使配电网有较好的电压质量，就必须保证网络的电压损失不超过允许值。配电网的调压措施如下：

1. 改变无功功率分布

改变中压配电网的无功功率分布，提高线路功率因数，是降低配电网线损及电压损失，实现调压的有效手段。通常可采用：

（1）并联电容器补偿。并联电容补偿可提高线路功率因数，减少线路无功传输，从而减少线路电压损耗及线损，实现调压的目的。

（2）并联电抗器补偿。对于配电网功率因数超前的线路及电缆线路，在轻负荷下可能会引起线路末端电压升高，并联电抗器补偿可在轻载时吸收多余无功，保持线路电压质量。

（3）静止补偿器补偿。对于负荷变化剧烈、波动较大及冲击负荷，常常由于负荷的变化引起电压的大幅波动，并联电容器及并联电抗器补偿不能及时迅速的调整电压，通常采用静止补偿器补偿。

2. 改变变压器分接头位置

在无功充足的系统，采用变压器抽头调压是非常经济和有效的方法。变压器抽头调压就是利用装在变压器高压侧的分接开关，改变变压器高压侧绕组的匝数，从而改变低压的输出电压。变压器按调压方式可分为无载调压变压器和有载调压变压器。

3. 改变参数调压

为了减少配电网线路的电压损失，可通过减小线路参数的方法调压。具体可通过增大导线截面、线路串联电容补偿等法实现。

第四节 无功补偿原理及其意义

配电网的特点是线路长、布点多、负荷轻，加之负荷多采用鼠笼式异步电动机，这是造成配电力网功率因数低下的主要原因。

一、功率因数的概念

功率因数 $\cos\varphi$ 是电网有功功率 P 与视在功率 S 的比值，记为

$$\cos\varphi = \frac{P}{S} = \frac{P}{\sqrt{3}UI}$$

式中　U——线电压，kV；

　　I——线电流，A。

上式说明，在电压和电流一定的条件下，功率因数 $\cos\varphi$ 越高，其有功功率 P 越大，电网所发挥的视在功率 S 中用来做有功功率的比重越大。因此，改善 $\cos\varphi$ 可以充分发挥设备的潜力，提高设备的利用率。

二、无功补偿的基本原理

如图 5-6 所示，设线路电压为 U，补偿前电流为 I_1，对应的功率因数为 $\cos\varphi_1$，无功功率为 Q_1，视在功率为 S_1。补偿后的电流为 I_2，对应的功率因数为 $\cos\varphi_2$，无功功率为 Q_2，视在功率为 S_2。

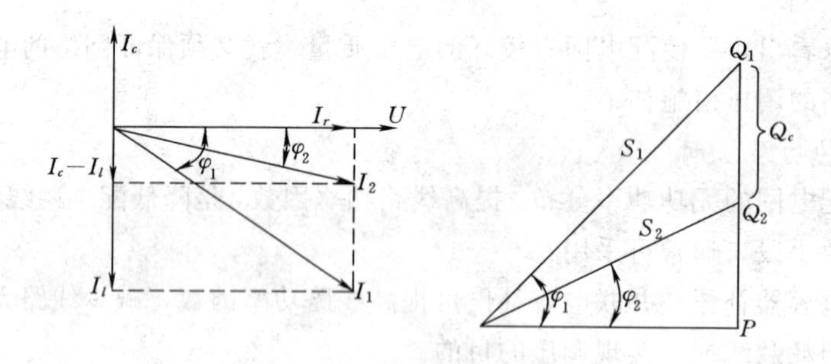

图 5-6　无功补偿原理示意图

当装设电容器的补偿容量为 Q_c 时，由于须保证向用户输送的有功功率 P 不变，则

$$\cos\varphi_1 = P/S_1, \cos\varphi_2 = P/S_2$$

因为　　$\varphi_1 > \varphi_2$

所以　　$\cos\varphi_1 < \cos\varphi_2$

其中补偿容量　　$Q_c = Q_1 - Q_2$

三、提高功率因数的意义

提高功率因数的意义在于：

1. 减少线路的电能损耗

当配电线路通过电流 I 时，线路的有功损耗为

$$\Delta P = 3I^2R \times 10^{-3} \quad (\text{kW})$$

式中　R——线路的电阻，Ω；

　　I——线路的流过的电流，A；$I = \dfrac{P}{\sqrt{3}U\cos\varphi}$。

所以有

$$\Delta P = 3\left(\frac{P}{\sqrt{3}U\cos\varphi}\right)^2 R \times 10^{-3} = \frac{P^2R}{U^2}\left(\frac{1}{\cos^2\varphi}\right) \times 10^{-3} \quad (\text{kW})$$

可见，线路有功率损失 ΔP 与 $\cos^2\varphi$ 成反比，随着 $\cos\varphi$ 的提高，功率损失 ΔP 将显著下降。

2. 减少线路的电压损失

线路的电压损耗可以改写成为：

$$\Delta U = U_1 - U_2 = \frac{P_2 R + Q_2 X}{U_2} = \frac{P_2 R + P_2 \mathrm{tg}\varphi X}{U_2}$$

因此，当电网的功率因数 $\cos\varphi$ 提高后，$\mathrm{tg}\varphi$ 减小，从而线路的电压损耗 ΔU 减少，电压质量越高。因此，改善功率因数也是提高电压质量的重要手段。

3. 提高电网的传输能力

由于有功功率 P 与在功率 S 存在如下关系：

$$P = S\cos\varphi$$

因此，在传输一定有功功率 P 的前提下，$\cos\varphi$ 越高，所需的视在功率 S 越小，也就是说，提高 $\cos\varphi$ 可以使电网的负担大大减轻，从而增加了电网的传输能力。

第五节　配电网的无功补偿方式的选择

在配电网中，小水电发电机和高压输配电线路是很重要的无功电源，但仅靠它们注入的无功功率，远远不能满足负荷对无功的需要，所以在配电网中总要设置一定的无功补偿来补充无功功率，以保证用户对无功的需求，这样用电设备才能在额定电压下工作。

配电网进行无功补偿的目的有两个：一是使补偿后供电网络的无功线损减少到最低水平，以获得最大的降损节电效益；二是争取使功率因数提高到尽可能高的水平，以便得到较高的电能质量和经济效益。为此，必须解决好无功补偿的装置方式和最佳补偿容量两个问题。

一、配电网无功功率补偿的配置原则

1. 无功功率负荷的构成与分析

无功补偿设备的配置，实际包括两个方面的内容：一是确定补偿地点和补偿方式；二是对无功补偿总容量进行布点分配。因此，除了要研究网络本身的结构特点和无功电源分布之外，还需要对网络的无功电力构成作基本分析，弄清无功潮流分布，才能进行合理布局。

通过对典型城乡配电网络无功损耗构成情况分析，各电压等级的无功损耗占总无功损耗的比重为：0.4kV 级损耗占 50%，10kV 级占 20%，35kV 占据 10%，110kV 级占 20%。

2. 无功补偿设备的合理配置原则

从城乡电力网无功功率损耗的基本状况可以看出，各级供用电网络和设备都有要消耗一定数量的无功功率，尤以配电网所占比重最大。为了最大限度地减少无功功率的损耗，提高输电设备的效率，无功补偿设备的配置应按照“就地补偿，分级分区平衡原则进行规划，合理布局而且要满足以下几点要求：

(1) 总体平衡与局部平衡相结合。要做到城乡电力网的无功功率平衡，首先要满足整个县级电网的无功功率平衡，其次要同时满足各个分站、分线的无功功率平衡。如果无功

电源的布局选择不合理，局部地区的无功功率就不能就地平衡，会造成一些变电所或者一些线路的无功功率偏多，电压偏高，过剩的无功功率就要向外输出；也可能会造成一些变电所或一些线路的无功功率不足，电压下降，必然要向上级电网吸取无功功率。这样仍会造成不同分区之间无功功率的远距离输送和交换，使电网的功率损耗和电能损耗增加。所以，在规划时就要在总体平衡的基础上，研究各个局部的补偿方案，获得最优化的组合，才能达到最佳的补偿效果。

(2) 电业部门补偿和用户补偿相结合。统计资料表明，用户消耗的无功功率约占50%；在工业网络中，用户消耗的无功功率约占60%；其余的无功功率消耗在供用电网络中。因此，为了无功功率在网络中的输送，要尽可能地实现无功就地补偿、就地平衡，所以应当根据总的无功功率需求，同时发挥供销电部门和用户的积极性，共同进行补偿，才能搞好无功功率的设置和管理。

(3) 分散补偿与集中补偿相结合，以分散为主。无功补偿既要达到总体平衡，又要满足局部平衡；既要开展供电部门的补偿，又要进行用户的补偿。这就必然要采取分散补偿与集中补偿相结合的方式。集中补偿是指在变电所集中装设容量较大的补偿设备进行补偿；分散补偿是指在配电网络中的分散区（如配电线路、配电变压器用用户的用电设备等）分散进行的无功补偿。

变电所的集中补偿，主要是补偿主变压器本身的无功损耗，以及减少变电所以上供电线路的无功功率，从而降低供电网络的无功损耗，但它不能降低配电网络的无功损耗，因为用户需要的无功功率仍需要通过变电所以下的配电线路向负荷输送，所以，为了有效地降低线损，必须进行分散补偿。又由于配电网的线损占全网总损失的70%左右，因此，应当以分散补偿为主。

(4) 降损与调压相结合，以降损为主。利用并联电容器进行无功补偿，其主要目的是为了达到功率就地平衡，减少网络中的无功损耗，以降低线损。与此同时，也可以利用电容器组的分组投切，对电压进行适当调整。

二、无功补偿的标准

供电企业应保证配电网无功分层分区平衡。凡投入运行的无功补偿设备，应随时保持完好状态。

1) 用户在电网高峰负荷时的功率因数，应达到以下规定：

高供用户和高供装有带负荷调整电压装置的电力用户功率因数为0.9以上；

其他100kVA及以上电力用户和大、中型电力排灌站功率因数在0.85及以上。

2) 电力用户装设的各种无功补偿设备，要按照负荷和电压变动及时调整无功出力，防止无功电力倒送；

3) 凡受电容量在100kVA及以上的用户均按国家批准的《功率因数调整电费办法》的有关规定，实行功率考核和电费调整。

三、配电网中无功补偿主要存在的问题

1. 无功补偿与配网的无功需求不同步

近年来，配电网发展较快，无功需求量较大，而投入的无功补偿电容器远不能满足电网的无功需求。部颁标准规定补偿度为0.7，而有的省的补偿度只有0.5左右，差距较大。

2. 电容器配置不合理

目前，电容器的配置形式主要是以高补低，在高压方面安装电容器，补偿低压的无功负荷，不符合“分级补偿、就地平衡”的原则。这种“重力率、轻降损”的补偿措施，不但不能起到应有的降损效果，而且还增加了技术和装备方面的困难。

四、配电网无功补偿方式

配电网中目前采用的无功补偿方式主要有以下几种方式。

1. 变电所高压集中补偿

这种补偿方式是将高压并联电容器组集中装设在变电所的10kV母线上，用以补偿主变的空载无功损耗，相应地减少变压器的容量，或增加变压器所带的有功负荷，并就近供应10kV线路本身及其所带的用电设备的无功功率，同时可以利用电容器组的投切装置进行调压，改善电能质量。

2. 线路补偿

这种补偿方式是将电容器分散安装在10kV配电线路上，以补偿线路的无功损耗。

3. 随器补偿

随器补偿是将电容器安装在配电变压器的低压侧，用以补偿配电变压器的空载无功功率和漏磁无功功率。

4. 随机补偿（单机补偿）

随机补偿是将电容器装设在电动机旁，补偿电动机消耗的无功功率。随机补偿的接线图如图5-7所示。

5. 低压侧集中补偿（分组补偿）

这种补偿方式是将电容器集中安装在低压母线上，利用自动开关进行自动投切，以补偿低压配电线路和所带电气设备的无功损耗。其接线图如图5-8所示。

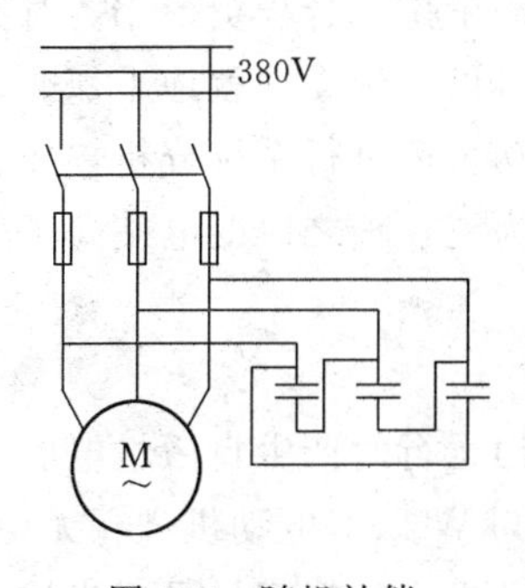

图5-7　随机补偿

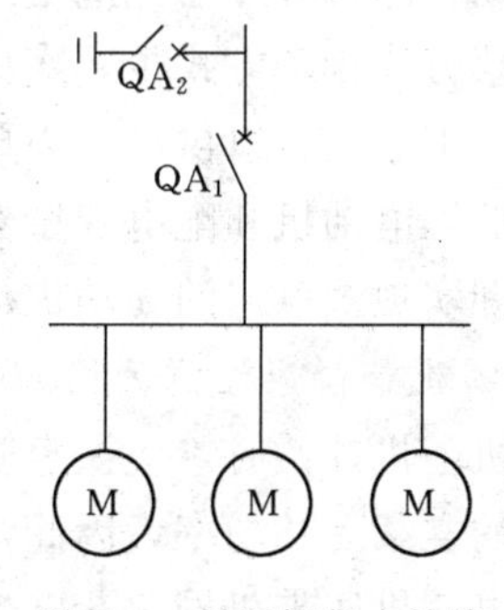

图5-8　低压侧集中补偿

配电网各种无功补偿方式配置如图5-9所示。

五、无功补偿方式的选择

1. 各种无功补偿方式经济当量情况

无功经济当量是指线路投入单位无功经济补偿容量时的有功损耗的减少值。假设变电所的一次侧为无功经济当量的零值点，各种补偿方式的无功经济当量如表5-1所示，其中电动机的随机补偿无功当量值最高，其次是配电变压器的随器补偿和低压集中补偿，因此，补偿点选在配电网末端最好。

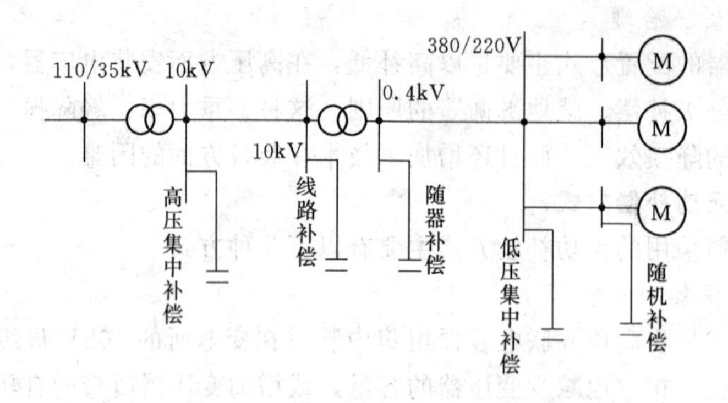

图 5-9 配电网无功补偿方式示意图

表 5-1　　各种无功补偿方式经济当量

补偿方式	高压集中补偿	10kV 线路补偿	低压集中补偿	随器补偿	随机补偿
无功经济当量	0.015～0.029	0.023～0.051	0.036～0.073	0.036～0.073	0.106～0.212

2. 各种补偿方式的工程投资情况

各种无功补偿方式的单位投资情况如表 5-2 所示。

表 5-2　　各种无功补偿方式的单位投资情况

补偿方式	变电所集中补偿			线路补偿	低压集中补偿	随器补偿	随机补偿
综合投资（元/kvar）	电容室外布置	专设电容器室	电容器柜				
	49	56	40	40	60	34	34

因此，电动机随机补偿与配电变压器随器补偿的单位综合投资最小。对配网实际情况而言，低压补偿方式投资方式少，降损效果显著，且可实现无功就地平衡。因此，配网无功补偿应遵循以下原则：以供电区为单位，对其无功负荷进行系统分析，并从电网的末端入手，以补偿低压电动机和配电变压器的无功负荷为主，辅之以变电站高压集中补偿和线路分散补偿，即实现供电区的无功优化。

3. 电动机随机补偿应注意的问题

采用电动机随机补偿时，应注意防止电动机退出运行时产生自激过电压，即补偿容量就小于电动机的空载无功功率，因此，一般只对 7.5kW 以上电动机进行无功补偿。

对于排灌电动机所带机械负荷轴惯性较大的电动机，补偿容量可适当加大，大于电动机的空载无功，但要小于额定无功负荷。

若年运行时间大于 800 小时电动机，选择随机补偿较其他补偿方式更加经济，补偿效果最佳，且用户的补偿投资可在两年内全部收回。

对于输出惯性小的电动机（如风机），制动性能较差，若补偿容量过大，电动机停机时会产生自激过电压，因此，补偿容量以机在空载时功率因数达到 1 为好。补偿容量可按 $Q_c \leqslant 3U_e I_0 \times 10^{-3}$kvar 计算。

对于输出惯性大的电动机（如潜水泵），电动机的停机速度较快，即使补偿容量较大，也不产生自激过电压，其无功补偿容量可根据负荷大小，在空载无功负荷与额定无功负荷之间选择。一般情况下，当电动机额定功率因数为0.8时，补偿容量可按电动机额定容量的52%～75%配置，当电动机额定功率因数为0.9时，补偿容量可按电动机额定容量的39%～49%配置。

4. 配电变压器随器的补偿要求

配电变压器的负荷率低，在轻载或空载时的无功负荷主要是变压器的激磁无功，配电变压器无功补偿容量不宜大于变压器的空载无功，否则，当变压器接近空载运行时，可能造成过补偿，产生铁磁谐振。

对100kVA及以上容量配电变压器，如用户本身未加装补偿装置，则可在用户计量表前加装低压补偿装置，亦可在配电变压器处加装高低压补偿，就地平衡该部分无功。同时加收力率电费。

5. 低压集中补偿

低压集中补偿只作为电动机随机补偿和变压器随器补偿的辅助手段。因为，低压集中补偿装设在用户与电力网的无功计量点分界处，其作用是为减少变压器本身和输电线路的无功损耗和向负荷侧输送无功功率，而配电线路上产生的无功功率损耗并未减少。因此，集中补偿不宜过大，否则，变压器轻载或空载时，将向系统倒送无功。低压集中补偿容量的确定，新用户可以按变压器容量的30%～40%确定。

第六节　配电网无功补偿容量的确定

一、补偿度的合理选择

所谓补偿度，是指补偿容量 Q_c 占电网总无功消耗 Q 的百分比，即

$$a = \frac{Q_c}{Q}$$

补偿前的有功功率损耗为

$$\Delta P_{l1} = \frac{S^2 R \times 10^{-3}}{U_n^2} = \frac{P^2 + Q^2}{U_n^2} R \times 10^{-3}$$

加装补偿 Q_c 之后，有功功率损耗为

$$\Delta P_{l2} = \frac{P^2 + (Q - Q_c)^2}{U_n^2} R \times 10^{-3}$$

补偿后有功功率损耗减少值

$$\Delta P_l = \Delta P_{l1} - \Delta P_{l2} = \frac{Q_c(2Q - Q_c)R}{U_n^2} \times 10^{-3}$$

引入无功经济当量 λ_b，无功经济当量的意义是线路投入单位补偿容量时，有功损耗的减少值，即

$$\lambda_b = \frac{\Delta P_l}{Q_c} = \frac{P_q}{Q}\left(2 - \frac{Q_c}{Q}\right) = \beta_q\left(2 - \frac{Q_c}{Q}\right)$$

式中　P_q——Q 个单位无功功率通过线路时，由线路电阻 R 所引起的损耗，kW；

β_q——单位无功功率通过线路时，由线路电阻 R 所引起的损耗，kW；

$\frac{Q_c}{Q}$——无功功率的相对降低值，称为补偿度。

从此式分析可知：

(1) 线路输送的无功功率 Q 越大，补偿后减少的有功功率损耗量就越大；说明了补偿前功率因数较低，则无功补偿的经济效果较大。

(2) 线路的电阻 R 值越大，补偿后减少的有功功率损耗量就越大，说明了补偿点与无功电源的电气距离越远，则无功补偿的经济效果就越大。因此“就地补偿”就成为无功补偿的原则。

(3) 无功补偿地点的电压等级 U_e 越低，则补偿后的经济效果就越大。说明低压补偿优于高压补偿。

(4) 式中 $(2Q-Q_c)$ 的值越大，则补偿后的经济效果就越大；说明补偿容量小，而效益却相对较大；补偿容量从小到大，而相对效益从大到小。

鉴于上述因素，无功补偿效益的大小，应该通过技术经济对比确定。利用无功经济当量分析对比，可衡量电网中某一结点的补偿效果，比较简便地确定无功补偿的地点、补偿的容量、补偿应达到的水平。但它不能作为全网最优补偿的依据。

二、从提高功率因数需要确定补偿容量

如图 5-10、图 5-11 所示，设配电网的最大负荷月的平均有功功率为 P_{pj}，补偿前的功率因数为 $\cos\varphi_1$，补偿后的功率因数为 $\cos\varphi_2$，则所需的补偿容量 Q_c 的计算公式为

$$Q_c = P_{pj}(\text{tg}\varphi_1 - \text{tg}\varphi_2)$$

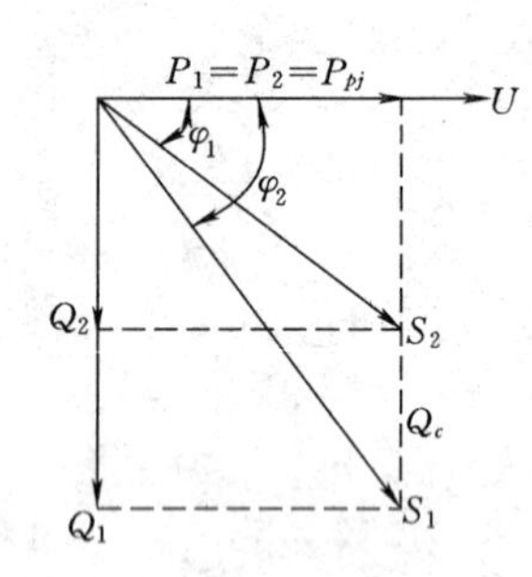

图 5-10　无功补偿原理

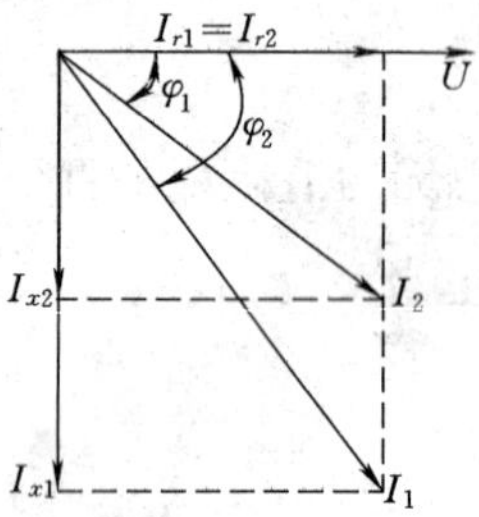

图 5-11　无功补偿容量确定

若要求将功率因数由 $\cos\varphi_1$ 提高到 $\cos\varphi_2$ 而小于 $\cos\varphi_3$，则补偿容量 Q_c 计算为

$$P_{pj}(\text{tg}\varphi_1 - \text{tg}\varphi_2) \leqslant Q_c \leqslant P_{pj}(\text{tg}\varphi_1 - \text{tg}\varphi_3)$$

三、从降低线路有功损耗需要来确定补偿容量

如图 5-11 所示，设补偿前线路中的电流为 I_1，相应的有功电流（纯电阻电流）为 I_{r1}，无功电流为 I_{x1}，补偿无功 Q_c 后线路中的电流为 I_2，相应的有功电流（纯电阻电流）为 I_{r2}，无功电流为 I_{x2}，则

补偿前的线路损耗为

$$\Delta P_1 = 3I_1^2R = 3\left(\frac{I_{r1}}{\cos\varphi_1}\right)^2 R$$

补偿后的线路损耗为

$$\Delta P_2 = 3I_2^2R = 3\left(\frac{I_{r2}}{\cos\varphi_2}\right)^2 R$$

则补偿后线损降低的百分值为

$$\Delta P\% = \frac{\Delta P_{l1} - \Delta P_{l2}}{\Delta P_{l2}} \times 100\% = \left[1 - \left(\frac{\cos\varphi_1}{\cos\varphi_2}\right)^2\right] \times 100\%$$

若根据要求 $\Delta P\%$ 已经确定，则可求得

$$\cos\varphi_2 = \frac{\cos\varphi_1}{\sqrt{1-\Delta P}}$$

则补偿容量可以按 $Q_c = P_{pj}(\text{tg}\varphi_1 - \text{tg}\varphi_2)$ 计算。

四、从提高运行电压需要来确定补偿容量

配电线路末端电压较低，通常是通过无功补偿来提高供电电压的，因此，有时要从提高线路电压来确定补偿容量。

设补偿前线路电源电压为 U_1，线路末端电压为 U_2，线路输送的有功功率为 P，无功功率为 Q，电阻为 R，电抗为 X，则

$$U_2 = U_1 - \frac{PR + QX}{U_2}$$

补偿无功 Q_c 后，线路末端电压升为 U'_2 则

$$U'_2 = U_1 - \frac{PR + (Q - Q_c)X}{U'_2}$$

所以投入无功补偿后末端电压增量 ΔU 为

$$\Delta U = U'_2 - U_2 = \frac{Q_c X}{U'_2}$$

故补偿容量

$$Q_c = \frac{U'_2 \Delta U}{X}$$

若为三相线路，则所需的补偿容量为

$$Q_c = \frac{U'_{2l} \Delta U_l}{X}$$

式中　ΔU_l——三相线路的线电压增量，kV；

U'_{2l}——三相线路的线电压，kV。

五、查表法在确定补偿容量

为了很快地求出补偿容量，可以采用查表法。方法是根据补偿前后的功率因数 $\cos\varphi_1$ 和 $\cos\varphi_2$，查出对应每千瓦有功功率负荷所需要的补偿的无功容量 Q_0，然后乘以有功功率数 P，即可求出需要的补偿容量。即补偿容量：$Q_c = P_{pj} Q_0$，Q_0 的值可从表 5-3 中查得。

表 5-3　　功率因数补偿表

补偿前 $\cos\varphi_1$	为得到所需 $\cos\varphi_2$ 单位负荷所需补偿容性无功量 Q_0（kvar/kW）												
	0.70	0.75	0.80	0.82	0.84	0.86	0.88	0.90	0.92	0.94	0.96	0.98	1.00
0.30	2.16	2.30	2.42	2.48	2.53	2.59	2.65	2.70	2.76	2.82	2.89	2.98	3.18
0.35	1.66	1.80	1.93	1.98	2.03	2.08	2.14	2.19	2.25	2.31	2.38	2.48	2.68
0.40	1.27	1.41	1.54	1.60	1.65	1.70	1.76	1.81	1.87	1.93	2.00	2.09	2.29
0.45	0.97	1.11	1.24	1.29	1.34	1.40	1.45	1.50	1.56	1.62	1.69	1.78	1.99
0.50	0.71	0.85	0.98	1.04	1.09	1.14	1.20	1.25	1.31	1.37	1.44	1.53	1.73
0.52	0.62	0.76	0.89	0.95	1.00	1.05	1.11	1.16	1.22	1.28	1.35	1.44	1.64
0.54	0.54	0.68	0.81	0.86	0.92	0.97	1.02	1.08	1.14	1.20	1.27	1.36	1.56
0.56	0.46	0.60	0.73	0.78	0.84	0.89	0.94	1.00	1.05	1.12	1.19	1.28	1.48

续表

补偿前 $\cos\varphi_1$	为得到所需 $\cos\varphi_2$ 单位负荷所需补偿容性无功量 Q_0（kvar/kW）												
	0.70	0.75	0.80	0.82	0.84	0.86	0.88	0.90	0.92	0.94	0.96	0.98	1.00
0.58	0.39	0.52	0.66	0.71	0.76	0.81	0.87	0.92	0.98	1.04	1.11	1.20	1.41
0.60	0.31	0.45	0.58	0.64	0.69	0.74	0.80	0.85	0.91	0.97	1.04	1.13	1.33
0.62	0.25	0.39	0.52	0.57	0.62	0.67	0.73	0.78	0.84	0.90	0.97	1.06	1.27
0.64	0.18	0.32	0.45	0.51	0.56	0.61	0.67	0.72	0.78	0.84	0.91	1.00	1.20
0.66	0.12	0.26	0.39	0.45	0.49	0.55	0.60	0.66	0.71	0.78	0.85	0.94	1.14
0.68	0.06	0.20	0.33	0.38	0.43	0.49	0.54	0.60	0.65	0.72	0.79	0.88	1.08
0.70		0.14	0.27	0.33	0.38	0.43	0.49	0.54	0.60	0.66	0.73	0.82	1.02
0.72		0.08	0.22	0.27	0.32	0.37	0.43	0.48	0.54	0.60	0.67	0.76	0.97
0.74		0.03	0.16	0.21	0.26	0.32	0.37	0.43	0.48	0.55	0.62	0.71	0.91
0.76			0.11	0.16	0.21	0.26	0.32	0.37	0.43	0.50	0.56	0.65	0.86
0.78			0.05	0.11	0.16	0.21	0.27	0.32	0.38	0.44	0.51	0.60	0.80
0.80				0.05	0.10	0.16	0.21	0.27	0.33	0.39	0.46	0.55	0.75
0.82					0.05	0.10	0.16	0.22	0.27	0.33	0.40	0.49	0.70
0.84						0.05	0.11	0.16	0.22	0.28	0.35	0.44	0.65
0.86							0.06	0.11	0.17	0.23	0.30	0.39	0.59
0.88								0.06	0.11	0.17	0.25	0.33	0.54
0.90									0.06	0.12	0.19	0.28	0.48
0.92										0.06	0.13	0.22	0.43
0.94											0.07	0.16	0.36

六、变压器和电动机的无功补偿容量确定

从电磁学的角度而言，电动机与变压器的原理是一样的，它们所消耗的无功功率可按下列方法确定。

$$\Delta Q = Q_0 + K_{fz}^2 Q_{dn} = (I_0\% + K_{fz}^2 U_{dn}\%) S_n \times 10^{-3} \quad (\text{kvar})$$

式中 $I_0\%$——为空载电流与额定电流的百分比；

K_{fz}——负载率；

$U_{dn}\%$——短路电压与额定电压的百分值；

Q_0——变压器空载无功损耗，kvar；

Q_{dn}——变压器额定短路无功损耗，kvar；

S_n——额定容量，kVA。

七、低压线路的无功损耗

低压线路的无功功率损耗为线路等值电抗 X_l 所消耗的无功功率损耗，可按下列方法计算：

$$\Delta Q_l = 3I^2 X_l \times 10^{-3} = \frac{P^2 + Q^2}{U_n^2} X_l \times 10^{-3} \quad (\text{kvar})$$

式中 P——线路的有功功率，kW；

Q——线路的无功功率，kvar。

第七节　无功补偿电容器的综合配置与收益分析

无功补偿的收益分析，主要是分析用户在加装无功补偿装置后，每年所获得经济效益。为了分析无功补偿的经济效益，我们应计算出补偿后用户视在功率、有功功率节省值、变压器损耗节省值以及电容器的无功和有功功率损耗值，并由此进一步计算出综合节省电量、节省电费以及无功补偿设备的回收周期。

（一）补偿后的功率节省值

设用户的平均负荷为 P_{pj}，补偿前的功率因数为 $\cos\varphi_1$ 和 $\cos\varphi_2$。

1. 补偿后视在功率节省值

$$\Delta S = P_{pj}\left(\frac{1}{\cos\varphi_1} - \frac{1}{\cos\varphi_2}\right)$$

2. 补偿后有功功率节省值

$$\Delta P = S_n(\cos\varphi_2 - \cos\varphi_1)$$

3. 补偿后变压器损耗节省值

设变压器的短路电压百分值为 $U_{dn}\%$，无功经济当量为 λ，则变压器的有功功率节省值为：

$$Q_{dn} = U_{dn}\% S_n \times 10^{-3}$$

$$\Delta P_b = \left(\frac{S_1}{S_n}\right)^2 (P_{dn} + \lambda Q_{dn}) - \left(\frac{S_2}{S_n}\right)^2 (P_{dn} + \lambda Q_{dn})$$

$$= \left(\frac{P_{pj}}{S_n}\right)^2 \left(\frac{1}{\cos^2\varphi_1} - \frac{1}{\cos^2\varphi_2}\right)(P_{dn} + \lambda Q_{dn})$$

（二）补偿后电容器增加的有功功率损耗值

设电容器的补偿容量为 Q_c，介质损耗为 $\mathrm{tg}\delta$（一般取 0.004）

$$\Delta P_s = Q_c \mathrm{tg}\delta \approx 0.004 Q_c$$

（三）增设电容器后的节电效果

总节省无功电量 ΔA_q＝年运行时间×总节省无功功率

总节省有功电量 ΔA_p＝年运行时间×总节省有功功率

（四）补偿后的经济效益

节省电费 = 补偿前应支付电费 − 补偿后应支付电费

【例 5-2】 图 5-12 所给出某 10kV 配电变压器低压侧集中补偿的接线图，各条出线的参数和设备容量如表 5-4 所列，今欲将功率因数提高到 0.97～0.98 之间，试计算确定无功补偿容量及其分组方式，并分析补偿后的节电情况。

已知 560kVA 变压器的短路损耗 P_{dn}＝9.4kW，短路电压百分值 $U_{dn}\%$＝4.49，短路无功损耗 Q_{dn}＝25kvar。该用户每天满载运行 16h，轻载运行 8h，一年按 350 天计算。

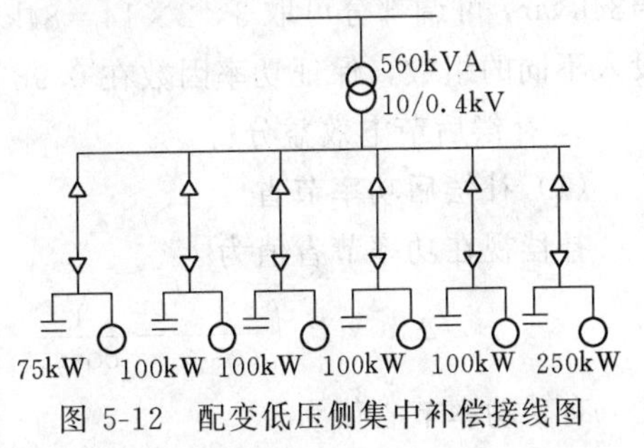

图 5-12　配变低压侧集中补偿接线图

补偿装置投资为60元/kvar，按每年20%比例回收。

解 1. 求补偿电容器的容量Q_c

$$\cos\varphi_1 = 0.84, \mathrm{tg}\varphi_1 = 0.645$$
$$\cos\varphi_2 = 0.97, \mathrm{tg}\varphi_2 = 0.246$$
$$\cos\varphi_3 = 0.98, \mathrm{tg}\varphi_3 = 0.203$$
$$\cos\varphi_4 = 0.8, \mathrm{tg}\varphi_3 = 0.75$$

表5-4 **参数及设备容量**

负载	数量（台）	设备容量（kW）	负荷系数	平均功率（kW）	平均cosφ	总平均功率（kW）	总平均cosφ	轻载有功功率（kW）	轻载cosφ
电动机	3	3×100	0.8	240	0.87	475	0.84	150	0.8
电动机	1	75	0.75	60	0.86				
各种设备	38	350	0.5	175	0.8				

根据补偿要求可知，补偿电容的容量Q_c范围为：

$$P_{pj}(\mathrm{tg}\varphi_1 - \mathrm{tg}\varphi_2) \leqslant Q_c \leqslant P_{pj}(\mathrm{tg}\varphi_1 - \mathrm{tg}\varphi_3)$$

所以有：

$$475(0.645 - 0.246) \leqslant Q_1 \leqslant 475(0.645 - 0.203)$$

即：

$$189.5(\mathrm{kvar}) \leqslant Q_c \leqslant 210(\mathrm{kvar})$$

2. 电容器分组与配置

因为负荷是经常变化的，所以为了便于进行手动或自动投切，应将补偿电容器按负荷的变化情况进行分组配置。配置的方法是首先将轻载负荷下所需的补偿容量Q_g固定下来，其余补偿容量作为可调整进行配置。

（1）轻载时的固定补偿容量Q_g

$$Q_g \leqslant P_{zx}(\mathrm{tg}\varphi_4 - \mathrm{tg}\varphi_3) = 150(0.75 - 0.203) = 82\ (\mathrm{kvar})$$

（2）可调电容器的容量Q_t

因为：

$$\frac{P_{pj}}{\sqrt{P_{pj}^2 + Q_t^2}} = \cos\varphi_3$$

$$Q_t = \sqrt{\left(\frac{P_{pj}}{\cos\varphi_3}\right)^2 - P_{pj}^2} = \sqrt{\left(\frac{475}{0.98}\right)^2 - 475^2} = 96\ (\mathrm{kvar})$$

因为补偿的最大容量Q_c为210kvar，固定部分为82kvar，所以固定部分可取3×2×14=84kvar，可调部分可取3×2×14=84kvar和3×14=42kvar，这样可根据负荷变化需要，投入不同的组数，保证功率因数在0.98左右。

3. 补偿后节电效益分析

（1）补偿后功率节省

补偿视在功率节省值为

$$\Delta S = P_{pj}\left(\frac{1}{\cos\varphi_1} - \frac{1}{\cos\varphi_3}\right) = 475\left(\frac{1}{0.84} - \frac{1}{0.98}\right) = 80\ (\mathrm{kvar})$$

有功功率节省值为

$$\Delta P = S_n(\cos\varphi_3 - \cos\varphi_1) = \frac{475}{0.84}(0.98 - 0.84) = 79\ (\text{kW})$$

变压器满载时有功损耗节省值

$$\Delta P_{b1} = \left(\frac{P_{pj}}{S_n}\right)^2\left(\frac{1}{\cos^2\varphi_1} - \frac{1}{\cos^2\varphi_3}\right)P_{dn}$$

$$= \left(\frac{475}{560}\right)^2\left(\frac{1}{0.84^2} - \frac{1}{0.98^2}\right) \times 9.4 = 2.543\ (\text{kW})$$

变压器满载时无功损耗节省值

$$\Delta Q_{b1} = \left(\frac{P_{pj}}{S_n}\right)^2\left(\frac{1}{\cos^2\varphi_1} - \frac{1}{\cos^2\varphi_3}\right)Q_{dn} = \left(\frac{475}{560}\right)^2\left(\frac{1}{0.84^2} - \frac{1}{0.98^2}\right) \times 25 = 6.772\ (\text{kvar})$$

变压器在轻载时有功损耗节省值为

$$\Delta P_{b2} = \left(\frac{P_{zx}}{S_n}\right)^2\left(\frac{1}{\cos^2\varphi_4} - \frac{1}{\cos^2\varphi_3}\right)P_{dn} = \left(\frac{150}{560}\right)^2\left(\frac{1}{0.8^2} - \frac{1}{0.98^2}\right) \times 9.4 = 0.352\ (\text{kW})$$

变压器在轻载时无功损耗节省值为

$$\Delta Q_{b2} = \left(\frac{P_{zx}}{S_n}\right)^2\left(\frac{1}{\cos^2\varphi_4} - \frac{1}{\cos^2\varphi_3}\right)Q_{dn} = \left(\frac{150}{560}\right)^2\left(\frac{1}{0.8^2} - \frac{1}{0.98^2}\right) \times 25 = 0.9277\ (\text{kW})$$

（2）补偿后电容器的有功功率损耗为

补偿电容器全投入时

$$\Delta P_{q1} = Q_c\text{tg}\delta \approx 0.004Q_c = 210 \times 10^3 \times 0.004 = 0.84\ (\text{kW})$$

轻载固定补偿时

$$\Delta P_{g2} = Q_c\text{tg}\delta \approx 0.004Q_g = 84 \times 10^3 \times 0.004 = 0.336\ (\text{kW})$$

（3）增设电容器后的节电效果

节省有功电量为

$$\Delta A_P = 350 \times 16(2.543 - 0.84) + 350 \times 8(0.352 - 0.336) = 9581\ (\text{kW}\cdot\text{h})$$

节省无功电量为

$$\Delta A_Q = 350 \times 16 \times 6.772 + 350 \times 8 \times 0.9277 = 40520\ (\text{kvar}\cdot\text{h})$$

节省综合电量为（取 $\lambda=0.1$）

$$\begin{aligned}\Delta A_q &= 350 \times 16 \times (2.53 + 0.1 \times 6.772 - 0.84) + 350 \times 8 \\ &\quad \times (0.352 + 0.1 \times 0.9277 - 0.336) \\ &= 13560.88\ (\text{kW}\cdot\text{h})\end{aligned}$$

若电价按 0.708 元/kW·h 计算，则每年可节约电费为：￥=13560.88×0.708=9601（元）

每年投入无功补偿装置折旧费为：￥′=60×210×0.2=2520（元）

因此每年节省的费用为：∑￥=9601−2520=7081（元）

第八节　配电线路无功补偿的最优化

配电线路上并联电容器，实现无功就地补偿，具有投资省、见效快、降损显著的优点，而且安装简便，维护工作量小，事故率低，特别适应线路较长、负荷供电点多的配电线路上。因此，配电线路上并联电容器补偿在世界发达国家得到了广泛的应用。

一、匀布负荷线路无功补偿的优化配置

配电网中有许多大小相差不大，沿线路均匀分布的负荷，如照明线路、公用配电线路等，这些都可以作为匀布负荷线路。

如图 5-13 所示配电线路为匀布负荷线路，设线路总长为 L，总电阻为 R，平均无功负荷为 Q，平均电压为 U，若对线路采取分散与集中相结合的补偿方式，即在变压器低压母线安装集中补偿容量为 Q_{cm}，线路上装设的电容器容量为 Q_b，无功潮流分布如图 5-14 所示。在保证线路传输的有功功率 P 不变的情况下，最优补偿配置计算就是按照线路无功线损最小的原则来确定线路上装设电容器组的最佳位置和最优补偿容量。

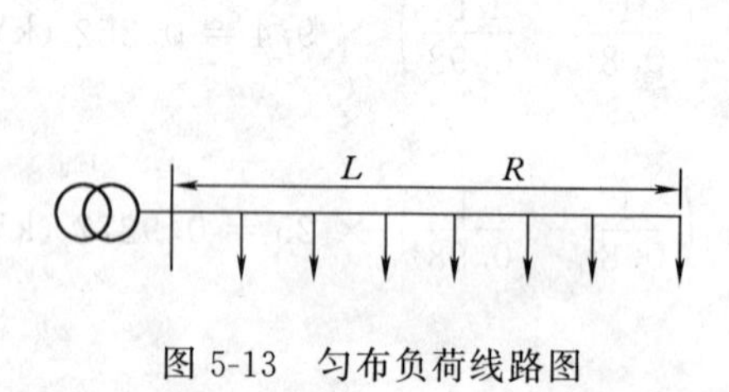

图 5-13　匀布负荷线路图

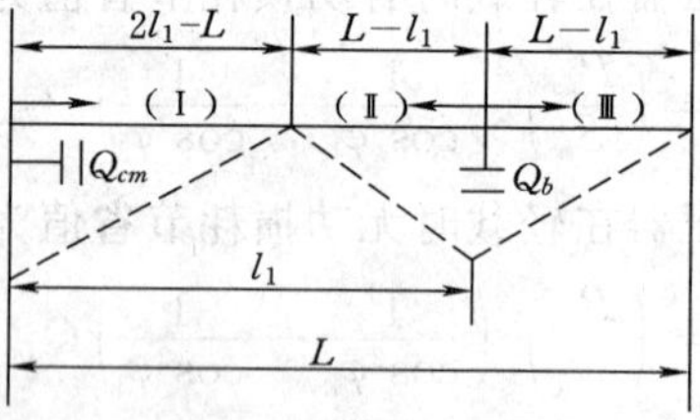

图 5-14　无功潮流分布

通过数学计算分析可以得到：当安装一组电容器组时，其最佳装设位置应在距线路首端三分之二处，即 $l_1=2L/3$ 相应的最优补偿容量为 $Q_c=2Q/3$，此时线路损耗最小，这就是所谓的“三分之二”最优补偿原则（表 5-5）。

若要在线路上装设 n 组电容器组，则不同电容器组的最佳安装位置为

$$l_i=\frac{2i}{2n+1}L \quad (i=1,2,3,\cdots,n)$$

相对应的各组电容器组的最优无功补偿容量为

$$Q_i=\frac{2}{2n+1}Q$$

表 5-5　　装设多组电容器时的最佳装设位置及最优容量表

组数	最佳装设位置（距变压器所在的距离）			每组最优容量	总容量	降低无功线损（%）
	第一组	第二组	第三组			
1	$2L/3$			$2Q/3$	$2Q/3$	88.9
2	$2L/5$	$4L/5$		$2Q/5$	$4Q/5$	96.0
3	$2L/7$	$4L/7$	$6L/7$	$2Q/7$	$6L/7$	98.0

二、非匀布负荷配电线路无功补偿的最优配置

配电线路具有分支线多、导线型号多、配电点多的特点，其负荷是非匀布的。在这种情况下进行无功补偿计算，需要进行简化，这里介绍归一化变换方法。

1. 归一化长度体系

假设某配电线路由 m 个型号导线组成，有 n 个配电负荷点，即线路有 n 个分段，线路总长度为 l。计算时忽略各分支线电阻对计算结果的影响，则：

(1) 归一化长度体系。假设某配电线路由 m 个型号导线组成，有 n 个配电负荷点，即线路有 n 个分段，线路总长度为 l。计算时忽略各分支线电阻对计算结果的影响，则：

1）线路分段等效长度计算式

$$l_{di} = \frac{l_{si} r_i}{r_d}$$

式中 l_{di}——第 i 个分段等效长度，km；

l_{si}——第 i 个分段实际长度，km；

r_i——第 i 个分段导线单位电阻，Ω/km；

r_d——代表性导线单位电阻，Ω/km。

2）线路等效总长度计算式

$$l_{dz} = \sum_{i=1}^{n} l_{di}$$

式中 l_{dz}——线路等效总长度，km；

l_{di}——第 i 个分段等效长度，km。

3）线路分段归一化长度计算公式

$$l_{gi} = \frac{l_{di}}{l_{dz}}$$

式中 l_{gi}——第 i 个分段归一化长度；

l_{di}——第 i 个分段等效长度，km；

l_{dz}——线路等效总长度，km。

4）线路归一化总长度计算公式

$$l_{gz} = \sum_{i=1}^{n} l_{gi} = 1$$

式中 l_{gz}——线路归一化总长度；

l_{gi}——第 i 个分段归一化长度；km。

(2) 归一化无功负荷体系。假设各配电点实际分布的无功负荷为 Q_1，Q_2，…、Q_n；变电站馈线出口处的最大无功负荷为 Q_{zd}，则：

1）各配电点归一化无功负荷计算式

$$Q_{gi} = \frac{Q_i}{Q_{zd}}$$

式中 Q_{gi}——第 i 个配电点归一化无功负荷；

Q_i——第 i 个配电点实际无功负荷，kvar；

Q_{zd}——变电站馈线出口处最大无功负荷，kvar。

2）线路归一化无功总负荷计算式

$$Q_{gz} = \sum_{i=1}^{n} Q_{gi} = 1$$

式中 Q_{gz}——线路归一化无功总负荷；

Q_{gi}——第 i 个配电点归一化无功负荷。

3）线路区间归一化无功负荷计算式

$$Q_{qgi} = 1 - \sum_{j=1}^{i-1} Q_{gi} \quad (i = 1,2,3,\cdots,n)$$

式中 Q_{qgi}——第 i 个区间归一化无功负荷；

$\sum_{j=1}^{i-1} Q_{gi}$——0 点至 i 点之前的所有各配电点归一化载负荷之和。

2. 绘制归一化载功负荷功率分布曲线

以线路归一化长度各值（l_{gi}）为横坐标，各区间归一化无功负荷各值（Q_{qgi}）为纵坐标，绘制出阶梯型归一化载功负荷分布曲线。

3. 优化补偿简化计算

简化计算方法分为两种类型，第一种是根据载功负荷功率分布情况，首先选定补偿电容器组数及装设位置（即离变电站母线的距离，假设计算时只考虑补偿节电效益最优（即无功线损最小）。对于补偿电容器组的数目，为运行维护方便，一般不宜超过 3 组。如果计算出的最佳装设位置离变电站母线太近时，应适当后移。

（1）最佳补偿容量计算式

$$Q_{ji} = 2(Q_{zd} f Q_{pj} - \sum_{j=1}^{i-1} Q_j) \quad (i = 1,2,3,\cdots,n)$$

式中 Q_{ji}——第 i 组电容组的最佳补偿容量，kvar；

Q_{zd}——变电站馈线出口最大无功负荷，kvar；

f——无功负荷率，当有功负荷率高时，取 f=0.6～0.8，有功负荷率低时，取 f=0.3～0.6；

Q_{pj}——第（i+1）点至 i 点区间的归一化无功负荷的平均值；

$\sum_{j=1}^{i-1} Q_j$——第 i 组之后至线路末端之间的所有各电容器的额定补偿容量之和，kvar。

（2）最佳装设位置计算式

$$l_{ji} = F^{-1}\left[\frac{1}{Q_{zd} f}\left(\frac{Q_i}{2} + \sum_{j=1}^{i-1} Q_j\right)\right] \qquad (\mathrm{i} = 1,2,3,\cdots,n)$$

式中 l_{ji}——第 i 组电容器组的最佳装设位置（归一化值）；

Q_{zd}——变电站馈线出口最大无功负荷，kvar；

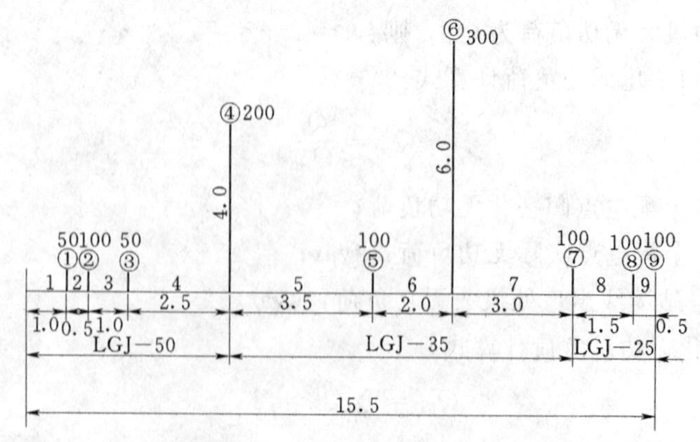

图 5-15 10kV 线路无功负荷分布图（单位：负荷 kvar；距离 km）

f——无功负荷率；

Q_i——第 i 组电容器组拟选补偿容量，kvar；

$\sum_{j=1}^{i-1}Q_j$——第 i 组之后至线路末端之间所有各电容器组的拟选补偿容量之和，kvar；

F^{-1}——反函数符号。

【例 5-3】 有一条10kV配电线路，由LGJ—50、LGJ—35和LGJ—25三种型号导线组成，线路全长15.5km。全线路有9个配电负荷点，其中有两个点接有分支线，其无功负荷分布如图5-15所示。现拟在线路的第13.5km、10.5km和5.0km处装设三组电容器进行补偿。当无功负荷率为0.3时，试求其最佳补偿容量。

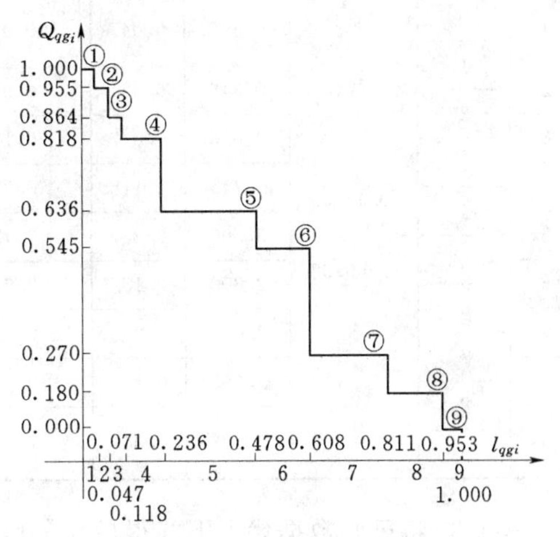

图 5-16 归一化无功负荷分布曲线

解 依题意参阅无功负荷分布图（见图5-15）和有关技术手册，将已知参数以附表形式列出，如表5-6所示。鉴于LGJ—35导线线段长达8.5km，所以选定该线为代表性导线，单位电阻 $r_d=0.92\Omega/\text{km}$。利用公式进行归一化变换计算，也用附表形式列出计算结果，如表5-7所示。再用表中数据绘制出归一化无功负荷分布曲线，如图5-16所示。

线路的13.5km、10.5km和5.0km处，即为图5-16中的⑦、⑥和④三个点。从图5-16中曲线还可知，相应的三个区段间的归一化无功负荷平均值为：$Q_{p1}=0.27$、$Q_{p2}=0.603$和 $Q_{p3}=0.8775$。

表 5-6 已知参数表

线段编号 i	配电点编号 j	配电点无功负荷 Q_i (kvar)	导线型号	导线单位电阻 r_i (Ω/km)	线段实际长度 l_{sj} (km)	变电站离各配电点间的实际距离 l_{qsj} (km)	备注
	0		LGJ—50	0.64			1. 线路总长度为15.5km； 2. 最大无功负荷为1100kvar
1		50			1.0	0→1 1.0	
	1						
2					0.5	0→2 1.5	
	2	100					
3					1.0	0→3 2.5	
	3	50					
4					2.5	0→4 5.0	
	4	200					
5			LGJ—35	0.92	3.5	0→5 8.5	
	5	100					
6					2.0	0→6 10.5	
	6	300					
7			LGJ—25	1.28	3.0	0→7 13.5	
	7	100					
8					1.5	0→8 15.0	
	8	100					
					0.5	0→9 15.5	
	9	100					

表 5-7　　　　　　　　　　　　　**归一化变换结果表**

线段编号 i	配电点编号 j	代表性导线和单位电阻 r_d (Ω/km)	线段等效长度 l_{di} (km)	线段归一化长度 l_{gi}	变电站母线离各配电点的归一化长度 l_{qgi}	配电点归一化无功负荷 Q_{gi}	线路区间归一化无功负荷 Q_{qgi}	备　注
1	0	LGJ—35 $r_d=0.92$	0.696	0.047	0.047	0.045	1.000	1. 线路等效总长度为14.766km；2. 线路归一化总长度为1.0；3. 线路归一化最大无功负荷功率为1.0
2	1		0.348	0.024	0.071	0.090	0.955	
3	2		0.696	0.047	0.118	0.045	0.864	
4	3		1.740	0.118	0.236	0.180	0.818	
5	4		3.500	0.237	0.473	0.090	0.636	
6	5		2.000	0.135	0.608	0.270	0.545	
7	6		3.000	0.203	0.811	0.090	0.270	
8	7		2.090	0.142	0.953	0.090	0.180	
9	8		0.696	0.047	1.000	0.090	0.090	
	9							

然后，将已知数据代入下式得最佳补偿容量：

$$Q_{j1}=2(Q_{zd}fQ_{p1}-\sum_{j=1}^{i-1}Q_j)=2(1100\times 0.3\times 0.27)=178.2\ (\text{kvar})$$

$$Q_{j2}=2(1100\times 0.3\times 0.603-178.2)=41.6\ (\text{kvar})$$

$$Q_{j3}=2[1100\times 0.3\times 0.8775-(178.2+41.6)]=139.6\ (\text{kvar})$$

【例 5-4】　若在［例 5-3］中，拟选定的三组电容器的容量分别为 90kvar、120kvar 和 150kvar 时，在其他条件相同的情况下，试求其最佳装设位置。

解　依题意知：$Q_1=90\text{kvar}$，$Q_2=120\text{kvar}$，$Q_3=150\text{kvar}$；$Q_{zd}=1100\text{kvar}$，$f=0.3$。

当 $i=1$ 时，$\sum_{j=1}^{i-1}Q_j=\sum_{j=1}^{0}Q_j=0$

当 $i=2$ 时，$\sum_{j=1}^{i-1}Q_j=\sum_{j=1}^{1}Q_j=Q_1=90$ (kvar)

当 $i=3$ 时，$\sum_{j=1}^{i-1}Q_j=\sum_{j=1}^{2}Q_j=Q_1+Q_2=90+120=210$ (kvar)

然后，将以上各已知数据代入式中，得

$$l_{j1}=F^{-1}\left[\frac{1}{Q_{zd}f}\left(\frac{Q_i}{2}+\sum_{j=1}^{i-1}Q_j\right)\right]$$

$$=F^{-1}\left(\frac{1}{1100\times 0.3}\times\frac{90}{2}\right)=F^{-1}0.1364$$

$$l_{j2}=F^{-1}\left[\frac{1}{1100\times 0.3}\left(\frac{120}{2}+90\right)\right]=F^{-1}0.4545$$

$$l_{j3}=F^{-1}\left[\frac{1}{1100\times 0.3}\left(\frac{150}{2}+90+120\right)\right]=F^{-1}0.8636$$

再从图 5-16 中曲线上查找与以上三个值相对应的三个点⑧、⑥、②，其与变电站母线的距离分别为 15km、10.5km 和 1.5km。

第六章　配电网供电可靠性规划与控制

第一节　配电网供电可靠性的基本概念

一、电力系统可靠性

电力系统可靠性，就是可靠性工程的一般原理和方法与电力系统工程问题相结合的应用科学,电力系统可靠性也包括电力系统可靠性工程技术与电力工业可靠性管理两个方面。所谓电力系统可靠性工程技术：就是为了使电力系统及其设备达到预定的可靠性要求所进行的设计、制造、建设安装、运行、试验、维修和保养等一系列工程技术活动。电力系统可靠性管理：从电力系统整体出发，按照一定的可靠性目标，对电力系统安全寿命周期中的各项工程技术活动进行规划、组织、协调、控制和监督，并保持其费用最省的现代管理办法。

电力系统按生产过程及结构特性，一般分为发电、输变电和配电系统等主要环节，而就其形成过程又可分为规划、设计、制造、建设安装、运行、试验及维护等几个方面。因此电力系统可靠性的主要任务是从电力系统的各个主要环节出发，结合其形成和发展的各个方面去研究电力系统的故障现象，制定定量评价指标或准则，在协调可靠性与经济性的基础上，对电力系统可靠性进行控制监督和综合评价，并提出改进和提高可靠性水平的具体措施，组织或直辖市有关部门加以实现。

电力系统可靠性工作的主要目标：一是防止故障于未然；二是当万一发生故障时，尽量缩小停电的范围（使停电范围局限化）；三是使系统在故障后能迅速恢复到原来的完好状态（使故障处理迅速化），电力系统可靠性的主要工作内容如图 6-1 所示。

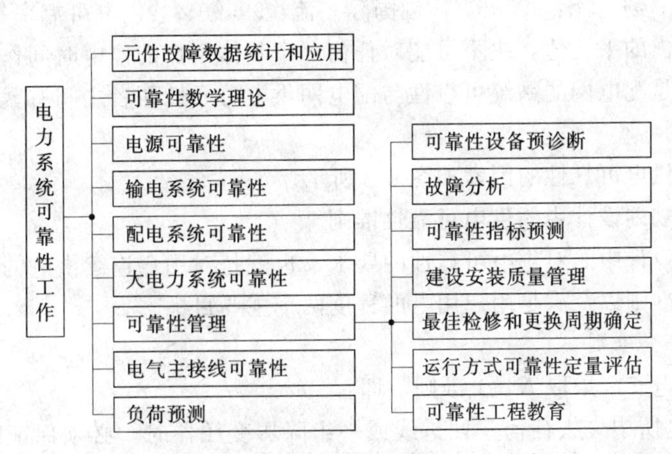

图 6-1　电力系统可靠性的主要工作内容

二、配电网可靠性

所谓配电网可靠性，实质上是研究直接向用户供给电能和分配电能的配电网本身及对用户供电能力的可靠性。配电网可靠性主要包括以下三个方面的内容：

（1）设备本身的可靠性。要使构成配电网的各种设备经常处于正常完好状态，能够充分的发挥其功能，具有较高的可靠性。

（2）整个配电网的设备可靠性。必须考虑把具有相当可靠性水平的设备组合起来，并与其他系统相联系，构成容易实现一元化运行和维护的最佳网络。

（3）配电网运行的可靠性。必须把各种设备有机地结合起来，使之成为具有系统保护和系统恢复能力，对任何事态都有自己处理能力的系统。

三、配电网可靠性工作的重要性

配电网可靠性是电力系统可靠性的一个重要组成部分，配电网可靠性工作的重要性表现在以下几方面：

1）配电网处于电力系统的末端，直接与用户连接，整个电力系统对电力用户的供电能力和质量都必须通过配电网来体现，配电网的可靠性指标实际上是整个电力系统结构及运行特性的集中反映；

2）配电网大多采用放射式的网状结构，对故障比较敏感。用户停电故障约有80%是由配电网的故障引起的，它对用户的供电可靠性的影响最大；

3）随着科学技术的发展，以计算机为代表的高度信息化设备的广泛普及，经济社会日益成熟，社会功能高度深化，文化生活不断提高，用户对供电可靠率的要求越来越高，即使仅从加强配电系统可靠性所花费的资金及其对经济和社会所产生的效益来看，配电网在整个电力系统可靠性工程中也具有极重要的地位。

四、配电系统供电可靠性的概念

供电可靠性就是指在电力系统设备发生故障时，衡量能使由该故障设备供电的用户供电障碍尽量减少，使电力系统本身保持稳定运行的能力。配电网供电可靠性就是度量配电网在某一定时期内，能够保持对用户连续充足供电的能力的程度。

供电可靠率是每年每个用户平均连续供电时间占全年时间的比值。我国供电可靠率指标：达标99.7%；创一流：99.96%，创国际一流：99.99%。供电可靠率是一个统计数字，是特定统计范围内的平均值，决不可能对任何一个具体用户的停电时间作出承诺。

值得注意的是配电网的系统可靠性与配电网供电可靠性两者之间有紧密的联系，但两者是有区别的。

影响配电网供电可靠性的因素如图6-2所示。

五、配电网规划设计中的供电可靠性准则

配电网规划设计中的对供电可靠性的要求，也就是对用户连续供电的可靠程度，应满足电网供电安全准则以及满足用户用电的程度两个主要目标。

（一）电网安全准则

配电网的供电安全采取 $N-1$ 准则，即：

1）高压变电所中失去任何一回进线或一组降压变压器时，必须保证向下一级配电网供电；

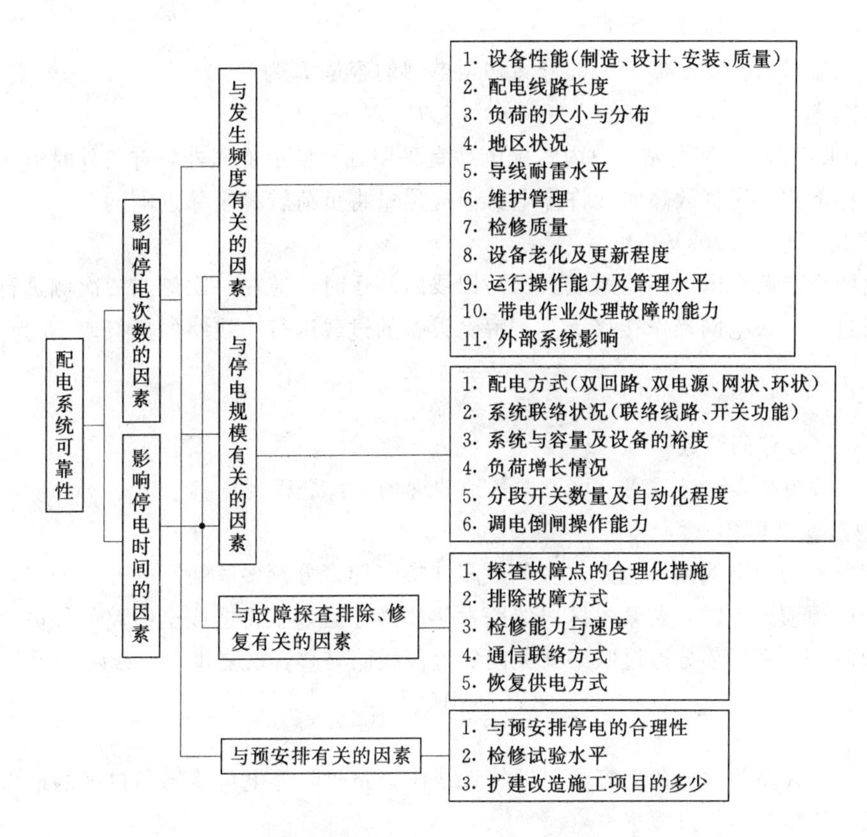

图 6-2　影响配电网可靠性的因素

2）高压配电网中的一条架空线或一条电缆线或变电所中一组降压变压器停运时，在正常情况下，除故障段外其他区段不得停电，并不得发生电压过低和设备不允许的过负荷；在计划停运情况下又发生故障停运时，允许部分停电，但应在规定时间内恢复供电；

3）低压配电网中当一台变压器或电网发生故障时，允许部分停电，并尽快将完好的区段在规定时间内换至邻近电网，恢复供电。

此准则可通过选取电网和变电所的接线及设备运行率 T 来达到，设备运行率 T 的定义为

$$T=\frac{\text{设备的实际最大负荷(kVA)}}{\text{设备的额定容量(kVA)}}\times 100\%$$

具体的计算方法如下：

(1) 220～35kV 的变电所。应配置两台或以上变压器，当一台故障停电，其负荷可自行转移至正常运行变压器，此时变压器的负荷不应超过其短时容许的过载容量，以后通过电网操作将变压器的过载部分转移至中压电网。符合此种要求的变压器运行率为

$$T_b=\frac{KP_n(N-1)}{NP_n}\times 100\%$$

式中　T_b——变压器的运行率；

K——变压器短时的容许过载率；

N——变压器的台数；

P_n——单台变压器额定容量。

需要在短时内将变压器过载部分转移至电网的容量 L 为

$$L=(K-1)P_n(N-1)$$

(2) 10kV/380V 配电站。户内式配电站宜采用二台以上变压器，有条件时低压侧可并联运行，柱上式变压器故障时允许停电，但应尽量将负荷转移至邻近电网。

1. 高压（包括 220kV）线路

应由两个或两个以上回路组成。当一回线路停运时，应在一次侧或二次侧进行自动切换，并通过下一级电网操作转移负荷，解除设备的过载运行。线路的运行率 T_l 为

$$T_l=\frac{(N-1)K}{N}\times 100\%$$

式中 N——线路回路数；

K——短时容许过载率，可根据各地的现场运行规程规定。

2. 中压配电网

当配电网为架空线路沿道路的多分段多连接（即多分割多联络）的开式网络，且每一段有一个电源馈入点时，若某一区段线路发生故障停运，就将造成全线路的停电，但应尽快隔离故障，将完好部分通过联络开关向邻近段线路转移，恢复供电。线路的运行率 T 为

$$T_l=\frac{KP_n-M}{P_n}\times 100\%\leqslant 1$$

式中 M——线路的预留备用容量，即邻近线段线路故障停电可能转移过来的最大负荷；

K——短时容许过载率；

P_n——线路额定容量。

当中压配电网为电缆线路时，一般有两种结构：

1) 多回路配电网，其线路运行率与高压线路运行率相同，即

$$T_l=\frac{(N-1)K}{N}\times 100\%$$

2) 开式单环配电网，其线路运行率计算与双回路的相同。但环网故障时须经过倒闸操作恢复供电，时间较长。由于电缆线路故障处理时间长，一般不采用放射式单回路电缆线路供电。如采用时，应根据用户要求给予必要的保安电源，电压和容量可与用户协商决定。

3. 低压配电网

其线路运行率计算与中压配电网相同，但故障转移负荷时应核算末端电压降是否在允许的标准以内。

（二）满足用户用电的程度

《城市电力网规划设计导则》规定了配电网故障造成用户停电时允许停电的容量和恢复供电的目标时间，其原则是：

1) 二回路供电的用户，失去一回路后应不停电；

2) 三回路供电的用户，失去一回路后应不停电，再失去一回路后应满足 50%～70% 用电；

3) 一回路和多回供电的用户电源全停时，恢复供电的目标时间为一回路故障处理时间；

4）开环网络中的用户，环网故障时需通过电网操作恢复供电的，其目标时间为操作所需的时间。

对于具体目标时间的考虑，负荷愈大的用户，目标时间应愈短。目标时间可分阶段规定。随着电网的发行和完善，目标时间应逐步缩短，若配备自动装时，故障后负荷应能自动切换。

（三）特殊用户的供电可靠性要求

（1）重要用户。除正常供电的电源外，应有保安电源或备用电源。保安电源和或备用电源原则上应与正常供电电源来自两个独立的电源，如来自不同变电所的电源，或虽来自同一变电所而系互不影响的不同母线供电的电源。当重要用户由两回及以上线路供电时，用户侧各级电压网络一般不应并列，以简化保护；当其中任一回路故障重合闸不成功时，采用备用电源切换，互为备用，以提高供电可靠性。

（2）高层建筑用户，10层及以上的住宅建筑以及高度超过24m的其他民用建筑，除正常供电电源外，还应供给备用电源；19层及以上的办公楼、高级宾馆或高度超过50m以上的科研楼、图书馆、档案馆等建筑，由于基本功能复杂，停电或发生火灾后损失严重，除应具有供电部门供给的正常电源与备用电源外，用户还应备有发电机用自动启动装置。

第二节 供电系统用户供电可靠性评价指标及统计的有关规定

一、基本要求

电力可靠性管理是电力系统和设备的全面质量管理和全过程的安全管理，是适合现代化电力行业特点的科学管理方法之一，是电力工业现代化管理的一个重要的组成部分。

供电系统用户供电可靠性，是电力可靠性管理的一项重要内容，直接体现供电系统对用户的供电能力，反映了电力工业对国民经济电能需求的满足程度，是供电系统的规划、设计、基建、施工、设备选型、生产运行、供电服务等方面的质量和管理水平的综合体现。供电可靠性评价应具有完整性、科学性、客观性和可比性。

用户供电可靠性的统计方法与评价指标，应成为供电企业配电网的规划、设计和改造、编制供电系统运行方式、检修计划和制定有关生产管理措施、制定供电可靠性标准和准则、选择提高供电可靠性的可行途径等方面工作的决策依据。

供电企业应对本企业产权范围的全部以及产权属于用户而委托供电部门运行、维护、管理的电网及设施的供电可靠性进行统计、计算、分析和评价。

二、可靠性统计用户的有关定义及分类

供电系统用户供电可靠性是指供电系统对用户持续供电的能力。

低压用户供电系统及其设施是指由公用配电变压器二次侧出线套管外引线开始至低压用户的计量收费点为止的范围内所构成的供电网络，其设施为连接至接户线为止的中间设施。低压用户是以一个接受电业部门计量收费的用电单位，作为一个低压用户统计单位。

中压用户供电系统及其设施是指由各变电站（发电厂）10（6）千伏出线母线侧刀闸开始至公用配电变压器二次侧出线套管为止，及10（6）千伏用户的电气设备与供电企业的管

界点为止的范围内所构成的供电网络及其连接的中间设施。中压用户以一个用电单位接在同一条或分别接在两条（多条）电力线路上的几台用户配电变压器及中压用电设备，应以一个电能计量点作为一个中压用户统计单位[在低压用户供电可靠性统计工作普及之前，以10（6）千伏供电系统中的公用配电变压器作为用户统计单位，即一台公用配电变压器作为一个中压用户统计单位]。

高压用户供电系统及其设施——由各变电站（发电厂）35千伏及以上电压出线母线侧刀闸开始至35千伏及以上电压用户变电站与供电部门的管界点为止的范围内所构成的供电网络及其连接的中间设施。高压用户以一个用电单位的每一个受电降压变电站，作为一个高压用户统计单位。

这里所指供电系统的定义及其高、中、低压的划分，只适用于用户供电可靠性统计。

三、可靠性统计中供电系统的状态

供电系统处在供电状态是指用户随时可从供电系统获得所需电能的状态。

供电系统处在停电状态是指用户不能从供电系统获得所需电能的状态，包括与供电系统失去电的联系和未失去电的联系。对用户的不拉闸限电，视为等效停电状态。自动重合闸重合成功，或备用电源自动投切成功，不应视为对用户停电。

停电性质分类如下：

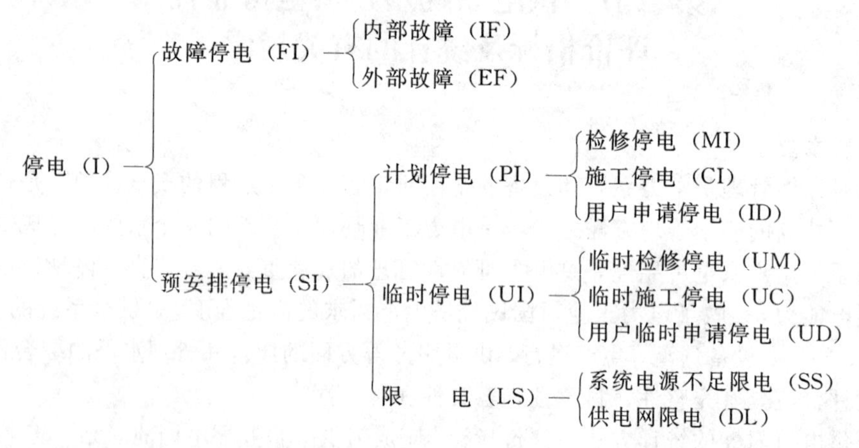

故障停电是指供电系统无论何种原因未能按规定程序向调度提出申请，并在6小时（或按供电合同要求的时间）前得到批准且通知主要用户的停电。内部故障停电是指凡属本企业（指地、市级供电企业，下同）管辖范围以内的电网或设施故障引起的故障停电。外部故障停电是指凡属本企业管辖范围以外的电网或设施等故障引起的故障停电。

预安排停电是指凡预先已作出安排，或在6小时前得到调度批准（或按供用电合同要求的时间）并通知主要用户的停电。计划停电是指有正式计划安排的停电。检修停电是指按检修计划要求安排的检修停电。施工停电是指系统扩建、改造及迁移等施工引起的有计划安排的停电（检修停电及施工停电，按管辖范围的界限，分别有内部和外部两种情况）。用户申请停电是指由于用户本身的要求得到批准，且影响其他用户的停电。

临时停电是指事先无正式计划安排，但在6小时（或按供电合同要求的时间）以前按规定程序经过批准并通知主要用户的停电。临时检修停电是指系统在运行中发现危及安全运行、必须处理的缺陷而临时安排的停电。临时施工停电是事先未安排计划而又必须尽早安排的施工停电（临时检修停电及施工停电，按管辖范围的界限，分别有内部和外部两种情况）。用户临时申请停电指由于用户本身的特殊要求而得到批准，且影响其他用户的停电。

限电是在电力系统计划的运行方式下，根据电力的供求关系，对于求大于供的部分进行限量供应。系统电源不足限电指由于电力系统电源容量不足，由调度命令对用户以拉闸或不拉闸的方式限电。供电网限电指由于供电系统本身设备容量不足，或供电系统异常，不能完成预定的计划供电而对用户的拉闸限电，或不拉闸限电。

供电系统的不拉闸限电，应列入可靠性的统计范围，每限电一次应计停电一次，停电用户数应为限电的实际户数；停电容量为减少的供电容量；停电时间按等效停电时间计算。其公式如下：

$$\text{等效停电时间} = \text{限电时间} \times \left(1 - \frac{\text{限电后允许的供电容量}}{\text{限电前实际的供电容量}}\right)$$

限电时间是自开始对用户限电之时起至恢复正常供电时为止的时间段。停电持续时间是供电系统由停止对用户供电到恢复供电的时间段，以 h 表示。停电容量是指供电系统停电时，停止供电的各用户的装见容量之和。单位为 kVA。停电缺供电量是指供电系统停电期间，对用户少供的电量，单位为 kW·h。

停电缺供电量的计算方法，统一按下列公式计算，即：

$$W = KST$$

式中 W——停电缺供电量（kW·h）；

S——停电容量，即停止供电的各用户的装见容量之和（kVA）；

T——停电持续时间，或等效停电时间（h）；

K——载容比系数，该值应根据上一年度的具体情况于每年年初修正一次；

$$K = \frac{P}{S}$$

P——供电系统（或某条线路）上年度的年平均负荷（kW），即；

$$P = \frac{\text{上年度售电量(kW·h)}}{8760}; \quad \text{闰年为 } P = \frac{\text{上年度售电量(kW·h)}}{8784}$$

S——供电系统（或某条线路）上年度的用户装见容量总和（kVA）。

P 及 S 系指同一电压等级的供电系统年平均负荷及其用户装见总容量。

供电系统设施的运行状态是指供电设施与电网相连接，并处于带电的状态。供电系统设施的停运状态是指供电设施由于故障、缺陷或检修、维修、试验等原因，与电网断开，而不带电的状态。停运状态又可分为强迫停运（故障停运）和预安排停运。强迫停运（故障停运）是由于设施丧失了预定的功能而要求立即或必须在 6 小时以内退出运行的停运，以及由于人为的误操作和其他原因未能按规定程序提前向调度提出申请并在 6 小时前得到批准的停运。预安排停运是事先有计划安排，使设施退出运行的计划停运（如计划检修、施工、试验等）或按规定程序提前向调度提出申请并在 6 小时前得到批准的临时性检修、施工、试验等的临时停运。停运持续时间是从供电设施停运开始到重新投入电网运行的时间段，为停运持续时间。停运持续时间分强迫停运时间和预安排停运时间。对计划检修的设备，超过预选安排停电的部分，计作强迫停运时间。

四、供电可靠性评价指标与计算公式

供电系统用户供电可靠性统计评价指标，按不同电压等级分别计算，并分为主要指标和参考指标两大类。

（一）供电可靠性主要指标及计算公式

1）用户平均停电时间是指供电用户在统计期间内的平均停电小时数，记作AIHC－1：

$$用户平均停电时间=\frac{\sum(每户每次停电时间)}{总用户数}$$

$$=\frac{\sum(每次停电持续时间\times每次停电用户数)}{总用户数}（小时/户）$$

若不计外部影响时，则记为AIHC－2：

$$用户平均停电时间(不计外部影响)=用户平均停电时间-用户平均受外部影响停电时间（时/户）$$

$$用户平均受外部影响停电时间=\frac{\sum(每次外部影响停电持续时间\times每次受其影响的停电户数)}{总用户数}（小时/户）$$

若不计系统电源不足限电时，则记为AIHC－3：

$$用户平均停电时间(不计系统电源不足限电)=用户平均停电时间-用户平均限电停电时间（小时/户）$$

$$用户平均限电停电时间=\frac{\sum(每次限电停电持续时间\times每次限电停电户数)}{总用户数}（小时/户）$$

2）供电可靠率是指在统计期间内，对用户有效供电时间总小时数与统计期间小时数的比值，记作RS－1：

$$供电可靠率=\left(1-\frac{用户平均停电时间}{统计期间时间}\right)\times100\%$$

若不计外部影响时，则记作RS－2：

$$供电可靠率(不计外部影响)=\left(1-\frac{用户平均停电时间-用户平均受外部影响停电时间}{统计期间时间}\right)\times100\%$$

若不计系统电源不足限电时，则记作RS－3：

$$供电可靠率(不计系统电源不足限电)=\left(1-\frac{用户平均停电时间-用户平均限电停电时间}{统计期间时间}\right)\times100\%$$

3）用户平均停电次数是指供电用户在统计期间内的平均停电次数，记作AITC－1：

$$用户平均停电次数=\frac{\sum(每次停电用户数)}{总用户数}次/户$$

若不计外部影响时，则记作AITC－2：

$$用户平均停电次数(不计外部影响)=\frac{\sum(每次停电用户数)-\sum(每次受外部影响的停电用户数)}{总用户数}（次/户）$$

若不计系统电源不足限电时，则记作 AITC－3：

$$\frac{\text{用户平均停电次数}}{\text{(不计系统电源不足限电)}} = \frac{\sum(\text{每次停电用户数}) - \sum(\text{每次限电停电用户数})}{\text{总用户数}}(\text{次 / 户})$$

4）用户平均故障停电次数是指供电用户在统计期间内平均故障停电次数，记作 AFTC。

$$\text{用户平均故障停电次数} = \frac{\sum(\text{每次故障停电用户数})}{\text{总用户数}}(\text{次 / 户})$$

5）用户平均预安排停电次数是指供电用户在统计期间内的平均预安排停电次数，记作 ASTC－1。

$$\text{用户平均预安排停电次数} = \frac{\sum(\text{每次预安排停电用户数})}{\text{总用户数}}(\text{次 / 户})$$

若不计系统电源不足限电时，则记作 ASTC－3

$$\frac{\text{用户平均预安排停电次数}}{\text{(不计系统电源不足限电)}} = \frac{\sum(\text{每次预安排停电用户数}) - \sum(\text{每次限电停电用户数})}{\text{总用户数}}(\text{次 / 户})$$

6）系统停电等效小时数是指在统计期内，因系统对用户停电的影响折（等效）成全系统（全部用户）停电的等效小时数，记作 SIEH。

$$\text{系统停电等效小时数} = \frac{\sum(\text{每次停电容量} \times \text{每次停电时间})}{\text{系统供电总容量}}(\text{小时})$$

（二）供电可靠性参考指标及计算公式

1）用户平均预安排停电时间是指统计期间内，每一用户的平均预安排停电小时数。

$$\text{用户平均预安排停电时间} = \frac{\sum(\text{每次预安排停电时间} \times \text{每次预安排停电户数})}{\text{总用户数}}(\text{小时 / 户})$$

2）用户平均故障停电时间是指在统计期间内，每一用户的平均故障停电小时数。

$$\text{用户平均预安排停电时间} = \frac{\sum(\text{每次故障停电时间} \times \text{每次故障停电户数})}{\text{总用户数}}(\text{小时 / 户})$$

3）预安排停电平均持续时间——在统计期间内，预安排停电的每次平均停电小时数。

$$\text{预安排停电平均持续时间} = \frac{\sum(\text{预安排停电时间})}{\text{预安排停电次数}}(\text{小时 / 次})$$

4）故障停电平均持续时间——在统计期间内，故障停电的每次平均停电小时数。

$$\text{故障停电平均持续时间} = \frac{\sum(\text{故障停电时间})}{\text{故障停电次数}}(\text{小时 / 次})$$

5）平均停电用户数——在统计期间内，平均每次停电的用户数。

$$\text{平均停电用户数} = \frac{\sum(\text{每次停电用户数})}{\text{停电次数}}(\text{户 / 次})$$

6）预安排停电平均用户数——在统计期间内，平均每次预安排停电的用户数。

$$\text{预安排停电平均用户数} = \frac{\sum(\text{每次预安排停电户数})}{\text{预安排停电次数}}(\text{户 / 次})$$

7）故障停电平均用户数——在统计期间内，平均每次故障停电的用户数。

$$\text{故障停电平均用户数} = \frac{\sum(\text{每次故障停电户数})}{\text{故障停电次数}}(\text{户 / 次})$$

8）用户平均停电缺供电量——在统计期间内，平均每一用户因停电缺供的电量。

$$用户平均停电缺供电量=\frac{\sum(每次停电缺供电量)}{总用户数}（千瓦时/户）$$

9）预安排停电平均缺供电量——在统计期间内，平均每次预安排停电缺供的电量。

$$预安排停电平均缺供电量=\frac{\sum(每次预安排停电缺供电量)}{预安排停电次数}（千瓦时/次）$$

10）故障停电平均缺供电量——在统计期间内，平均每次故障停电缺供的电量。

$$故障停电平均供电量=\frac{\sum(每次故障停电缺供电量)}{故障停电次数}（千瓦时/次）$$

11）设施停运停电率——在统计期间内，某类设施平均每百台（或百公里）因停运而引起的停电次数。

$$设施停运停电率=\frac{设施停运引起对用户停电的总次数}{设施百台年数(或线路百公里年数)}（次/百台·年或百公里·年）$$

注：设施停运包括强迫停运（故障停运）和预安排停运。

12）设施停电平均持续时间——在统计期间内，某类设施平均每次因停运而引起对用户停电的持续时间。

$$设施停电平均持续时间=\frac{\sum(某类设施每次因停运而引起的停电时间)}{某类设施停运引起停电的总次数}（小时/次）$$

13）系统故障停电率——在统计期间内，供电系统每百公里线路（包括架空线路及电缆线路）故障停电次数（高压系统不计算此项指标）。

$$系统故障停电率=\frac{系统总故障停电次数}{系统线路百公里年数}（次/百公里·年）$$

14）架空线路故障停电率——在统计期间内，每100公里架空线路故障停电次数。

$$架空线路故障停电率=\frac{架空线路故障停电次数}{架空线路百公里年数}（次/百公里·年）$$

15）电缆线路故障停电率——在统计期间内，每100公里电缆线线路故障停电次数。

$$电缆线路故障停电率=\frac{电缆总故障停电次数}{电缆线路百公里年数}（次/百公里·年）$$

16）变压器故障停电率——在统计期间内，每100台变压器故障停电次数。

$$变压器故障停电率=\frac{变压器故障停电次数}{变压器百台年数}（次/百台·年）$$

17）断路器（受继电保护控制者）故障停电率——在统计期间内，每100台断路器故障停电次数。

$$断路器故障停电率=\frac{断路器故障停电次数}{断路器百台年数}（次/百台·年）$$

注：统计百台（公里）年数=统计期间设施的百台（公里）数$\times\frac{统计期间小时数}{8760}$。

18）外部影响停电率——在统计期间内，每一用户因供电部门管辖范围以外的原因造成的平均停电时间与用户平均停电时间之比。

$$外部影响停电率=\frac{用户平均受外部影响的停电时间}{用户平均停电时间}\times 100\%$$

外部影响停电率(不计系统电源不足限电)

$$=\frac{用户平均受外部影响的停电时间-用户平均限电停电时间}{用户平均停电时间}\times 100\%$$

19)在需要作扩大统计范围的指标计算时(如季度综合成年度以至多年度指标,一个地区扩大成多个地区指标等),应遵从"全概率公式"的原则,即:设事件 A 的概率以事件 $B_1B_2\cdots B_n$ 为条件,其中所有 B_i($i=1$、2,…,n)均为互斥,且 $=\sum_{i=1}^{n}P(B_i)=1$。

则事件 A 的概率 $P(A)$ 为 $P(A)=\sum_{i=1}^{n}P(A/B_i)P(B_i)$。

如:计算不同时间段、不同地区的综合供电可靠率时以时户数加权平均;

计算相同时间段不同地区的的综合用户平均停电小时和用户平均停电次数时以户数加权平均。

五、可靠性统计的有关规定

由于电力系统中发、输变电系统故障而造成的未能在6小时(或按供电合同要求的时间)以前通知主要用户的停电,不同于因装机容量不足造成的系统电源不足限电,其停电性质为故障停电。

用户由两回及其以上供电线路同时供电,当其中一回停运而不降低用户的供电容量(包括备用电源自动投入)时,不予统计。如一回线路停运而降低用户供电容量时,应计停电一次,停电用户数为受其影响的用户数,停电容量为减少的供电容量,停电时间按等效停电时间计算,其方法按不拉闸限电的公式计算。

用户由一回35kV或以上高压线路供电,而用10kV线路作为备用时,当高压线路停运,由10kV线路供电并减少供电容量时,应进行统计,统计方法按不拉闸限电公式计算。对这种情况的用户,仍算作35kV或以上的高压用户。

对装有自备电厂且有能力向系统输送电力的高压用户,若该用户与供电系统连接的35kV或以上的高压线路停运,且减少(或中断)对系统输送电力而影响对35kV或以上的高压用户的正常供电时,应统计停电一次,停电用户数应为受其影响而限电(或停电)的高压用户数之和,停电时间按等效停电时间计算,其方法同前。

凡在拉闸限电时间内,进行预安排检修或施工时,应按预安排检修或施工分类统计。当预安排检修或施工的时间小于拉闸限电时间,则检修或施工以外的时间作为拉闸限电统计。

用户申请(包括计划和临时申请)停电检修等原因而影响其他用户停电,不属外部原因,在统计停电用户数时,除申请停电的用户不计外,对受其影响的其他用户必须按检修分类进行统计。

由用户自行运行、维护、管理的供电设备故障引起其他用户停电时,属内部故障停电。在统计停电户数时,不计该故障用户。

对单回路停电,分阶段处理逐步恢复送电时,作为一次事件,但停电持续时间按等效停电持续时间计算,其公式如下:

$$等效停电持续时间 = \frac{\sum(各阶段停电持续时间 \times 停电用户数)}{受停电影响的总用户数} = \frac{\sum(各阶段停电时户数)}{受停电影响的总用户数}（小时）$$

式中　“受停电影响的总用户数”中的每一用户只能统计一次。

线路跌落影响一相跌落时，引起的停电应统计为一次停电事件。当一相熔断，全线为动力负荷时，视全线路停电；当一相熔断，该线路动力负荷与非动力负荷大体相当时，可粗略的认为该线路有一半负荷停电；当一相熔断，该线路以照明等非动力负荷为主时，可粗略的认为该线路有三分之一的负荷停电。

由一种原因引起扩大性故障停电时，应按故障设施分别统计停电次数及停电时户数。例如：因线路故障，开关（包括相应保护）拒动，引起越级跳闸，则应计线路故障一次，停电时户数为由该线路供电的时户数，另计开关或保护拒动故障一次，其停电时户数为除故障线路外的其他跳闸线路供电的时户数。余可类推。

采用各类电力负荷控制装置对用户实施不拉闸限电的统计按不拉闸限电计算公式进行。

供电系统供电可靠性指标中、英文名称如表 6-1 所示。

表 6-1　供电系统供电可靠性指标名称中、英文对照表

指 标 名 称	英文缩写	英 文 全 称
供电可靠率	RS—1	Reliability on Service in Total
供电可靠率（不计外部影响）	RS—2	Reliability on Service exclude external Influence
供电可靠率（不计系统电源不足限电）	RS—3	Reliability on Service exclude the limitation by the lack of system capability
用户平均停电时间	AIHC—1	Average interruption hours of customer
用户平均停电时间（不计外部影响）	AIHC—2	Average interruption hours of customer exclude external Influence
用户平均停电时间（不计系统电源不足限电）	AIHC—3	Average interruption hours of customer exclude the limitation by the lack of system capability
用户平均停电次数	AITC—1	Average interruption times of customer
用户平均停电次数（不计外部影响）	AITC—2	Average interruption times of customer exclude external Influence
用户平均停电次数（不计系统电源不足限电）	AITC—3	Average interruption times of customer exclude the limitation by the lack of system capability
用户平均故障停电次数	AFTC	Average failure interruption times of customer
用户平均预安排停电次数	ASTC—1	Average scheduled interruption times of customer
用户平均预安排停电次数（不计系统电源不足限电）	ASTC—3	Average scheduled interruption times of customer exclude the limitation by the lack of system capability
系统停电等效小时数	SIEH	System interruption hours
用户平均故障停电时间	AIHC—F	Average interruption hours of customer by failure
用户平均预安排停电时间	AIHC—S	Average interruption hours of customr by scheduled
预安排停电平均持续时间	MID—S	Mean interruption duration by scheduled
故障停电平均持续时间	MID—F	Mean interruption duration by failure

续表

指标名称	英文缩写	英文全称
平均停电用户数	MIC	Mean interruption customer
预安排停电平均用户数	MIC—S	Mean interruption customer by scheduled
故障停电平均用户数	MIC—F	Mean interruption customer by failure
用户平均停电缺供电量	AENS	Average energy not supplied of customer per times of failure interruption
预安排停电平均缺供电量	AENT—S	Average energy not supplied of customer per times of scheduled interruption
故障停电平均缺供电量	AENT—F	Average energy not supplied of customer per times of failure interruption
系统故障停电率	RSFI	Rate of system failure with interruption
架空线路故障停电率	RLFI	Rate of overhead line failure with interruption
电缆故障停电率	RCFI	Rate of cable failure with interruption
变压器故障停电率	RTFI	Rate of transformer failure with interruption
断路器故障停电率	RBFI	Rate of circuit breaker failure with interruption
外部影响停电率	IRE	Interruption rate by include external Influence
外部影响停电率（不计系统电源不足限电）	IRE—3	Interruption rate by exclude the limitation by the lack of system capability
设施停运停电率	REOI	Rate of equipment outage with interruption
架空线路停运停电率	RLOI	Rate of overhead outage with interruption
电缆停运停电率	RCOI	Rate of cable outage with interruption
变压器停运停电率	RTOI	Rate of transformer outage with interruption
断路器停运停电率	RBOI	Rate of circuit breaker outage with interruption
设施停电平均持续时间	MDLOI	Mean duration of equipment outage with interruption
架空线路停电平均持续时间	MDLOI	Mean duration of overhead line outage with interruption
电缆停电平均持续时间	MDCOI	Mean duration of cable outage with interruption
变压器停电平均持续时间	MDTOI	Mean duration of Transformer outage with interruption
断路器停电平均持续时间	MDBOI	Mean duration of circuit breaker outage with interruption

第三节　以元件组合关系为基础的配电网可靠性预测方法

配电网可靠性工作最基本、最核心的内容就是可靠性指标的统计分析评价和可靠性的预测评估两方面，前者是对已运行的配电网及其设备进行历史的可靠性指标的统计分析评价，是“量度过去”；后者是为了设计、规划和建设新的系统，或者扩大、改造和发展现有系统供电能力而进行的预测评估，是“预测未来”的行为。可靠性统计分析评价是可靠性预测评价的基础，也是配电网及其设备产品质量管理的一个重要环节，不了解现有配电系统及其设备可靠性的特性数据，要进行配电网可靠性的统计分析评价，是相当困难，甚至是不可能的。反之，可靠性预测评估是可靠性统计分析的深化与发展，如果仅仅是进行可靠性的统计分析评价，而不进行可靠性的预测评估，就很难从根本上改善系统的可靠性。所以，配电网可靠性的评价，就是对整个配电网及其设备历史的和未来的综合评价。

目前，有关配电网可靠性预测评估的方法很多，有故障模式后果分析法、可靠度预测分析法、状态空间图评估法、近似法及网络简化法等，其中使用较为广泛，并已经实践证明比较实际，能够反映配电网结构和运行特性的，是以元件组合关系为基础的故障模式后果分析法。

一、配电网可靠性预测评估指标

（一）配电网可靠性预测评估的主要故障分析指标

1. 串联系统主要故障分析指标

所谓串联系统，就是由两个或两上以上元件组成的系统，若其中一个元件故障，系统就算故障。换句话说，必须所有元件同时完好，系统才算完好。

对于串联系统，根据马尔柯夫过程理论，可以推导出实用于工程计算的公式

$$\lambda_s = \sum_{i=1}^{n} \lambda_i$$

$$r_s = \frac{\sum_{i=1}^{n} \lambda_i r_i}{\sum_{i=1}^{n} \lambda_i} = \frac{U_s}{\lambda_s}$$

$$U_s = \sum_{i=1}^{n} \lambda_i r_i = \lambda_s r_s$$

式中　λ_s——系统负荷点的等效故障率（或平均故障率），次/年；

λ_i——元件 i 的故障率，次/年；

r_i——元件 i 的故障修复时间（或称故障停电时间），h/次；

r_s——系统负荷点每次故障的等效修复时间（或平均停电持续时间），h/次；

U_s——系统不可用率（或负荷点的年平均停电时间），h/年。

以上各式使用时应注意：

1）应用公式前应先建立系统模型；

2）公式只给出参数的平均期望值，此外，即使元件寿命服从指数分布，但元件串联后形成的系统一般并不服从指数分布；

3）公式虽根据马尔柯夫过程理论推导出来，并假定元件寿命及修复时间服从指数分布，但公式仍可用于计算服从其他分布的平稳状态平均值。

2. 并联系统主要故障分析指标

所谓并联系统，就是由两个或两个以上元件组成的系统，必须所有元件同时故障，系统才算故障。换句话说，只要其中一个元件正常工作，系统就算处在工作状态。

两元件并联的计算公式

$$\lambda_p = \lambda_1 \lambda_2 (r_1 + r_2)$$

$$r_p = \frac{r_1 r_2}{r_1 + r_2}$$

$$U_p = \lambda_p r_p = \lambda_1 \lambda_2 r_1 r_2$$

三元件并联的计算公式

$$\lambda_p = \lambda_1\lambda_2\lambda_3(r_1r_2 + r_2r_3 + r_3r_1)$$

$$r_p = \frac{r_1r_2r_3}{r_1r_2 + r_2r_3 + r_3r_1}$$

$$U_p = \lambda_p r_p = \lambda_1\lambda_2\lambda_3 r_1 r_2 r_3$$

以上式中 λ_1、λ_2、λ_3——分别为元件1、2、3的故障率，次/年；

r_1、r_2、r_3——分别为元件1、2、3的故障修复时间（或故障停电时间），h/次；

λ_p——系统负荷点的等效故障率（或平均故障率），次/年；

r_p——系统负荷点的等效故障修复时间（或平均停电持续时间），h/次；

U_p——系统负荷点的不可用率（或年平均停电时间），h/年。

对串联系统提示的上述三点注意事项，对并联系统也同样适用。

（二）与用户有关的配电网可靠性预测评估指标

系统平均停电频率指标（SAIFI）

$$\text{SAIFI} = \frac{\text{用户总停电次数}}{\text{总用户数}} = \frac{\sum \lambda_i N_i}{\sum N_i}$$

式中 SAIFI——系统平均停电频率指标，次/（用户・年）；

λ_i——故障率；

N_i——负荷点 i 的用户数。

用户平均停电频率指标（CAIFI）

$$\text{CAIFI} = \frac{\text{用户总停电次数}}{\text{受停电影响的总用户数}}$$

式中 CAIFI——用户平均停电频率指标，次/（停电用户・年）。

受停电影响的总用户数的统计方法是受停电影响的用户一年内不管其被停电的次数有多少，每户均只按一次计算。

系统平均停电持续时间指标（SAIDI）

$$\text{SAIDI} = \frac{\text{用户停电持续时间的总和}}{\text{总用户数}} = \frac{\sum U_i N_i}{\sum N_i}$$

式中 SAIDI——系统平均停电持续时间指标，min/（用户・年）或h/（用户・年）；

U_i——年停电时间；

N_i——负荷点 i 的用户数。

用户平均停电持续时间指标（CAIDI）

$$\text{CAIDI} = \frac{\text{用户停电持续时间的总和}}{\text{用户总停电次数}} = \frac{\sum U_i N_i}{\sum \lambda_i N_i}$$

式中 CAIDI——用户平均停电持续时间指标，min/（停电用户・年）或h/（停电用户・年）；

U_i——年停电时间；

λ_i——故障率；

N_i——负荷点 i 的用户数。

平均供电可用率指标（ASAI）

$$ASAI = \frac{用户总供电小时数}{用户要求供电总小时数} = \frac{\sum N_i \times 8760 - \sum U_i N_i}{\sum N_i \times 8760}$$

式中 ASAI——平均供电可用率指标；

8760——一年的小时数，h。

平均供电不可用率指标（ASUI）

$$ASUI = 1 - 平均供电可用率指标 = \frac{用户不能供电小时数}{用户要求供电总小时数} = \frac{\sum U_i N_i}{\sum N_i \times 8760}$$

式中 ASUI——平均供电不可用率指标。

（三）与负荷和电量有关的指标

平均负荷停电指标（ALII）

$$ALII = \frac{总停电负荷(kVA或kW)}{连接的总负荷(kVA或kW)}$$

式中 ALII——平均负荷停电指标。

平均系统缺电指标（ASNI）

$$ASNI = \frac{总的电量不足}{总用户数} = \frac{总削减负荷}{总用户数}$$

式中 ASNI——平均系统缺电指标，kVA·h/用户或kW·h/用户。

平均用户缺电指标（ACNI）

$$ACNI = \frac{总的电量不足}{受影响的总用户数} = \frac{总削减负荷}{受影响的总用户数}$$

式中 ACNI——平均用户缺电指标，kVA·h/受影响用户，或kW·h/受影响用户。

式（ASNI）、式（ACNI）中的总电量不足（ENS）为

$$ENS = \sum L_{ai} U_i$$

$$L_{ai} = L_{pi} f_i$$

式中 L_{ai}——连接在每个负荷点 i 上的平均负荷；

U_i——负荷点 i 的年平均停电时间；

L_{pi}——负荷点 i 的峰荷；

f_i——负荷系数。

上述各式指标，既可用于现有配电系统可靠性的统计分析（即评估过去），又可用以对配电系统未来的可靠性进行预测。对过去的评估既可以确定系统行为的年度变化，从而确定系统的薄弱环节及需要采取的增强性措施，又可以依此制定指标，作为未来可靠性评估的参考，而且可以通过预测同实际运行情况进行比较，应用非常广泛。

二、简单放射状网络的评价

所谓故障模式后果分析法，就是利用元件可靠性数据，在计算系统故障指标之前先选定某些合适的故障判据（即可靠性准则），然后根据判据将系统状态分为完好和故障两大类的一种检验方法。具体做法是建立故障模式后果表，查清每个基本故障事件及其后果，然

后加以综合分析。它是分析配电网可靠性的基本方法，不仅适用于简单的放射状网络，而且可以扩展用于无论有无负荷转移设备的复杂网络的全面分析及计算所有故障过程和恢复过程。

（一）简单放射状配电网的特点

采用简单的放射状网络向用户供电，是配电系统最基本的典型形式。这种网络的特征是从电源开始，所有元件均为串联，其分支线路的元件也与主干线的某一段或几段相串联。其典型接线图如图 6-3 所示。

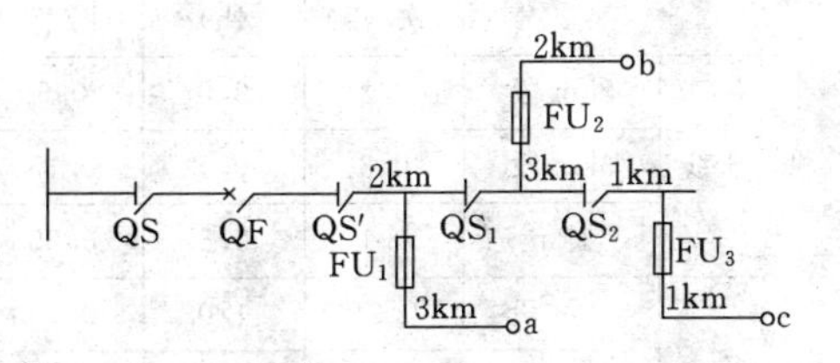

图 6-3　放射状配电网典型接线图
QF—配电干线断路器；
FU_1、FU_2、FU_3—熔断器；
QS、QS′、QS_1、QS_2—隔离开关；
a、b、c—负荷点

图 6-3 中，系统由配电变电所母线单端供电。假定配电变电所母线和供电主干线的断路器完全可靠，全部隔离开关常闭，负荷点 a、b、c 由供电干线经装有熔断器的分支线路供电。当系统中某一部分发生故障时，可以手动操作隔离开关，断开故障部分，使系统恢复供电。

对于配电网中的两端供电网络、环型供电网络以及网型网络，如在正常运行时，将其正常开路点断开运行，均可形成简单的放射状网络。因此可以说，对放射状配电网可靠性的评价，是评价配电网可靠性的基础。

（二）单端供电网络的可靠性评价

在此，以图 6-3 所示的放射状供电系统为例，应用故障模式后果分析法进行单端供电网络的可靠性评价。

1）假定系统各元件的可靠性指标及参数如表 6-2 所示。

表 6-2　　图 6-3 中放射状配电网元件的可靠性指标及参数

元　件	故障率（次/km・年）	平均修复时间（h）	隔离开关操作时间（h）	负荷点供电的用户数（户）	连接负荷（kW）
供电干线	0.1	3.0			
分支线	0.25	1.0			
QS_1、QS_2			0.5		
负荷点 a				250	1000
负荷点 b				100	400
负荷点 c				50	100

2）根据串联系统故障分析指标计算公式，建立故障模式后果分析表，如表 6-3 所示。表中，λ 为故障率，r 为每次故障平均停电时间，U 为年平均停电时间。

表 6-3 中，负荷点 a 的故障率为

$$\lambda = 0.2 + 0.3 + 0.1 + 0.75 = 1.35\text{（次 / 年）}$$

负荷点 a 每次故障平均停电时间为

$$r = \frac{1}{1.35}(0.2 \times 3.0 + 0.3 \times 0.5 + 0.1 \times 0.5 + 0.75 \times 1.0 = 1.15\ \text{(h)}$$

表 6-3　　图 6-3 中放射状单端供电配电网故障模式后果分析表

元件		负荷点 a			负荷点 b			负荷点 c		
		λ（次/年）	r（h）	U（h/年）	λ（次/年）	r（h）	U（h/年）	λ（次/年）	r（h）	U（h/年）
供电干线	2km 段	0.2	3.0	0.6	0.2	3.0	0.6	0.2	3.0	0.6
	3km 段	0.3	0.5	0.15	0.3	3.0	0.9	0.3	3.0	0.9
	1km	0.1	0.5	0.05	0.1	0.5	0.05	0.1	3.0	0.3
分支线	3km 段	0.75	1.0	0.75						
	2km 段				0.5	1.0	0.5			
	1km 段							0.25	1.0	0.25
总计		1.35	1.15	1.55	1.1	1.86	2.05	0.85	2.41	2.05

负荷点 a 年平均停电时间为

$$U = \lambda r = 1.35 \times 1.15 = 1.55\ (\text{h/年})$$

其他负荷点 b、c 的数据可按同样方法计算求得。

3）计算与用户和负荷有关的其他指标，得出用户全年总停电次数（ACI）及用户总停电持续时间（CID）。

根据表 6-2 及表 6-3 可得

$$\text{ACI} = (250 \times 1.35) + (100 \times 1.1) + (50 \times 0.85) = 490\ (\text{次/年})$$

$$\text{CID} = 250 \times 1.55 + 100 \times 2.05 + 50 \times 2.05 = 695\ (\text{时户})$$

计算与用户有关的指标

$$\text{SAIFI} = 490/400 = 1.23\ [\text{次/(用户·年)}]$$

$$\text{CAIFI} = 490/400 = 1.23\ [\text{次/(用户·年)}]$$

$$\text{SAIDI} = 695/400 = 1.74\ [\text{h/(用户·年)}]$$

$$\text{CAIDI} = 695/490 = 1.42\ [\text{h/(停电用户·年)}]$$

$$\text{ASAI} = \frac{400 \times 8760 - 695}{400 \times 8760} = 0.999802$$

$$\text{ASUI} = 1 - 0.999802 = 0.000198$$

计算与负荷和电量有关的指标

$$\begin{aligned}\text{总的电量不足} &= 1000 \times 1.55 + 400 \times 2.05 + 100 \times 2.05 \\ &= 1550 + 820 + 205 \\ &= 2575\ (\text{kW·h})\end{aligned}$$

$$\text{ASCI} = \frac{2575}{400} = 6.4375\ (\text{kW·h/用户})$$

（三）有备用电源、手动分段配电网的评价

有备用电源、手动分段的配电系统如图 6-4 所示。它是在单端供电放射状配电系统的基础上，为了提高可靠性而改进和发展起来的。

图 6-4 中，备用电源 AS 通过正常断开的隔离开关 QS_3 与主系统连接。当主系统一旦出故障时，可手动闭合 QS_3 恢复供电。设 QS_3 倒闸操作的时间为 1h，系统其他元件的可靠性

指标及参数仍如表 6-2 所示。现按故障模式后果分析法分析评价如下。

(1) 建立故障模式分析表。如表 6-4 所示。表中各量的含义同表 6-3。

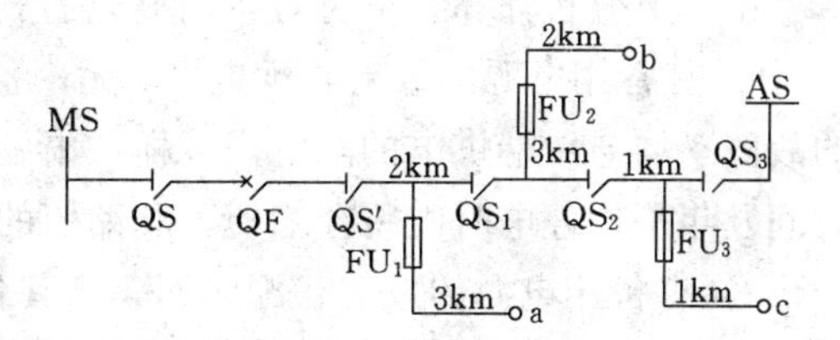

图 6-4 有备用电源、手动分段的配电网
QF—配电干线断路器；FU_1、FU_2、FU_3—熔断器；
QS、QS′、QS_1、QS_2、QS_3—隔离开关；
a、b、c—负荷点；
MS—主电源；AS—备用电源

表 6-4 中，供电干线 2km 段故障时，负荷点 b、c 均可由备用电源供电，停电时间为拉 QS_1 合 QS_3 的时间，为 1h。供电干线 3km 段故障时，负荷点 a 可通过拉开 QS_1 恢复供电，时间为 0.5h；负荷点 b 必须等该线路修复才能恢复供电，时间为 3h；负荷点 c 可由备用电源供电，停电时间为拉 QS_2 合 QS_3 的时间，为 1h。供电干线 1km 段故障时，负荷点 a、b 只需拉开 QS_2，由主电源恢复供电，停电时间为 0.5h；而负荷点 c 需待该段线路修复后供电，时间为 3h。其他数据计算同表 6-3。

表 6-4　　有备用电源放射状配电系统故障模式后果分析表

元件		负荷点 a			负荷点 b			负荷点 c		
		λ（次/年）	r（h）	U（h/年）	λ（次/年）	r（h）	U（h/年）	λ（次/年）	r（h）	U（h/年）
供电干线	2km 段	0.2	3.0	0.6	0.2	1.0	0.6	0.2	1.0	0.6
	3km 段	0.3	0.5	0.15	0.3	3.0	0.9	0.3	1.0	0.3
	1km 段	0.1	0.5	0.05	0.1	0.5	0.05	0.1	3.0	0.3
分支线	3km 段	0.75	1.0	0.75						
	2km 段				0.5	1.0	0.5			
	1km 段							0.25	1.0	0.25
总计		1.35	1.15	1.55	1.1	1.5	1.65	0.85	1.24	1.05

(2) 计算与用户和负荷有关的指标。

$$ACI = 250 \times 1.35 + 100 \times 1.1 + 50 \times 0.85 = 490\ (\text{次}/\text{年})$$

$$CID = 250 \times 1.55 + 100 \times 1.65 + 50 \times 1.05 = 605\ (\text{用户}\cdot\text{h})$$

$$SAIFI = \frac{490}{400} = 1.23\ [\text{次}/(\text{用户}\cdot\text{年})]$$

$$SAIDI = \frac{605}{405} = 1.51\ [\text{h}/(\text{用户}\cdot\text{年})]$$

$$CAIDI = \frac{605}{490} = 1.23\ [\text{h}/(\text{停电用户}\cdot\text{年})]$$

$$ASAI = \frac{400 \times 8760 - 605}{400 \times 8760} = 0.999827$$

$$ASUI = 1 - 0.999827 = 0.000173$$

$$ASCI = \frac{1000 \times 1.55 + 400 \times 1.65 + 100 \times 1.05}{400} = 5.7875\ (\text{kW}\cdot\text{h}/\text{用户})$$

由以上分析计算，可对有备用电源的放射状配电网与单端供电配电网加以比较如下。

1）有备用电源的放射状配电网，无论备用电源投入为手动操作或自动投入，其负荷点的故障率均与单端供电的配电网一样，未发生任何变化。但负荷点每次故障平均停电持续时间及年平均停电时间将会缩短，其缩短的时间取决于备用电源倒闸操作时间；

2）有备用电源的放射状配电网，当其备用电源采用自动投入时，负荷点的总故障率，不必区分故障事件，均可简化为一个数值。这时，由于自动分段和恢复供电、自动备用电源投入的操作成功率很高，负荷点的总故障率主要取决于分支线的故障率，用户停电时间将会大大缩短；

3）配电网接入备用电源后，对改善干线末端用户的供电质量效果明显。其效果的大小与备用电源的载荷能力有关。如备用电源带的负荷过大，将使用户的电压质量下降。所以，在不变换网络接线的条件下，备用电源的载荷能力是有一定限度的，其载荷能力可用负荷转移概率来描述。所谓负荷转移概率，是指主配电网发生故障后，将负荷转移到备用电源的可能性大小。负荷转移概率越高，则备用电源带的用户数越多，用户的供电可靠性越高。

（四）不同配电方式下放射状配电网可靠性分析

现以五种配电方式为例，分析配电方式对放射状配电网可靠性的影响。这五种配电方式：

1）单端供电、手动切换故障段的配电方式，参见图 6-3；

2）有手动投入备用电源，并设倒闸操作时间为 1h 的配电方式，参见图 6-4；

3）有备用电源自动投入装置，负荷转移概率为 0.5 的配电方式，参见图 6-4；

4）有备用电源自动投入装置，但分支线死接在干线上的配电方式，参见图 6-4，但图中熔断器取消；

5）有备用电源自动投入装置，但分支线故障消除的概率为 0.9。

以上五种不同配电方式的可靠性分析指标，应用故障模式后果分析法计算的结果如表 6-5 所示。

表 6-5　　放射状配电系统五种不同配电方式可靠性分析计算结果

指标		五种不同配电方式				
		第1）种	第2）种	第3）种	第4）种	第5）种
负荷点 a	λ（次/年）	1.35	1.35	1.35	2.10	1.425
	r（h）	1.15	1.15	1.15	0.92	1.114
	U（h/年）	1.55	1.55	1.55	1.93	1.5875
负荷点 b	λ（次/年）	1.10	1.10	1.10	2.10	1.20
	r（h）	1.86	1.50	1.68	1.39	1.75
	U（h/年）	2.05	1.65	1.85	2.95	2.10
负荷点 c	λ（次/年）	0.85	0.85	0.85	2.10	0.975
	r（h）	2.41	1.24	1.82	1.57	2.17
	U（h/年）	2.05	1.05	1.55	3.30	2.11
系统	SAIFI	1.23	1.23	1.23	2.10	1.31
	SAIDI	1.74	1.51	1.63	2.35	1.78
	CAIDI	1.42	1.23	1.33	1.12	1.36
	ASAI	0.999802	0.999827	0.999814	0.999732	0.999797

由表 6-5 可以看出。

(1) 分支线路的保护对故障率将产生影响。因为负荷点的故障率不仅与元件的数量有关，而且与故障时故障元件从网络中被隔离的程度有关。在五种配电方式中，以分支线路死接于干线上的第 4) 种方式故障率最大，可靠性指标最差。在此方式下，网络中的任何一处发生故障，都将引起主干线断器跳闸，各个负荷点的故障率均相同。而当各分支均在 T 接点装设熔断器之后，在分支发生短路时，相应的熔断器熔丝就会熔断，使故障的负荷点在故障清除前断开，而不影响其他负荷点。此时，各负荷点的故障即取决于分支线路的故障率。

(2) 保护系统故障对配电网可靠性指标将产生影响。由第 5) 种配电方式可知，配电网的可靠性与保护系统消除分支故障的可能性有关，分支故障切除的概率越大，整个配电网可靠性指标就越好。

(3) 隔离开关对缩短停电时间将产生影响。由第 1) 种配电方式可以看到，由于沿主干线装设了隔离开关，虽然这些隔离开关不是用来切除故障的断路器，但是在故障检测之后，可以通过这些隔离开关在清除故障前断开故障，使电源与该隔离开关之间的所有负荷点恢复供电，从而缩短了停电时间。

(4) 接入备用电源的作用。由第 1) 种配电方式与第 2) 种及第 3) 种配电方式相比较，可以看出，虽然接入备用电源不能降低负荷点的故障率，但能减少用户的停电时间，从而提高了用户的平均供电可用率。而如果备用电源采用自动投入方式，则不仅会缩短用户停电时间，而且由于自动分段及恢复供电操作的成功率很高，负荷点的总故障率可简化为一个数值，并主要取决于分支线路的故障率。

(5) 负荷转移能力对用户停电时间将产生影响。以第 2) 种方式与第 3) 种方式相比较，虽然第 3) 种方式采用了自动备用电源投入，但是由于负荷转移概率的限制，其停电时间却比第 2) 种备用电源手动投入方式长，这说明自动备用电源投入对用户停电时间的影响还与备用电源的载荷能力有关。在负荷能全部转移时，其停电时间等于故障断开的时间；在负荷不能转移时，则等于维修时间；在负荷转移概率 0～1 时，则介于两者之间。

(6) 可靠性指标的概率分布。由于表 6-5 中所示的值均为期望值，是长期的平均值，而故障的过程是随机的，因此某一特定年份的指标与表中平均值是有差别的。每个负荷点每年的故障次数服从泊松分布，每年每个负荷点的故障次数是可以估计的。

三、复杂网络的评价

(一) 复杂网络的特点

所谓复杂网络，就是除了放射状的配电网以外的其他配电网络，包括并联网络、环形网络及网形网络等的各级电压配电网络。其主要特点如下。

1) 配电网可能存在不同的电压等级及负荷点；

2) 一般来说，馈线都通过正常断开点与其他馈线或其他电源相连；

3) 负荷可以转移。一般只要从正常电源上断开馈线，然后闭合一个或几个正常断开点，可将负荷转移到其他馈线或电源上，以减少由于故障而引起的负荷损失；

4) 由于系统完善程度不同，某些故障可能引起负荷的中断，直到检修完毕才能恢复供电，有的则将负荷部分或全部转移。因而，可能出现无负荷转移的全负荷停电、无负荷转移的局部停电、有负荷转移的局部停电、全负荷转移的停运等情况。

对于这些复杂的配电网络的评估，使用上述故障模式后果分析的基本方法已不可能，而必须进一步将方法加以扩展，与系统的最小割集联系起来，应用最小割集法来鉴别故障的模式。这种扩展了的方法，对无论有无转移设备的并联和网形系统均可进行全面的分析，并能计算系统规划人员和运行人员所熟悉的所有故障过程和恢复过程。方法的构成灵活而方便。

当然，对于那些通过直观检查就可以鉴别的大多数系统的故障模式，并不一定都需要应用最小割集法的正规运算，只有系统比较复杂时或者所要研究的事件是高阶，需要用数字计算机进行分析时才加以考虑。

当应用这种扩展了的故障模式后果分析法来鉴别故障模式元件的停运时，必须是元件停运重叠引起的系统停运。因此这样的事件应定义为重叠停运事件，与之相联系的停运时间应定义为重叠停运时间，故障应定义为强迫停运故障。

（二）停运模式重叠时的故障分析

1. 重叠停运模式的计算公式

由于系统的重叠停运实际上是一组并联的元件，因此其影响可以应用并联元件的方程式来评估。重叠停运的结果是引起系统故障，因此从可靠性的观点来看，所有的重叠停运实际上都是串联的。为了组合所有的重叠停运，系统的可靠性指标可以用串联元件的方程式来计算。

2. 重叠停运的模式

假定系统由二元件并联组成，则二元件中的每一元件除了正常状态外，还有以下三种运行状态：

1）持续强迫停运，是一种停运时间较长的强迫停运；

2）维修停运，是为了进行维护检修而预安排的停运；

3）临时强迫停运，是停运时间较短，一般在10min左右的停运。

由这几种运行状态组合，还可能出现以下几种重叠停运状态：

1）二元件持续强迫重叠停运；

2）元件持续强迫停运与维修停运重叠；

3）元件临时强迫停运与持续强迫停运重叠；

4）元件临时强迫停运与维修停运重叠。

这些重叠停运状态可以根据马尔柯夫过程理论分别作出状态空间模型图（略）。

3. 不同重叠停运模式的可靠性分析

上述四种重叠停运模式可靠性分析的结果如表6-6所示。

表6-6　不同重叠停运模式的可靠性分析表

模　式	指　标	不　同　二　元　件	相同二元件
二元件持续强迫停运重叠	停运率（次/年）	$\lambda_{ss}=\lambda_{s1}\lambda_{s2}\ (r_{s1}+r_{s2})$	$\lambda_{ss}=\frac{1}{2}\cdot\frac{\lambda_s^2}{r_s}$
	平均停运时间（h）	$r_{ss}=\frac{r_{s1}r_{s2}}{\lambda_{s1}+\lambda_{s2}}$	$r_{ss}=\frac{1}{2}r_s$

续表

模　式	指　标	不　同　二　元　件	相同二元件
元件持续强迫停运与维修停运重叠	停运率（次/年）	$\lambda_{sm}=\lambda_{m1}\lambda_{s2}r_{m1}+\lambda_{ms}\lambda_{s1}r_{m2}$	$\lambda_{sm}=2\lambda_s\lambda_m r_m$
	平均停运时间（h）	$r_{sm}=\dfrac{1}{\lambda_{sm}}\left(\dfrac{r_{s2}}{r_{m1}+r_{s2}}\lambda_{m1}\lambda_{s2}r_{m1}^2+\dfrac{r_{s1}}{r_{m1}+r_{m2}}\lambda_{m2}\lambda_{s1}r_{m2}^2\right)$	$r_{sm}=\dfrac{r_s r_m}{r_s+r_m}$
元件临时强迫停运与持续强迫停运重叠	停运率（次/年）	$\lambda_{st}=\lambda_{s1}\lambda_{t2}r_{s1}+\lambda_{s2}\lambda_{t1}r_{s2}$	$\lambda_{st}=2\lambda_s\lambda_t r_s$
	平均停运时间（h）	$r_{st}=\dfrac{(\lambda_{s1}\lambda_{t2}r_{s1}r_{t2}+\lambda_{s2}\lambda_{t1}r_{s2}r_{t1})}{(\lambda_{s2}\lambda_{t2}r_{s2}+\lambda_{s2}\lambda_{t1}r_{s2})}$	$r_{st}=r_t$
元件临时强迫停运与维修停运重叠	停运率（次/年）	$\lambda_{mt}=\lambda_{m1}\lambda_{t2}r_{m1}+\lambda_{m2}\lambda_{t1}r_{m2}$	$\lambda_{mt}=2\lambda_m\lambda_t r_m$
	平均停运时间（h）	$r_{mt}=\dfrac{(\lambda_{m1}\lambda_{t2}r_{m1}r_{t2}+\lambda_{m2}\lambda_{t1}r_{m2}r_{t1})}{(\lambda_{m1}\lambda_{t2}r_{m1}+\lambda_{m2}\lambda_{t1}r_{m2})}$	$r_{mt}=r_t$

注　表中各指标分别以角标 s、m、t 表示强迫停运、维修停运及临时停运指标，其组合表示二元件不同的重叠停运模式。

（三）双回路配电网可靠性计算方法及步骤

现以图 6-5 所示双回路配电网为例。计算并联回路配电网的可靠性指标。设图 6-5 中 110kV 母线 $WB_1$100%可靠，元件的故障模式可靠性数据指标如表 6-7 所示。

表 6-7　　图 6-5 所示双回路配电网各元件可靠性指标

元　件	持续强迫停运		维修停运		临时强迫停运	
	故障率（次/年）	平均停运时间（h）	停运率（次/年）	平均停运时间（h）	停运率（次/年）	平均停运时间（h）
QF_1、QF_2	0.0066	72	1.5	8.0		
L_1、L_2	0.519	9	4.0	8.2	2.898	1/12（=5min）
T_1、T_2	0.0126	336	2.0	8.0	0.005	1
QF_3、QF_4	0.0050	48	1.5	4.0		
WB_2	0.0113	4			0.0156	1/12（=5min）

其计算方法及步骤如下。

（1）做系统逻辑框图。由图 6-5 可得该系统逻辑框图如图 6-6 所示。

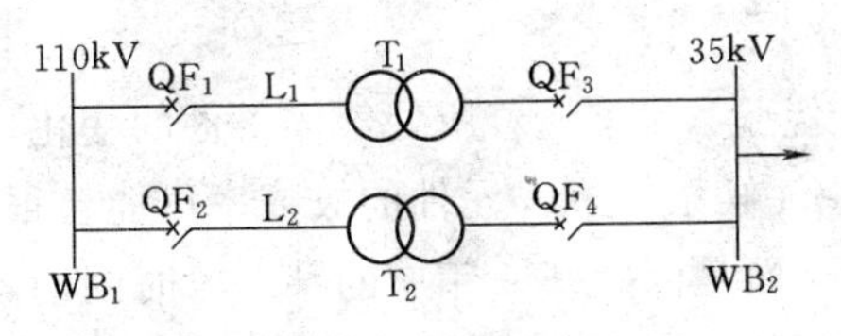

图 6-5　双回路配电网

QF_1、QF_2、QF_3、QF_4—断路器；

WB_1、WB_2—母线；T_1、T_2—变压器；

L_1、L_2—线路

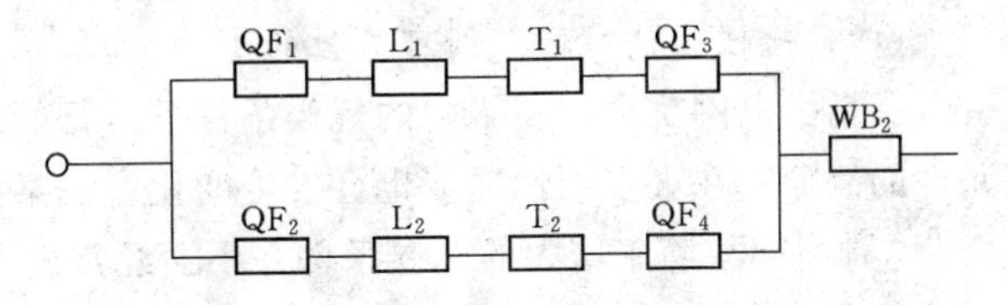

图 6-6　图 6-5 所示系统的逻辑框图

注：为了简化计算，图中略去了断路器两侧的隔离开关。

（2）计算双回路持续强迫停运重叠。其步骤如下。

1）以表6-7的持续强迫停运数据，计算其一条串联回路的强迫停运指标 λ_s、r_s；

2）按表6-6中的公式计算双回路的并联指标 λ_{ss}、r_{ss}；

3）再计算与35kV母线 WB_2 的串联指标 λ_{ssL}、r_{ssL}，即可求得全线路的计算结果。

（3）计算一回路持续强迫停运与另一回路维修停运重叠。其步骤如下。

1）以表6-7的维修停运数据，计算其一条串联回路的维修停运指标 λ_m、r_m；

2）以 λ_s、r_s 及 λ_m、r_m 的数据计算一回路持续强迫停运与另一回路维修停运重叠的指标 λ_{sm}、r_{sm}。

（4）计算一回路临时强迫停运与另一回路持续强迫停运的重叠。其步骤如下。

1）以表6-7的临时强迫停运数据，计算其一条串联回路的临时强迫停运指标 λ_t、r_t；

2）以 λ_s、r_s 及 λ_t、r_t 的数据代入表6-6中，计算一回临时强迫停运与另一回持续强迫停运重叠的 λ_{st}、r_{st}。

（5）计算一回临时强迫停运与另一回维修停运的重叠。其步骤如下。

1）以 λ_m、r_m 及 λ_t、r_t 的数据计算一回临时强迫停运与另一回维修停运重叠的 λ、r；

2）以表6-7中 WB_2 母线的临时强迫停运率，计算与母线 WB_2 的串联指标 λ、r，即可求得全线路的计算结果。

上述双回路配电系统，在四种不同重叠停运状态下所计算的系统停运可靠性指标如表6-8所示。

表6-8　　图6-5所示双回路配电网不同重叠停运状态可靠性计算指标

停运状态	计算程序序号	指标计算结果	
		停运率	停运时间
双回路持续强迫停运重叠	1）	$\lambda_s=0.5432$ 次/年	$r_s=17.12$h/次
	2）	$\lambda_{ss}=0.00119$ 次/年	$r_{ss}=8.86$h/次
	3）	$\lambda_{ssL}=0.01249$ 次/年	$r_{ssL}=4.46$h/次
双回路持续强迫停运与维修停运重叠	1）	$\lambda_m=9.0$ 次/年	$r_m=7.42$h/次
	2）	$\lambda_{sm}=0.00828$ 次/年	$r_{sm}=5.23$h/次
双回路临时强迫停运与持续强迫停运重叠	1）	$\lambda_t=2.903$ 次/年	$r_t=5.1$min/次
	2）	$\lambda_{st}=0.00642$ 次/年	$r_{st}=5.1$min/次
双回路临时强迫停运与维修停运重叠	1）	$\lambda_{tm}=0.04427$ 次/年	$r_{tm}=5.1$min/次
	2）	$\lambda_{tmL}=0.06629$ 次/年	$r_{tmL}=4.58$min/次

（四）气候条件对配电网可靠性的影响

一切配电网都是处在不同的气候条件下运行的。经验表明，随着所处气候条件的变化。元件的故障率在大多数情况下也会发生变化。在某些气候条件下，元件的故障率可能会很大。这种引起故障率增大的气候条件并不会经常出现，而是限定在一年中的某一段时间内，而且时间也较短。因此，元件的故障率在全年的分布不是随机的，而存在着所谓的积集效应。不过，故障积集效应的存在，并不意味着元件之间彼此是不独立的，不独立的仅仅是共同的环境，这种共同的环境使独立元件出现了故障率增大的情况。故在计及气候条件的评价方法中，对重叠停运的故障过程仍然假定元件的故障是独立的。

1. 计及气候条件影响的元件故障率

元件故障率是气候的连续函数，但是由于系统模拟、数据收集和数据处理等方面存在的困难，很难用连续函数或者许多个离散状态对它加以描述。为了能够充分地表示故障的积集效应，且容易求得解决，在大多数情况下，将气候条件分为正常天气和坏天气两种状态，并用随机的持续时间期望值描述。

图 6-7 为天气对故障率影响的持续时间分布图。图 6-7 中，λ 为元件在正常天气时的故障率，λ' 为元件在坏天气时的故障率，N 为正常天气的期望持续时间，S 为坏天气的期望持续时间，λ_{av} 为考虑了气候因素的平均故障率。由此可得

$$\lambda_{av} = \left(\frac{N}{N+S}\right)\lambda + \left(\frac{S}{N+S}\right)\lambda'$$

须注意，上式仅适用于串联系统，不适用于并联系统。

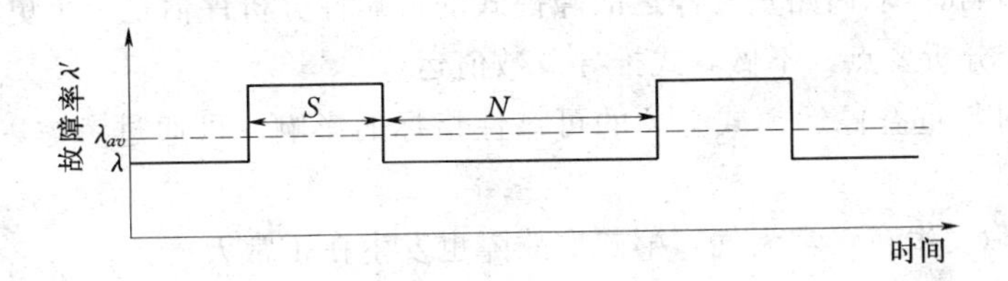

图 6-7　天气对故障率影响的持续时间分布图

设 F 为坏天气下发生故障的比率，$0 \leqslant F \leqslant 1$，则由上式可得元件两种状态气候模型的故障率：

$$\lambda' = \lambda_{av}\left(\frac{N+S}{S}\right)F$$

$$\lambda = \lambda_{av}\left(\frac{N+S}{S}\right)(1-F)$$

对于 n 个元件串联的系统，若第 k 个元件的正常天气故障率为 λ_k（次/年），坏天气故障率为 λ'_k（次/年），则系统的等效正常天气故障率 λ_e（次/年）和坏天气故障 λ'_e（次/年）分别为：

$$\lambda_e = \sum_{k=1}^{n}\lambda_k$$

$$\lambda'_e = \sum_{k=1}^{n}\lambda'_k$$

对于两个并联元件构成的系统，若考虑正常天气和坏天气，其系统等效故障率 λ_p 及等效停运时间 r_p 的计算式推导过程十分复杂，在此仅列出假定坏天气时不进行修理的计算式如下

令
$$A = \frac{N}{N+S}\left[\lambda_2\lambda_2(r_1+r_2) + \frac{S}{N}(\lambda'_1\lambda_2 r_1 + \lambda_1\lambda'_2 r_2)\right]$$

$$B = \frac{S}{N+S}\left[2\lambda'_1\lambda'_2 S + \lambda_1\lambda'_2 S + \lambda_1\lambda'_2 r_1 + \lambda'_1\lambda_2 r_2\right]$$

则
$$\lambda_p = A + B$$

$$r_p = \frac{A}{A+B}\times\frac{r_1 r_2}{r_1+r_2} + \frac{B}{A+B}\left(\frac{r_1 r_2}{r_1+r_2} + S\right)$$

式中　λ_p——系统等效故障率，次/年；

r_p——系统等效停运时间，h/次；

λ_1、λ_2——二元件的正常天气故障率，次/年；

λ'_1、λ'_2——二元件的坏天气故障率，次/年；

r_1、r_2——二元件正常天气下的强迫停运时间，h/次。

当 $\lambda_1=\lambda_2=\lambda$、$\lambda'_1=\lambda'_2=\lambda'$、$r_1=r_2=r$ 时，则可得

$$\lambda_p = A + B = 2\lambda r \frac{N}{N+S}\left(\lambda + \frac{S}{N}\lambda'\right) + 2\lambda' \frac{S}{N+S}(\lambda' S + \lambda r)$$

$$r_p = \frac{r}{2} + \frac{B}{A+B}S$$

2. 对计及气候影响的双回路重叠停运故障模式的评估

考虑气候影响时，双回路重叠停运故障模式的可靠性分析评估是一个更为复杂的问题，在此仅提供几个分析要点，不做算式推导及数值运算。

（1）气候对与重叠停运模式有关的可靠性指标的影响。可通过考虑以下四种情况来确定。

1）初始故障发生在正常天气，第二次故障也发生在正常天气；

2）初始故障发生在正常天气，第二次故障发生在坏天气；

3）初始故障发生在坏天气，第二次故障发生在正常天气；

4）初始故障发生在坏天气，第二次故障也发生在坏天气。

（2）对重叠强迫停运的评估。此过程要加上两个约束条件：

1）坏天气时能够维修；

2）坏天气时不能够维修。

（3）对强迫停运与检修停运重叠的评估。对此还应另外加上以下三个约束条件：

1）在坏天气有可能出现时不允许检修；

2）在坏天气时可继续检修；

3）在坏天气时不能继续检修。

（五）复杂网络故障停运失负荷指标的评估及负荷转移的影响

在本章第三节中曾讨论了简单放射状网络失负荷指标的计算及有备用电源时负荷转移能力的评价。但是在第四节复杂网络的评价中，无论是否计及气候的影响，均只计算了负荷点的三个基本指标，即期望故障率（λ）、每次故障平均停运时间（r）和年平均停运时间（U），未考虑有关失负荷指标的计算及负荷转移可能带来的影响。

对于复杂网络来说，因为失负荷指标的计算及负荷转移的影响，除了已知要全部失负荷（TLOC）的事件外，要严密计算所有可能部分失负荷（PLOC）的停运组合模型是很困难的，也是不现实的。通常可行的办法是略去三阶和高阶停运，只研究所有一阶停运。对于二阶停运，可选择下列方法之一来进行：

1）如果数量不多，可选择所有二阶停运；

2）根据经验人为地确定有关二阶停运；

3）由于最小割集可以鉴别系统中的薄弱环节，因而可用三阶割集来鉴别可能的二阶部

分失负荷事件。

判别是否为部分失负荷事件的准则是：应用每个负荷点的峰值来进行潮流分析，以鉴别在一定负荷情况下是否违反网络约束，从而确定所考虑的停运组合是否会在一个或多个负荷点导致部分失负荷事件。线路过负荷和母线电压越限就是两个可能的网络约束，而一般主要考虑的是线路的过负荷。

1．全部失负荷事件的可靠性指标

全部失负荷事件的可靠性指标，可以应用上述复杂网络可靠性指标的评估方法及本章第二节中与负荷和电量有关的指标计算公式进行计算。

2．部分失负荷事件的可靠性指标

在部分失负荷事件中，每个有关负荷点的可靠性指标可以根据图6-8所示模型算出。图中，各量的含义如下：

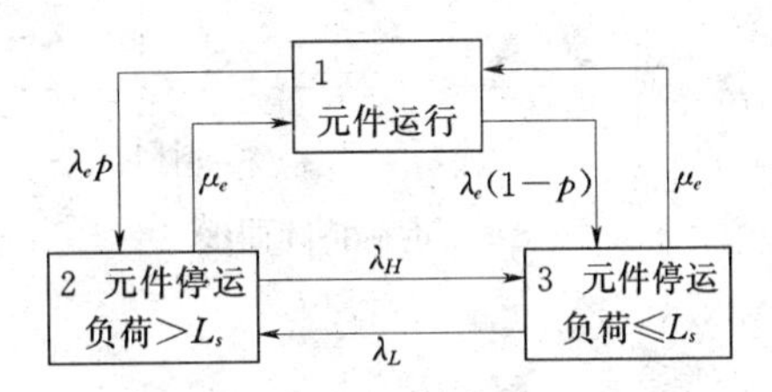

图 6-8 部分失负荷状态空间图

λ_e—停运发生率，包括所有故障模式、气候和维修的影响；μ_e—平均停运持续时间r_e的倒数，即$\mu_e=1/r_e$；L_s—各负荷点在停运期间能供给的最大负荷；p—负荷大于L_s的概率；λ_H—负荷水平由大于L_s到不大于L_s的转移率，$\lambda_H=1/r_H$；r_H—负荷水平大于L_s的平均持续时间；λ_L—负荷水平由不大于L_s到大于L_s的转移率，$\lambda_L=1/r_L$；r_L—负荷水平不大于L_s的平均持续时间

设图中系统在没有停运时能满足所有负荷的需求。

负荷点的停运状态或故障状态为状态2时，此状态中不但发生了停运，而且负荷水平大于L_s。

由图分析，可得部分失负荷事件的发生率为

$$\lambda=\lambda_e p+\lambda_e(1-p)\lambda_1\frac{r_e r_L}{r_e+r_L}$$

这就是说，部分失负荷事件发生在高负荷水平期间（上式第一项）或者在低负荷水平期间，并在与元件维修和同低负荷水平持续时间相关联的重叠期间向高负荷水平转移［上式中第二项］。

当负荷转移发生在状态2和3时，就接上和断开超过的负荷。事件的平均持续时间为

$$r=\frac{r_e\gamma_H}{r_e+\gamma_H}$$

当超过的负荷一旦断开，并保持到维修完成为止时

$$r=r_e$$

$$U=\lambda_r$$

设负荷持续曲线为L（t），如图6-9所示，t_1为负荷水平大于L_s的时间，则

$$L=\left[\int_0^{t_1}L(t)\mathrm{d}t-L_s t_1\right]/t_1$$

$$E=LU$$

式中 L——系统故障引起的平均停电负荷，kW或MW；

E——系统故障引起的平均电量不足，kW·h或MW·h。

如果系统中发生多个部分失负荷事件时，则可用串联系统的概念得到负荷点总的部分失负荷指标

$$\lambda_p=\sum\lambda$$

$$U_p=\sum U$$

$$E_p=\sum E$$

$$r_p = U_p / \lambda_p$$

$$L_p = E_p / U_p$$

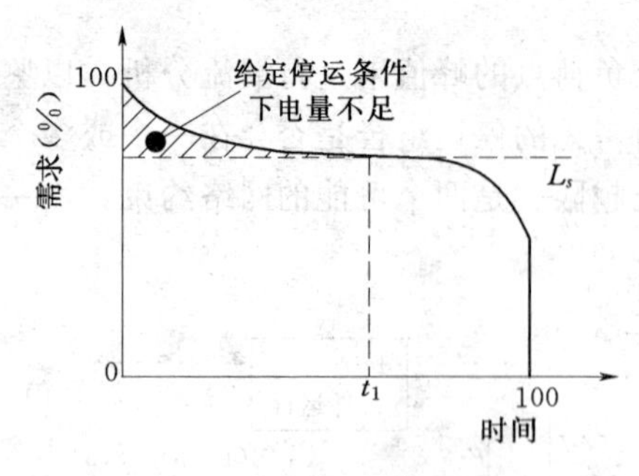

图 6-9 负荷持续曲线

3. 负荷转移的影响

在配电网中，负荷通常不是直接连接在负荷点的母线上，而是沿着馈线分布。当系统没有负荷转移设备时，所有负荷可以视为集中在一起的单点负荷。但是，当系统负荷可以在馈线上任何可能的地方把负荷相继转移到邻近的负荷点时，其可转移负荷模型状态空间图如图 6-10 所示。

由此可得各状态概率为

$$p_1 = \frac{\mu}{\lambda + \mu}$$

$$p_2 = \frac{\lambda \mu}{(\lambda + \mu)(\mu + X_1)}$$

$$p_k = \frac{p_{k-1} X_{k-2}}{(\mu + X_{k-1})} \quad [k = 3, 4, \cdots, (n+1)]$$

$$p_{n+2} = 1 - \sum_{i=1}^{n+1} p_i$$

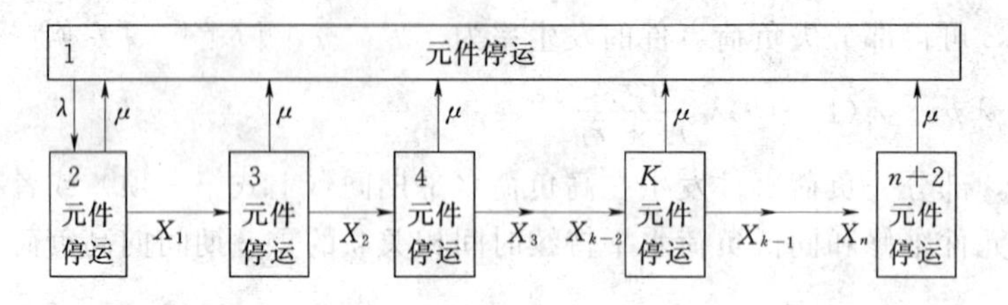

图 6-10 可转移负荷模型状态空间图

X_1、X_2、X_3、…、X_{k-2}、X_{k-1}、…、X_n—状态切换率，为平均切换时间的倒数值；n—能够进行单独转移的数目；状态1—正常运行的系统；状态2—最初故障已发生，而且所有受影响的馈电线路都已断开（全部失去连续性，TLOC），或者为了缓解网络已断开足够馈电线路（部分失去连续性，PLOC）之后的系统；状态 3 到状态 $n+2$—相继转移的状态；λ—最初事件发生率；μ—事件平均停运时间 r 的倒数值

由于馈线本身的容量、所要转移的馈线容量以及新连接的负荷点容量的限制，在转移状态期间能够恢复的负荷量可能小于馈线需要转移的最大负荷量。

根据转移负荷后的系统潮流，可计算出每条馈线能够转移的最大负荷（L_{pt}），则不能转移的最大负荷 L_{pd} 为

$$L_{pd} = L_p - L_{pt}$$

式中 L_{pd}——不能转移的最大负荷；

L_p——馈线上的峰荷。

设图 6-10 中状态 i 对馈线 j 的电量不足为 E_{ij}，则系统总的电量不足为

$$E = \sum_{i=2}^{n+2} \sum_{j=1}^{f} E_{i,j} p_i \quad (i = 1, 2, \cdots, n+2, j = 1, 2, \cdots, f)$$

$$L = E/U$$

第四节　配电网缺电和停电损失的计算

一、缺电损失

配电系统的缺电损失，系指配电系统由于电源容量不足而对用户少供或限电所造成的经济损失。在我国，由于电源容量不足而限电的方式有拉闸限电和非拉闸限电两种。除此之外，一些地区还采取了分区轮休的方式来达到少供和限电的目的。也就是说，虽然并不一定发生实际的停电，但却已造成了国民经济的损失。这种损失，有的属于专用配电线路或设施的限电，是针对某些特定用户的；有的则是对公用配电线路的限电，加在每个用户的身上，很难根据每个具体用户用电的性质来分析其所造成的损失，往往只能用大范围的平均值来计量。一般可计量的有以下几类：

1）每千瓦时电量的国民经济的产值；

2）电力公司每千瓦时电量的综合利润；

3）政府指定或社会统计得出的计价单位。

以上三类中，使用较为普遍的是1）和2）两种，也有一些国家采用3）计量办法。特别是一些电力属国营，出于政策上的需要，多采用3）方法，以促进或抑制某些用户的发展。

二、停电损失

所谓停电损失，是指由于配电系统实际停电而对国民经济造成的损失。其中包括对用户造成的用户停电损失和电力部门自身因停电而造成的经济损失。由于配电系统与用户直接相连，直接面对用户，停电损失的计算是很复杂的。

1. 用户停电损失

停电对用户可能产生的影响，一般有“即显性”和“后效性”两种。所谓“即显性”，就是在发生停电的当时就立即显示出其影响的，如，因停电而造成生产停顿等；所谓“后效性”，就是停电的影响要在发生停电之后的一定时间以后才显示出来的，一般公用设施的停电大多属于此类。因此，用户的停电损失也依此而分成直接损失和间接损失两类。

（1）直接损失。是指由于停电而直接对用户造成的损失。它一般直接反映在用户生产的产品成本、产品质量和性能、用户为保证产品质量和效益而从事的种种经济活动以及对用户设备所造成的损害等。具体表现如：

1）用户产品产量的减少或产品质量的损害；

2）用户生产设施的损坏或闲置；

3）用户生产用原材料的损失或浪费；

4）用户人工的闲置或浪费；

5）用户信息传输系统（包括计算机控制系统）的破坏或信息传递的中断；

6）电气化交通系统的损坏、中断或停顿；

7）井下作业由于停电而造成的人身和设备损坏和对人身和设备安全的威胁；

8）商业、金融系统和服务行业的业务和服务的中断和停顿。

（2）间接损失。是指由于停电的间接影响而造成的损失。具体表现如：

1）交通指挥系统或监控系统中断和停顿而造成的交通阻塞；

2）供水系统的中断；

3）污水和垃圾处理系统的停顿和损坏；

4）公共场所和办公大楼的混乱而造成的损失；

5）治安秩序的破坏所造成的损失；

6）因停电而使工程计划被迫修改或延迟所造成的损失；

7）未停电企业因以某种由受停电影响企业生产的原材料或产品作为原材料，由于供料不足而造成的损失；

8）用户因商业信誉受影响而带来的潜在销路的损失；

9）因停电造成冷藏系统食物、药品及其他产品的损坏及居民取暖、照明费用的增加；

10）因停电影响农业排灌、延误种植时机而对作物造成的影响和损害等。

对于每个具体用户的停电损失，从理论上讲，是可以具体地确定并加以计算的，但是实际上做起来却很困难，这不仅由于各个用户的用电性质不同而不同，而且也因停电发生的时间及停电持续时间的长短不同而不同。比如，对于工业用户来说，并不是所有负荷都是同等重要、都不能停电的，而是只有少数要害部门或关键时刻才会产生重大的损失；当停电发生在其生产流程的不同阶段时，其所产生的损失也是不同的。因此，即使对于某一具体用户而言，也往往只能取其平均值来进行计算。又比如，停电持续时间长短对冶金工业的影响，当停电1～2min时，其影响可能只限于多耗电量、减少定额和降低产品质量等级，而停电1～2h，则有可能导致冶金炉具的损坏和产品的报废等。停电持续时间与停电损失的关系往往是非线性的。

由上可见，停电损失的调查统计和测试是复杂的，不同国家、不同地区、不同用户类型、不同停电时间及持续时间的长短是各不相同的。目前，各国的统计调查结果及计算方法均各有不同。在此将美国、加拿大、英国及前苏联等国停电损失的调查统计结果分别列于表6-9～表6-13中。而瑞典对于3min以内的停电损失的测试，每停供1kW·h的电量，损失约为平均电费的20～30倍，对于停电3min以上的损失，则按下式计算。

$$停电损失 = 停电千瓦数 \times 75元 + 停供千瓦时数 \times 150元$$

目前，我国1kW·h电力生产的GDP值约为1～10元人民币。

2．电力部门的停电损失

由于停电，也给电力部门自身造成经济损失。这主要包括以下几个方面：

表6-9　美国和加拿大工业用户停电损失统计

停电持续时间	大工厂		小工厂	
	(美元/kW)	(美元/kW·h)	(美元/kW)	(美元/kW·h)
1min	0.60	36.00	0.85	51.00
20min	1.80	5.40	2.77	8.31
1h	2.67	2.17	4.39	4.39
2h	4.60	2.30	—	—
4h	6.02	1.51	19.92	4.98
8h	8.83	1.10	31.50	3.94

注　如不按停电持续时间计算，则工厂平均停电损失为：
大于1000kW的工厂，1.05（美元/kW）+0.94（美元/kW·h）；小于1000kW的工厂，4.59（美元/kW）+8.11（美元/kW·h）；工厂不分容量时，1.89（美元/kW）+2.68（美元/kW·h）。

表 6-10　　美国关于工商业部门停电损失的统计

调查统计范围	以 1977 年美元值为基础的停电损失（美元/kW·h）	提供调查结果的单位（或个人）	时间（年）
高度自动化的工业	14.99	Gannon. IEEE	1971
美国商业	8.87	Gannon. IEEE	1974
美国工业	6.56	SRI	1980
纽约市所有部门	3.70	SCI	1977
纽约市所有部门	3.32	联合研究所	1977
自动化程度很低的工业	2.25	Gannon. IEEE	1971
加州中等工业	2.07	IEEE	1973
纽约工商业	1.70	Telson	1972
美国工业	1.57	现代制造	1969
纽约工商业	1.37	Telson	1975
太平洋西北部工业	1.29	SRI	1976
威斯康星工业和住宅	1.13	环境分析者	1975
纽约工业	0.95	Koufman	1975
美国各部门	0.90	Shipley	1971
加州各部门	0.68	斯坦福大学	1976
美国全国工商业	0.64	Telson	1975
美国全国商业	0.43	SRI	1980
美国太平洋西部商业	0.21	SRI	1976

表 6-11　　美国住宅停电损失的统计

调查统计范围	以 1977 年美元值为基础的停电损失（美元/kW·h）	提供调查结果的单位（或个人）	时间（年）
美国平均	1.87	SRI	1980
伊里诺斯州中心地带	0.84	国立 Argonne 实验室	1978
佛罗里达州西部要害地区	0.21	Jack Faucete 联合会	1979
太平洋西北部	0.15	SRI	1976
加州	0.10	系统控制公司	1978

表 6-12　　英国对每停供 1kW·h 电量损失的测试结果

测　试　范　围	测　试　结　果	测　试　范　围	测　试　结　果
工　业　区	为平均电费的 60 倍	居　民　区	为平均电费的 70 倍
商　业　区	为平均电费的 70 倍	总　平　均	为平均电费的 50 倍

表 6-13　　前苏联冶金工业故障停电损失时统计

生　产　（设备）　分　类		停　电　损　失	
		卢布/次	卢布/h
延压车间设备	大型延压机和压坯机	300～400	900～1150
	薄中初轧机、轧条机、连续初轧机	130～250	370～620
	大型轧钢机	400～600	500～550
	中型轧钢机	140～160	350～400
	小型轧钢机和线材延压机	80～150	200～300
	平整机	60～80	120～150

续表

生产（设备）分类		停电损失	
		卢布/次	卢布/h
冶炼设备（停电在1h以内）	电炉 平炉（容量为100t） 硅钢熔化炉（容量为100t） 转炉（容量为100t）	— — — —	— 100～1200 1900～3000 1400～1600
生产准备	露天采矿场 破碎及精选厂	— 120～550	840～4980 230～1150
预备性工厂	停电小于1min 停电1～10min 停电10～15min 停电小于15min	2000～3600 8250～14600 8250～33500 15000～33400	— — — 2300～4200

（1）由于未向用户供电而引起供电部门少售电的收入损失；

（2）供电部门由于维护检修而增加的费用，包括更换或修理被损坏设备增加的费用，运行、检修人员加班所支付的费用等；

（3）重新补充电源或通过其他方式倒送电的费用；

（4）一般在国外，还有根据合同赔偿用户停电的损失，在我国目前尚无此项开支。

第五节　配电网可靠性经济评价

可靠性经济学属于工程经济学的范畴，与系统工程中的价值分析相通，是随着可靠性工程技术的形成和发展而发展起来的学科，也是可靠性工程与管理科学的一个重要组成部分。

所谓工程经济学，就是从经济方面对各种有利的工程方案、策略进行综合性的探讨、比较和选择的理论与技术的总称。而可靠性经济学则是从经济方面对可靠性工程与管理进行分析评估的技术科学，是一种定量的科学，它研究的主要内容就是可靠性投资与可靠性增益的分析方法。而可靠性指标及其定量评估就是可靠性经济学的基础。电力系统可靠性作为可靠性基本原理在电力工业中的应用，也必须研究可靠性经济学的问题，而且随着电力生产的社会化及电力系统可靠性技术的发展，可靠性经济学在电力系统中的应用也日益广泛，并已逐步形成了一个比较完整的体系。这就是所谓的电力系统可靠性经济学。

电力工业是一种投资密集、技术密集型的工业，而且具有发、供、用同时性的特点，随着国民经济的增长，社会的高度信息化和现代化，社会对电力供应的依赖程度不断加深，用户对电力供应的可靠性要求愈来愈高，供电的可靠与否将直接对用户的生产和生活产生愈来愈大的影响。如果供电不可靠，造成用户停电，不仅会直接影响供电部门的经济效益，而且会对用户造成严重的经济损失和不良的社会影响。反之，如果供电的可靠性水平提高了，用户的损失就会减少，供电部门的经济收益也会增加。但是，电力部门为了提高供电可靠性，就必须改进生产技术或新建、扩建和改造电力设施，增大系统容量，提高系统和设备的健康水平，因而也就必须增加额外投资。这就使电力部门面临着两个决策问题。一个是要把可靠性水平提高到一定的程度，从经济上考虑应如何选择提高可靠性措施的最佳组合方案的问题。换句话说，就是如何研究和处理各种提高可靠性措施实施效果的分布问题；另一个是应花多大的投资把可靠性提高到何种水平为最佳问题，也就是所谓可靠性与经济性的协调问题。二者都是电力系统可靠性经济学所必须研究和解决的问题。

在此必须说明的是，目前国内外有关论述和介绍工程经济学、可靠性经济学、电力系统可靠性经济学的著作和书籍很多，本书在此主要结合配电网可靠性经济评价的需要介绍工程经济学及可靠性经济学中的一些常用的经济分析概念、经济评价方法以及配电系统可靠性经济评价的原则和方法。

一、经济评价的原则

目前，国际上对配电网可靠性进行经济评价的方法很多，而且正在发展之中。由于各国对经济分析评价的着眼点不同，所采用的方法也各异。为了对配电网的可靠性工程方案和措施作出正确的经济评价，均必须遵循以下几点基本原则：

1）首先必须根据不同的配电网可靠性工程方案或措施，选择和确定与各种费用相联系的可以定量化的可靠性指标，以作为经济分析的出发点。

2）必须分清各种费用的属性，是收入还是支出，是成本还是效益，是按年收付还是一次收付，是现在收付还是将来收付，以保证可靠性的经济比较建立在明确而一致的基础上。

3）应选定适合的比较方法，即是用“等年值”进行比较，还是用“现在值”进行比较，前后应保持一致。

4）必须保证各被比较对象进行比较的量具有可比性，以便把比较分析建立在同一基础上。比如，在选择“现在值”进行比较时，必须以不同设备的估计寿命的最小公倍数作为比较期，否则就失去了可比性。

一般常用的可靠性经济评价指标如表 6-14 所示。

表 6-14　　常用的可靠性经济评价指标

可靠性指标	费用计算单位	可靠性指标	费用计算单位
故障率 λ（次/年）	元/年	少供电量（kW·h）	元 kW·h
故障频次（次）	元/次	平均修复时间（h）	元/h
停电持续时间 d（h）	元/h	电量不足期望值 EENS(kW·h/年)	元/kW·h
停电容量（kW）	元/kW		

二、在配电网中常用的可靠性经济评价方法

（一）绝对可靠性评价法

绝对可靠性评价方法是以一项指定的可靠性指标作为评价的依据，如设计方案达不到该指标就要改变设计方案，电量不足概率（LOLE）和电力不足概率（LOLP）就是这种指标。此时，其可靠性经济学的任务，就在于如何使系统的投资为最小。

（二）可靠性排列法

可靠性排列法是在选定可靠性指标的基础上，对各种不同的设计或计划的相对佳度进行比较，并按其佳度的递增或递减顺序将各被比较方案进行排列，从而选出最优方案。比如，以配电网对用户停电影响的指标来比较几种不同的配电网设计方案时，对用户停电时间少的方案将排列为优选方案。

此法也可应用概率加权方式，对多项指标进行综合计算，然后加以排序、优选。

排列法的优点是应用简便，但未作经济计算，难以从经济上来评价与排列指标相对应的经济效益。有一种按选定的若干评判项目，对各被比较方案进行逐项评定、打分，然后以总分高低排序加以优选的“打分法”，则可算是排列法的一种演变形式。在这其中，各项指标的加权计算，实际上已被评审人员的经验所代替。

（三）可靠性比较分析法

可靠性比较分析法是先计算各被比较方案的投资，然后以单位投资对可靠性指标改善的增量的大小来衡量各被比较方案的优劣。它是在经济计算的基础上来进行排序的，因此，比排列法又前进了一步。比如，以对用户的年累计停电时间的期望值为基础，计算单位投资对停电时间的减少量来评价配电网诸方案的优劣时，则以 I 值大者为优（I＝减少的停电时间/方案的投资）。

（四）成本-效益分析法

成本-效益分析法必须先计算出提高和改善可靠性指标所对应的经济价值，然后与完成此项改进工程的投资作比较，以货币计量计算的效益大于投资的金额作为评选的依据，比值愈大愈好。这种方法比单纯地计算提高可靠性指标增量所耗用的投资大小的可靠性比较分析法又前进了一步。

（五）可靠性优化法

可靠性优化法是以成本-效益分析为基础，把效益作为某些可评价的可靠性指标的函数，然后寻优。由于前述的成本-效益分析法只是在若干可选方案中加以选择，而可靠性优化则是应用优化技术来找出也许并未列入可选方案的最优方案，因此，它比成本-效益分析法又前进了一步。

上述五种方法，从经济学的观点来看，应该说只有第四、第五两种方法才真正属于可靠性经济学范畴。但是，无论是成本-效益分析法，还是可靠性优化法，在分析和应用的过程中，均必须首先分清哪些项目应属于“成本”，哪些项目应属于“效益”。特别是有的费用，如“停电损失”，既可把它作为提高可靠性后减少的损失而列为“效益”，又可把它作为补偿停电损失而列入“成本”。但是，对同一笔费用项目，在同一比较中不能同时既计入“效益”，又计入“成本”。这是必须注意的问题。

三、应用实例

在此列举如下两个实例来说明配电网可靠性经济评价方法。

【例 6-1】 如图 6-11 所示的改进系统方案示意图中，拟将该图（a）系统改进为（b）系统。图中虚线所示 cb 段线路及自动切换开关 N 为新增设备，试作可靠性经济分析。

已知故障率 λ 和平均修复时间 r 为：

$\lambda_1 = 0.10$ 次 /(km·年)，$r_1 = 3$h

$\lambda_2 = 0.25$ 次 /(km·年)，$r_2 = 1$h

$\lambda_3 = 0.10$ 次 /(km·年)，$r_3 = 3$h

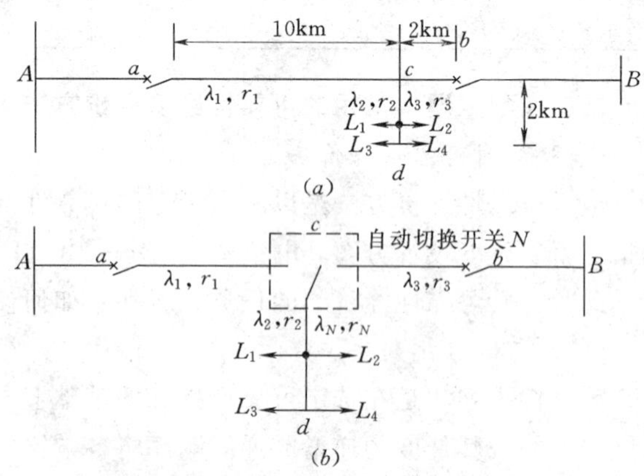

图 6-11　改进系统方案示意图

（a）原系统；（b）拟改进的系统

L_1、L_2、L_3、L_4—负荷

$$\lambda_N = 0.03\text{次}/(\text{台}\cdot\text{年}), r_N = 3\text{h}$$

停电损失：0.28元/kW，0.75元/kW·h。

投资：自动切换开关为6000元，线路为10000元/km。

负荷：$L_1=L_2=L_3=L_4=500$kW，负荷率为100%。

经济数据：

（最小投资效益率）MAR（$=i$）	6.00%
折旧	1.82%
税款	0.70%
中期大修费	0.20%
保修费	0.10%
故障修理费	0.25%
维护费	1.75%
总计	10.82%

固定资产估计寿命$n=25$年。

［分析］

1. 对于有原有系统图6-11（a）的经济分析

$$\text{停电损失费用}A = 4\times 500\times[0.28\times(0.1\times 10+0.25\times 2)+0.75\times(0.1\times 10\times 3+0.25\times 2\times 1.0)] = 6090\ (\text{元}/\text{年})$$

根据图6-11计算在整个25年寿命期内，停电损失费用的现在值P。由等年值转换为现在值的公式，得

$$P_1 = A\times\frac{(1+i)^n-1}{i(1+i)^n} = 6090\times\frac{(1+0.06)^{25}-1}{0.06(1+0.06)^{25}} = 77884.59\ (\text{元})$$

2. 对拟改进系统图6-11（b）的经济分析

由于新增线路，自动切换开关的安装，可以切换电源，干线故障可不计入，则

$$\text{停电损失费用}A = 4\times 500\times[0.28\times(0.25\times 2+0.03)+0.75\times(0.25\times 2\times 1+0.03\times 3)] = 1181.80\ (\text{元}/\text{年})$$

则现在值为

$$P_2 = 1181.80\times\frac{(1+0.06)^{25}-1}{0.06(1+0.06)^{25}} = 15113.96\ (\text{元})$$

$$\text{新增投资费用} = 10000\times 2+6000 = 26000\ (\text{元})$$

最小岁收需量为

$$\text{MARR} = 26000\times 10.82\% = 2813.20\ (\text{元})$$

现在值为

$$P_3 = 2813.20\times\frac{(1+0.06)^{25}-1}{0.06(1+0.06)^{25}} = 35962.00\ (\text{元})$$

改进系统图6-11（b）的总费用=15113.96+35962.00=51075.96（元）

[**方案比较**]

改进后的净得益 = 77884.59 − 51075.96 = 26808.63（元），即 25 年期间可节省 26808.63 元。其效益成本为

$$\frac{77884.59 - 15113.96}{35962.00} = 1.75$$

显然，改进方案是值得的。加之，改进后用户每年可因减少停电而减少的损失为

$$6090.00 - 1181.8 = 4908.20\ (元/年)$$

则电力部门每年需新投入改进的资金 2813.20 元/年，即可以"可靠性改进附加费"的方式向用户增收，而将此费用由用户来分担。即使如此，用户仍可净得益

$$4908.20 - 2813.20 = 2095.00\ (元/年)$$

因此，方案是可行的。

由于本例停电损失使用的单位值很小，得益不大。如果停电损失的单位增大，效益将更为显著。

【例 6-2】 将[例 6-1]的改进方案改为由 A 变电所双回路供电的系统，如图 6-12 所示，其余条件不变，试进行可靠性经济分析。

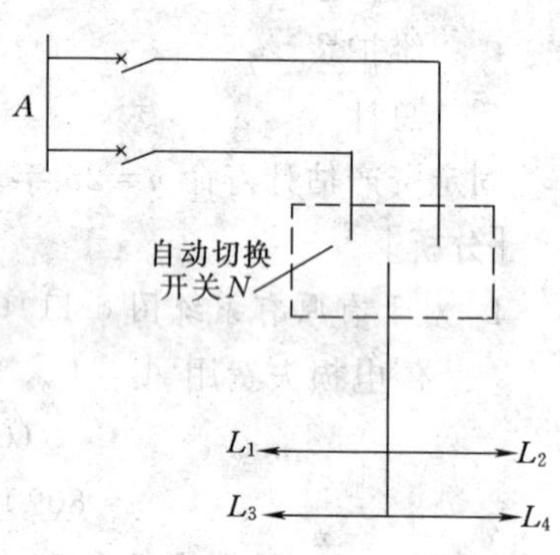

图 6-12 拟改为双回路供电的系统

[**分析**]

新增投资费用 = 10000 × 10 + 6000 = 106000（元）

最小岁收需量为

MARR = 106000 × 10.82% = 11469.20（元/年）

现在值为

$$P = 11469.20 \times \frac{(1+0.06)^{25} - 1}{0.06(1+0.06)^{25}}$$
$$= 146614.87\ (元/年)$$

由于停电损失费用及其现在值与上例相同，未发生变化，则

新方案拟建系统总费用 = 146614.87 + 14353.00 = 160967.87（元/年）

与原方案比较，其得益应为

$$73377.00 - 160967.87 = -87590.87\ (元/年)$$

即新方案拟建系统，虽然可以提高对用户的供电可靠度，但所需用的投资最小岁收需量已大大超过了原方案所建系统因多停电而造成的停电损失费用，因此，从经济上考虑，不宜采用。

由上述两个简单的分析实例可以看出，配电网可靠性经济学所采用的定量化的经济分析方法，能够很容易地与用户的停电损失费用直接联系起来，计算出以减少用户停电损失为目标的经济收益，能够使人们直观地对配电网中可能提出的各种提高和改善可靠性的工程技术方案和措施所带来的经济效益进行比较，从而为工程决策提供重要的依据。但是，在本章中所介绍的仅仅是配电网可靠性经济学中最基本的概念和方法，特别是可靠性经济学目前尚在发展之中，希望广大读者切不可因此而受到局限，而是应该更加灵活地加以应用。

第六节　提高配电网可靠性的技术措施

配电网可靠性的主要指标是用户年平均停电时间和用户年平均停电次数，根据它们都是故障率、系统裕度（联络状况或联络率）及故障修复时间的函数。因此，对于配电系统来说，要改善和提高可靠性，所采取的措施有三个方面：1）防止故障的措施；2）改善系统可靠度的措施；3）加速故障探测及故障修复，缩短停电时间，尽早恢复送电的措施。

一、防止故障的措施

由于配电网使用的设备面广而分散，容易受到自然现象和周围环境的影响，故障所涉及的原因是多种多样的，因此，根据其故障的现象，分析产生故障的根本原因，实施必要的对策措施，防止故障于未然，是提高配电网可靠性最基本的方法。

一种配电设备应采取哪一种防止故障的措施，则因各种设备、故障原因和达到的目的不同而异，且有的措施是多目的的，一种措施可以防止多种设备、多种故障的产生。因此，对于配电系统及其设备防止故障的措施，很难单一地根据故障的原因或采取措施达到的目的来加以分类。但是，为了叙述的方便，在此仅根据故障原因，针对不同的具体设备，提供各种可能和可供选择的防止故障措施，结合实际加以适当地分析以供参考。

1. 防止他物接触故障的措施

1）防止支持物因外力冲击而损坏或折断，一般可使用加强型的杆塔；

2）防止导线接触故障，可使用绝缘导线，或安装导线防护管。据日本电力公司统计，高压导线由于实现了绝缘化（即采用绝缘护套的被覆导线），故障率显著减少。其绝缘被覆化率与有关导线接触故障率的关系，以日本 C 电力公司为例，如图 6-13 所示；

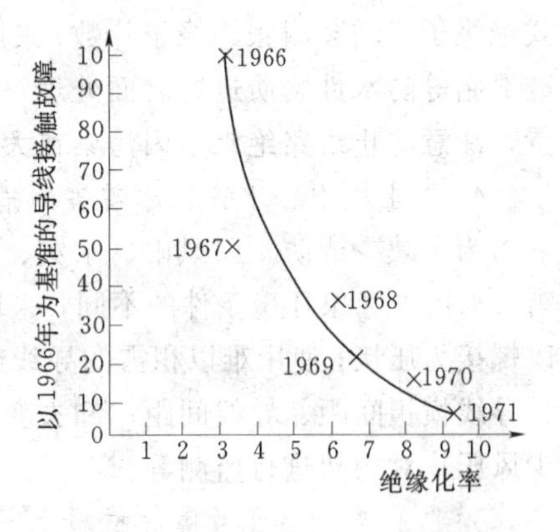

图 6-13　绝缘被覆化率与有关导线接触故障率的关系（C 电力公司的事例）

3）为了防止导线振荡而造成接触事故，可使用实心棒式绝缘子代替悬式绝缘子串；

4）为了防止他物接触电气设备，可以安装密封型设备，或采用户内式设备；

5）对于连接点等带电的裸露部分，可根据具体设备的情况，采用鸟兽防护罩、孔洞密封、加装 H 型混凝土盖板等措施。

2. 防止雷击故障的措施

1）为了防止雷电损坏，对于支持物可采用预应力混凝土架构，避免使用木结构。对于导线可安装保护环，使用大片长间隙的绝缘子，提高绝缘水平；

2）安装避雷器和架空地线等防雷。虽然避雷器和架空地线防雷的效果因各地区雷击危害程度的不同而不同，但是一般说来，雷击引起的故障率大体随着避雷器和架空地线安装率的增加而减少，其变化趋势分别如图 6-14 及图 6-15 所示；

3）为了减轻雷击故障的影响，可安装必要的雷电观测装置。

3. 防止化学污染及盐尘的措施

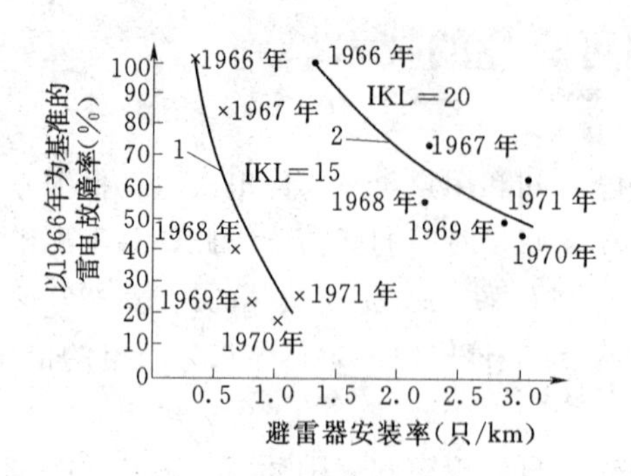

图 6-14　避雷器安装率与雷害故障率的关系

IKL——年内的雷击日数；

1—日本 B 电力公司的事件（以×表示）；

2—日本 C 电力公司的事件（以·表示）

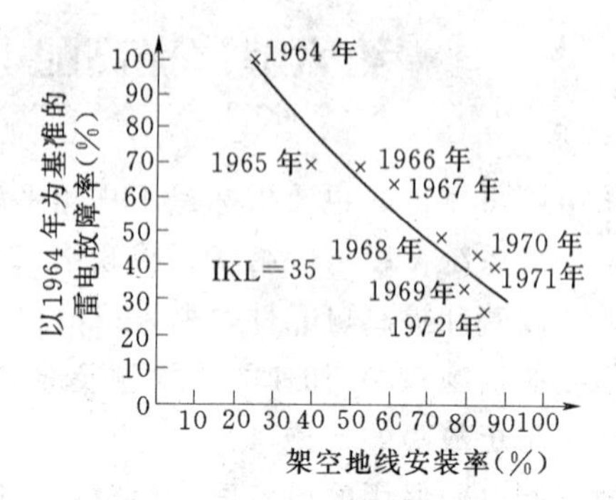

图 6-15　架空地线安装率与雷害故障率的关系

（日本 C 电力公司 T 分公司的事例）

IKL——年内的雷击日数

这主要是针对化工厂、重工业区及沿海的化学尘埃及盐尘而采取的措施。其目的在于减少或消除化学污染和盐尘，防止漏泄电流的损害。比如，使用预应力混凝土杆，防止漏泄电流的烧伤；使用耐漏泄电流痕迹的绝缘导线；安装耐酸碱盐的线路护套；使用大型针式绝缘子或增装耐张绝缘子片数；采用封闭式元件或户内式设备；安装高压引线防水板；用硅滑脂等防水性物质进行表面处理；安装耐酸碱盐的避雷器；配备带电冲洗线路绝缘子装置，注意防止线路绝缘子因污染在大雾情况下出现大面积污闪放电事故等。

4. 防止风雨、水灾、冰雪害的措施

为了减少或防止因风雨、水灾、冰雪等引起异常负荷的损害，可根据各地区风速、积雪、水情等气象环境条件的不同，采取以下措施：使用加强型杆塔、导线、大截面的导线；改螺接为压接；使用难以积雪的导线或导线防雪装置；使用实心棒式绝缘子；缩短档距；加大导线横担间距、导线间距；卸去变压器等设备的滚轮，将设备直接安装在基础上，以减少风压；对构架进行监测等。

5. 防止自然劣化故障的措施

虽然由于自然劣化而引起的配电设备器材的故障事件并不多见（一般在10%左右），但是由于腐蚀、锈蚀、老化而导致强度和绝缘损伤的情况依然存在。为了防止此类自然劣化，一般除对于架构多采用预应力混凝土杆塔，导线采用交联聚乙烯护套的电线和电缆，油浸设备采用密封型或者无油型，金具采用油漆或电镀等措施外，目前还广泛采用设备劣化诊断技术。如应用光的敏感元件诊断断路器的操作特性；利用红外线敏感元件进行导线连接部分的过热诊断；通过局部放电测量对电缆进行劣化诊断；利用电晕、噪音进行无线电探伤等。

6. 减少用户扩大性故障的措施

随着社会主义现代化建设事业的不断发展，城市用户用电的密度越来越高，来自城市高压用户的扩大性故障所占的比例也越来越高。据统计，有的地区高压用户的扩大性故障约占配电线路故障的一半左右。为了减少这类故障，供电部门必须与各有关方面协调一致，采取措施，要求用户对使用的设备进行适当的和正确的维护管理。其具体措施如下。

1）广泛开展高压用户设备的诊断活动。所谓对用户设备的诊断活动，就是对用户回访，调查是否存在造成扩大性故障的不良设备，对不良设备要求用户提前进行大修，并加强竣工验收检查及功率因数的测量；

2）防止来自用户保护装置范围内的扩大性故障。据统计，一般用户的故障大多系接地故障，其次是短路故障和接地短路故障。因此，必须加强对用户的用电管理，防止用户随意接入负荷或断开电源开关；

3）开发并推广具有防止扩大性故障功能的进线开关装置。此种装置应具有如下功能：如果用户过负荷或者发生接地故障，则装置就对过负荷或故障进行检测，并把信息储存起来；如果用户的保护装置不动作，而是系统内的变电所断路器动作，则装置即在检测出故障，并通过数字显示器无压的条件下自动断开；当变电所断路器再次接通时，如故障用户已从线路上切除，则变电所断路器重合成功，此时供电部门可通过巡回检查或电话询问等方式判明线路有无异常，然后进行适当处理；如果故障时用户保护装置动作，并在变电所断路器动作之前把故障点切除，装置即保持在接通状态，并经过一定时间后，清除故障信息，恢复到初始状态。

7．防止因人为过失而造成故障的措施

随着城市建设的不断发展，建筑工程和土木工程日益增多。据统计，配电线路的接触损坏事故[1] 大多与施工机械设备的操作及地面开挖作业有关。这些都是所谓的因人为的过失而造成的事故或故障，必须采取以下的措施。

1）要求施工单位及施工现场定期提供防止事故的报告；

2）参与制定有关防止建筑灾害事故的规定和条例，并根据有关供用电安全的规定，对施工单位的用电安全及有关规定、条例的执行情况进行监督检查；

3）安装电缆保护管，并对地下及水下电缆管路建立“埋设位置标示牌”，对可能被车辆碰撞的杆塔支柱或电缆上架构的部位，采取防护措施；

4）加强线路的巡视和检查；

5）加强与有埋设作业的企业，如煤气公司、自来水公司等之间的相互协商与配合，并积极参与各种道路、城市建设的规划和施工调查；

6）要求施工单位在施工前通过图纸和实地调查，确认施工作业区是否接近或通过电缆地下埋设路线，施工机具是否会碰及架空线路，并做好施工前的处理。

二、改善系统可靠度的措施

广泛地说，上述种种防止故障的措施，以及故障的排除和修复，均直接关系到系统可靠度的改善。因此，都可以归属于改善系统可靠度的措施。不过，在此我们主要讨论提高系统及设备供电能力、提高运行操作及技术服务能力等两个方面的措施。

1．提高系统及设备供电能力的措施

（1）改善电网结构。建立双回路供电、环形回路供电及多分割多联络的网络结构。对于重要用电设备实现双重化供电，如采用双回路、双电源、双设备、双重保护等。

（2）确保设备裕度。加强配电线路之间的联络，增强切换能力，增大导线和设备短时

[1] 因他物与配电线路接触而造成线路损坏的事故。

间的容许电流，安装故障切换开关和备用线路，提高地区或网络间功率交换的能力。

(3) 提高对重要用户的供电能力。对有条件的重要用户，要求安装能够紧急启动的自备发电设备或恒压恒频装置。

2. 提高运行操作及技术服务能力的措施

(1) 采用合理的配电方式。如节点网络方式、备用线路自动切换方式等。

(2) 对配电线路实行程序控制。采用自动化技术，实现运行操作、情报信息等的综合自动化。

(3) 减少检修、施工作业停电。除合理地安排检修、施工计划，减少重复停电外，尽可能地采用带电作业法、各种形式的临时送电工作法，如图 6-16 变压器的低压临时送电工作法；图 6-17 使用施工变压器的低压临时送电工作法；图 6-18 利用低压邻接系统的低压临时送电工作法及图 6-19 高压旁通电缆及旁通开关工作法等。图 6-18 中，在 (*a*) 的情况下，由开关 B 接通并列后，操作开关 A 断开；在 (*b*) 的情况下，在开关 A 断开的同时，开关 B 自动接通；在 (*c*) 的情况下，操作方式与 (*a*) 相同。

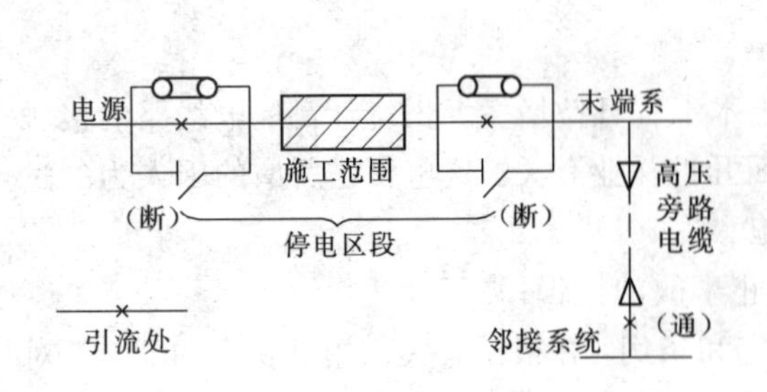

图 6-16　邻接系统临时送电工作法

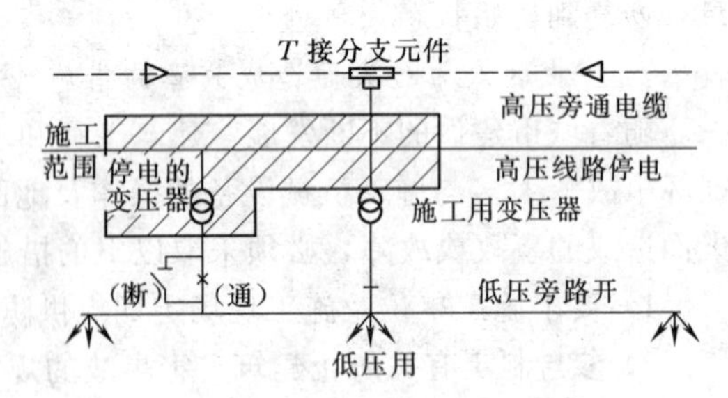

图 6-17　使用施工变压器的低压临时送电工作法

(4) 充实和加强对用户的技术咨询和技术服务，以及对用户的安全教育。提高用户的管理水平和人员素质，以加强用户设备的正常用电管理和用户用电设备的维护保养，减少由于用户用电设备故障或使用不当造成故障而带来的影响。

三、加速故障探测及故障修复，缩短停电时间，尽早恢复送电的措施

一旦配电系统及其设备发生故障时，为了能够尽早恢复送电，最重要的是尽可能地限制和缩小故障区段，使完好区段尽早送电，以减小停电的影响及尽早发现故障点，并加以修复。其可能采取的措施如下。

1. 限制和缩小故障区段，使完好区段尽早送电的措施

限制和缩小故障区段，主要是力求在发生故障后迅速切除故障区段，为向完好区段送电创造条件。其具体办法如下。

(1) 采用带时限的顺序式自动分段开关，通过配电变电所断路器的二次重合过程，使控制故障区段的分段开关在断开后经过无压检测而闭锁，从而达到自动切除故障区段，恢复向完好区段送电的目的。其构成一般由顺序式控制器，具有失磁断开特性的自动分段开关和一个小型的电源检测变压器组成。顺序式控制器的功能是：在电源送电后，经过一定时限（投入时限）再把分段开关投入；在投入后，如在一定时限（检测时限）内又再次停

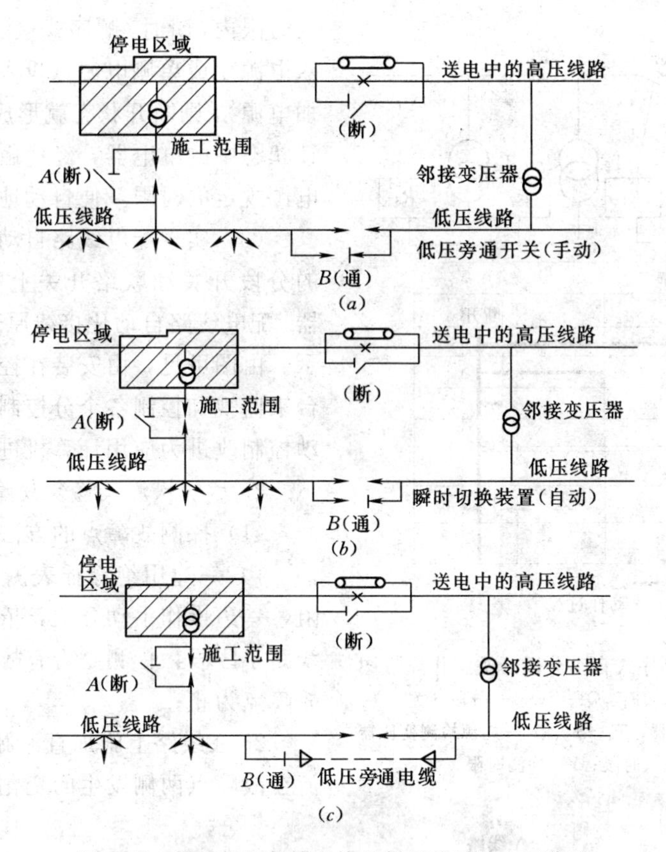

图 6-18 利用低压邻接系统的低压临时送电工作法

(a) 通过低压旁路开关与邻接系统连接的临时送电工作法;
(b) 通过瞬时切换装置与邻接系统连接的临时送电工作法;
(c) 通过低压旁路开关及低压旁通电缆与邻接系统连接的临时送电工作法

电,则分段开关断开并闭锁;如在一定时限内不停电,则维持复归原位的功能。其工作原理如图 6-20 所示。

此种方式只能保证尽快向电源侧的完好区段送电,但不能对故障区段以后的负荷侧完好区段自动送电。

(2) 采用带时限的顺序式自动分段开关环形配电方式。这种方式也可自动切除故障区段,恢复对完好区段的送电。

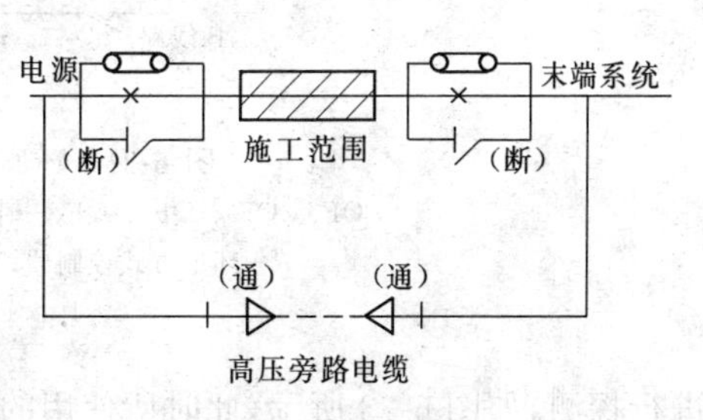

图 6-19 高压旁通电缆及旁通开关工作法

环形配电方式有两种:一种是在一回配电线路上形成环形的单回路环形配电方式;另一种是在两回配电线路之间形成环形的双回路环形配电方式。图 6-21 所示为后一种配电方式的接线原理图。

图 6-21 所示环形回路,由环形方式控制器、分段开关和两台电源检测变压器组成。环形方式控制器在形成双电源的两条配电线路分别送电时保持断开状态;而在由双电源变成单侧电源的情况下,经过一定时限后,开关即自动投入。如在由双电源变成单侧电源的投

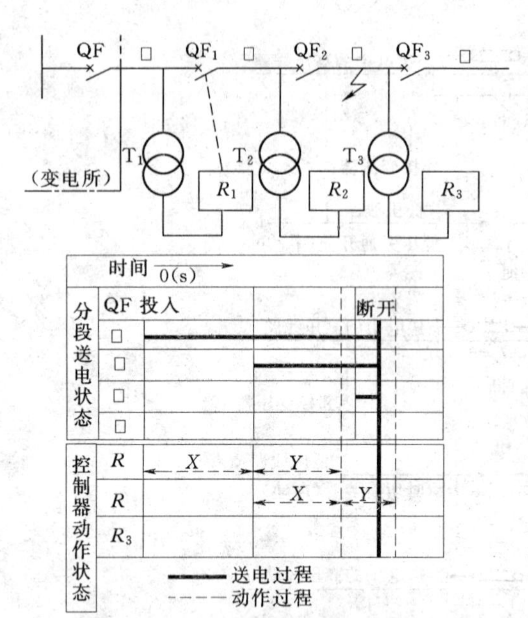

图 6-20　时限顺序式自动分段开关工作原理图
QF—断路器；QF_1、QF_2、QF_3—分段开关；
R_1、R_2、R_3—控制器；T_1、T_2、T_3—电源检测变压器；
X—投入时限；Y—检测时限

入时限内，瞬时（顺序式检测时限内）再次由双电源变成单侧电源（投入时限中的瞬时外加电源），则断开状态就形成了闭锁状态。闭锁状态中的继电器，经过由单侧电源变成双电源规定的时限，便自动地恢复正常状态。

（3）实现配电线路自动化。在配电线路的分段开关和联络开关上配置远方分控制器，配电线路自动化接线原理图如图 6-22 所示。由图可见，由安装在控制中心的主控制台来监视和控制各个分控制器，并逐步由手动控制改进为应用计算机进行程序控制。

2. 尽快探测及修复故障点的措施

（1）探测故障点的方法。有如下几种：

1）一边用绝缘摇表测量线路的绝缘电阻，一边操作手动开关，依次切除所划分的线路小区段，检测是否有故障点，直至查明故障点为止；

2）在线路上施加直流脉冲电压，根据电流在故障点两侧发生的变化，用故障探测器

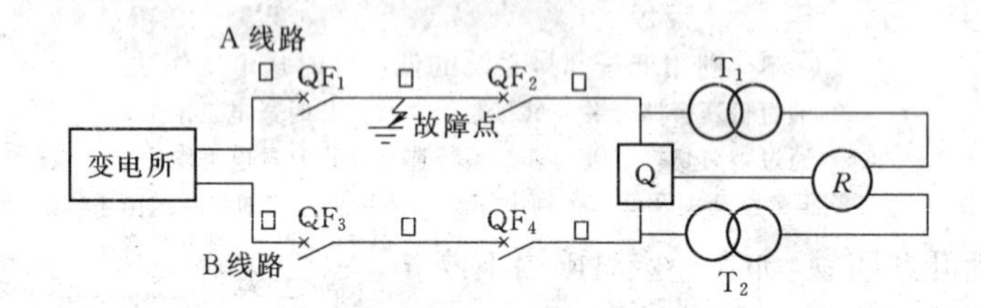

图 6-21　环形配电方式开关接线原理图
QF_1、QF_2、QF_3、QF_4—时限顺序式自动分段开关（带控制回路）；
R—环形方式控制器；Q—环形连接开关（带控制回路）；
T_1、T_2—电源检测变压器

进行探测。如图 6-23 所示，此时所使用的故障探测器一般是在地面使用的携带式接收机，根据其指针偏转变化的情况来进行判断；

3）同 2），如图 6-23 所示，利用直流脉冲，通过安装在线路上的检测器发光体显示或蜂鸣器鸣叫，从地面加以确认；

4）在手动分段开关附近的线路上，装设短路接地显示器，通过检测并显示发生故障时流过线路的短路电流或接地电流，根据故障电流由故障点流向电源侧的原理来判定故障点存在的区段，如图 6-24 所示；

5）使用携带式的小型检测器，利用故障时流过线路的短路电流或接地电流产生的电磁作用使指地针发生偏转，来判定故障点存在的区段。

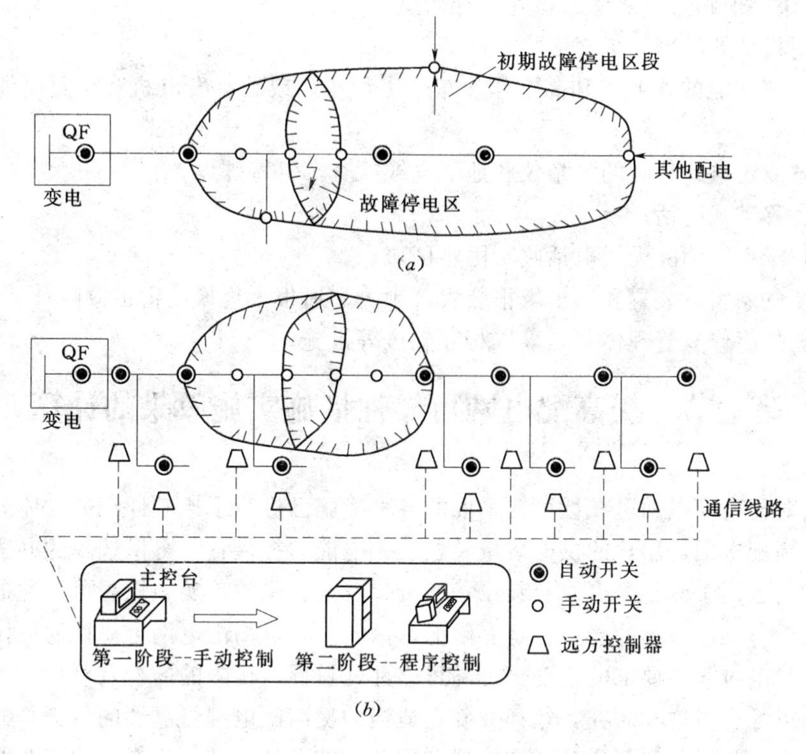

图 6-22　配电线路自动化接线原理图

(a) 自动化前；(b) 自动化后

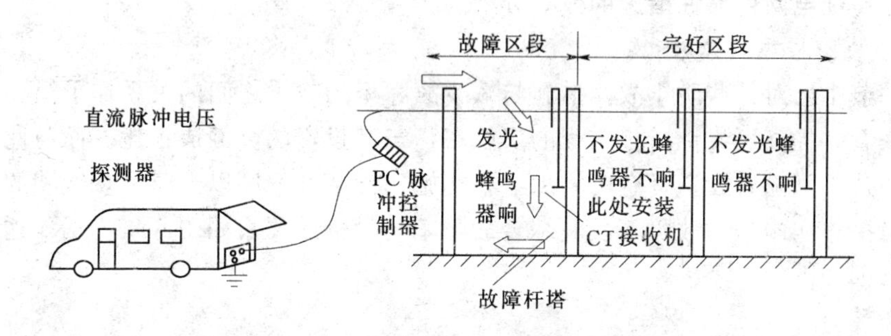

图 6-23　故障点探测方法

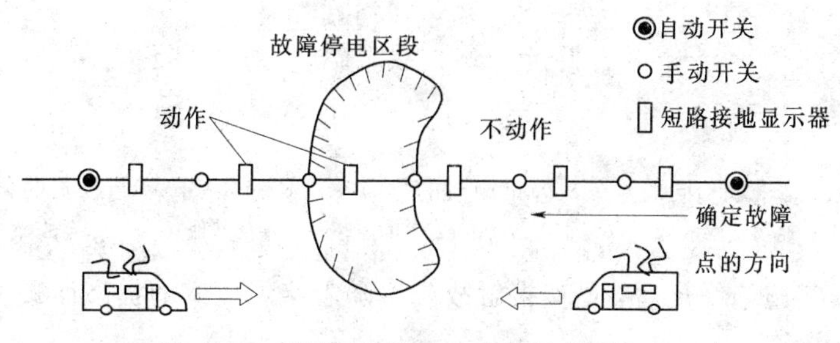

图 6-24　利用短路接地显示器判定故障区段

(2) 尽快发现和修复故障的措施。有如下几种：

1）应用机动的车辆，扩充无线电设备；

2）配备多功能的作业车和高空作业车等工程车，或装有发电机和旁路电缆的临时送电车；

3）配备测定电缆故障的测量仪和地下电缆检查车等特殊设备；

4）装备移动式电话；

5）防止干扰，消除无线电话收听困难区域；

6）安装气象雷达装置和雷击警报装置，预测和通报大规模的雷击故障；

7）建立故障修复管理体制，采取相互支援等措施。

第七节　提高配电网可靠性措施实施效果的计算

上一节对提高配电网可靠性可能采取的各种措施已进行了比较详细的具体的分析，目的在于为提高配电网对用户的供电质量及连续供电能力提供各种可供选择的办法。但是，供电部门可能投入用于改善配电网及其设备的资金总是有限的，实施提高可靠性措施方面的技术水平及设备维修保养的能力也是有限的。因此，在提高配电网可靠性的工作中，必须根据社会对供电可靠性要求的程度、提高可靠性的目标、措施的内容及可投入的金额等几个方面来加以综合考虑和研究，选择并确定适当的提高配电网可靠性的目标，分析各种可能采取的措施的效果，以便充分、有效地利用各种有利的条件，用有限的资金取得提高企业管理水平、获取最大经济效益和社会效益的目的。

一、提高配电网可靠性措施的效果分析

1. 防止故障措施的效果

在上一节中已对某些防止故障措施与减少故障率的效果之间的关系作了简要分析。从投资方面来看，提高可靠性措施工程的实施率，与其投资的金额成正比。而与此相反，减少故障率的效果则随着投资资金的增加，在实施达到某种程度以上时呈现饱和的特性。各种减少故障措施实施后的故障率及其综合故障率与投资的关系如图 6-25 所示，这种饱和特性出现的原因如下：

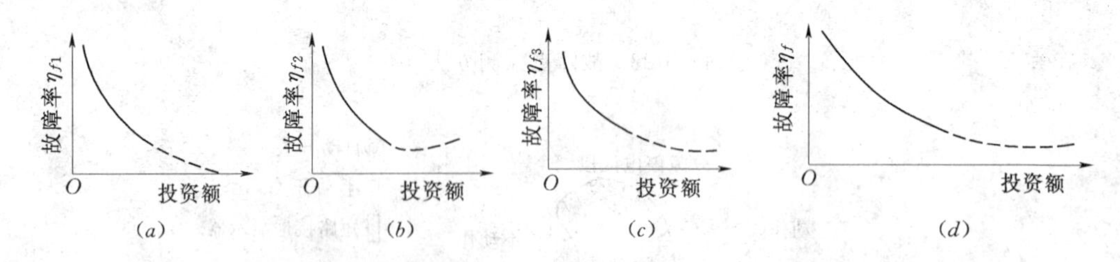

图 6-25　采取不同的减少故障措施时的故障率及其综合故障率与投资的关系

(a) 他物接触故障；(b) 雷害故障；(c) 自然劣化故障及其他；(d) 综合故障

1）高压导线实施绝缘化后，虽然接触故障率随着绝缘化率的提高而减少，但是导线自身的故障却逐渐增多了；

2）在实施防雷措施方面，虽然随着避雷器及架空地线安装率的提高，雷害引起的故障

减少了，但是随着防雷设施数量的增多，其自身的故障率也会增加；

3）自然劣化及其他原因引起的故障率，虽然在达到某种程度前，与设备更新（改良、修缮）等的投资额成正比地减少，但是设备材料自身具有的固有故障率并不会改变。

所以，在推进各种防止故障措施的实施及更新改造设备的工程中，故障率显示了由迅速衰减到饱和的倾向。为此，在实施防止故障措施的计划时，要充分掌握该措施产生故障率减少效果的程度，适当地加以选择和实施。

2. 改善系统可靠度、缩短故障修复时间措施的效果

在上一节讨论改善系统可靠度与缩短故障修复时间时，是把改善系统可靠度与加速故障探测及修复作为两个方面来加以讨论的。但是，从二者所产生的效果来看，最终均表现为缩小停电范围、确保系统裕度和缩短故障探测及修复时间等三个方面。为此，下面从这三个方面来进行综合分析。

（1）缩小停电范围措施的效果。缩小停电范围主要采取加装分段开关的方式，从对停电次数的影响来看，区段数与停电次数的关系如图 6-26 所示。

1）对于放射状手动式的系统来说，由于必须到现场操作分段开关，对停电次数不发生影响；

2）对放射状时限顺送自动式系统来说，从故障区段开始的电源侧完好区段由于自动地再送电，可减少停电次数，使可靠度提高，但是其效果将按分段的顺序逐渐减弱；

3）对放射状全自动式（顺送倒送全自动）系统来说，由于增加了时限，使故障区段以后的完好区段也可由邻接馈线倒送，其停电次数的减少、可靠度的提高与区段数成正比。

区段数与停电时间的关系如图 6-27 所示。由图可见，如果区段数增加，各种系统的停电时间均会下降，可靠度会提高，但是其效果大体由 4 个区段开始即呈现饱和特性。而在实际上，结构设置及维修运行也都是有一定限度的。

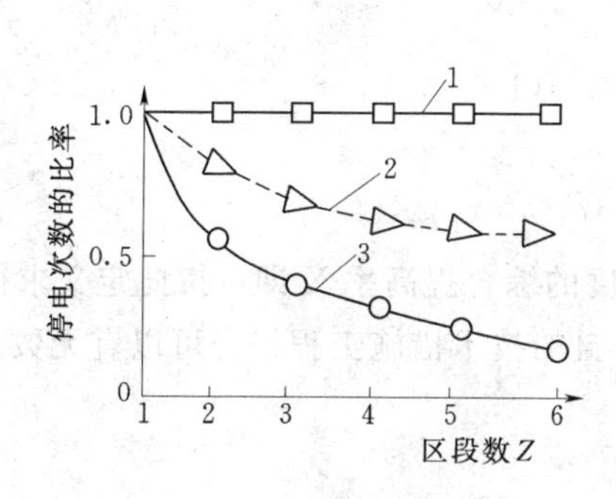

图 6-26　区段数与停电次数的关系

1—手动式系统；2—顺送自动式系统；

3—顺送、倒送全自动系统，

$q=1$、$\beta=1$ 的情况

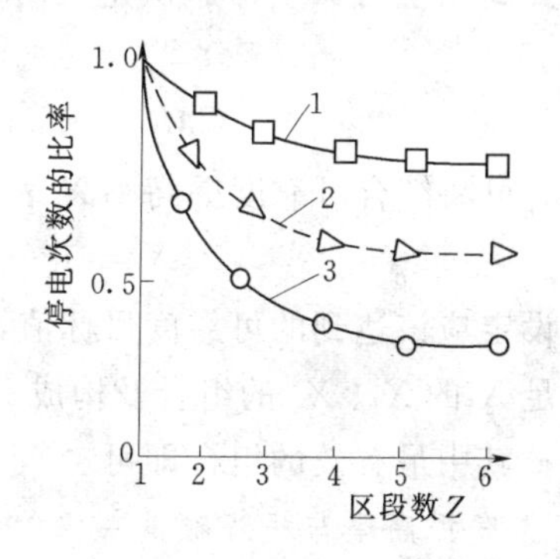

图 6-27　区段数与停电时间的关系

（$t_0=15\text{min}$，$t_1=35\text{min}$，

$t_2=70\text{min}$，$q=0.7$，$\beta=1$）

1—手动式系统；2—顺送自动式系统；

3—顺送、倒送自动式系统

（2）确保系统裕度的效果。如上所述，利用分段开关对馈电线路进行分割，并通过变电所的断路器重合，可以提高由故障区段开始的电源侧完好区段的可靠度，缩小停电范围。

但是，为了使由故障区段开始的负荷侧完好区段，能向邻接馈电线路切换，必须确保邻接馈电线路的切换余力。其具体措施是：

1）新建具有足够裕度的馈电线路。一般来说，系统裕度的提高与新建馈电线路的数量成正比；

2）加强联络开关和联络线路，或者形成环形网络或网形网络，加强馈电线路之间的联络。

根据系统可靠度预测方法的分析，可靠度的提高与适切馈线率的提高成正比。

（3）缩短故障修复时间的效果。为缩短故障修复时间除应在故障发生后尽快发现故障区段并加以切除，然后向完好区段送电或倒送电，并缩短分段开关操作时间及确保系统的裕度，以便使负荷侧完好区段成为可以向相邻馈电线路切换的区段外，其中最主要的是缩短故障点的探测及修复作业的时间，即取决于故障点探测和修复作业机械化和现代化装备的情况。

二、提高可靠度措施效果分布的计算方法

1. 关于可靠度提高率的计算

设可靠度的实测值为CMO_1，可靠度的目标值为CMO_2，达到目标值的综合可靠度提高率为X，则X可定义为

$$X=(CMO_1-CMO_2)/CMO_1$$

由此可得可靠度的目标值CMO_2为

$$CMO_2=CMO_1(1-X)$$

设防止故障措施所决定的可靠度提高率为X_1，则防止故障措施决定的可靠度提高值为

$$CMO_1(1-X_1)$$

又设提高系统可靠度措施决定的可靠度提高率为X_2，则可靠度的目标值CMO_2可表示为

$$CMO_2=CMO_1(1-X_1)(1-X_2)$$

由此，可将综合可靠度提高率X表示为

$$X=1-(1-X_1)(1-X_2)$$

如果设定应该达到的可靠度目标值，则可靠度的综合提高率X即可按此定义求得。但是由于满足X的X_1、X_2的组合及构成X_1、X_2各自的技术措施工程组合可以有无数个，所以只需选择其中最有效的组合即可。

2. 可靠度提高率与投资额的关系

关于防止故障措施实施的工程费用，可以设想，根据各种措施应该实施的顺序排列，其可靠度提高率为X_{11}，X_{12}，X_{13}，…，X_{1n}。

假定与各种措施实施的可靠度提高率对应的费用为Y_{11}，Y_{12}，Y_{13}，…，Y_{1n}，则由防止故障措施决定的可靠度提高率$X_1=\sum_{i=1}^{n}(X_{1i})$，其所需要的投资额$Y_1=\sum_{i=1}^{n}(Y_{1i})$。

同样，假定提高系统可靠度措施的可靠度提高率为X_2，投资额为Y_2，则

$$X_2=\sum_{i=1}^{n}(X_{2i})$$

$$Y_2 = \sum_{i=1}^{n}(Y_{2i})$$

因此，可靠度提高率 X_1、X_2 与投资额 Y_1、Y_2 的关系可以用 $Y_1=f\ (X_1)$，$Y_2=f\ (X_2)$ 的函数来表示。

由于综合投资额 Y 可以表示为 $Y=Y_n+Y_m=\sum_{i=1}^{n}\ (Y_i)\ +\sum_{j=1}^{m}\ (Y_j)$，所以最小投资额 $Y_{\min}$ 也可表示为

$$Y_{\min} = \frac{\partial Y}{\partial X_i \partial X_j} = \frac{\partial}{\partial X_i \partial X_j}(Y_n + Y_m) = \frac{\partial}{\partial (X_i X_j)}(\sum_{i=1}^{n} Y_i + \sum_{j=1}^{m} Y_j)$$

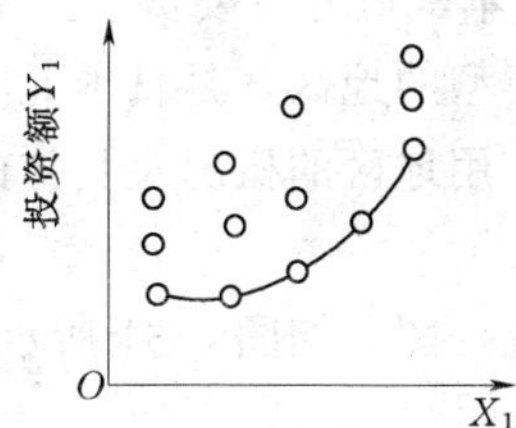

图 6-28　防止故障措施决定的可靠度提高率与投资额的关系

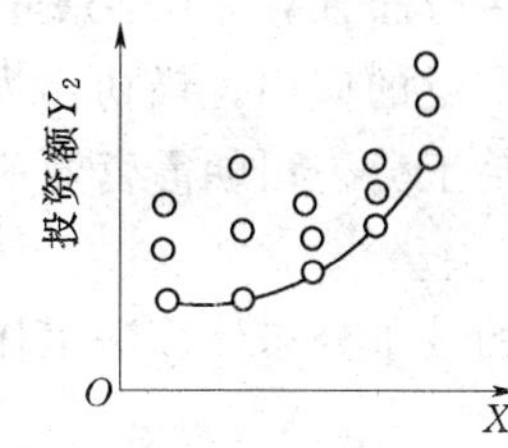

图 6-29　提高可靠度措施决定的可靠度提高率与投资额的关系

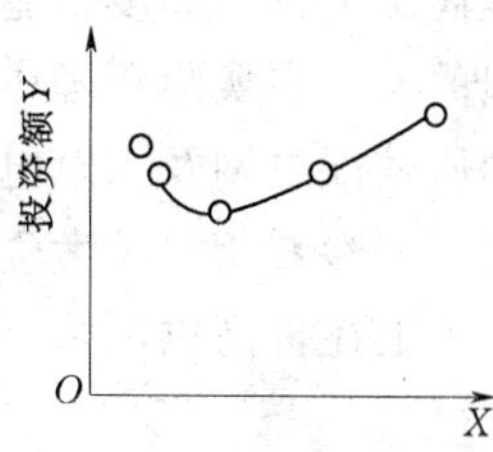

图 6-30　综合措施决定的可靠度提高率与投资额的关系

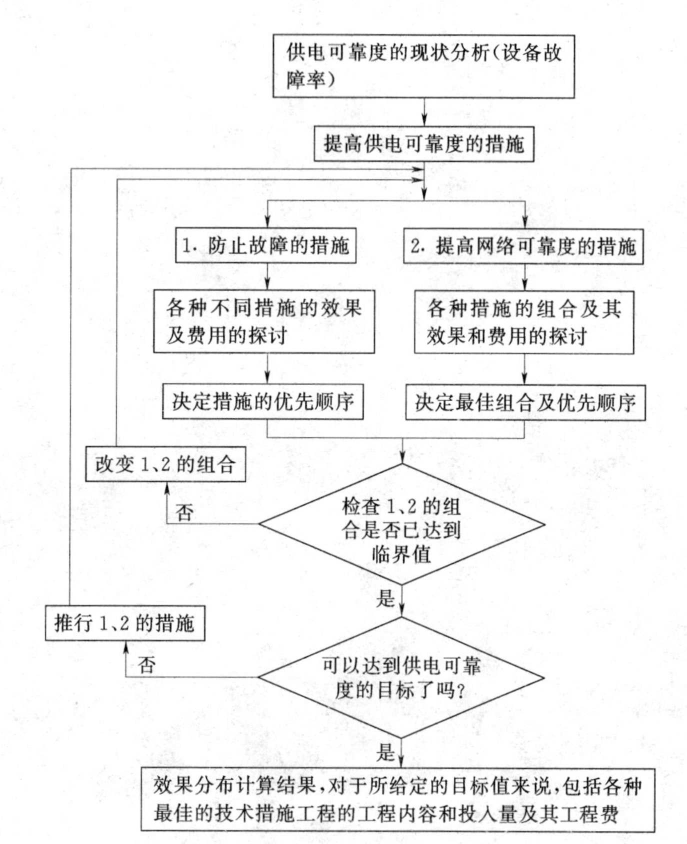

图 6-31　提高供电可靠度措施的效果分布计算法工作程序流程图

式中　X_i——防止故障措施决定的可靠度提高率；

Y_i——防止故障措施工程决定的投资额；

X_j——提高系统可靠度措施工程决定的可靠度提高率；

Y_j——提高系统可靠度措施工程决定的投资额。

防止故障措施、提高系统可靠度措施及综合措施决定的可靠度提高率与投资额的关系，如图 6-28～图 6-30 所示。

三、提高可靠度措施实施效果分布计算方法的应用

提高配电网可靠度措施实施效果分布计算方法，最先是由日本配电专业委员会于 1975 年提出的，并在实际管理中获得了广泛的应用。最初作为应用模型的地区，是日本北陆电力公司所辖配电网及东京电力公司琦玉分公司朝霞营业所，其应用地区的概况及具体的计算过程，请参看相关参考资料。

有关上述提高供电可靠度措施的效果分布计算法工作程序流程图，如图 6-31 所示。

第七章　架空配电线路及电力电缆线路设计基本知识

第一节　架空配电线路的结构

架空配电线路的构成主要包括杆塔、绝缘子、导线、横担、金具、接地装置及基础等。

一、杆塔

目前，架空配电线路上用的杆塔主要有水泥杆、小铁塔和钢管塔三种。水泥杆具有使用寿命长、美观、维护工作量小等特点。配电线路上使用的最多的是锥形水泥杆，即梢度为 1/75 的梢杆。低压配电线路一般使用高为 8～10m，梢径为 150mm 的梢杆，中压配电线路一般使用梢径为 190mm、230mm 的梢杆，杆高主要有 10、11、12、13、15m 几种。13m 以下的不分段，15m 的可以分段，超过 15m 的要分段。

根据杆塔在线路中的用途和位置可分为直线杆、耐张杆、转角杆、终端杆、分支杆和跨越杆等。

（1）直线杆。用以支持导线、绝缘子、金具等重量，承受侧面风压，用在线路中间。

（2）耐张杆。即承力杆，它要承受导线水平张力，同时将线路分隔成若干段，以加强机械强度，限制事故范围。

（3）转角杆。为线路转角处使用的杆塔，有直线转角杆和耐张角杆两种，正常情况下除承受导线等看不起荷重和内角平分线方向风力水平荷载外，还要承受内角平分线方向导线全部的合力。

（4）终端杆。为线路终端处的杆塔，除承受导线的看不起荷重和水平风力外，还要承受顺线路方向全部导线的拉力。

（5）分支杆。为线路分支处的杆塔，正常情况下除承受直线杆塔承受的荷重外，还要承受分支导线等的垂直荷重、水平风力荷重和侧分支线方向导线的全部拉力。

（6）跨越杆。跨越铁路、通航河道、公路、建筑物和电力线、通讯线等处所使用的杆塔。

二、绝缘子

绝缘子的作用是在悬挂导线时，使导线与杆塔绝缘，还承受主要由导线传来的各种荷载，因此必须有良好的绝缘性能和机械强度。

配电线路上使用的绝缘子有针式、蝶式、悬式以及瓷横担等。低压线路用的低压瓷瓶有针式和蝴蝶式两种。中压配电线路的直线杆采用针式或棒式瓷瓶，10kV 铁横担上一般选用 P—15 针式或棒式瓷瓶。高压悬式和蝶式瓷瓶主要用于耐张、转角、分支和终端杆。

在空气特别污秽地区，可以使用防污型绝缘子。

三、导线

架空线路导线的材料主要有铝、铝合金、铜和钢等。架空导线结构上主要可分为三类：单股导线、多股绞线和复合材料多股绞线。架空配电线路的导线型式主要裸导线、绝缘导线和平行集整导线等几种。

10kV 导线排列形式，中压导线一般呈三角形或水平排列，多回路线路的导线宜呈三角形、水平混合排列或垂直排列，低压架空配电线路导线一般采用水平排列。

高压架空配电线路导线相序排列为城镇按建筑物到马路依次为 *A*、*B*、*C* 相；野外按面向负荷侧从左到右为 *A*、*B*、*C* 相。

低压架空配电线路导线相序排列为：220V 低压单相线路为零线靠近建筑，380/220V 三相四线制线路为城镇按建筑物到马路依次为 *A*、0、*B*、*C* 相，野外按面向负荷侧从左到右为 *A*、0、*B*、*C* 相。零线不应高于相线，同一地区零线的位置应统一。

10kV 及以下架空线路的档距，应根据运行经验确定，10kV 及以下架空线路耐张段的长度，一般不宜大于 2km。如无可靠运行资料时，可按表 7-1 所列数据确定。架空配电线路的距离，可按表 7-2、表 7-3 所列数据确定。

表 7-1　　10kV 及以下架空电力线路的档距（m）

线路电压 / 地区	3～10kV	35kV 以下
城　市	40～50	40～50
郊　区	50～100	40～60

表 7-2　　同杆架设 10kV 及以下架空电力线路的横担间最小垂直距离

横担间导线排列方式	直线杆	分支或转角杆
3～10kV 与 3～10kV	0.8	0.45/0.6
3～10kV 与 3kV 以下	1.2	1.0
3kV 以下与 3kV 以下	0.6	0.3

表 7-3　　架空配电线路线路最小距离

电压等级	档　　距　　(m)								
	40m 及以下	50	60	70	80	90	100	110	120
3～10kV	0.6	0.65	0.7	0.75	0.85	0.9	1.0	1.05	1.15
3kV 以下	0.3	0.4	0.45	0.5					

四、横担

横担是用以支持绝缘子、导线、跌落式熔断器、隔离开关、避雷器等设备的，并使导线有一定的距离，因此横担要有一定的强度和长度。高低压配电线路常用的横担有角铁横担和瓷横担两种。具体规格可以查有关设计手册。

第二节　架空线路导线的力学计算

一、导线计算的气象条件

为了使架空线路的结构强度及电气性能能够适应正常情况下的气象变化，以保证线路施工、安装、运行的安全和不浪费线路建设资金，合理选择气象条件是很重要的。

（一）气象条件资料内容及用途

1. 历年最高气温、最低气温和历年平均气温

气温影响导线热胀冷缩，影响导线的弧垂和应力，在线路设计中一般取相应地区的最高气温、最低气温和历年平均气温作为设计的气象条件。历年最高气温用于计算线路的最大弧垂，历年最低气温主要用于计算架空线路的应力，检查绝缘子是否上拨。历年平均气温用于计算平均气温时的应力和用于架空线路的防振设计。

2. 历年最大风速及最大风速月的平均气温

风速对架空线路的影响，首先是风吹在导线上增加导线和杆塔上荷载，其次是导线偏离中心位置，减少对横担及电杆的安全距离，三是风引起导线的振动与舞动危及线路的安全运行。历年最大风速取值方法是对输电线路取 15 年一遇、离地 15m 高处连续记录 10min 的风速的平均值；配电线路取 10 年一遇、离地 10m 高处连续记录 10min 的风速平均值。历年最大风速主要用于计算架空线路及杆塔强度的风压载荷。

3. 覆冰厚度

覆冰厚度对架空线路的影响表现在，一是导线覆冰，增加导线荷载，引起断线和倒杆事故；二是导线弧垂增大，导线对地距离减少，引起放电闪络事故；三是三相不同时脱冰引起导线跳动，引起导线间闪络，烧伤导线。覆冰厚度的取值方法是取 15 年一遇的最大值，冰层密度一般取 $0.9/cm^3$，覆冰厚度主要用于计算覆冰时架空线路的应力、弧垂以及杆塔的垂直载荷。

（二）组合气象条件和典型气象区最大风速、覆冰厚度、最低气温对架空线路的影响最大，以此作为依据，将全国划分为 9 个典型气象区，其中配电线路典型气象区主要有 7 个。配电线路典型气象区如表 7-4 所示。

表 7-4　　配电线路典型气象区

气象区		Ⅰ	Ⅱ	Ⅲ	Ⅳ	Ⅴ	Ⅵ	Ⅶ
大气温度（℃）	最高	+40						
	最低	−5	−10	−5	−20	−20	−40	−20
	导线覆冰	—	−5					
	最大风速	+10	+10	−5	−5	−5	−5	
风速（m/s）	最大风速	30	25	25	25	25	25	25
	导线覆冰	10						
	最高最低气温	0						
覆冰	厚度（mm）	—	5	5	5	10	10	15
	相对密度	0.9						

1. 当设计线路的实际情况与典型气象区接近时，可直接采用典型气象区所列的数据。

2. 线路通过地带不同，为了使整个线路技术经济合理，可将线路分成几段，且采用不同的最大风速。

二、导线的比载

1. 比载的概念

单位长度、单位截面积上导线上的荷载，单位为 $N/m \cdot mm^2$

2. 比载的种类

(1) 垂直比载：

自重比载 g_1：由单位长度、单位截面积上导线上的自重引起的比载：

$$g_1 = \frac{9.807G}{A} \times 10^{-3}$$

式中 G——导线计算质量 kg/km；

A——导线截面 mm^2。

冰重比载 g_2：由覆在导线上的单位长度、单位截面积上的冰筒引起的比载：

$$g_2 = 27.73\frac{b(b+d)}{A} \times 10^{-3}$$

式中 d——导线直径，mm；

b——覆冰厚度，mm。

覆冰时垂直总比载 g_3：自重比载 g_1 与冰重比载 g_2 之和

$$g_3 = g_1 + g_2$$

(2) 水平比载：由导线受垂直于线路方向的水平风压引起单位长度、单位截面积上的比载。无冰时导线的风压比载 g_4：

$$g_4 = 0.613\alpha c d\frac{v^2}{A} \times 10^{-3}$$

式中 α——风速不均衡系数；

c——风载体形系数，$d<17$mm 时 $c=1.2$；$d\geqslant17$mm 时，$c=1.1$；

v——设计风速，m/s。

有冰时导线的风压比载 g_5：

$$g_5 = 0.613\alpha c(d+2b)\frac{v^2}{A} \times 10^{-3}$$

式中 c——风载体形系数，覆冰时无论导线直径大小，$c=1.2$。

(3) 综合比载：无冰时的导线的综合比载 g_6：是自重比载 g_1 与无冰时导线的风压比载 g_4 的矢量和。

$$g_6 = \sqrt{g_1^2 + g_4^2}$$

有冰时导线的综合比载 g_7：是覆冰时垂直总比载 g_3 与有冰时导线的风压比载 g_5 的矢量和。

$$g_7 = \sqrt{g_3^2 + g_5^2}$$

三、导线的安全系数

导线的安全系数是导线的瞬时破坏应力 σ_p 与导线在最低点的最大使用应力 σ_{zd} 之比，一般不宜小于 2.5，重要地区可取 3.0。

四、导线的力学计算公式

（一）弧垂、应力及线长计算

1. 基本概念与规律

弧垂是指自架空线悬挂曲线上任意一点至两侧悬挂点连线的垂直距离。f_x 为任意点的弧垂；f_0 为档距中点的弧垂。应力是指导线单位横截面上的内力，σ_x 为任意点的应力，σ_0 为导线最低点横截面上的应力。

一档导线两侧悬点的高度差简称为高差，一般说，如果高差小于档距的 10%，即 $h/l<$ 10%，则称为小高差档距。小高差档及悬点等高档的导线应力、弧垂及线长等参数可用平抛物线方程近似计算。

通过计算研究，悬点等高与悬点不等高两种（图 7-1）情况下，有以下规律：

1）计算条件相同时，悬点不等高和悬点等高两种情况在相同点的弧垂值相等；

2）无论悬点不等高或悬点等高，档中最大弧垂均发处在档距中央。因此，工程中所讲的弧垂，除有特殊说明外，一般是指档距中点的弧垂，即最大弧垂；

3）在同一连续档中，各点应力不同，但各档最低点的应力 σ_0 相等，且是最小应力。计算点距最低点越远，其应力越大。

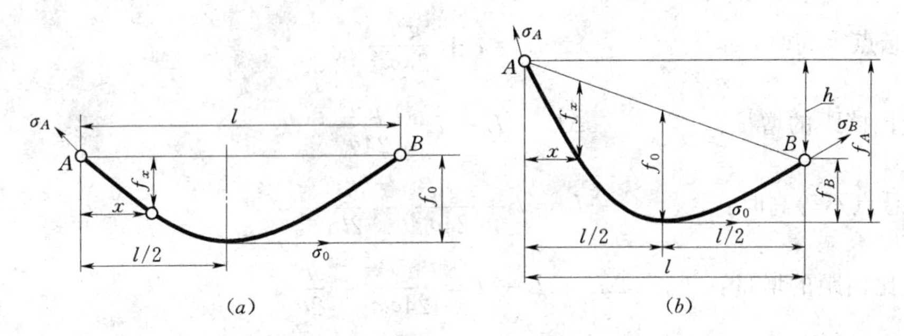

图 7-1　弧垂和应力及线长计算示意图

（a）悬点等高时；（b）悬点不等高时

2. 弧垂计算

(1) 悬点等高时

最低点（档距中点）的弧垂：

$$f_0=\frac{gl^2}{8\sigma_0}$$

任意点的弧垂：

$$f_x=\frac{gx(L-x)}{2\sigma_0}$$

式中　f_0——档距中央最低点的弧垂，m；

f_x——档距中任意 x 点处的弧垂，m；

σ_0——档距中央最低点的应力，MPa；

g——与 σ_0 条件相对应的比载，$N/m \cdot mm^2$；

x——任意点至杆塔的水平距离，m；

（2）悬点不等高时

档距中央的弧垂：

$$f_0 = \frac{gl^2}{8\sigma_0}$$

任意点的弧垂：

$$f_x = \frac{gx(l - x)}{2\sigma_0}$$

3. 应力计算

（1）悬点等高时：

悬点应力：
$$\sigma_A = \sigma_0 + \frac{g^2 l^2}{8\sigma_0}$$

（2）悬点不等高时：

悬点应力：
$$\sigma_A = \sigma_0 + \frac{g^2 l^2}{8\sigma_0} + \frac{h^2 \sigma_0}{2l^2} + \frac{gh}{2}$$

$$\sigma_B = \sigma_0 + \frac{g^2 l^2}{8\sigma_0} + \frac{h^2 \sigma_0}{2l^2} - \frac{gh}{2}$$

4. 档距内线长的计算

档距内导线的实际长度称为线长 L。

（1）悬点等高时：
$$L = l + \frac{g^2 l^3}{24\sigma_0{}^2}$$

导线比档距的增量：
$$\Delta L = L - l = \frac{g^2 l^3}{24\sigma_0{}^2}$$

（2）悬点不等高时：
$$L = l + \frac{g^2 l^3}{24\sigma_0{}^2} + \frac{h^2}{2l^2}$$

导线比档距的增量：
$$\Delta L = L - l = \frac{g^2 l^3}{24\sigma_0{}^2} + \frac{h^2}{2l^2}$$

【例 7-1】 某档距为 200m，导线的比载为 $40 \times 10^{-3} N/mm \cdot mm^2$。试计算导线应力分别为 50MPa、100MPa、150MPa 时，导线的弧垂与线长，并进行比较。

解 $g = 40 \times 10^{-3} N/mm \cdot mm^2$，$l = 200m$，将 $\sigma_0 = 50MPa$、$\sigma_0 = 100MPa$、$\sigma_0 = 150MPa$ 分别代入公式，

$$f_0 = \frac{gl^2}{8\sigma_0}$$

$$L = l + \frac{g^2 l^3}{24\sigma_0{}^2}$$

计算结果如表 7-5 所示。

从计算结果可以看出，档中线长的微小变化将引起弧垂的较大变化。因此在紧线施工时，当观测弧垂人员报告导线已经浮空时，紧线人员就应放慢收线速度。档中线长的微小变化，将引起应力的较大变化。在施工中出现过牢引将引起导线的应力大幅度增加。因此对弧立档必须严格按设计图纸所给定的允许过牵引长度进行紧线。

表 7-5　　　　　　计　算　结　果

应　力　(MPa)	弧　垂　(m)	线　长　(m)
50	4.0	200.21
100	2.0	200.05
150	1.33	200.02

5. 交叉跨越校验

电力线路与电信线、电力线、建筑物、铁路、公路、河流等交叉跨越时，必须保证导线最大弧垂时，在交叉跨越处导线与被跨越物间的垂直距离满足安全距离 [d] 要求，各种跨越的安全距离可查阅有关手册。

(1) 校验原理。导线与被交叉跨越点间的垂直距离不能小于规程规定值。故校验时必须先计算出距离 d。如果 $d>[d]$，则满足安全距离要求。由图 7-2 知：

$$d = H_B - h_x - f_x - H_p$$

式中

$$h_x = \frac{H_B - H_A}{l} l_b = \frac{h}{l} l_b$$

$$f_x = \frac{g}{2\sigma_0} l_a l_b$$

式中　g——导线比载，N/m・mm^2；

σ_0——最低点（档距中点）的应力，MPa，其他符号含义如图 7-2 所示。

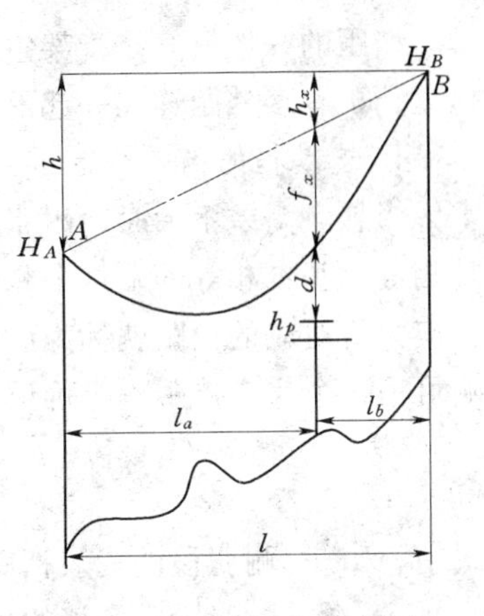

图 7-2　交叉跨越计算示意图

(2) 校验方法。在现场实测导线和被交叉跨越物垂直距离 d，交叉跨越点至两侧杆塔的水平距离 l_a、l_b 及测量时的温度 t。

从导线机械特性曲线图中查取气温 t 时的应力 σ_{01} 和最大弧垂时应力 σ_{02}，则实测气温时交叉跨越点弧垂为

$$f_{1x} = \frac{g}{2\sigma_{01}} l_a l_b$$

最大弧垂时交叉跨越点弧垂为

$$f_{2x} = \frac{g}{2\sigma_{02}} l_a l_b$$

最大弧垂时弧垂与测量时弧垂差为

$$\Delta f = f_{2x} - f_{1x}$$

导线与被交叉物间的最小距离为：

$$d_0 = d - \Delta f$$

如

$$d_0 \geqslant [d]$$

则交叉跨越限距符合要求。

【例 7-2】　有一 380/220V 低压导线穿过一 110kV 线路，用绝缘测距绳测得交跨点间

的垂直距离为 3.5m，测量时气温为 10 ℃，已知：导线的比载为 34.047×10^{-3}N/m·mm²，10 ℃时的应力为 80MPa，40 ℃时的应力为 60MPa，110kV 线路与 380/220V 线路间的允许安全距离为 3m，$la=90$m，$lb=180$m，问最高气温时交跨距离是否满足要求

解

$$f_{1x}=\frac{g}{2\sigma_{01}}l_a l_b=\frac{34.047\times10^{-3}}{2\times80}\times90\times180=3.45\text{m}$$

$$f_{2x}=\frac{g}{2\sigma_{02}}l_a l_b=\frac{34.047\times10^{-3}}{2\times60}\times90\times180=4.60\text{m}$$

$$\Delta f=f_{2x}-f_{1x}=4.6-3.45=1.15\text{m}$$

$$d_0=d-\Delta f=3.5-1.15=2.35\text{m}<3\text{m}$$

所以交叉跨越距离不够。

（二）各种档距计算

档距的一般概念是指架空线路两悬挂点之间的水平距离，只有一个档距的耐张段称为孤立档，有多档距连在一起的耐张段称为连续档。

1. 连续档的代表档距

当悬点高差不大时，耐张段中各档导线在一种气象条件下的水平张力（水平应力）总是相等或基本相等的，这个相等的水平应力可称为该耐张段内导线的代表应力，而这个代表应力所对应的档距就称为该耐张段的代表档距，即连续档耐张段的多个档距对应力的影响可用一个代表档距来等价反映。对于悬点等高（小高差）的耐张段，其代表档距为：

$$l_0=\sqrt{\frac{l_1^3+l_2^3+\cdots+l_n^3}{l_1+l_2+\cdots+l_n}}=\sqrt{\frac{\sum l_i^3}{\sum l_i}}$$

式中　l_0——耐张段的代表档距，m；

l_i——耐张段内各档的档距，m。

2. 临界档距

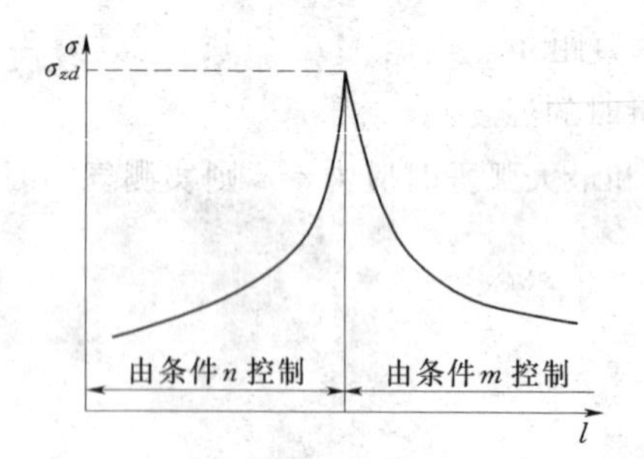

图 7-3　临界档距及控制条件示意图

对一定确定的耐张段，影响导线应力大小的因素主要为气温和比载，因此，可能出现最大应力的气象条件有最低气温、最大覆冰和最大风速，由此组成的导线应力计算的控制条件有四种，即最大使用应力和最低气温、最大使用应力和最大覆冰、最大使用应力和最高风速、年平均运行应力和年平均气温。以上四种控制条件，并不是在全部代表档距范围内都同时起作用的。当代表档距 l_0 由零逐渐增大时，在 l_0 较小时，导线应力主要受气温的影响，最低气温是应力控制的气象条件；当 l_0 大时，应力完全由比载决定，而与气温无关，最大比载所对应的气象条件是应力的控制气象条件（图 7-3）。在这个变化过程中，必然会出现一个临界档距，使控制应力的气象条件由一种条件变化为另一种条件。临界档距的计算公式为：

$$l_j=\sqrt{\frac{\frac{24}{E}(\sigma_m-\sigma_n)+24\alpha(t_m-t_n)}{\left(\frac{g_m}{\sigma_m}\right)^2-\left(\frac{g_n}{\sigma_n}\right)^2}}$$

式中　l_j——临界档距，m；

σ_m，σ_n——分别为两种控制气象条件的控制应力，MPa；

g_m，g_n——分别为两种控制气象条件的比载，N/m・mm^2；

t_m，t_n——分别为两种控制条件的气温，℃；

α——导线的热膨胀系数，1/℃；

E——导线的弹性系数，MPa。

当两种气象条件的应力相等时且为许用应力，上式可简化为

$$l_j = \sigma_m \sqrt{\frac{24\alpha(t_m - t_n)}{g_m^2 - g_n^2}}$$

【例 7-3】　一条 35kV 线路，使用 LGJ—95 导线，耐张段内各档距均为 120m，所在地区的最高气温为 $t_{zd}=40$ ℃，最低气温为 $t_{zx}=-20$ ℃，最大风速为 $V_{zd}=25$m/s，导线沓相应的风速 $V=10$m/s，最大风速时和覆冰时的气温均为－5 ℃，覆冰厚度 $b=5$mm，导线瞬时破坏应力 $\sigma_p=284.2$N/mm^2，温度线膨胀系数 $a=19\times10^{-6}$(1/℃)，弹性模量 $E=78400$N/mm^2，安全系数 $K=2.5$，试判断出现最大应力的气象条件。

解　计算导线的比载（单位 N/m・mm^2）：

$$g_1 = 35.035 \times 10^{-3}$$

$$g_2 = 22.948 \times 10^{-3}$$

$$g_3 = 57.982 \times 10^{-3}$$

$$g_4 = 47.334 \times 10^{-3}$$

$$g_5 = 15.415 \times 10^{-3}$$

$$g_6 = 58.988 \times 10^{-3}$$

$$g_7 = 60 \times 10^{-3}$$

计算许用力，　$[\sigma] = \sigma_p/2.5 = 284.2/2.5 = 113.68$ (N/mm^2)

计算临界档距：

$$\begin{aligned} l_j &= [\sigma]\sqrt{\frac{24\alpha(t_m - t_n)}{g_m^2 - g_n^2}} \\ &= 113.68\sqrt{\frac{24 \times 19 \times 10^{-6}(-5 + 20)}{[60^2 - 35.035^2] \times 10^{-6}}} \\ &= 193\ (\text{m}) \end{aligned}$$

已知该线路的实际档距均为 120m＜193m，故导线的最大应力必在最低气温出现。

前面已经提到，控制应力计算的组合气象条件有四个，因此两两组合后所决定的临界档距应有六个，将四个组合控制条件两两按上例代入上式，应可以求出六个临界档距（图 7-4）。

3. 水平档距 l_p

杆塔两侧档距的平均值，用来计算杆塔承受导线横向风压荷载，用于计算导线和杆塔承受导线的水平荷载。

$$l_p = (l_1 + l_2)/2$$

4. 垂直档距 l_2

近似地取杆塔两侧内导线最低点间的水平距离。用于计算杆塔承受导线的垂直荷载。

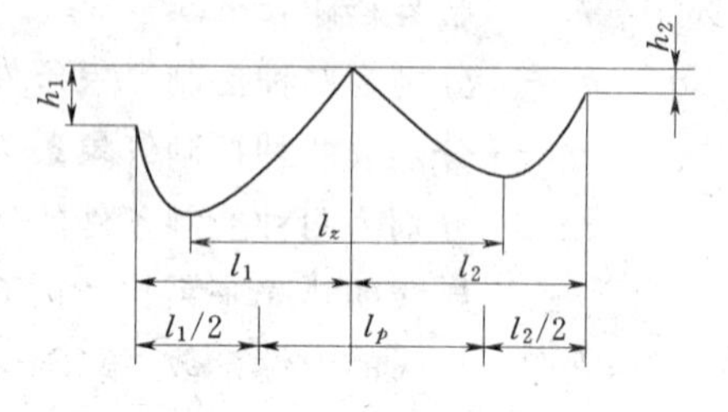

图 7-4 档距计算示意图

由上面的定义和计算公式可以看出，水平档距与地形、气象条件无关，而垂直档距与地形和气象条件有关。

$$l_2 = \frac{1}{2}(l_1 + l_2) + \frac{\sigma}{g}\left(\frac{h_1}{l_1} + \frac{h_2}{l_2}\right),\mathrm{m}$$

（三）安装曲线

架空线路的安装气象条件是无风、无冰和安装时的气温。在不同的安装气温下安装架空线时，需要查事先计算好的安装表或绘制好的安装曲线，以便紧线时测量弧垂或应力，使其符合设计要求。所谓安装曲线应是在一定安装气象条件时，导线弧垂（或张力）和代表档距间的关系曲线，一般横坐标表示代表档距，纵坐标表示弧垂或张力，如图 7-5 所示。

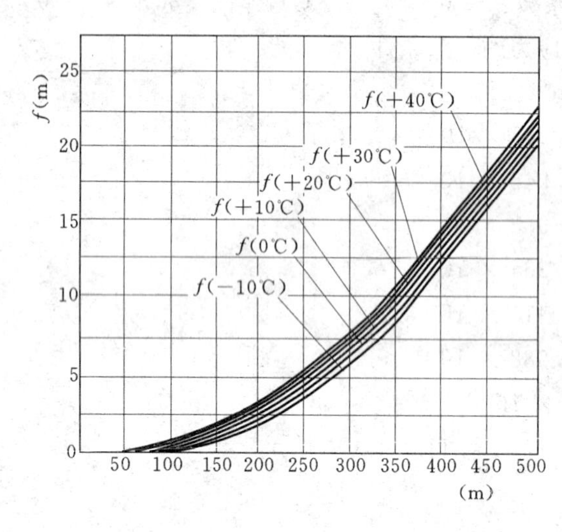

图 7-5 安装曲线（LGJ—95，Ⅳ级气象区）

架空导线除了产生弹性伸长外，还产生塑性和蠕变伸长，这两种伸长使架空导线产生永久变形，称为“初伸长”。初伸长使架空导线的弧垂增大。初伸长是在架空导线运行 5～10 年后才趋于稳定。为此，在新线路架设时，必须对架空线路用减少弧垂的方法作补偿，使其在长期运行后能保证对地面和被跨越物间的安全距离。配电线路的弧垂减少百分值为：

铝绞线	20％
钢芯铝绞线	12％
铜绞线	7％～8％

当安装曲线未考虑初伸长时，应用安装曲线确定安装紧线时观测弧垂的步骤如下：

（1）确定耐张段代表档距 l_0 和弧垂观测档及其档距 l_i，弧垂观测档按以下原则确定：

1）紧线耐张连续档在 5 档及以下时，靠近中间选择一档；

2）紧线耐张连续档在 6～12 档时，靠近两端各选择一档；

3）紧线耐张连续档在 12 档以上时，靠近两端和中间各选择一档；

4）观测档宜选择档距大和悬点高差小的档，且耐张段两侧第一档不宜作观测档。

（2）带温度计到现场实测现场温度 t_1，并根据导线型号确定降温值 Δt，则考虑降温后的气温为 $t=t_1-\Delta t$。

（3）根据紧线耐张段代表档距 l_0 和气温 t 在安装曲线上查得代表档距 l_0 所对应的代表弧 f_0。

（4）根据下式计算出观测档的观测弧垂

$$f_i = f_0\left(\frac{l_i}{l_0}\right)^2$$

式中 f_i——观测档观测弧垂，m；

f_0——代表档距对应的弧垂，m；

l_i——观测档的档距，m；

l_0——紧线耐张段的代表档距，m。

【例 7-4】 对某线路耐张段进行导线安装如图 7-6 所示，导线为 LGJ—120/20，现场实测观测时气温为 $t_1=7.5$ ℃，导线铝钢截面比为 6.15，取 $\Delta t=17.5$ ℃，试确定弧垂观测档和观测弧垂。

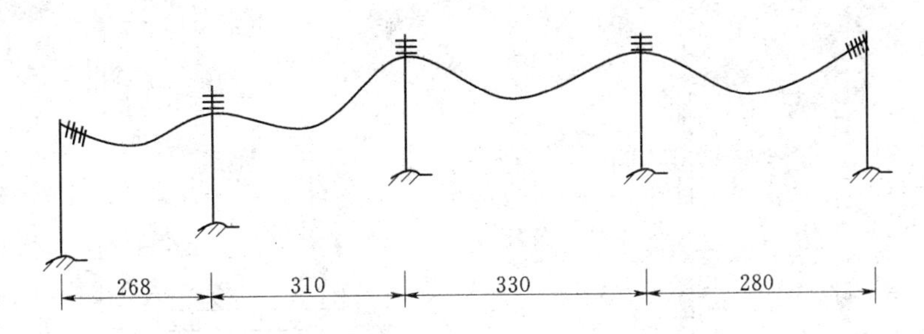

图 7-6 紧线耐张段布置图（单位：m）

解 （1）先选择观测档：按上述原则，选择 330 档为观测档，$l_i=330$m。

（2）计算代表档距：

$$l_0=\sqrt{\frac{l_1^3+l_2^3+\cdots+l_n^3}{l_1+l_2+\cdots+l_n}}=\sqrt{\frac{268^3+310^3+330^3+280^3}{268+310+330+280}}=300\ (\text{m})$$

（3）计算考虑降温后计算气温

$$t=t_1-\Delta t=7.5-17.5=-10\ ℃$$

（4）根据 $l_0=300$m，$t=-10$ ℃，查安装曲线得 $f_0=5.22$m。

（5）观测档的档距为 $l_i=330$m，所以观测弧垂值为

$$f_i=f_0(\frac{l_i}{l_0})^2=5.22\times\left(\frac{330}{300}\right)^2=6.32\ (\text{m})$$

第三节 架空配电线路杆塔与基础强度校验

一、杆塔的荷载分类

根据荷载在杆塔上的作用方向（如图 7-7 所示）可分为：

1. 横向水平荷载

杆塔及导线、避雷线的横向风压荷载、转角杆塔导线及避雷线的角度荷载。

2. 纵向水平荷载

杆塔及导线、避雷的纵向风压荷载，事故断线时的顺线路方向张力、导线、避雷线的顺线路方向不平衡张力，安装时的紧线张力等。

3. 垂直荷载

导线、避雷线、金具、绝缘子、覆冰荷载和墙塔自重，安装检修人员及工具重力，使用拉线由拉线产生的垂直分力。

二、杆塔的荷载的计算

(1) 垂直荷载计算。计算公式

$$G = gAl_z + G_j$$

式中 g——导线垂直比载，取 g_1 或 g_3，N/m・mm²；

A——导线截面积，mm²；

l_z——垂直档距，m；

G_j——绝缘子重量，N。

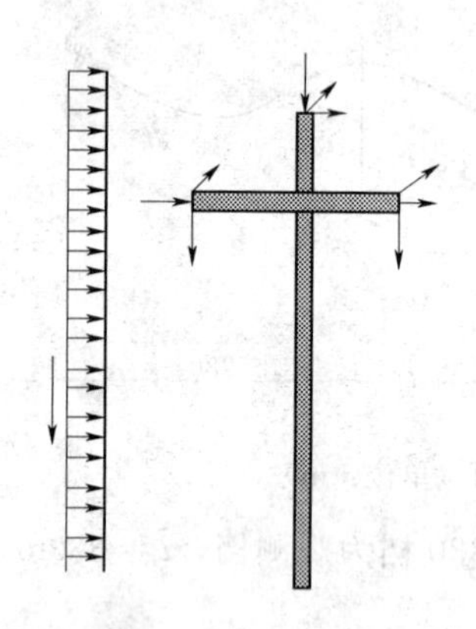

图 7-7 水泥杆荷载受力示意图

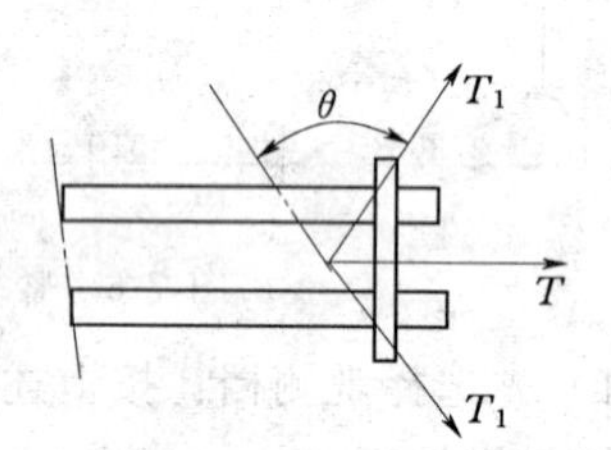

图 7-8 转角横担受力图

(2) 水平荷载计算：

1）杆塔风压荷载计算：

$$W = 9.8cF \times \frac{V^2}{16} \text{ (N)}$$

式中 W——电杆或导线的风压荷载，N；

c——风载体型系数：环形杆取 0.6；直径小于 17mm 的导线取 1.2，直径大于 17mm 的导线取 1.1，导线覆冰时均取 1.2；

F——电杆侧面的投影面积或导线直径与档距的乘积，mm²；

V——设计风速，m/s。

2）导线横向水平风压荷载计算：导线横向水平荷载除可按上式计算外，还可按下式计算

$$W = gAl_p \sin^2 \phi$$

式中 ϕ——风向与线路方向的夹角，(°)；

g——导线的风压比载，取 g_4 或 g_5，N/m・mm²；

l_p——水平档距，m，断线故障时，断线相取 $l_p/2$。

3）导线的角度荷载：当线路转角时，杆塔承受顺横担方向的全力（图 7-8）T 为

$$T = (T_1 + T_2)\sin\theta$$

式中 T_1、T_2——杆塔两侧张力，断线时，断线侧张力为 0，N；

θ——线路转角，(°)。

4）纵向不平衡张力：导线的不平衡张力和断线张力一般取最大使用张力的百分值，具体数值见表 7-6。

表 7-6　　断线张力（取最大使用张力的百分值）

导 线 截 面 (mm²)			95 及以下	120～185	240 及以上
直线型杆塔	导线	铁 塔	40	40	50
		钢筋混凝土拉线电杆、拉线铁塔	30	35	40
耐张型杆塔	导 线		70		
	避雷线		80		
大 跨 越 杆 塔			60		

三、钢筋水泥杆的强度校验

为保证配电线路安全运行，电杆必须能承受一定的荷载而不致损坏。架空配电线路杆一般不必验算断线应力，配电线路的档距较小，电杆一般都能满足垂直荷载的要求。只有转角杆、终端杆才考虑横向受力，这些力一般通过拉线平衡。架空配电线路杆塔的强度计算，一般要求电杆承受的最大弯矩不能超过电杆的允许弯矩，即在最大风速时，作用在杆塔上横线路方向水平力对电杆造成的力矩不能超过电杆的允许弯矩。电杆强度校验时安全系数取值：一般取 2，最小不小于 1.7。常用电杆校验弯矩标准见表 7-7（表中数据已取安全系数 2）。

表 7-7　　梢径 190mm 的拔梢杆水泥杆标准校验弯矩（N·m）

标准荷载 (N) / 杆高 (m)	*E* 1960	*G* 2450	*I* 2940	*J* 3430	*K* 3920	*L* 4900
10	15778	19718	23667			
11	17346	21678	26019			
12	19110	23892	28665	33438	38220	
13	20678	25852	31017	38837	41356	
15	24010	30008	36015	42022		

钢筋水泥杆的强度校验基本步骤是：

1）计算三相导线的横向水平风压荷载：

$$W_1 = 3 \times 9.8 \times c \times \text{导线计算外径} \times \text{水平档距} \times \frac{V^2}{16}$$

2）计算电杆承受的风压荷载：

$$W_2 = 9.8CF \times \frac{V^2}{16}\,(\text{N})$$

3）计算电杆在地处所受的横向弯矩：

$$M_a = W_1 \times \text{横担对地高度} + W_2 \times \frac{\text{电杆高度}}{2}$$

4）验算弯矩：若

$$\frac{M_a}{安全系数} \leqslant [M]$$

则符合强度要求。上式中安全系数应不小于1.7，一般取2.0。

【例7-5】 在V类气象区，要架设一条LGJ—240导线的双回路线路，杆型如图7-9，水平档距为70m，拟采用梢径为190的12m水泥杆，试选择该线路水泥电杆的类型。

解 查气象区参数表知：$V=25\text{m/s}$，LGJ—240外径为19.9mm，梢径190mm水泥杆地面以上的投影面为2.55m^2。

$$W_1 = 3 \times 9.8 \times 1.1 \times 19.9 \times 10^{-3} \times 70 \times \frac{25^2}{16} = 1761\ (\text{N})$$

$$W_2 = 9.8 \times 0.6 \times 2.55 \times \frac{25^2}{16} = 586\ (\text{N})$$

$$M_a = 1761 \times 8.8 \times 1761 \times 9.8 + 586 \times \frac{10}{2} = 35685\ (\text{N})$$

若选K型，安全系数为38220×2/35685=2.14，则满足要求。若选J型，安全系数为33483×2/35685=1.88，则安全裕度不太够。

四、电杆高度确定

电杆高度由导线对跨越物的要求、导线弛度、埋深和杆顶结构决定，如图7-10所示。

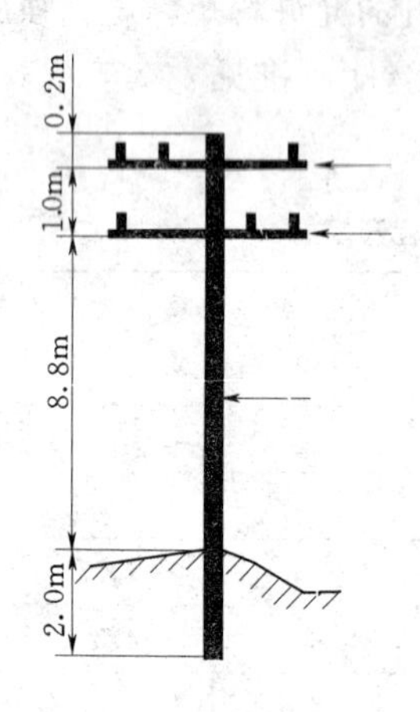

图7-9 杆塔受力简图

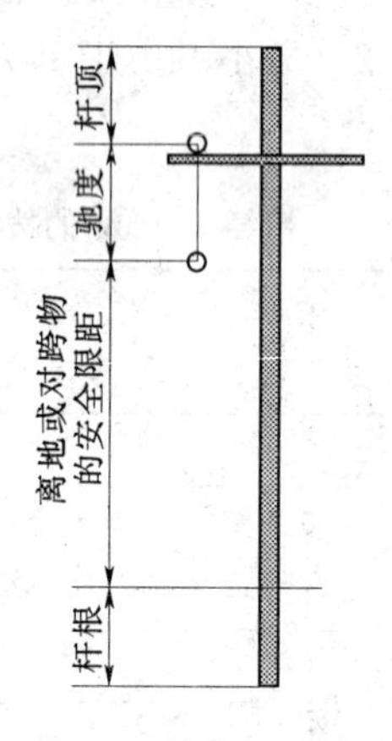

图7-10 杆塔限距示意图

五、电杆埋深

电杆埋深一般应满足表7-8要求（图7-10）。

表7-8 常用配电线路电杆埋深

电杆高度(m)	8	9	10	11	12	13	15
埋深（m）	1.5	1.6	1.7	1.8	1.9	2.0	2.3

电杆埋深也可按下式计算方法确定：

$$埋深 = \frac{1}{6} \times 杆高 + (0.8 \sim 1.0)\text{m}$$

六、电杆基础

电杆基础可分为三盘：底盘、卡盘、拉盘。

1. 底盘

电杆是否需要底盘及底盘的尺寸大小，取决于电杆的垂直荷载 P 和地基的允许耐压应力 $[P]$ (N/cm^2)

当
$$\frac{P}{A_a} \leqslant [P]$$
时，电杆稳定不下沉。

式中 A_a——电杆基底（或底盘）的承载面积，cm^2。

一般直线杆不加底盘，终端杆、转角杆、分支杆、特殊跨越杆应严格进行校验是否需要安装底盘。

2. 卡盘

电杆在水平力作用下不会倾倒，保持稳定，主要取决于土壤对电杆的抗倾覆力，其作用力如图 7-11 所示。卡盘的作用就是保证电杆在横线路方向水平荷载作用下，保证电杆保持稳定不倾覆。卡盘一般安装在离地面 1/3 埋深处。

设置卡盘的条件是要看土壤的抗倾覆力矩是否大于电杆横向荷载对该地面的弯矩，即

$$M_j = \frac{K_0 m b_0 h^2}{\mu} \geqslant K S_0 H$$

如上式成立，则不用安装卡盘，否则必须安装卡盘。

式中 K_0——宽度增大系数，正常埋深时取 1.5～1.8；

m——土抗力系数，kN/m^3；软土取 30；砂土、可塑土取 49～50；坚土与石块取 78～100；

μ——计算系数，正常埋深时取 11.5～13；

b_0——电杆宽度，m；

K——安全系数：直线杆取 1.5；耐张杆取 1.8；转角杆与终端杆取 2.0；

其他符号意义见图 7-11。

3. 拉线

中、低压配电线路除在终端杆、转角杆、分支杆上必须加拉线外，一般郊区还必须加防风拉线。为了提高拉线与地面的距离，还可以将拉线改为水平拉线。防风拉线根据气象条件、线路位置、导线粗细、档距长短、耐张段等因素决定，一般采用 GJ—25 或 GJ—35；转角小于 45°的设一根共同拉线，方向在转角平分线上，大于 45°时，应在顺线路外角方向设两根拉线。

拉线截面的粗细可按下式计算：

$$S = \frac{K P_1}{\sigma_p} \ (mm^2)$$

式中 K——安全系数，钢绞线取 $K \geqslant 2.0$；

σ_p——拉线瞬时破坏应力，钢绞线取 $1176N/mm^2$；

P_1——拉线承受的拉力，N。

终端杆、分支杆、转角杆的顺线拉线：

$$P_1 = \frac{P_d}{\sin\alpha_d}$$

式中 P_d——三相导线最大张力之和；

α_d——拉线与电杆的夹角。

共同拉线：
$$P_1 = \frac{2P_d}{\sin\alpha_d}\sin\frac{\beta}{2}\ (\mathrm{N})$$

式中 β——转角杆的导线转角。

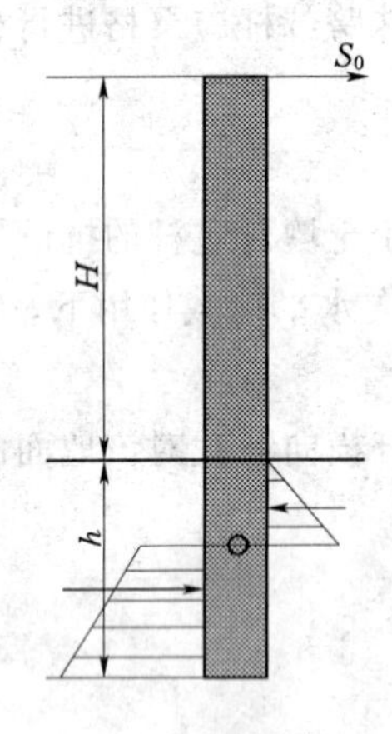

图 7-11 电杆作用力分布图

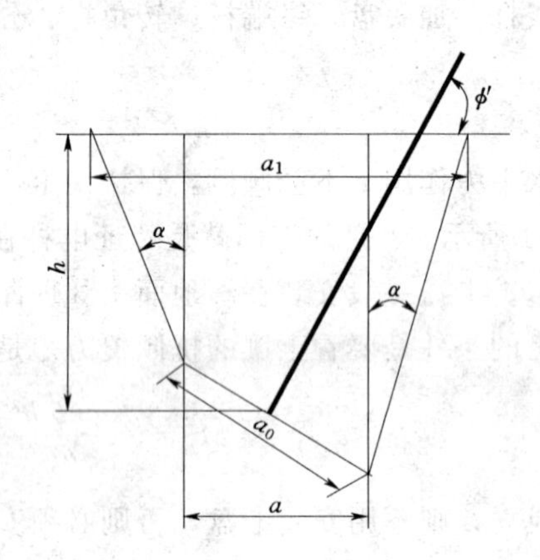

图 7-12 拉线盘计算受力图

4. 拉线盘

拉线盘安装应校验拉盘的上拔力。校验条件是拉盘重量 Q_0 和拉盘范围内泥土的压力大于拉线拉力 P_1 的垂直分量，即：

$$\frac{h}{6}(2ab + a_1b + 2a_1b_1 + ab_1)r + Q_0 \geqslant KP_1\sin\Psi'$$

$$a = a_0\sin\Psi'$$

$$a_1 = a + 2h\mathrm{tg}\alpha$$

$$b_1 = b + 2h\mathrm{tg}\alpha$$

式中 α——土壤上拔角：一般取 25°～30°；软塑土取 10°～15°；

r——土壤容重：16～18kN/m^3；

K——安全系数：取 1.5；

Q_0——拉线盘重量，kN；

b——拉线盘长度，m；

a_0——拉线盘宽度，m。

其他参数如 7-12 所示。

第四节　架空线路导线截面选择

一、导线规格与型式

架空配电线路所用的导线主要有以下几种。

（一）架空裸导线

配电线路所用的架空裸导线主要有单股铝线、铜线、多股铝绞线、铜绞线、钢芯铝绞线几种，其型式表示方法如表7-9所示。

表 7-9　　架空裸导线型号表示方法

导线种类	代表符号	导线型号举例及含义
单股铝线	L	L—10 标称截面 10mm² 的单股铝线
多股铝绞线	LJ	LJ—16 标称截面 16mm² 的多股铝绞线
钢芯铝绞线	LGJ	LGJ—35/6 铝部分的标称截面 35mm²，钢芯的标称截面 6mm² 钢芯铝绞线
单股铜线	T	T—6 标称截面 6mm² 的单股铜线
多股铜绞线	TJ	TJ—50 标称截面 10mm² 的多股铜绞线
钢绞线	GJ	GJ—25 标称截面 25mm² 的钢绞线

（二）架空绝缘线

架空绝缘线的耐压水平较高，对于解决树与导线的矛盾以及导线与建筑物之间的距离非常有利，采用绝缘导线可以缩短线间距离，降低线路的电感，从而降低了线路的电压和电能损耗。低压绝缘导线可在钢索上成束架设，也可按传统方法架设，因此在城市广泛应用。

10kV 绝缘导线采用交联聚乙烯绝缘导线 JYJ、JLYJ 系列。低压塑料绝缘导线采用聚氯乙烯绝缘导线 JV、LV 系列、聚乙烯绝缘导线 JY、JLY 系列、交链聚乙烯绝缘导线 JYJ、JLYJ 系列。低压平行集束绝缘导线主要采用 JKLYS 系列。

常用导线的规格如表 7-10～表 7-13 所示。

表 7-10　　常用铝绞线的规格

型　号	股数及单线直径（mm）	计算截面（mm²）	电线外径（mm）	直流电阻（Ω/kg）	拉断力（kg）	容许电流（A）	参考质量（kg/km）
LJ—16	7×1.7	15.89	5.1	1.847	257	105	43.5
LJ—25	7×2.12	24.71	6.4	1.188	400	135	67.6
LJ—35	7×2.50	34.36	7.5	0.854	555	170	94.0
LJ—50	7×3.00	49.48	9.0	0.593	750	215	135
LJ—70	7×3.55	69.29	10.7	0.424	990	265	190
LJ—95	19×2.50	93.27	12.5	0.317	1510	320	257
LJ—120	19×2.80	116.99	14.0	0.253	1780	375	323
LJ—150	19×3.15	148.07	15.8	0.200	2250	440	409
LJ—185	19×3.50	182.80	17.5	0.162	2780	500	504
LJ—240	19×3.98	236.38	19.9	0.125	3370	590	652

表 7-11　　　　　　　　常用钢芯铝绞线规格表

型　号	股数及单线直径 (mm)		计 算 截 面 (mm^2)		电线外径 (mm)	直流电阻 (Ω/kg)	拉断力 (kg)	容许电流 (A)	参考质量 (kg/km)
	铝	钢	铝	钢					
LGJ—35	6/2.8	1/2.8	36.95	6.16	8.40	0.796	1190	175	119
LGJ—50	6/3.2	1/3.2	48.26	8.01	9.60	0.609	1550	210	195
LGJ—70	6/3.8	1/3.8	68.05	11.34	11.40	0.432	2130	265	275
LGJ—95	28/2.07	7/1.8	94.23	17.81	13.68	0.315	3490	330	401
LGJ—120	28/2.3	7/2.0	116.34	21.99	15.20	0.255	4310	380	495
LGJ—150	28/2.53	7/2.2	140.76	26.61	16.72	0.211	5080	445	598
LGJ—185	28/2.88	7/2.5	182.40	34.36	19.02	0.163	6570	510	774
LGJ—240	28/3.22	7/2.8	228.01	43.10	21.28	0.130	7860	610	969
LGJ—300	28/3.8	19/2.0	317.52	59.69	25.20	0.0935	11120	690	1348
LGJ—400	28/4.17	19/2.2	382.40	72.22	27.68	0.0778	13430	835	1626

表 7-12　　　　　6/10kV 架空绝缘线特性（沈阳电缆厂）

标称截面 (mm^2)	导体结构根数/直径 (mm)	绝缘层厚 (mm)	电线标称外径 (mm)	导体 20 ℃时直流电阻，最 大 (Ω/km)		绝缘电阻 最 小 (MΩ/km)		拉断力最小 (kN)		载流量（A）（ν=30 ℃）				电线计算重 量 (kg/km) $\delta=3.4$	
										交联聚乙烯绝缘		聚氯乙烯绝缘			
				铜	铝	20℃	90℃	铜	铝	铜芯	铝芯	铜芯	铝芯	JYJ	JLYJ
10	7/1.35	3.4	11.9	1.867	—	1336	1.336	3.20	—	—	—	—	—	220	—
16	7/1.70	3.4	13.0	1.173	—	1206	1.206	5.12	—	134		104	81	291	—
25	7/2.26	3.4	14.0	0.742	1.20	1104	1.104	8.14	3.92	182	141	142	111	417	238
35	7/2.65	3.4	15.0	0.534	0.868	1002	11.14	5.18	224	174	175	136	530	283	
50	7/3.10	3.4	16.30	0.395	0.641	894	0.894	15.43	7.14	277	215	216	168	681	344
70	19/2.26	3.4	18.0	0.273	0.443	758	0.758	22.08	9.85	352	274	275	214	923	437
95	19/2.65	3.4	19.6	0.197	0.320	704	0.704	30.24	13.01	440	341	344	267	1210	542
120	36/2.16	3.4	21.0	0.156	0.253	646	0.646	38.80	17.48	513	398	400	311	1487	646
150	36/2.42	3.4	22.8	0.126	0.206	584	0.584	47.30	20.97	586	454	459	356	1825	769
185	36/2.68	3.4	24.4	0.101	0.164	539	0.539	58.80	25.60	684	531	536	416	2194	900
240	36/3.05	3.4	26.6	0.077	0.125	487	0.487	69.77	32.63	820	635	641	497	2780	1103

表 7-13　　　　　　　　低压架空绝缘线特性

导体标称截面 (mm^2)	线芯结构根数/单线标称直径 (mm)	绝缘标称厚度 (mm)	电线最大外径 (mm)	20 ℃时导体直流电阻 (Ω/km)		70 ℃时最小绝缘电阻 (MΩ/km)	计算断力 (kN)		载流量（ν=30 ℃）(A)	
				铜芯	铝芯		铜芯	铝芯	JY/XLPE	JLY/XLPE
16	7/1.70	1.0	7.1	1.115	1.91	0.0050	5.120	2.556	104/134	81/104
25	7/2.14	1.2	8.9	0.727	1.20	0.0050	8.135	3.920	142/182	111/141
35	7/2.52	1.2	10.0	0.524	0.868	0.0045	11.139	5.184	175/224	136/174
50	19/1.78	1.4	11.7	0.378	0.641	0.0040	15.430	7.137	216/277	168/215
70	19/2.14	1.4	13.5	0.268	0.443	0.0035	22.081	9.855	275/352	214/274

二、导线截面选择的基本要求

为了保证电力用户正常工作，选择导线必须满足以下条件：

1）导线截面应满足经济电流密度的要求，保持线路有较好经济运行状态；

2）导线截面必须满足电压损耗的要求，保证有较好的供电电压质量要求；

3）导线截面必须满足导线长期允许发热要求，其长期通过的最大工作电流应小于其允许长期载流量；

4）导线截面必须满足机械强度要求，保证运行具有一定的安全性；

5）满足保护条件要求，以保证自动空气开关或熔断器能对导线起到保护要求。

三、导线截面选择的基本方法

1．按经济电流密度选择导线截面

当负荷电流通过导线时，在导线上将产生电能损耗，这种电能损耗与负荷电流大小和导线的截面有关，在相同的负荷电流下，导线截面积越大，其电能损耗越小，但相应的导线投资与维修费用也增大。经济电流密度就是考虑以上综合因素后，由国家计算确定的，使导线运行较为经济合理的单位截面积上流过的电流值（表7-14）。

表7-14　　导线经济电流密度

线路类型	导线材料	最大负荷利用小时数（h）		
		3000以下	3000～5000	5000以下
架空线路	铝	1.65	1.15	0.9
	铜	3.0	2.25	1.75
电力电缆线路	铝	1.92	1.73	1.54
	铜	2.5	2.25	2.0

按经济电流密度的要求确定导线截面计算方法如下：

$$S=\frac{I_{zd}}{J}=\frac{P}{\sqrt{3}JU_{n}\cos\varphi}$$

式中　P——线路传输的最大有功功率，kW；

I_{zd}——线路通过的最大电流，A；

J——导线的经济电流密度，A/mm^2；

U_n——线路额定电压，kV。

2．按导线允许载流量选择导线截面

导线中通过的电流越大，温度越高。当导线温度升高时，导线结头处、导线与电器连接处，由于接触电阻大，发热多，温度更高。结头处温度升高，可能使结头表面严重氧化，加大了接触电阻，形成恶性循环，降低导线强度甚至把导线烧红、烧断，造成事故或灾害。对于绝缘导线，温度过高可能使绝缘损坏。所以，导线的温度不能过高，裸导线的最高允许温度为+70℃。绝缘导线的允许温度与绝缘材料、结构等因素有关。为了使导线的温度不超过允许温度，必须限制通过导线的电流。导线中所能通过的最大电流叫做允许电流，用I_y表示，有的地方也叫安全电流。

根据允许电流的含义可知，裸导线的允许电流与导线材料、结构及截面大小有关，同时还与周围的环境气温有关。环境气温愈高，导线允许电流愈小。

全国各地的环境温度不尽相同，把每种温度下的允许电流都列出表格过于繁琐，所以一般只列出标准空气温度为25℃时导线的允许电流。求其他温度下的允许电流时，应再乘一个校正系数K。空气标准温度为25℃时，裸导线的标准允许电流I_{by}列于表7-10～表7-13相应地各种温度下的校正系数K列于表7-15。

表7-15　　允许温度为70℃时的裸导线允许电流校正系数K

环境温度(℃)	−5	0	+5	+10	+15	+20	+25	+30	+35	+40	+45	+50
校正系数K	1.29	1.24	1.2	1.15	1.11	1.05	1.0	0.94	0.88	0.81	0.74	0.67

导线的允许电流可利用下式计算

$$I_y = I_{by}K$$

式中　I_y——导线的允许电流，A；

I_{by}——标准温度下导线的标准允许电流，A，查表7-10～表7-17；

K——允许电流校正系数，与环境温度有关，查表7-15得到。

环境温度在一年四季之中是随时变化的，而且各年也不相同。所用的环境温度应是一年之中较高的温度。通常，用当地最热月份每天最高温度的平均值作为环境温度（5年一遇）。

当架空线路送电距离较小时，可首先考虑根据允许电流来选择导线截面。假定线路最大负荷电流为I_{zd}，则根据允许电流选择导线截面时，导线的允许电流I_y必须满足下列条件

$$I_y \geqslant I_{zd}$$

【例7-6】　当周围空气温度为+15℃时，求LJ—35导线的允许电流。

解　由表7-10查得LJ—35导线在标准温度25℃时的允许电流为I_{by}为170A；由表7-15查得温度为+15℃时的校正系数$K=1.11$，则LJ—35导线在+15℃时的允许电流为

$$I_y = I_{by}K = 170 \times 1.11 = 188.7\ (\text{A})$$

【例7-7】　有一条线路，最大负荷电流为113.95A，环境温度为35℃，根据允许电流选择铝导线截面。

解　因为$I_y=I_{by}K$，$I_y \geqslant I_{zd}$，故

$$I_{by} \geqslant \frac{I_{zd}}{K}$$

查表7-15，$K=0.88$，则

$$I_{by} \geqslant \frac{113.95}{0.88} = 129.5\ (\text{A})$$

最后由表7-10可知，LJ—35导线在标准温度下允许电流$I_{by}=170\text{A}>129.5\text{A}$，选用LJ—35导线。

验算：

LJ—35导线在温度为35℃时允许电流为

$$I_y = I_{by}K = 170 \times 0.88 = 149.6\ (\text{A})$$

可知，LJ—35导线的允许电流149.6A大于最大负荷电流113.95A，因而选择LJ—35导线是安全的。

3. 根据允许电压损失选择导线截面

按允许电压损失选择导线截面应满足下列原则条件：线路电压损失≤允许电压损失。设允许电压损失为 $\Delta U_y\%$；线路电压损失为 $\Delta U\%=\sum PLK_d\Delta U_0\%$，则

$$\Delta U\% = \sum PLK_d\Delta U\% \leqslant \Delta U_y\%$$

允许电压损失 $\Delta U_y\%$是以百分数表示的电压损失，即 $\Delta U_y\%=\frac{\Delta U_y}{U_n}\times 100$（$\Delta U_y$ 为电压损失值，V；U_n 为线路额定电压，V）。$\Delta U_y\%$按用户性质有不同的规定，如高压动力系统 $\Delta U_y\%=5$，城镇低压网 $\Delta U_y\%=4\sim5$，农村低压网 $\Delta U_y\%=7$ 等等。

如已知线路的总负荷矩$\sum PL$、电压损失校正系数 K_d（由表 7-17 查得），以及该线路的允许电压损失百分数 $\Delta U_y\%$，则单位负荷矩的电压损失百分数的允许值 $\Delta U_{0y}\%$为

$$\Delta U_{0y}\% \leqslant \frac{\Delta U_y\%}{K_d\sum PL}$$

根据 $\Delta U_{0y}\%$查表 7-16 即可选择出导线截面，此即按允许电压损失选择导线截面的条件和步骤。

表 7-16　　低压架空线路单位电压损失百分数 $\Delta U_0\%$

导线型号	每公里阻抗 (Ω/km)		在下列 cosφ 值时，线路单位电压损失百分数 $\Delta U_0\%$ [1/（kW·km）]							
	电阻 R_0	电抗 X_0	cosφ=0.60	0.70	0.75	0.80	0.85	0.90	0.95	1.0
LJ—16	1.98	0.358	1.70	1.62	1.59	1.56	1.52	1.49	1.45	1.37
LJ—25	1.28	0.345	1.20	1.13	1.10	1.07	1.03	1.0	0.96	0.86
LJ—35	0.92	0.336	0.95	0.88	0.84	0.81	0.78	0.75	0.71	0.64
LJ—50	0.64	0.325	0.74	0.67	0.64	0.61	0.58	0.55	0.52	0.44
LJ—70	0.46	0.315	0.61	0.54	0.51	0.48	0.45	0.42	0.39	0.32
LJ—95	0.34	0.303	0.52	0.45	0.42	0.39	0.37	0.34	0.30	0.24
LJ—120	0.27	0.297	0.46	0.40	0.37	0.34	0.31	0.29	0.25	0.19

注　表中数据也适用于钢芯铝绞线。

表 7-17　　电压损失校正系数 K_d

线路接线方式	三相三线制	三相四线制	两相三线制	单相二线制
额定电压（V）	380/220	380/220	380/220	220
校正系数 K_d	1.0	1.0	2.25	6.0

低压线路的导线截面也可按下式计算

$$S \geqslant \frac{\sum PL}{C\Delta U_{dy}\%}$$

式中　S——按允许电压损耗值选择的导线截面积，mm^2；

P——线路输送的有功功率，kW；

L——线路长度，km；

$\Delta U_{dy}\%$——导线电阻上允许电压降；

C——系数，380V 三相线：铝线取 0.046，铜线取 0.0765，220V 单相线路，铝线取

0.0074，铜线取0.128。

【例7-8】 某村拟建一条三相四线制低压线路，线路长为500m，输送功率为10kW，允许电压损耗为5%，功率因数为0.8，试选择导线截面。（LJ—25导线的允许载流量为135A）

解 按允许电压损耗初选导线截面：

$$S \geqslant \frac{\sum PL}{C\Delta U_{dy}\%} = \frac{10 \times 0.5}{0.046 \times 5} \approx 22\ (\text{mm}^2)$$

故初选LJ—25导线。

按允许载流量校验导线截面：

$$I_{fz} = \frac{P}{\sqrt{3}U_n\cos\varphi} = \frac{10}{\sqrt{3} \times 0.38 \times 0.8} = 19(\text{A}) < 135(\text{A})$$

所以选择LJ—25导线能满足要求。

4. 校验架空线路导线机械的强度

架空线路的导线应有足够的机械强度，因此，配电线路的导线截面应不小于表7-18所示数据。

表7-18　　架空线路导线的最小允许截面

导线类型	导线最小截面		备　注
	高压（10kV及以下）	低　压	
铝及铝合金	35	16	与铁路交叉跨越时，应取35mm²
钢芯铝绞线	25	16	

第五节　架空配电线路路径的选择与定位

一、线路路径的选择

线路路径的选择工作，一般分为图上选线和野外选线两步。图上选线是先拟定出若干个路径方案，进行资料收集和野外踏勘，进行技术经济分析比较，并取得有关单位的同意和签订协议书，确定出一个路径的推荐方案，报上级审批后，再进行野外选线，以确定线路的最终路径。最后进行线路终勘和杆塔定位工作。

图上选线是在比例为五万分之一或更大比例的地形图上进行的，最好再收集近期拍摄的航空照片，配合地形图选线。图上选线是把地形图放在图板上，先将线路的起讫点标出，然后将一切可能走线方案的转角点，用不同颜色的线连接起来，即构成若干个路径的初步方案，按这些方案进行资料收集。根据收集到的有关资料，舍去明显不合理的方案，对剩下的方案进行比较和计算，确定2～3个较优方案，待野外踏勘后决定取舍。

进行路径方案比较时，一般应包括如下内容：1）线路的长短；2）通过地段的地势、地质、地物条件以及对作物和其他建筑物的影响情况；3）交通运输及施工、运行的难易程度；4）对杆型选择的影响；5）大跨越及不良地形、地质、水文、气象地段的比较；6）技术上的难易程度、技术政策及有关方面的意见等；7）线路的总投资及主要材料、设备消耗量的比较等。

输电线路可能对工矿企业、铁路交通、邮电通信、城镇建设以及军用设施等产生影响，为使线路建设得经济合理，就必须从全局整体利益出发，与有关单位协商，研究解决办法并签订协议。

由于室内选线时掌握的资料未必齐全，建设与发展也不可能及时反映到地图上来，而且地形图上反映的实际地形、地貌也不可能十分详尽，因而除根据图上选线方案进行广泛收集外，还必须进行野外沿线踏勘或重点踏勘。目的在于校核图上选线方案是否合理，或提出更好的路径方案。同时，在踏勘中还要了解主要建筑材料的产地和交通运输条件等，作为选定路径的参考。

在图上选线结束后，进行野外选线。野外选线是将图上最后选定的路径在现场具体落实，确定最终走向并埋设标志。

路径方案的选定是一项技术政策很强的工作，对线路的技术经济指标、施工和运行等起着决定性作用，必须慎重对待，选出最优方案。在一般情况下，应尽量选取长度短、转角少、转角度小、跨越少、拆迁少、交通运输、施工和运行方便及地形地质好的方案。

二、杆塔定位

1. 平面图与断面图

线路路径方案选定后，即进行线路的终勘测量工作，为施工设计的定位工作以及日后的运行工作提供必要的资料和数据。测量工作包括定线测量、平面测量和断面测量。

定线测量是根据选定的线路路径，把线路的起讫点、转角点、方向点用标桩实地固定下来，并测出线路路径的实际长度。

平面测量系测量沿线路路径中心线左右各20～50m的带状区内的地物、地貌并绘制平面图，为杆塔定位工作提供依据。

断面测量分为纵断面测量和横断面测量。前者是沿线路中心线测量断面上各点的标高，并绘制成纵断面图，供线路设计时排定杆塔位置；后者则是当垂直线路的地面坡度大于1∶5或起伏极不规则的地段，测量线路横断面各点的标高绘出横断面图，以供校验最大风偏时导线对地的安全距离等。

绘制纵断面图的比例尺为：当线路通过平地或起伏不大的丘陵地时，横向（水平距离）用1∶5000，纵向（标高）用1∶500；而山区及起伏较大的丘陵地或交叉跨越地段，横向用1∶2000，纵向用1∶200（若高差很大时也可用1∶500）。横断面图比例尺，横向为1∶1000，纵向为1∶100。

线路经过地区的平面图和纵断面图画在同一图上（其横向比例尺应相同），称为平、断面图（如图7-13）。平面图中，线路路径中心线展为直线，只用箭头表示线路转向（左转或右转）并注明转角度数。中心线两边的地物、地貌，凡对线路有影响的均应在图上画出。在平面图的下面，填写杆（塔）位标高，杆（塔）位里程，定位档距及耐张段中的代表档距等数据。

纵断面图最好在转角处断开。横断面图应与纵断面图绘在一起。必要时，地质剖面直接绘于纵断面图上。

2. 室内定位

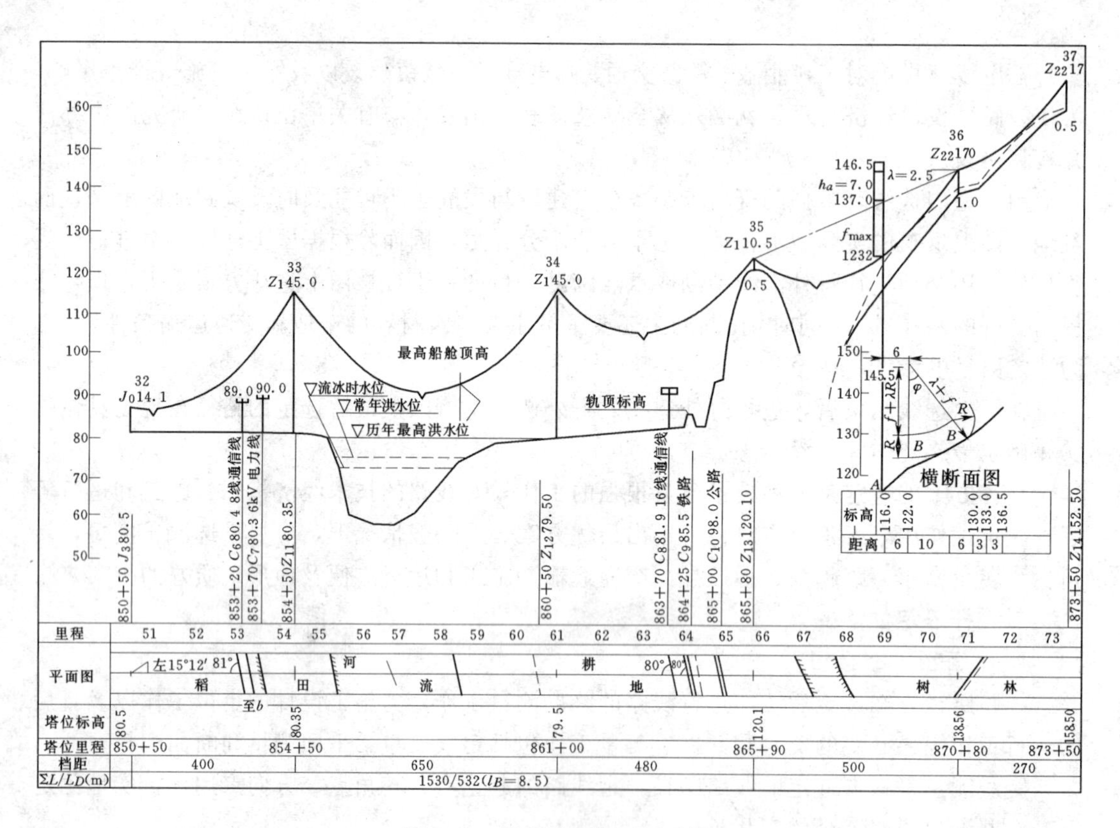

图 7-13　线路平、断面图示例

杆塔定位工作分为室内定位和室外定位。室内定位是用最大弧垂模板在平、断面图上排定杆塔位置的。室外定位是把室内排定的杆塔位置到野外现场复核校正，并用标桩固定下来。

杆塔位置排定的是否适当，直接影响线路建设的经济合理性和运行的安全可靠性。

杆塔定位的主要要求是导线的任一点在运行中各种气象情况下均须保证对地面的安全距离（即限距）。若已知直线杆塔呼称高度 H，悬垂串长度 λ 和导线对地限距 h_x 时，即可用下式求出最大允许弧垂

$$f_{zd}=H-\lambda-h_x$$

根据抛物线公式 $f_{zd}=\dfrac{l^2g}{8\sigma}$ 可求出相应的档距，此档距称为该直线杆塔的定位计算档距。按此档距在平地排定杆塔位置。则导线在最大弧垂时对地恰好满足限距要求。

但在山地或丘陵地带定位时，为了满足限距要求，就必须用最大弧垂模板确定定位档距，见图 7-14。从图上看出，悬点不等高档距中，导线任一点均能满足限距要求。若将图中的导线向下平移一个限距，则此时导线与地面线恰好相切。图中的 h_D 称为杆塔的定位高度（即导线悬点高度减去限距）。若将最大弧垂时的导线曲线做成模板，则模板曲线与定位高度 h_D 的交点处，即为各基杆塔的位置。

已知导线的最大弧垂抛物线公式为

$$f_{zd}=\frac{l^2g}{8\sigma}=\frac{g}{2\sigma}\left(\frac{l}{2}\right)^2$$

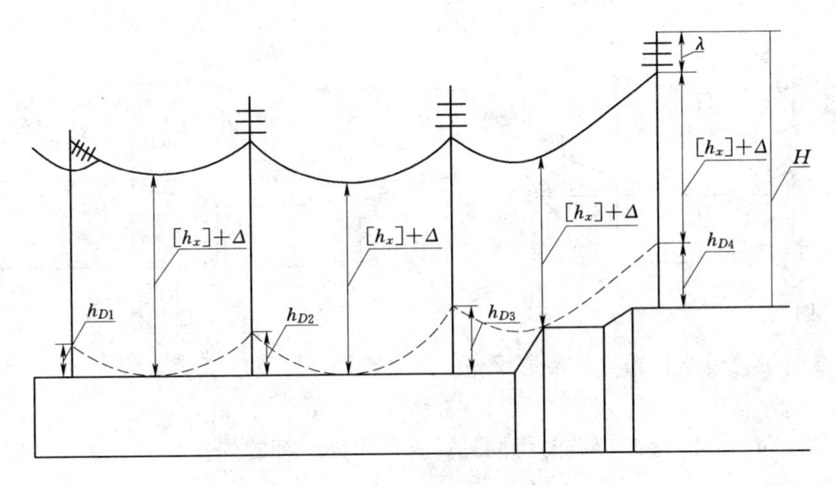

图 7-14　杆（塔）位排定分析图

令纵坐标 $y=f$，横坐标 $x=\frac{1}{2}$，常数 $K_m=\frac{g}{2\sigma}$，则上式为

$$y = K_m x^2$$

式中　g——最大弧垂时的比载，若最高气温时出现 f_{zd}，则 $g=g_1$，若覆冰无风时出现 f_{max}，则 $g=g_5$；

σ——最大弧垂时导线应力，在杆位尚未排定时，此应力用估计的代表档距计算，据经验：平地线路的代表档距约为计算档距的 0.9 倍；山区约为计算档距的 0.8～0.85 倍。

将上式按与平、断面图相同的比例尺绘图，所得的抛物线，即为最大弧垂模板曲线，将此曲线刻在透明的胶板上，如图 7-15 所示，即为最大弧垂模板，简称最大模板。取各种不同的 K_m 值，可制成一套模板，以供工程设计中选用。

终端、转角、跨越、耐张等特种杆塔先行定位后，再分段用最大模板沿平、断面图排定各耐张段的直线杆塔的位置。

模板选好以后，可对每一耐张段自耐张杆（塔）位 A 点开始排起（如图 7-16 所示），自左至右平移模板（必须使模板纵横轴与纵断面图的纵横坐标分别保持平行），使模板曲线经过 B 点（AB 为耐张杆塔的定位高度 h_D）且和地面线相切时，用分规在模板曲线的右侧找出 D 点，使 CD 等于此处所用直线杆塔的定位高度 h_D，则 C 点（若地形适宜时）即为所排的第一基直线杆塔的位置。继续向右平移模板，使模板曲线经过 D 点并和地面相切，在模板曲线上找出 F 点，使 EF 等于 E 点所用直线杆塔的定位高度 h_D，此时 E 点即为第二基直线杆塔的位置。用同样的方法依次排完整个耐张段。

根据所排出的直线杆塔位置。计算出该耐张段的代表档距，用以计算或查取导线应力，再算出 K_m 值，看此 K_m 值是否与所用模板的 K_m 值相符（相等或相近），如果相符，则表明该段杆位排得正确。否则，应按实算的 K_m 值重选模板重新排定杆位，直至前后两次的 K_m 值相符时为止。

排完一个耐张段以后，再排下一个耐张段，直到排完线路的全部杆塔为止。

定位时应注意下列情况：

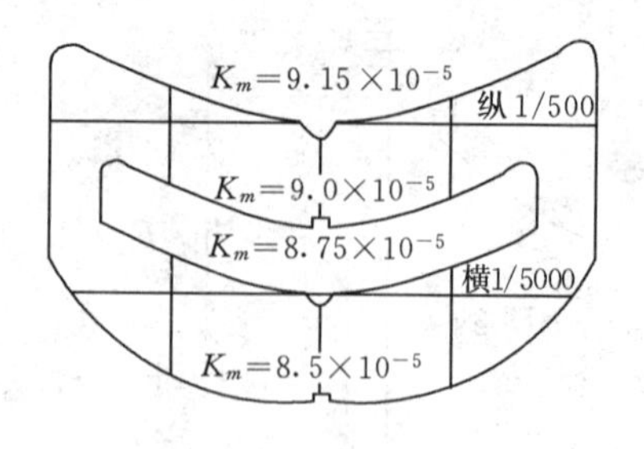

图 7-15 最大弧垂模板

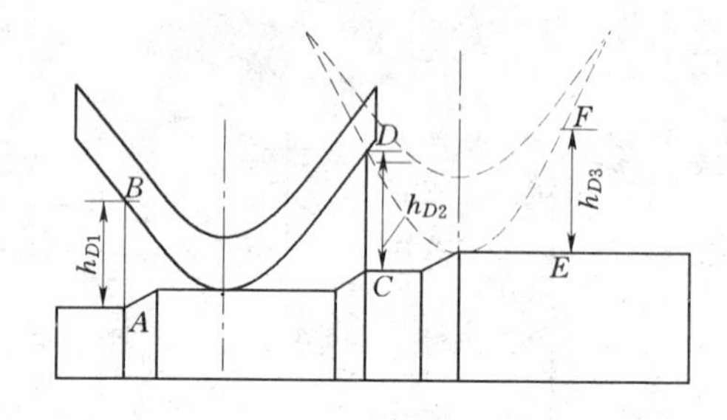

图 7-16 用模板排定杆（塔）位

1）应尽量避免孤立档距，尤其是较小的弧立档距，易使杆塔受力情况变坏，施工困难，检修不便；

2）山地定位时，除考虑边坡的稳固外，尚须保证电杆的焊接排杆、立杆、临时打拉线紧线等条件；

3）立于陡坡的杆塔，应考虑基础被冲刷的可能；

4）拉线杆塔应注意杆塔的位置，平地应避免拉线打在路边或池塘洼地；山地应避免顺坡打拉线使拉线过长；

5）重冰区应尽量避免大档距，尽量使档距均匀一些。

三、定位后的校验

在初步排定杆塔的位置并拟定杆塔的型式、高度后，应对线路各部分的设计条件进行检查或校验，以验证所定杆位置是否超过设计规定的允许条件，检查或校验的内容通常包括以下诸方面。

1. 各种杆塔的设计条件检查

杆塔的荷重条件，包括水平档距、垂直档距、最大档距、转角度数等，应不超过设计允许值。

水平档距和垂直档距，可在定位图上量得。但图上量得的垂直档距系最大弧垂时的数值，当此值接近或超过杆塔设计条件时，应将其换算至设计气象条件下的数值后检查其是否超过。

最大档距常受线间距离、悬点应力和断线张力等控制。定位的最大档距应小于杆塔设计时的最大档距。

线路的转角度数应小于转角杆塔设计的转角度数。超过时，应变动杆塔位置或校验转角杆塔的强度。

2. 直线杆塔摇摆角的校验

有些位于低处的杆塔，它的垂直档距较小，所以当风吹导线时，悬垂串摇摆较大，当摇摆角超过杆塔的允许摇摆角时，将引起带电部分对杆塔构件的间隙不够，所以必须进行校验。允许摇摆角根据允许间隙用作图方法确定。

直线换位杆塔的摇摆角，应按三相中最严重的一相校验。

在平地，摇摆角不符合要求的情况较少，在山区或丘陵地带，摇摆角超过允许值的情况较多。一般解决的办法有：1）调整杆塔位置；2）换用较高杆塔或允许摇摆角较大的杆塔；3）采用V形绝缘子串（如图 7-17 所示）；4）孤立档距可降低导线设计应力；5）加挂重锤或将单联悬垂串改为双联悬垂串等。

3. 直线杆塔的上拔校验

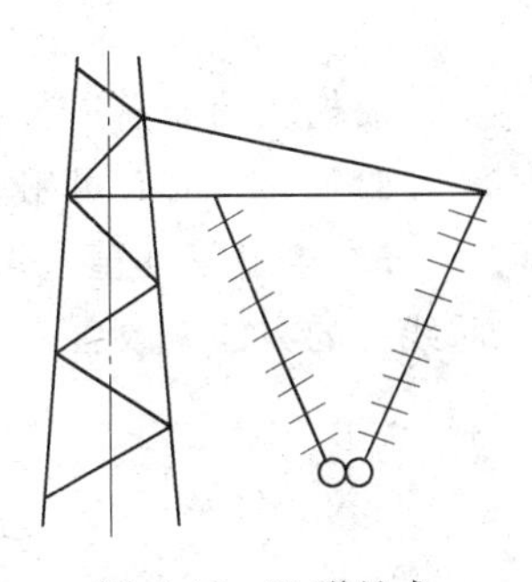

图 7-17 V形悬式绝缘子串

在定位时，若直线杆塔位于低处，除需校验摇摆角外，还需进行上拔校验。当杆塔的垂直档距为负值时，则导线悬挂点处必有上拔力产生，而上拔力产生的气象条件一般为最低温度时，重冰区有时在覆冰有相应风速时，所以校验上拔时必须按此气象条件进行计算，或用此气象下的比载和应力计算模板系数 K_m 值，选最小弧垂模板，在定位图上找出杆塔的垂直档距进行校验。

为了消除直线杆塔的上拔现象，可采用防止摇摆角过大的有关措施，必要时也可采用轻型耐张杆塔。根据经验可知，摇摆角常起控制作用，当摇摆角许可后，就不必校验上拔力。

4. 耐张绝缘子倒挂校验

定位于低处的耐张型杆和为抵抗上拔而采用的轻型耐张杆塔，均将引起耐张绝缘子串上仰（如图 7-18 所示），致使部分绝缘子裙边积下雨、雪、污垢等，从而降低了绝缘强度。因此，当耐张串在常年运行情况下（即温度为年平均气温、且无风、无冰）会产生这种现象时，则该串绝缘子应当倒挂。

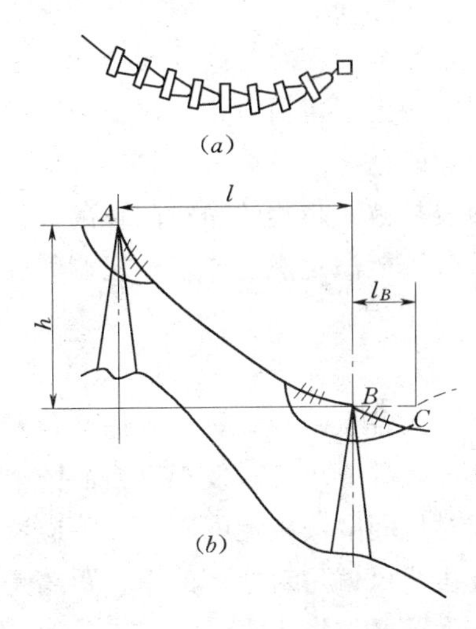

图 7-18 耐张绝缘子串倒挂
(a) 耐张绝缘子串；(b) 耐张段示意

5. 杆塔基础的抗倾覆校验

杆塔定位时，若某杆塔的水平档距较大而垂直档距较小甚至为负值时，应验算杆塔的倾覆力，进行基础抗倾覆验算，必要时需采取抗倾覆措施，即若无卡盘的电杆应加卡盘，若加卡盘后仍不能解决时，可加拉线以保证稳定。

6. 悬垂串垂直荷重的校验

在山区线路中，立于高处的杆塔，其垂直档距往往比水平档距大很多，因而导线重量可能超过绝缘子串的承载能力。为防止这种现象，需使定位后高处杆塔的垂直档距小于悬垂串承载能力对应的最大允许的垂直档距。该最大允许垂直档距是按最大覆冰时的比载和应力计算的。若杆塔定位后的垂直档距换算至最大覆冰时的值大于此最大允许垂直档距，则应调整杆塔位置，仍不能解决问题时，可用双串或多串悬垂串以提高其承载能力。同时对横担也应作相应的强度检查和采取补强措施。

7. 导线悬挂点应力的校验

高处杆塔的两侧档距过大或悬点高差过大时，导线悬点的应力可能超过允许值，故定位中应当校验某些大档距或大高差档距的高悬点应力是否超过最大允许值。

若发现悬点应力超过允许值，可通过调整杆位及杆高，以减小高差或档距的办法来改善悬点应力。在条件许可时也可适当放松该耐张段的导线，降低水平应力。

8. 悬垂角校验

高处杆塔的垂直档距较大时，可使导线、避雷线的悬垂角超过其线夹的允许悬垂角（国标规定约为25°，根据线夹的型式而定），致使导线、避雷线在线夹出口处产生过大的静弯曲而损伤，因而需进行校验。

校验悬垂角时，可用定位时的模板所画曲线（如图7-19）找出杆塔两侧架空线的悬垂角 ψ_1、ψ_2，若其平均值大于允许悬垂角时，则需调整杆位或杆高，以减小悬垂角，或采用双悬垂线夹的方法来改善。

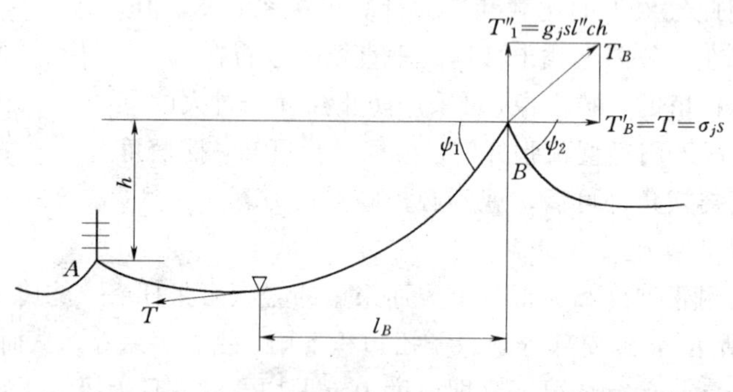

图7-19　悬垂角校验图

9．交叉跨越间距的校验

当线路与通信线、电力线、河流、铁路等交叉跨越时，导线与被跨越物之间需保持一定的安全距离。定位时，可直接在断面图上量取。但若间距接近规定值时，为避免由图纸及模板误差而引起的间距不够，可采用计算方法求出此间隙的精确值。

当跨越杆塔为直线型杆塔时，还要校验邻档断线时导线与被跨越物的净空间距离。由断线张力求出相应的弧垂，即可得出断线后的跨越间距。若不能满足规程要求，应调整杆位或采用高杆塔解决。

10．导线风偏后对地、物距离的校验

定位时，能直接从断面图上量出导线静止时对线路中心上各点的距离。为确保运行安全，尚需检查边导线在风偏时对地、物的净空距离是否满足规程要求。若发现纵断面图上线路中心两侧的边线断面高出中心线较多，而中间相导线对地间隔又接近限距时，除应考虑边线对地距离外，尚需按大风及覆冰有风两种情况检查边线风偏后对地面的净空距离是否满足要求。如果安全距离不够，则应调整杆塔位置及高度，或挖掉土方。

四、室外定位

室内定位工作结束后，全线杆塔型式、杆塔位置基本上都已确定。这时，就可到现场桩定杆塔位置。但室内定位使用的勘测资料是否同现场完全一致，尤其是山地和丘陵地带，地形起伏很大，地质变化复杂，而室内定位所掌握的地形情况，仅为顺线路中心线的一个带状范围，其宽度仅2～5m，且平面图比例又很小，很难看清立杆塔处的地形全貌。因而，在室外定位时，需要在现场立杆塔处核对勘测资料，必要时需对某些杆塔位置作适当的调整。

此外，为了核对室内定位的成果，有时还应作一些必要的补测工作。如校核某些测点的标高；核对导线对地最小距离的地点及杆塔中心桩的标高；核对重要跨越档中对地、物距离及最小档的档距；核对线路转角度数，补测某些地点的横断面图等，以便补充或修改室内定位工作。

第六节　电力电缆选择

一、电缆基本知识

（一）电力电缆的种类

电力电缆种类很多。根据电压、用途、绝缘材料、线芯数和结构特点等有以下分类：

1）按电压可分为高压电缆和低压电缆；

2）按使用环境可分为：直埋、穿管、河底、矿井、船用、空气中、高海拔、潮热区、大高差等；

3）按线芯数分为单芯、双芯、三芯和四芯等；

4）按结构特征可分为：统包型、分相型、钢管型、扁平型、自容型等；

5）按绝缘材料可分为：油浸纸绝缘、塑料绝缘和橡胶绝缘以及近期发展起来的交联聚乙烯等。此外还有正在发展的低温电缆和超导电缆。

（二）特点

现将几种常用的电力电缆的主要特点分述如下。

1. 油浸纸绝缘电缆

（1）粘性浸渍纸绝缘电缆。成本低；工作寿命长；结构简单，制造方便；绝缘材料来源充足；易于安装和维护；油易淌流，不宜作高落差敷设；允许工作场强较低。

（2）不滴流浸渍纸绝缘电缆。浸渍剂在工作温度下不滴流，适宜高落差敷设；工作寿命较粘性浸渍电缆更长；有较高的绝缘稳定性；成本较粘性浸渍纸绝缘电缆稍高。

2. 塑料绝缘电缆

（1）聚氯乙烯绝缘电缆。安装工艺简单；聚氯乙烯化学稳定性高，具有非燃性，材料来源充足；能适应高落差敷设；敷设维护简单方便；聚氯乙烯电气性能低于聚乙烯；工作温度高低对其机械性能有明显的影响。

（2）聚乙烯绝缘电缆。有优良的介电性能，但抗电晕、游离放电性能差；工艺性能好，易于加工；耐热性差，受热易变形；易延燃，易发生应力龟裂。

3. 交联聚乙烯绝缘电缆

容许温升较高，故电缆的允许载流量较大；有优良的介电性能，但抗电晕、游离放电性能差；耐热性能好；适宜于高落差和垂直敷设；接头工艺虽较严格，但对技工的工艺技术水平要求不高，因此便于推广。

4. 橡胶绝缘电缆

柔软性好，易变曲，橡胶在很大的温差范围内具有弹性，适宜作多次拆装的线路；耐寒性能较好；有较好的电气性能、机械性能和化学稳定性；对气体、潮气、水的渗透性较好；耐电晕、耐臭氧、耐热、耐油的性能较差；只能作低压电缆使用。

（三）电力电缆的基本结构

电缆的基本结构由线芯、绝缘层和保护层三部分组成。线芯导体要有好的导电性，以减少输电时线路上能量的损失；绝缘层的作用是将线芯导体间及保护层相隔离，因此必须绝缘性能、耐热性能良好；保护层又可分为内护层和外护层两部分，用来保护绝缘层使电缆在运输、贮存、敷设和运行中，绝缘层不受外力的损伤和防止水分的浸入，故应有一定的机械强度。在油浸纸绝缘电缆中，保护层还具有防止绝缘油外流的作用。

由于采用不同的结构形式和材料，便制成了不同类型的电缆，如：粘性油浸纸绝缘统包型电缆、粘性油浸纸绝缘分相铅包电缆、橡皮绝缘电缆、聚氯乙烯和交联聚乙烯绝缘电缆等。

电缆线芯分铜芯和铝芯两种。铜比铝导电性能好，机械强度高，但铜较铝价高。线芯按数目可分为单芯、双芯、三芯和四芯。按截面形状又可分为圆形、半圆形和扇形三种。圆形和半圆形的用得较少，扇形芯大量使用于1～10kV三芯和四芯电缆。三芯电缆的每个扇形芯成120°角，四芯的每个芯成90°角，3＋1芯电缆中3个主要线芯各为100°角，而第4个芯为60°角。根据电缆不同品种与规格，线芯可以制成实体，也可以制成绞合线芯。绞合线芯系由圆单线和成型单线绞合而成。电缆结构代号的意义可参见有关产品样本。

（四）电缆型号

1. 型号

我国电缆产品的型号由几个大写的汉语拼音字母和阿拉伯数字组成。用字母表示电缆的类别、导体材料、绝缘种类、内护套材料、特征，用数字表示铠装层类型和外被层类型。各字符的含义见表7-19、表7-20。

表7-19　　电缆型号中各字母的含义

类　别	导　体	绝　缘	内护套	特　征
电力电缆（省略不表示）	T—铜线（一般省略）	Z—纸绝缘	Q—铅包	D—不滴流
K—控制电缆	L—铝线	X—天然橡皮	L—铝包	P—分相金属护套
P—信号电缆		（X）D—丁基橡皮	H—橡套	P—屏蔽
B—绝缘电线		（X）E—乙丙橡皮	（H）F—非燃性橡套	
R—绝缘软线		V—聚氯乙烯	V—聚氯乙烯护套	
Y—移动式软电缆		Y—聚乙烯	Y—聚乙烯护套	
H—市内电话电缆		YJ—交联聚乙烯		

表7-20　　外护层代号的含义

第1个数字		第2个数字	
代　号	铠装层类型	代　号	外被层类型
0	无	0	无
1	—	1	纤维绕包
2	双钢带	2	聚氯乙烯护套
3	细圆钢丝	3	聚乙烯护套
4	粗圆钢丝	4	—

一般一条电缆的规格除标明型号外，还应说明电缆的芯数、截面、工作电压和长度，如

$$ZQ21-3\times50-10-250$$

即表示铜芯、纸绝缘、铅包、双钢带铠装、纤维外被层（如油麻），3 芯、50mm²，电压为 10kV，长度为 250m 的电力电缆。又如

$$YJLV22-3\times120-10-300$$

即表示铝芯、交联聚乙烯绝缘、聚氯乙烯内护套、双钢带铠装、聚氯乙烯外护套，3 芯、120mm²，电压为 10kV，长度为 300m 的电力电缆。

2. 电缆型号的选择

在一般情况下应优先使用交联聚乙烯电缆，其次是不滴流浸渍纸绝缘电缆，最后为普通油浸纸绝缘电缆。在电缆敷设环境高差较大时，不应使用粘性油浸纸绝缘电缆。

（五）载流量的含义

载流量是指某种电缆允许传送的最大电流值。电缆导体中流过电流时，导体会发热，绝缘层中会产生介质损耗，护层中有涡流等损耗。因此运行中的电缆是一个发热体。如果在某一状态下发热量等于散热量时，电缆导体就有一个稳定温度。刚好使导线的稳定温度达到电缆最高允许温度时的载流量，称为允许载流量或安全载流量。

电缆的载流量主要取决于：规定的最高允许温度和电缆周围的环境温度，电缆各部分的结构尺寸及其各部分材料特性（如绝缘热阻系数、金属的涡流损耗因数）等因素。

由于电缆导体的发热有一个时间过程才能达到稳定值，因此在实用中的载流量就有三类：一是长期工作条件下的允许载流量；二是短时间允许通过的电流；三是在短路时允许通过的电流。

1. 长期允许载流量

当电缆导体温度等于电缆最高长期工作温度，而电缆中的发热与散热达到平衡时的负载电流，即为长期允许载流量。表 7-21 及表 7-22 分别给出了部分电缆长期允许载流量，供参考。环境温度变化时，电缆载流量的校正系数如表 7-23 所示。对不同截面电缆，当埋于地下的土壤热阻系数不同时的载流量校正系数如表 7-24 所示。当电缆直接埋地多根并列敷设时的载流量校正系数如表 7-25 所示。电缆导体的长期允许工作温度（℃）不应超过表 7-26 中所规定的值（若与制造厂的规定有出入时，应以制造厂给定值为准）。

表 7-21 铝芯纸绝缘、聚氯乙烯绝缘铠装电缆和交联聚乙烯绝缘电缆长期允许载流量

[直接埋在地下时（25 ℃），土壤热阻系数为 80 ℃·cm/W]

导体截面（mm²）	长期允许载流量（A）											
	1kV						3kV	6kV			10kV	
	二芯		三芯		四芯							
	纸绝缘	聚氯乙烯绝缘	纸绝缘	聚氯乙烯绝缘	纸绝缘	聚氯乙烯绝缘	纸绝缘	纸绝缘	聚氯乙烯绝缘	交联聚乙烯绝缘	纸绝缘	交联聚乙烯绝缘
2.5	29.7		28		28		28					
4	39	35	37	30	37	29	37					
6	50	43	46	38	46	37	46					
10	66	56	60	51	60	50	60	55	46	70		
16	86	76	80	67	80	65	80	70	63	95	65	90
25	112	100	105	88	105	85	105	95	81	110	90	105
35	135	121	130	107	130	110	130	110	102	135	105	130

续表

导体截面（mm²）	长期允许载流量（A）											
	1kV						3kV	6kV			10kV	
	二芯		三芯		四芯							
	纸绝缘	聚氯乙烯绝缘	纸绝缘	聚氯乙烯绝缘	纸绝缘	聚氯乙烯绝缘	纸绝缘	纸绝缘	聚氯乙烯绝缘	交联聚乙烯绝缘	纸绝缘	交联聚乙烯绝缘
50	168	147	160	133	160	135	160	135	127	165	130	150
70	204	180	190	162	190	162	190	165	154	205	150	185
95	243	214	230	190	230	196	230	205	182	230	185	215
120	275	247	265	218	265	223	265	230	209	260	215	245
150	316	277	300	248	300	252	300	260	237	295	245	275
185			340	279	340	284	340	295	270	345	275	325
240			400	324	400		400	345	313	395	325	375
300												
400												
500												
625												
800												

注 1. 铜芯电缆载流量为表中数值乘以 1.3 系数。

2. 本表为单根电缆容量。

3. 单芯塑料电缆为三角排列，中心距等于电缆外径。

表 7-22　铝芯纸绝缘、聚氯乙烯绝缘铠装电缆和交联聚乙烯绝缘电缆在空气中（25℃）长期允许载流量

导体截面（mm²）	长期允许载流量（A）											
	1kV						3kV	6kV			10kV	
	二芯		三芯		四芯							
	纸绝缘	聚氯乙烯绝缘	纸绝缘	聚氯乙烯绝缘	纸绝缘	聚氯乙烯绝缘	纸绝缘	纸绝缘	聚氯乙烯绝缘	交联聚乙烯绝缘	纸绝缘	交联聚乙烯绝缘
2.5	26		24		24		24					
4	34	27	32	23	32	23	32					
6	44	35	40	30	40	30	40			48		
10	60	46	55	40	55	40	55	48	43	60		60
16	80	62	70	54	70	54	70	60	56	85	60	80
25	105	81	95	73	95	73	95	85	73	100	80	95
35	128	99	115	88	115	92	115	100	90	125	95	120
50	160	123	145	111	145	115	145	125	114	155	120	145
70	197	152	180	138	180	141	180	155	143	190	145	180
95	235	185	220	167	220	174	220	190	168	220	180	205
120	270	215	255	194	255	201	255	220	194	255	205	235
150	307	246	300	225	300	231	300	255	223	295	235	270
185			345	257	345	266	345	295	256	345	270	320
240			410	305	410		410	345	301		320	
300												
400												
500												
625												
800												

注 1. 铜芯电缆的载流量为表中数值乘以 1.3 系数。

2. 本表为单根电缆容量。

3. 单芯塑料电缆为三角排列，中心距等于电缆外径。

表 7-23　　环境温度变化时载流量的校正系数

导体工作温度(℃)	环境温度 (℃)								
	5	10	15	20	25	30	35	40	45
80	1.17	1.13	1.09	1.04	1.0	0.954	0.905	0.853	0.798
65	1.22	1.17	1.12	1.06	1.0	0.935	0.865	0.791	0.707
60	1.25	1.20	1.13	1.07	1.0	0.926	0.845	0.756	0.655
50	1.34	1.26	1.18	1.09	1.0	0.895	0.775	0.633	0.447

环境温度变化时，载流量的校正系数也可按下式计算

$$校正系数 = \left(\frac{\Delta\theta_2}{\Delta\theta_1}\right)^{\frac{1}{2}}$$

式中　$\Delta\theta_1$——导体工作温度与载流量表中规定的环境温度之间的温差，℃；

$\Delta\theta_2$——导体工作温度与实际环境温度之间的温度，℃。

表 7-24　　土壤热阻系数不同时载流量的校正系数

导体截面(mm^2)	土壤热阻系数 (℃·cm/W)				
	60	80	120	160	200
2.5～16	1.06	1.0	0.9	0.83	0.77
25～95	1.08	1.0	0.88	0.80	0.73
120～240	1.09	1.0	0.86	0.78	0.71

注　土壤热阻系数划分：潮湿地区（指沿海、湖、河畔地区、雨量多地区，如华东、华南地区等），取 60～80；普通土壤（指一般平原地区，如东北、华北等），取 120；干燥土壤（指高原地区、雨量少的山区、丘陵等干燥地带），取 160～200。

表 7-25　　电缆直接埋地多根并列敷设时载流量校正系数

并列根数 电缆间净距(mm)	1	2	3	4	5	6	7	8	9	10	11	12
100	1.00	0.90	0.85	0.80	0.78	0.75	0.73	0.72	0.71	0.70	0.70	0.69
200	1.00	0.92	0.87	0.84	0.82	0.81	0.80	0.79	0.79	0.78	0.78	0.77
300	1.00	0.93	0.90	0.87	0.86	0.85	0.85	0.84	0.84	0.83	0.83	0.83

表 7-26　　电缆导体长期允许工作温度（℃）

额定电压(kV) 电缆种类	3 及以下	6	10	额定电压(kV) 电缆种类	3 及以下	6	10
天然橡皮绝缘	65	65		聚乙烯绝缘		70	70
粘性纸绝缘	80	65	60	交联聚乙烯绝缘	90	90	90
聚氯乙烯绝缘	65	65		充油纸绝缘			

2. 短时允许负载电流

由于电缆检修试验或发生故障等原因而倒负荷时，使电缆导体温度短时间超过最高允许长期工作温度，此时的电流称为短时允许过载电流。一般以允许过载倍数表示，而且要限制过载时间。

3. 允许短路电流

电缆线路如发生短路故障，电缆导体中通过的电流可能达到其长期允许载流量的几倍或几十倍。但短路时间很短，一般只有几秒或更短的时间。由短路电流所产生的损耗热量使导体发热、温度升高，由于时间短暂，绝缘层温度升高很少，因此规定当系统短路时，电缆导体的最高允许温度不宜超过下列规定：

1）电缆线路中无中间接头时，按表 7-27 规定；

表 7-27　　电缆线路无中间接头时最高允许温度

<table>
<tr><th>绝缘种类</th><th colspan="2">短路时导体最高允许温度（℃）</th><th>绝缘种类</th><th>短路时导体最高允许温度（℃）</th></tr>
<tr><td>天然橡皮绝缘</td><td colspan="2">150</td><td>聚乙烯绝缘</td><td>140</td></tr>
<tr><td rowspan="2">粘性浸渍纸绝缘</td><td rowspan="2">10kV 及以下</td><td rowspan="2">铜导体 220
铝导体 220</td><td rowspan="2">交联聚乙烯绝缘</td><td>铜导体 230</td></tr>
<tr><td>铝导体 200</td></tr>
<tr><td>聚氯乙烯绝缘</td><td colspan="2">120</td><td>充油纸绝缘</td><td>160</td></tr>
</table>

2）电缆线路中有中间接头时：

锡焊接头　　120 ℃；

压接接头　　150 ℃（但当温度低于 150 ℃的电缆，仍按 7－27 的规定）；

电焊或气焊接头　　与无接头时相同。

二、电力电缆截面的选择

选择电缆截面，应从以下几个方面考虑，并从中选取最大者。

（一）根据电缆的长期允许载流量选择电缆截面

为了保证电缆使用寿命，在使用时电缆的导体温度不应超过长期允许工作温度。因此在选用电缆截面时，应满足下列条件

$$I' \geqslant I$$

式中　I'——电缆长期允许载流量，A；

I——通过电缆的最大持续负载电流，A。

【例 7-9】　设用户装有一台 1800kVA 变压器，若该用户以直埋 10kV 油浸纸绝缘铝芯电缆作进线供电，土壤热阻系数为 80 ℃·cm/W，地温最高为 30 ℃，试求该电缆的截面积应为多少？

解　该电缆应通过电流值为

$$I = \frac{1800}{\sqrt{3} \times 10} = 104\ (\text{A})$$

查表 7-21 及表 7-23 得：50mm²，10kV 铝芯电缆敷设于 30 ℃土壤中的载流量为

$$I = 130 \times 0.93 = 121\ (\text{A})$$

所以选用电缆 ZLQ_2—10，3×50 比较合适。

在此还需要指出，电缆在实际使用中，负荷经常是处在变化中的，尤其是配电线路上的电缆，负荷变动更是频繁。在这种情况下，根据连续负荷的载流量选择的电缆是比较安全的。必要时，可另行计算变负荷时的电缆载流量。

（二）根据电缆在短路时的热稳定性选择电缆截面

1.1kV 及以下电缆

对于电压为 1kV 及以下的电缆，当采用自动开关或熔断器作网络的短路保护时，一般电缆均可满足短路热稳定性的要求，不必再进行核算。

2.3kV 及以上电缆

对于电压为 3kV 及以上的电缆，应按下式校核其短路热稳定性

$$A=\frac{I_{\infty}\sqrt{t}}{K}$$

式中 A——电缆导体截面积，mm^2；

I_{∞}——通过电缆的稳态短路电流，A；

t——短路电流通过电缆的时间，s；

K——热稳定系数（见表 7-28）。

表 7-28　　　　**热稳定系数 K 值表**

导体种类 / 短路允许温度（℃） / 长期允许温度（℃）	铜芯							铝芯						
	230	220	160	150	140	130	120	230	220	160	150	140	130	120
90	129.0	125.3	95.8	89.3	62.2	74.5	64.5	83.6	81.2	62.0	57.9	53.2	48.2	41.7
80	134.6	131.2	103.2	97.1	90.6	83.4	75.2	87.2	85.0	66.9	62.9	58.7	54.0	48.7
75	137.5	133.6	106.7	100.8	94.7	87.7	80.1	89.1	86.6	69.1	65.3	61.4	56.8	51.9
70	140.0	136.5	110.2	104.6	98.8	92.0	84.5	90.7	88.5	71.5	67.8	64.0	59.6	54.7
65	142.4	139.2	113.8	108.2	102.5	96.2	89.1	92.3	90.3	73.7	70.1	66.5	62.3	57.7
60	145.3	141.8	117.0	111.8	106.1	100.1	93.4	94.2	91.9	75.8	72.5	68.8	65.0	60.4
50	150.3	147.3	123.7	118.7	113.7	108.0	101.5	97.3	95.5	80.1	77.0	73.6	70.0	65.7

在计算具有内油道导体的自容式充油电缆的短路电流允许值时，油道内油的热容量不容忽略。油道大小是随着电缆导体截面大小及电压等级而异的，因此不能简单采用上式及表 7-28 的办法来校核电缆截面，而应采用以下公式计算校核

$$I_{\infty}=\sqrt{\frac{C_c}{R_{20}\alpha t}\ln\frac{1+\alpha(\theta_{C1}-20)}{1+\alpha(\theta_C-20)}}$$

式中 C_c——每厘米电缆导体和油道内油的热容，J/℃；

R_{20}——20℃时每厘米电缆导体的交流电阻，Ω；

α——导体电阻的温度系数，1/℃；

θ_{C1}——短路时导体的允许温度，℃；

θ_C——短路前导体的温度，℃；

I_{∞}——通过电缆的稳态短路电流，A；

t——短路电流通过电缆的时间，s。

（三）根据经济电流密度来校核电缆截面

以长期允许载流量选择电缆截面，只考虑了电缆的长期允许温度，若绝缘结构具有高

的耐热等级，载流量就可取得很高。但是，功率损耗与电流的平方成正比，所以，有时要从经济电流密度来选择电缆截面。

（四）根据供电网络中的允许电压降来校核电缆截面

当电力网络中无调压设备而电缆截面较小、线路长度较长时，为了保证电压质量，应按允许电压降校核电缆截面积。

根据我国实际情况，选用电缆截面大小，首先考虑长期允许载流量，然后进行热稳定性的校核，上面的（三）、（四）两个方面考虑较小。

第八章　配电变压器的选择及台区设计

第一节　配变型式及其台区位置选择

把中压配电电压（6～10kV）转变成低压配电电压（220/380V）的场所统称配变台区，配变台区的设计和规划要做到安全与经济的统一，应保证有充足供电能力，以满足供电可靠性和运行经济性的要求，并应考虑环保的标准化等方面的要求，在设计、规划工作中，除了选择好接线方式外，还要考虑供电半径的选择。

一、配变台区、所址选择原则

1）尽量靠近负荷中心；

2）尽量靠近电源侧；

3）进出线方便；

4）尽量避开污秽源，或设在污秽源的上风侧；

5）尽量避开振动、潮湿、高温及有易燃易爆危险的场所；

6）设备运输方便；

7）具有扩建和发展的余地。

尽量靠近负荷中心是选择配变台区所址的一条很重要的原则，但不是惟一原则；配电变压器安装位置的选择，关系到保证低压电压质量、减少线损、安全运行、降低工程投资、施工方便及不影响市容等。最终确定台区安装位置，应从实际出发，全面考虑，除尽量靠近负荷中心外，还应兼顾其他原则。对于乡镇的总变电所、配变台区位置的选择，应将靠近电源侧也作为一条重要原则。

二、配变台区位置选择方法

（一）按负荷中心确定配电变压器台区位置

1．直观方法（粗略的）确定负荷中心

在乡镇总平面图上，按适当的比例 K（kW/mm^2）作出各村（建筑物）及居民区的负荷圆，圆心一般设在村或居民区的中央，圆半径（mm）为

$$r=\sqrt{\frac{P_{JS}}{K\pi}}$$

式中　P_{JS}——村或居民区的计算负荷，kW。

2．计算方法（近似的）确定负荷中心

根据各主要负荷在坐标系上分布情况，作出坐标系示意图（图 8-1），然后按下式计算负荷中心在坐标系中的坐标（x、y），即可近似确定负荷中心人位置。

$$x=\frac{P_1X_1+P_2X_2+P_3X_3+\cdots+P_nX_n}{P_1+P_2+P_3+\cdots+P_n}$$

$$y=\frac{P_1Y_1+P_2Y_2+P_3Y_3+\cdots+P_nY_n}{P_1+P_2+P_3+\cdots+P_n}$$

（二）按电压损耗最小确定配变台区位置

按电压损耗最小确定配变位置时，电压损耗的计算公式一般为

$$\Delta U=\sqrt{3}I\cos\varphi(r_0+x_0\text{tg}\varphi)$$

（三）按功率损失最小确定配变位置

$$\sum\Delta P=\sum 3I^2r_0l\times10^{-3}=\sum 0.003I^2rl$$

（四）按线路总长度最小确定配变位置和按导线总重量最小确定配变位置

上述各种方法中，主要应考虑负荷中心和功率损耗最小两种方法，而导线总长度最小与导线总重量最小两者之间往往是相通的。

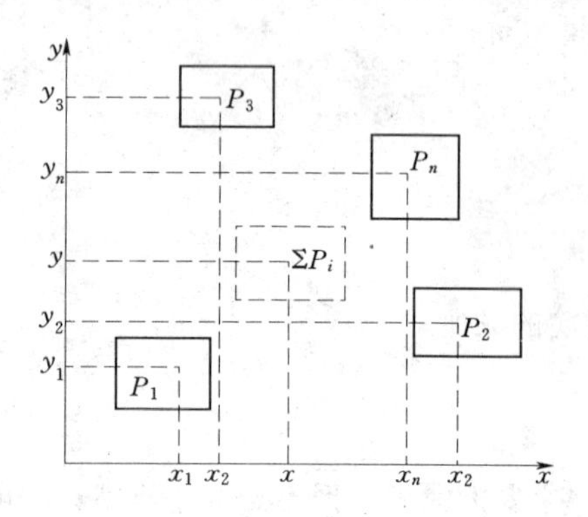

图 8-1　负荷中心计算示意图

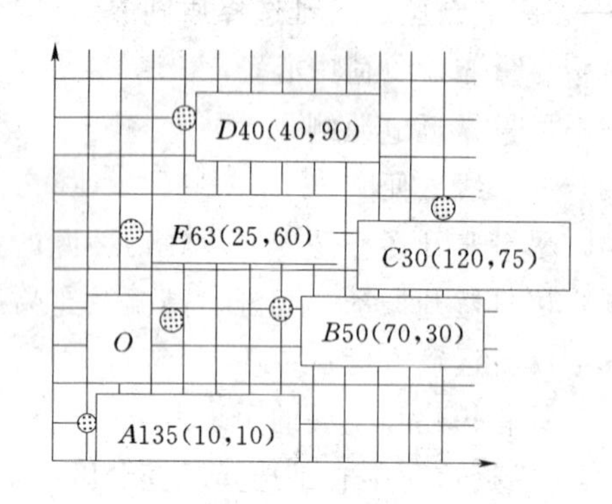

图 8-2　负荷分布图

【例 8-1】　ABCDE 分别为五个集中负荷点，其负荷和坐标如图 8-2 所示，负荷功率因数为0.85，线路电抗为 0.355 V/km，试确定其负荷中心 O 位置，并按功率损耗最小方案、导线损耗总量最小方案确定配变安装位置。

各线路 LJ 导线规格：导线电阻分别为：95 导线0.317Ω/km；35 导线 0.854Ω/km；25 导线 1.188Ω/km；16 导线1.847Ω/km；

解　(1) 确定负荷中心位置 O：

$$x=\frac{P_1X_1+P_2X_2+P_3X_3+\cdots+P_nX_n}{P_1+P_2+P_3+\cdots+P_n}$$

$$=\frac{135\times10+50\times70+30\times120+40\times40+63\times25}{135+50+30+40+63}=36.6$$

$$y=\frac{P_1Y_1+P_2Y_2+P_3Y_3+\cdots+P_nY_n}{P_1+P_2+P_3+\cdots+P_n}=39.3$$

(2) 各线路的电压损耗：

$$\Delta U\%=\sqrt{3}I\cos\varphi(r_0+x_0\text{tg}\varphi)$$
$$=1.386(r_0+0.263)Il$$

（3）功率损失计算：

$$\sum\Delta P=\sum 3I^2r_0l\times10^{-3}=\sum0.003I^2rl$$

上述各量计算结果如表 8-1 所示，配变台区各安装位置的结果比较如表 8-2 所示，从中可以看出：

1）配变台区位置在 C 点时，负荷 A 的电压损失为=13.6V，为最大，$\Delta U_A\%=3.6\%$，各位置的电压损失率均在允许范围内；

2）线路总长度最小的方案是在配变台区位置设在 E 点，$L=236$m；

3）功率损耗最小的方案是配变台区位置设在 O 点，$\sum\Delta P=1.827$kW；

4）导线总耗量最小的方案是配变台区位置设在 A 点，$\sum W_o=125.3$kg。

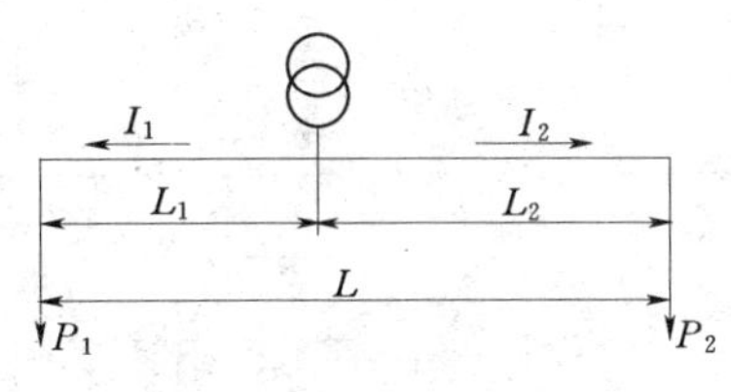

图 8-3　双端供电网络

因此，按负荷中心确定配变台区位置，仅是功率损耗最小点的条件，并不是综合比较的惟一条件。E 点和 O 点的条件接近，选择 E 点和 A 点都可以。

对如图 8-3 所示向两侧供电的台区，若以负荷重心法计算配变台区位置时，则：

$$L_1=\frac{P_2}{(P_1+P_2)}L$$

$$L_2=\frac{P_1}{(P_1+P_2)}L$$

如果 $P_1>P_2$，L_1 不等于 L_2，O 点两侧的电阻分别为 R_1 及 R_2，则三相线路的功率损耗为：

$$\Delta P=\Delta P_1+\Delta P_2=3(I_1{}^2R_1+I_2{}^2R_2)\times10^{-3}(\text{kW})$$

表 8-1　　各方案的计算比较

配变台区位置	线路 / 项目	A	B	C	D	E	合计
O	1	36.6	34.7	91.0	50.8	23.7	239.8
	S	95	35	16	25	35	
	ΔP	0.662	0.214	0.443	0.276	0.232	1.827
	ΔU	4.22	2.61	7.73	3.93	2.24	
	W	52.8	17.1	23.7	20.9	11.7	126.2
A	1	0	63.2	127.8	85.4	52.2	328.6
	S	95	35	16	25	35	
	ΔP	0	0.39	0.61	0.46	0.51	1.97
	ΔU	0	4.76	10.85	6.60	4.95	
	W	0	31.2	33.3	35.0	25.8	125.3

续表

配变台区位置	线路 / 项目	A	B	C	D	E	合计
B	1	63.2	0	67.3	67.1	54.1	251.7
	S	95	35	16	25	35	
	ΔP	1.06	0	0.32	0.36	0.53	2.27
	ΔU	6.72	0	5.71	5.19	5.13	
	W	84.2	0	17.6	27.5	26.7	156.0
C	1	127.8	67.3	0	81.4	96.2	372.7
	S	95	35	16	25	35	
	ΔP	2.137	0.415	0	0.442	0.943	3.937
	ΔU	13.6	5.07	0	6.29	9.12	
	W	170.3	33.2	0	33.4	47.5	284.4
D	1	85.4	67.1	81.4	0	33.5	267.4
	S	95	35	16	25	35	
	ΔP	1.428	0.414	0.391	0	0.328	2.561
	ΔU	9.09	5.05	6.91	0	3.18	
	W	113.8	33.1	21.2	0	16.5	184.6
E	1	52.2	54.1	96.2	33.5	0	236.0
	S	95	35	16	25	35	
	ΔP	0.873	0.334	0.462	0.182	0	1.851
	ΔU	5.56	4.07	8.17	2.59	0	
	W	69.6	26.7	25.1	13.7	0	135.1

注 1为线路长度，m；S为导线规格；ΔP为功率损耗（kW）；ΔU为电压降（V）；W为导线重量（kg）。

表 8-2　　计算结果的比较

计算结果 / 配变台区位置	$\sum l$ (m)	$\sum \Delta P$ (kW)	$\sum W$ (kg)	ΔU
0	239.8	1.827	126.2	合格
A	328.6	1.970	125.3	合格
B	251.7	2.270	156.0	合格
C	372.7	3.937	284.4	合格
D	267.4	2.561	184.6	合格
E	236.0	1.851	135.1	合格

【例 8-2】 设$I_1=80\text{A}$，$r_{01}=0.549\text{V/km}$，$I_2=22\text{A}$，$r_{02}=0.823\text{V/km}$，$L=200\text{m}$，试比较配变装在负荷中心与和装在P_1处的电能损耗情况。

$$I_2=\frac{80}{80+22}\times 200=156.9\ (\text{m})$$

$$I_1=200-156.9=43.1\ (\text{m})$$

$$\Delta P_1=3\times 80^2\times 0.5946\times 0.0431=492\ (\text{kW})$$

$$\Delta P_2=3\times 22^2\times 0.823\times 0.1569=187.5\ (\text{kW})$$

$$\Delta P=\Delta P_1+\Delta P_2=492+187.5=679.5\ (\text{kW})$$

若将配变台区设在 P_1 点时，

$$\Delta P_1=0$$

$$\Delta P_2=3\times 22^2\times 0.823\times 0.2=239\ (\text{kW})$$

因此，配变台区位置设在大负荷处，功率损耗较小，而设在负荷中心不一定经济。

三、配变台区型式

配电变压器台区的型式如表 8-3 所示。

表 8-3　　配变台区型式

序号	类型	型式	优缺点	适用范围
1	户外型	杆上式	经济、简单维护条件差	变压器容量小（315kVA 以下）负荷不重要的场所用电
2		露天式	变压器露天安装而配电室在屋内，维护条件有所改善	村镇小型工厂及个体企业
3		箱式变	运行维护方便可靠，造价高	乡镇大型工厂
4	户内型	独立变	不受生产场地影响，但建筑费高	工厂车间分散，远离易燃易爆危险场所
5		厂房内式	深入负荷中心，技术性能好，占用生产面积小，要求防火条件高	车间设备用电设备较大，技术经济性能好
6		附设式	建筑费用低，不用，或少用生产场地	生产场地面积大、生产场地设备不稳定
7	隐藏型	地下防空式	隐蔽、安全、不占场地、造价高	县市级及以上城市结合人防工程建设

四、配电台区变压器的选择

在各级电压等级的配、变电所中，变压器是主要电气设备之一，担负着变换网络电压进行电力传输的重要任务。确定合理的变压器容量是配、变电所安全可靠供电和网络经济运行的保证。特别是我国当前的能源政策是开发与节约并重，近期以节约为主。因此，以保证安全可靠供电为基础，确定变压器的经济容量，提高网络经济运行具有明显的经济意义。

（一）主变压器的台数

1）总计算负荷不大于 1250kVA 的三级负荷变电所、变电所另有低压联络线，或有其他备用电源，而总计算负荷不大于 1250kVA 的含有部分一、二级负荷的变电所可以选用一台主变；

2）含有大量一、二级负荷变电所、总计算负荷大于 1250kVA 的三级负荷变电所、季节性负荷变化较大，从技术经济上考虑经济运行有利的三级负荷变电所可选用两台主变。

（二）变压器连接组别的选择

（1）当由单相不平衡负荷引起的中性线电流超过变压器低压绕组额定电流25%或供电系统中存在着较大的“谐波源”，高次谐波电流比较突出时，可选用D，yn11接法的变压器。

（2）当三相负荷基本平衡，其低压中性线电流不致超过绕组额定电流25%及供电系统中谐波干扰不严重时，可选用Y，yn0。

（3）多雷区或防雷要求高的场合，选择Y，zn11。

（4）当供电容量较大或供电可靠性要求较高时，可用两台或多台变压器并联运行进行供电，但并联运行的变压器必须满足以下条件：

1）变压器一、二次额定电压应分别相等，即变比相同，变压比差值不超过0.5%；

2）变压器的连接组别相同，包括连接方式、极性、相序都必须相同；

3）变压器的短路电压（即阻抗电压）百分值应相等，短路电压差值不超过10%；

4）变压器容量差别不宜过大，两变压器容量比不宜超过3∶1。

第二节　配电变压器容量选择

一、配电变压器负荷率的取值

变压器负荷率又称运行率，是影响变压器容量、台数和电网结构的重要参数。其值为

$$K_{fz}=\frac{\text{变压器实际最大负荷(kVA)}}{\text{变压器额定容量(kVA)}}\times 100\%$$

配电变压器的负荷率，一般应在额定容量的70%左右，较为经济可靠，单从变压器功率损失来看，负荷率在50%～70%间最好。

（一）关于配变负荷率取值的两种观点比较

国内和国外对配电变压器负荷率K_{fz}的取值有两种观点和做法：一种认为K_{fz}值取得大好，即取高负荷率；另一种则相反，认为K_{fz}值取得小好，称取低负荷率。下面对这两种观点分别进行讨论分析。

1. 关于高负荷率

K_{fz}的具体取值和变电所中变压器台数N有关，当$N=2$时，$K_{fz}=65\%$；$N=3$时，$K_{fz}=87\%$（近似值）；$N=4$时，$K_{fz}=100\%$（近似值）。

根据变压器负荷能力中的绝缘老化理论，允许变压器短时间过负荷而不会影响变压器的使用寿命，大体取过负荷率1.3时，延续时间2h。按“N—1”准则，当变电所中有一台变压器因故障停运时，剩余变压器必须承担全部负荷而过负荷运行，过负荷率为1.3。所以，不同变压器台数的K_{fz}值不同，台数增加，K_{fz}值增大。

提高K_{fz}值能充分发挥电网中设备的利用率，减少电网建设投资，降低变压器损耗。变压器取高负荷率时，为了保证系统的可靠供电，在变电所的低压侧应有足够容量的联络线，在2h之内经过操作把变压器过负荷部分通过联络线转移至相邻变电所。联络线容量为

$$L=(K-1)P(N-1)$$

式中　K——变压器短时过负荷倍数；

P——单台变压器额定容量；

N——变电所中变压器台数。

2. 关于低负荷率

变压器当 $N=2$ 时，$K_{fz}=50\%$；$N=3$ 时，$K_{fz}=67\%$（近似值）；$N=4$ 时，$K_{fz}=75\%$，这种观点与第一种观点显然不同，当变电所中有一台变压器因故障停运时，剩余变压器承担全部负荷而不过负荷，因此无需在相邻变电所的低压侧建立联络线，负荷切换操作都在本变电所内完成。

经过大量计算后可归纳出关于以上两种观点的利弊：

(1) 关于投资。按新建电网计算，高负荷率时的电网总投资比低负荷率的总投影投资节省，35kV 电网平均相差 10%，220kV 电网平均相差不到 5%；大量的计算数据证明了在大多数（不是全部）情况下高负荷率比低负荷率有较高的经济效益，这正是许多人主张取高负荷率的理由。

(2) 低负荷率时的电网网损率比高负荷率时小 5%～15%；

(3) 低负荷率平时的电网供电可靠性高于高负荷率的可靠性。如当一台变压器故障时，只要在本变电所内进行转移负荷操作，无需求助于邻过变电所，故为纵向备用，也不会因外部转移负荷有困难而延长停电时间。而且，误操作事故率高于设备事故率；

(4) 高负荷时，需要在变电所之间建立联络线，以备必要时转移负荷，其容量按上述计算，若变电所容量为 3×24 万 kVA，变压器过负荷倍数为 1.3，则联络线的通道要比征用一个变电所址困难得多。

(5) 低负荷率时，电网有更强的适应性和灵活性，对于经济发展、人口密度大和用电标准高的城市是可取的。

(6) 从电网投资统计曲线看出，电网的每 kW 投资曲线随负荷密度增大而下降，曲线相互靠近，表明高负荷密度城市取高负荷率时经济优势逐渐减弱，也说明高负荷密度区宜建立大容量变电所。

(7) 变压器取低负荷率是简化网络接线的必要条件，对城网自动化有利。

(二) 变压器的最佳负载率

对变压器最高效率时负载系数可用微分的方法求得。最高效率发生在 $d\eta/dk_{fz}=0$ 之点，依此可将效率 η 对负载率 K_{fz} 微分并令其等于零，便可求得最佳负载系数 K_{fz}。

$$K_{fz}=\sqrt{\frac{P_0}{P_{dn}}}$$

符合上式时变压器的效率最高。但是这仅仅是考虑了变压器的有功损耗，即铜损和铁损。在运行中由于变压器磁化过程中的空载无功损耗 Q_0 及变压器绕组电抗中的短路无功损耗 Q_{dn} 的原因，在供给这部分无功损耗时又增加了系统的有功损耗。若考虑这部分损耗，则

$$K_{Zj}=\sqrt{\frac{P_0+K_QQ_0}{P_{dn}+K_QQ_{dn}}}=\sqrt{\frac{P_0+K_QI_0\%S_n\times10^{-2}}{P_{dn}+K_QU_d\%S_n\times10^{-2}}}$$

式中　K_Q——无功经济当量，$K_Q=\Delta P/\Delta Q$，其值见表 8-4。

表 8-4　　　　　　　　　　　　　　变压器的无功经济当量值

变 压 器 位 置	K_Q (kW/kvar)	
	系统最大负载	系统最小负载
变压器直接由发电厂母线供电	0.02	0.02
工企城市 6～10kV 直接由发电机母线供电	0.07	0.04
工企城市 6～10kV 由系统电网供电	0.15	0.1
区域电网有电力电容器补偿	0.05	0.08

【例 8-3】　设有一台 S_7—315/10 的变压器，其参数为 $S_e=315$、$P_0=0.76$、$P_k=4.8$、$U_k\%=4$、$I_0\%=1.4$，求负载系数应为多少？

解　(1) 只计算有功功率损耗时

$$K_{zj}=\sqrt{\frac{P_0}{P_k}}=\sqrt{\frac{0.76}{4.8}}=0.398$$

$$S_{zj}=0.398\times 315=125.3(\text{kVA})$$

(2) 考虑综合损耗时

$$K_{zj}=\sqrt{\frac{0.76+0.1\times 1.4\times 315\times 10^{-2}}{4.8+0.1\times 4\times 315\times 10^{-2}}}$$

$$=0.445$$

$$S_{zj}=0.445\times 315$$

$$=140.2(\text{kVA})$$

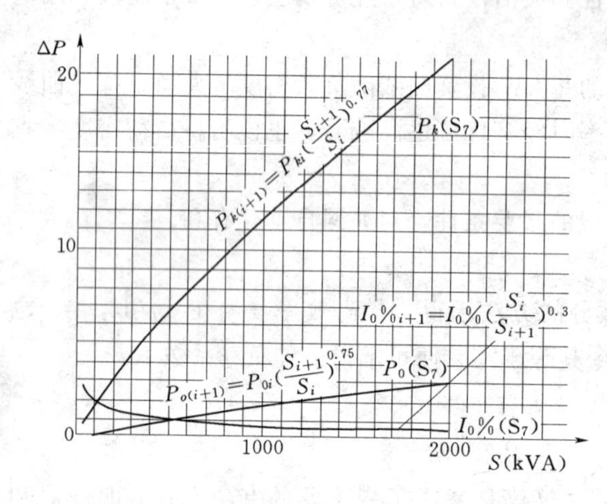

图 8-4　变压器容量与损耗的关系曲线

从变压器损耗特性上看，容量愈大的变压器，损耗的增加愈缓慢，这可由图 8-4 看出。

(三) 按年运行费率最低的条件确定变压器的负荷率

变压器的年运行费用包括基本折旧、大修理维护折旧费、变压器的年电能损耗费用。年大修理维护折旧费为固定资产原值乘以折旧率；变压器的空载损耗费只要容量和运行时间不变，就成为常量。这两部分称为固定费用。

$$B_g=Z\alpha\%+P_0TJ_0$$

变压器的负载损耗随负荷率、运行时间及电价而变

$$\left.\begin{aligned}B_b&=P_{dn}\left(\frac{S_m}{S_n}\right)^2FTJ_0\\F&=Kf(1-K)f^2\end{aligned}\right\}$$

年运行费用为

$$B = B_g + B_b$$

上三式中　F——损耗因数；

Z——变压器价格；

$\alpha\%$——综合折旧率，取6.7%；

T——年运行小时，取8760h；

J_0——电价；

B——年运行费用；

B_g——固定费用；

B_b——变压器带有负载损耗费用；

S_m——变压器运行费用最低时的负荷容量，kV；

f——负荷率。

年运行费用除以年平均负荷，即为单位负荷的年运行费，简称年运行费率（B/S_{pj}）。年运行费率对负荷的导数等于零时，变压器的年运行费率最低，即

$$\frac{B}{S_{pj}} = \frac{1}{S_m}\left(Z\alpha\% + P_0TJ_0 + \frac{P_kS_m^2FTJ_0}{S_n^2}\right)$$

令

$$\frac{d}{dS_{pj}}\left(\frac{B}{S_{pj}}\right) = 0$$

则

$$k_J^2 = \left(\frac{S_m}{S_n}\right)^2 = \frac{Z\alpha\% + P_0TJ_0}{P_kFTJ_0}$$

所以

$$k_J^2 = \sqrt{\frac{Z\alpha\% + P_0TJ_0}{P_kFTJ_0}}$$

式，即为变压器年运行费用最低时的负荷率。举例计算如表8-5。从表8-5中可以看出，负荷率在0.9以上，k_J^2高达179.6%，最低也达106.2%，这是不可能的。但这不是理论上的错误，而是价格上的原因。可以借鉴的是，变压器的运行不能单独由$K_{fz}P_k=P_0$所决定。应考虑到变压器的投资因素，也就是考虑略高于传统的$K_{fz}P_k=P_0$的水平。

表8-5　　几种S_7系列变压器年运行费用最低的负荷率

变压器规格	铁损(kW)	铜损(kW)	年运行费用(元)		f=0.5	f=0.6	f=0.7	f=0.8	f=0.9	f=1.0	变压器价格(元)
					F=0.3	F=0.7	F=0.498	F=0.646	F=0.814	F=1.0	
			固定费用	可变费用	年运行费用最低的负荷率(%)						
S_7—50	0.19	1.15	683		179.6	161.8	139.4	122.4	109.1	98.4	8450
S_7—100	0.32	2.00	1042		168.3	151.6	130.6	114.6	102.2	92.2	12620
S_7—200	0.54	3.40	1646		162.2	146.2	125.9	110.5	98.5	88.9	19630
S_7—315	0.76	4.80	2148		156.0	140.5	121.0	106.2	94.7	85.4	25100
S_7—400	0.92	5.80	2704		159.2	143.4	123.5	108.5	96.7	87.2	31940
S_7—630	1.30	8.10	3717		157.9	142.3	122.5	107.6	95.9	86.5	43580

变压器经济运行与否，是由所带负荷的大小、本身消耗的功率以及变压器在磁化过程中引起的空载无功损耗、绕组电抗中的短路无功损耗等因素所决定的。全面地看，经济运

行不能单从节电观点出发，还应考虑运行费用的问题。

二、配电变压器的容量选择

1. 主变压器容量的选择

对于配电变电所而，其主变容量按下列原则

采用一台主变压器时，$S_{n\cdot b} \geqslant S_{js}$

采用两台主变压器时，$S_{n\cdot b} \approx 0.75 S_{js}$或$S_{n\cdot b} \geqslant S_{\mathrm{I+II}}$

式中 $S_{n\cdot b}$——单台主变压器容量；

S_{js}——变电所总的计算负荷；

$S_{\mathrm{I+II}}$——变电所的一、二级负荷的计算负荷。

配电变电所中单台变压器（低压为0.4kV）的容量，一般不宜大于1250kVA；但当负荷容量大而集中，且运行合理时，亦可选用1600～2000kVA的更大容量变压器。

2. 动力与照明混用的变压器的容量选择

对于动力与照明混用的变压器，电动机的功率以有功功率表示，一般$\cos\varphi=0.8$，效率$\eta=0.8\sim0.9$，所以变压器的额定容量可按计算负荷确定：

$$S_T = \frac{P_{js}}{0.7 \sim 0.75} \approx 1.4 P_{js} (\mathrm{kVA})$$

3. 用户变压器容量的选择

多数单位的生活和生产用电是由同一台变压台供给，全天的负荷曲线波动很大，若在非生产时间将变压器退出运行，大多数是做不到的。因此用户变压器容量的选择应用户的生产班次来权衡，不应严格按经济运行负荷率来确定。

【例8-4】 设某三班制生产用户，常用负荷为480kVA，负荷率$K_{fz}=0.76$，变压器年运行时间为345天，若选用S_7系列变压器，其最佳经济负荷率K_{zj}为0.4，试比较采用$K_{fz}=0.76$和$K_{fz}=0.4$时的经济性。

参数 / 编号	规格	P_0 (kW)	P_k (kW)	价格（元）	K_{fz}
#1	S_7—1250/10	2.2	13.8	72530	0.4
#2	S_7—630/10	1.3	8.1	43580	0.76

解 当$K_{fz}=0.4$时，$S=480/0.4=1200$（kVA），选S_7—1250/10，此时实际负荷率：

$$K_{fz}=\frac{480}{1250}=0.384$$

当$K_{fz}=0.76$时，$S=480/0.76=630$（kVA），选S_7—630/10。

年铁损电量差

$$\Delta A_0 = (2.2 - 1.3) \times 24 \times 345 = 7452 (\mathrm{kW\cdot h/年})$$

年铜损电量差

$$\Delta A_k = (13.8 \times 0.384^2 - 8.1 \times 0.76^2) \times 24 \times 345 = -21889.5 (\mathrm{kW\cdot h/年})$$

$2^{\#}$变压器年节电量为

$$\Delta A_0 + \Delta A_k = -14437.5 (\mathrm{kW\cdot h/年})$$

假定平均电价为 0.1 元/ (kW·h)，用 S_7—630 变压器比 S_7—1250 变压器多缴纳的电费为

$$D_F = 0.1 \times 14437.5 = 1443.75(\text{元}/\text{年})$$

变压器的价差

$$J_c = 72530 - 43580 = 28950(\text{元})$$

向供电局应交贴费差

$$T_{FC} = (1250 - 630) \times 140 = 86800(\text{元})$$

向供电局应交基本电费差

$$J_{zf} = (1250 - 630) \times 4 \times 12 = 29760(\text{元}/\text{年})$$

变压器的维护费用差为

$$W_F = 5.8\% J_C = 1679(\text{元}/\text{年})$$

由前面计算可见用电单位选择变压器，不宜按经济负荷系数选择。$K_{fz}=0.4$ 比 $K_{fz}=0.76$ 每年节约运行费用为

$$F = J_{bf} + W_f - D_f = 29760 + 1679 - 1443.75 = 29995.25(\text{元}/\text{年})$$

节约一次性投资增加额为

$$T_z = J_c + T_{fc} = 28950 + 86800 = 115750(\text{元})$$

上边计算结果表明，选用 S_7—630/10 变压器运行，只是每年多缴纳 1443.75 元电费，但可以节约基本电费及维护费 29995.25 元，还可节约变压器差价及供电贴费差额，即一次性投资增加额 115750 元。

如果是单班生产的单位，就算每天工作 7h，经济效益更显著。

$$\Delta A'_k = (13.8 \times 0.384^2 - 8.1 \times 0.76^2) \times 7 \times 306 = -5663(\text{kW}\cdot\text{h})$$

$2^{\#}$变每年节约电量

$$\Delta A_0 + \Delta A_k = 7452 - 5663 = 1789(\text{kW}\cdot\text{h})$$

$$D_F = 0.1 \times 1789 = 179(\text{元})$$

$$\Delta F = 29760 + 1679 + 179 = 31618(\text{元})$$

$$T_Z = 115750(\text{元})$$

由上述分析的结果可知，用电单位选择单台变压器运行时，不应严格按照经济负荷系数 K_{zj}选择。提高负载系数，对节约资金效果显著。上例取 $K_{zj}=0.76$，若选 0.85 时，变压器只需 560kVA，效果更显著，只要 $K_{zj} \leqslant 1$，在技术上便没有问题，只是经济问题。另外负荷率的降低将导致自然功率因数的降低，若按两部制收取电费，功率因数对电价的关系如表 8-6 所示。

表 8-6　　功率因数对电价的关系

增减电费 / cosφ	cosφ 每提高 1% 减收电费	cosφ 每降低 1% 增收电费	cosφ 小于下列值每 10%，电费增加 2%
0.90	15%	0.5%	cosφ<0.64
0.85		0.5%	cosφ<0.59
0.80		0.5%	cosφ<0.54

第三节　配电变压器小型化的经济效益分析

近些年来由于工农业的发展及人民生活水平的提高，供电负荷不断地增加。这一客观事实的存在，引起了供电变压器的容量逐渐地由小变大，线路导线截面亦随之加大。针对这些事实，供电部门应该研究，采取适当办法满足负荷发展的需要。办法有两种：一种是变台不动，随着负荷的发展逐渐更改大容量变压器和大截面低压导线；另一种是沿街公用的变压器容量已达 315kVA 时，不再更换大容量变压器，采取增加新变压器台装相应容量的变压器的办法。这两种办法之间存在着需要认真研究和决策的经济问题。

在国外早些年就注意到了这个问题。如日本家庭用电量比较大，几户人家就设一台小容量变压器，挂在电杆上，不设变台用电缆引到用户，很少见到低压线路，既安全、经济，又美观。但也有一定问题，那就是中压线路必须普及全城。虽然如此，从总的运行费用上看，仍然合适。下面介绍经济比数。

$$\Delta P_{0.38}=3\left(\frac{P}{\sqrt{3}\times 0.38}\right)^2 R\times 10^{-3}=6.93P^2R\times 10^{-3}$$

$$\Delta P_{10}=3\left(\frac{P}{\sqrt{3}\times 10}\right)^2 R\times 10^{-3}=0.01P^2R\times 10^{-3}$$

$$\frac{\Delta P_{0.38}}{\Delta P_{10}}=\frac{6.93P^2R\times 10^{-3}}{0.01P^2R\times 10^{-3}}=693$$

$$\Delta P_{10}=\frac{1}{693}\Delta P_{0.38}$$

上式说明 10kV 线路在与低压线路输送同容量，线路阻抗相等时，10kV 线路的功率损失仅占低压线路损失的 1/693。10kV 与 0.38kV 线路的建设投资情况，以 15m 电杆与 10m 低压杆线路造价的比值约为 2。

【例 8-5】　某垂直于 10kV 线路两侧各 250m 处的两家用户，各需容量 110kVA 负荷，年负荷利用小时为 5000h，$\cos\varphi=0.9$。试比较架设 10kV 线路与低压线路的经济效益。

解　第Ⅰ方案：架设 2×250m 低压线路，集中在同一台变压器供电。选 SL_7—315/10 变压器，负荷率 $K_{fz}=\frac{2\times 110}{315}=0.7$，每条分支线路通过的电流 $I_{0.38}=\frac{110}{\sqrt{3}\times 0.38}=167.1$ (A)，按导线的容许电流选用 LGJ—50 导线，造价 2.36 万元/km，需投资

$$T_{zx}=2.36\times 2\times 0.25=1.18\ (\text{万元})$$

电能损失计算：LGJ—50 导线，电阻 $r_0=0.594\Omega$/km，有

$$\Delta A_X=2\times 3\times 167.1^2\times 0.5946\times 0.25\times 5000\times 10^{-3}=124519\ (\text{kW}\cdot\text{h/年})$$

SL_7—315/10 变压器损失计算：$P_0=0.76$kW，$P_k=4.8$kW，有

$$\Delta A_B=0.76\times 8760+0.7^2\times 4.8\times 5000=18417\ (\text{kW}\cdot\text{h/年})$$

$$\sum\Delta A=124519+18417=142936.6\ (\text{kW}\cdot\text{h/年})$$

如果电价按 0.1 元/（kW·h）计算，每年损失电费为

$$D_F=0.1\times 142936.6=14293.66\ (\text{元/年})$$

第Ⅱ方案：架设 2×250m10kV 线路，装两台变压器分别供电。变压器选用 SL_7—160/10，K_{fz}=110/160=0.6875，10kV 线路通过电流为

$$I_{10}=\frac{110}{\sqrt{3}\times 10}=6.35\ (A)$$

按导线在居民区的最小截面要求选 LGJ—35，造价 4 万元/km。线路投资 $T_Z=4\times 2\times 0.25=2$（万元）。

电能损失计算：LGJ—35 导线，$r_0=0.823\Omega/km$，有

$$\Delta A_X=2\times 3\times 6.35^2\times 0.823\times 0.25\times 5000\times 10^{-3}=249\ (kW\cdot h/年)$$

SL_7—160/10 变压器损失计算：$P_0=0.46kW$，$P_k=2.85kW$，有

$$\Delta A_B=\ (0.46\times 8760+0.6875^2\times 2.85\times 5000)\ \times 2=21529\ (kW\cdot h/年)$$

$$\sum\Delta A=249+21529=21778\ (kW\cdot h/年)$$

$$D_F=21778\times 0.1=2177.8\ (元/年)$$

造价及损失的综合比较见表 8-7。

表 8-7　　方案的综合比较（元）

序号	方案 / 比较项目	第Ⅰ方案	第Ⅱ方案
(1)	变压器	25100	2×15000=30000
(2)	电费损失	14294	2178
(3)	变压器台	2000	2×2000=4000
(4)	线路造价	20000	11800
(5)	(1) + (2) + (4) + (3)	61394	47978
(6)	(5) 的差值（Ⅰ－Ⅱ）	+13416	
(7)	多投资部分回收年限（年）	当年节约 13416	

注　S_7—315/10 变压器，25100 元/台；SL_7—160/10 变压器，15000 元/台；变压器台造价 2000 元/座。

【例 8-6】　在原有台区中增容问题，假如有如图 8-5 所示的台区，现在的变压器是 SL_7—250/10，负荷率 $K_{fz}=0.85$，年运行时间为 5000h，台区中的用户还要增容 100kW，试比较如何供电较为经济？

解　依题意可有两种方案供电。第一方案将原变压器改用 SL_7—400/10，$K_{fz}=0.78$，更换 C 用户的低压导线为 LGJ—70。第二方案是 SL_7—250/10 变压器不动，在 C 用户处增设变台装一台 SL_7—250/10 变压器，O—C 段低压导线不动。导线 15 元/kg，施工费按本体造价 0.3 倍考虑。

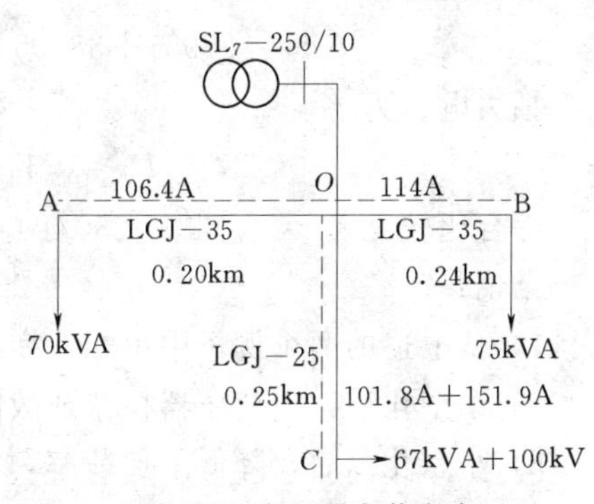

图 8-5　变压器安装方案

第Ⅰ方案：

更换导线的费用：LGJ—70 导线自重为 275kg/km，则：

本体造价：$X_{Fb}=0.25\times4\times275\times15=4125$（元）；

施工费用：$X_{Fs}=0.3X_{Fb}=0.3\times4125=1238$（元）；

更换导线总费用：$X_F=X_{Fb}+X_{Fs}=4125+1238=5363$（元）。

LGJ—70 导线，$r_0=0.4217\Omega/km$，LGJ—35 导线，$r_0=0.823\Omega/km$，则：

线路电能损失：

$$\Delta A_{XA}=3\times106.4^2\times0.823\times0.2\times5000\times10^{-3}=27951(kW\cdot h/年)$$

$$\Delta A_{XB}=3\times114^2\times0.823\times0.24\times5000\times10^{-3}=38505(kW\cdot h/年)$$

$$\Delta A_{XC}=3\times(101.8+151.9)^2\times0.4217\times0.25\times5000\times10^{-3}=101783(kW\cdot h/年)$$

变压器损失：$P_0=0.92kW$，$P_{dn}=5.8kW$，$K_{fz}=0.78$，有

$$\Delta A_b=0.92\times8760+0.78^2\times5.8\times5000=25703\ (kW\cdot h/年)$$

总损失电量：

$$\sum\Delta A_{Ⅰ}=27951+38505+101783+25703=193942\ (kW\cdot h/年)$$

损失电费为

$$D_f=0.1\times193942=19394\ (元/年)$$

变压器投资为：SL_7—400/10，28940 元/台。

第Ⅱ方案：

线路电能损失：

$$\Delta A_{XA}=27951kW\cdot h$$

$$\Delta A_{XB}=38505kW\cdot h$$

$$\Delta A_{XC}=0$$

变压器损失：O 点的变压器 $K_{fz}=(70+75)/250=0.58$，$P_0=0.64kW$，$P_{dn}=4.0kW$，有

$$\Delta A_{bo}=0.64\times8760+0.58^2\times4\times5000=12334\ (km\cdot h/年)$$

C 点的变压器损失：SL_7—250/10，$P_0=0.64kW$，$P_k=4.0kW$，$K_{fzc}=(67+100)/250=0.668$，$T_2=20590$ 元/台，有

$$\Delta A_{bc}=0.64\times8760+0.668^2\times4.0\times5000=14531\ (km\cdot h/年)$$

总损失电量：

$$\sum\Delta A_{Ⅱ}=27951+38505+14531+12334=93321\ (km\cdot h/年)$$

损失电费为

$$D_F=0.1\times93321=9332\ (元/年)$$

综合比较见表 8-8。SL_7—250/10 变压器投资 20590 元/台，变台投资 2000 元/个。

结论：

1）从上述的两个例子中可知，变压器小型化后，均在当年收到经济效益万元以上；

2）小型化后，当变压器检修或故障时，可减少停电范围；

3）小型化以后，降低了负荷率，可以减少变压器损失费用；

4）如能小型 10～50kVA 时，还可减少架空低压线路的费用；

5）变压器小型化势必导致在市区普及高压线路，减少低压线路，这对提高设备的健康水平，减少局外人身事故等，都会收到较好的效果；

6）小型化后，低压网络也相应的小了，断零线烧损低压电器的范围也减少了。

表 8-8　　综合比较（元）

序　号	方案 比较项目	第Ⅰ方案	第Ⅱ方案
(1)	更换导线投资	5363	0
(2)	电费损失	19394	9332
(3)	变压器投资	28940	20590
(4)	变　台　投　资	0	2000
(5)	(1)＋(3)＋(4)	34302	22590
(6)	(5)之差值（Ⅰ－Ⅱ）	＋11712	
(7)	(2)之差值（Ⅰ－Ⅱ）	＋10062	
(8)	多投资部分回收年限(a)	当年节约 21774	

第四节　配电变压器的经济运行

一、变压器损耗计算

变压器的一次绕组从电源侧获得有功功率 P_1，除了一小部分消耗于内部损耗外，全部转变为输出功率 P_2。变压器的效率是很高的。变压器在运行中的内部损耗包括：变压器铁损和铜损两部分。

1. 变压器的铁损 P_0

当一次侧加有交变电压时，铁芯中产生交变磁通，从而在铁芯中产生的磁滞与涡流损耗，总称铁损。

变压器的空载损耗　　$P_0=I_0^2R_i+\Delta P_0$

由于空载电流 I_0 和一次绕组电阻 R_i 都比较小，所以 $I_0^2R_i$ 可以忽略不计，因此变压器的空载损耗基本上等于铁损。当电源电压一定时，铁损基本是个恒定值，而与负载电流大小和性质无关。

2. 变压器的铜损 P_d

由于变压器一、二次绕组都有一定的电阻（R_1、R_2），当电流流过时，就要产生一定的功率和电能损耗，这就是铜损。

由于铜损：

$$P_d=I_1^2R_1+I_2^2R_2$$

又因为

$$P_d=I_1^2R_1+I_2R_2$$

$$=\left(\frac{I_2}{I_{2n}}\right)^2P_{dn}$$

式中　P_{dn}——变压器在额定负载时的铜损，其值近似为变压器的短路损耗，可用短路试验测出。

因此变压器的铜损主要决定于负载电流的大小。

设变压器的负荷率 $K_{fz}=I_2/I_{2n}$（任一负载下二次电流与二次额定电流之比），则将上式改为

$$P_d = K_{fz}^2 P_{dn}$$

由上式可知，变压器的铜损与负载系数的平方成正比，因此变压器的铜损与负载的大小和性质有关。只要知道负载电流的大小，就可以算出这一负载时变压器的铜损。

3. 变压器的效率

变压器输出功率 P_2 和输入功率 P_1 的百分比，称为变压器的功率 η

$$\eta = \frac{P_2}{P_1} \times 100\%$$

因为输入功率 $P_1=P_2+P_0+P_k$，所以

$$\eta = \frac{P_2}{P_2 + P_0 + P_k} \times 100\%$$

变压器的效率一般都在95%以上。

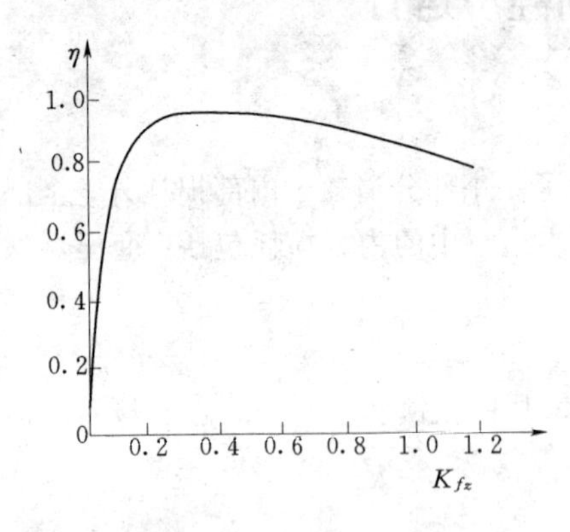

图 8-6　变压器效率曲线

当负载的功率因数 $\cos\varphi$ 为一定值时，变压器的效率与负载系数的关系，称为变压器的效率曲线，如图8-6所示，它表明了变压器的效率与负载大小的关系。

从图8-6中可以看出，当变压器输出为零时，效率也为零；输出增大时，效率开始很快上升，直到最大值，然后又下降。这是因为变压器的铁损基本上不随负载变化，当负载很小时，这部分损耗占的比重大，因而效率低。又因铜损则与负载电流的平方成正比，当负载增大到一定程度后，铜损增加很快，使效率又降低。

用数学分析方法可以证明（证明从略），当铜损与铁损相等时，变压器的效率将达到最大值。根据

$$P_0 = P_d = K_{zj}^2 P_{dn}$$

所以效率最高时的负荷率为

$$K_{zj} = \sqrt{\frac{P_0}{P_{dn}}}$$

一般变压器的最高效率大致出现在 $K_{zj}=\dfrac{I_2}{I_{2n}}=0.5\sim0.6$ 的时候。

【例 8-7】　一台变压器，其额定容量 $S_n=100\text{kVA}$，电压比 $K=10/0.38\text{kV}$，$\cos\varphi=0.8$，$P_0=0.6\text{kW}$，$P_{dn}=2.4\text{kW}$。求：$K_{fz}=1$ 时，变压器的效率及变压器的最大效率。

解　当 $K_{fz}=1$ 时，为额定负载情况，则

$$P_2 = S_n\cos\varphi_2 = 100 \times 0.8 = 80(\text{kW})$$

因此

$$\eta = \frac{P_2}{P_2+P_0+P_{dn}} \times 100\%$$

$$=\frac{80}{80+0.6+2.4}\times 100\%=96.4\%$$

变压器最高效率时

$$K_{zj}=\sqrt{\frac{P_0}{P_{dn}}}=\sqrt{\frac{0.6}{2.4}}=\frac{1}{2}$$

因为 $K_{zj}=\frac{I_2}{I_{2n}}$，效率最大时输出功率 $P'_2=\frac{1}{2}P_2=\frac{1}{2}\times 80=40$（kW）。因此

$$\eta_{zd}=\frac{P'_2\times 100\%}{P'_2+K_{zj}^2P_{dn}+P_0}$$

$$=\frac{40\times 100\%}{40+\frac{1}{4}\times 2.4+0.6}$$

$$=97.1\%$$

二、变压器的经济运行

为了供电的连续性和负荷有较大变化时的经济性，一般在变电所里安装两台或两台以上相同规格及特性的变压器并联运行。当其中一台故障或检修时，可由其余的变压器供电。轻负荷运行时，如并联的台数不变，绕组的负载损失很小，而空载损失则在总损失中占主导数值。为降低损失，在保持部分变压器，不过载的条件下，可以退出一部分变压器。条件是减少的空载损失必须大于增加的负载损失。

当总负荷为 S（kVA），有 n 台同规格及性能的变压器并联运行时，总的有功功率损失为

$$\sum\Delta P=nP_0+nP_{dn}\left(\frac{S}{nS_n}\right)^2=nP_0+\frac{1}{n}P_{dn}\left(\frac{S}{S_n}\right)^2$$

退出一台后的总损失

$$\sum\Delta P_{n-1}=(n-1)P_0+\frac{1}{n-1}P_{dn}\left(\frac{S}{S_n}\right)^2$$

若上面两式的总功率损失相等时，我们称其总负荷为临界负荷 S_j。

$$nP_0+\frac{1}{n}P_{dn}\left(\frac{S_j}{S_n}\right)^2=(n-1)P_0+\frac{1}{n-1}P_{dn}\left(\frac{S_j}{S_n}\right)^2$$

由上式中可解出 S_j

$$S_j=S_n\sqrt{n(n-1)\frac{P_0}{P_{dn}}}$$

如果将变压器空载时的无功功率损失 Q_0 及负载时变压器电抗中的无功功率损失 Q_{dn} 一并计算时，上式将变成

$$S_j=S_n\sqrt{n(n-1)\frac{P_0+K_QQ_0}{P_{dn}+K_QQ_{dn}}}$$

式中　K_Q——变压器的无功经济当量，数值可从表 8-4 中查取。

可从两种情况分析经济运行方式，首先当并联的各台变压器型式和容量相同时，在不同负荷情况下投入几台变压器，可按下式决定，若负荷增加，当

$$S > S_n \sqrt{n(n-1)\frac{P_0 + K_Q Q_0}{P_{dn} + K_Q Q_{dn}}}$$

符合上式时，应向并联运行的 n 台变压器组再投入一台。

当负荷减少到

$$S < S_n \sqrt{n(n-1)\frac{P_0 + K_Q Q_0}{P_{dn} + K_Q Q_{dn}}}$$

式中 S——全负荷，kVA；

S_n——一台变压器的额定容量，kVA；

n——运行中的变压器台数；

K_Q——无功经济当量，kW/kvar。

符合上式时，应由并联运行的 n 台变压器中退出一台。

上面两式中各量大都可以从铭牌和试验报告中查得，至于 Q_0 可由空载电流的百分数 $I_0\%$ 乘以额定容量 S_n 得到，即 $Q_0=U_{10}\%S_n\times10^{-2}$；另外 Q_{dn} 可由短路电压的百分数 $U_d\%$ 乘以 S_n 得到，即 $Q_{dn}=U_d\%S_n\times10^{-2}$。

为什么满足前一式时，投入一台较经济呢？因为当负载损失等于空载损失时，变压器的效率最高。所以，如果现已有 n 台并联运行，经济点应满足

$$\left(\frac{S}{nS_n}\right)^2 n(P_{dn} + K_Q Q_{dn}) = (n+1)(P_0 + K_Q Q_0)$$

若负荷增加时，必然要增加可变损失，所以上式等于关系被破坏。这时要不投入一台变压器，当负荷继续增加时，将不经济。这里负荷增加到使 n 台的铜损还小于（$n+1$）台的空载损失时，再投一台还不甚必要。从上式看再投一台负载损失要降低，更不会接近（$n+1$）台的铁损时，再投一台才可能达到新的经济点，所以投一台的条件为

$$\left(\frac{S}{nS_n}\right)^2 n(P_{dn} + K_Q Q_{dn}) > (n+1)(P_0 + K_Q Q_0)$$

负荷减少时，要退出变压器的分析方法与前述相仿。减少本来在经济点运行的变压器负荷时，就离开了经济点运行，当负荷减到使 n 台的负载损失比（$n-1$）台铁损还小时，可退出一台，这样负载损失反而增加，可能等于（$n-1$）台的空载损失再重新接近经济运行。故退出一台的经济条件为

$$\left(\frac{S}{nS_n}\right)^2 n(P_{dn} + KQ_{dn}) < (n-1)(P_0 + KQ_0)$$

其次，不同型式和容量的变压器并联，在负荷变化时该投入几台变压器，可由查曲线的方法确定。在这种条件下，各台变压器的空载损失也不一定相等，所以负荷比较复杂，故很难用上述公式确定。所以应事先把各变压器的总损失与负荷的关系绘成曲线，将并联的几台变压器的总损失和负荷的关系也绘成曲线，放在同一坐标中，如图 8-7 所示。纵坐标 P 为损失（kW），横坐标 S 表示负荷（kVA）。多少负荷应投入几台变压器，按当时负荷投入几台损失最小确定，从曲线上对应当时负荷便可查到应投的台数。

【例 8-8】 某变电所装有两台变压器，#1 变为 S_7—400/10，$P_{01}=0.92$kW，$P_{dn1}=5.8$kW，$I_{01}\%=1.3$，$U_{d1}\%=4$；#2 变为 SL_7—630/10，$P_{02}=1.3$kW，$P_{dn2}=8.1$kW，$I_{02}\%=$

2，$U_{d2}\%=4.5$。试计算与绘制损失与负荷的关系曲线？

解 查表 8-4，$K_Q=0.1$。

(1) #1 变的损失与负荷的关系为

$$\Delta P_1 = P_{01} + K_Q Q_{01} + (P_{dn1} + K_Q Q_{dn1})\left(\frac{S}{S_n}\right)^2$$

$$= P_{01} + K_Q I_{01}\% S_{n1} \times 10^{-2} + (P_{dn1} + K_Q U_{d1}\% S_{n1} \times 10^{-2})\left(\frac{S}{S_n}\right)^2$$

$$= 0.92 + 0.1 \times 1.3 \times 400 \times 10^{-2} + (5.8 + 0.1 \times 4 \times 400 \times 10^{-2})\left(\frac{S}{400}\right)^2$$

$$= 1.44 + 7.4\left(\frac{S}{400}\right)^2$$

ΔP_1 与 S 的关系如下：

负荷 S（kVA）	50	100	150	200	250	300	400
损失 ΔP_1（kW）	1.556	1.903	2.481	3.290	4.331	5.603	8.840

(2) #2 变的损失与负荷的关系为

$$\Delta P_2 = 1.3 + 0.1 \times 2 \times 630 \times 10^{-2} + (8.1 + 0.1 \times 4.5 \times 630 \times 10^{-2})\left(\frac{S}{630}\right)^2$$

$$= 2.56 + 10.935\left(\frac{S}{630}\right)^2$$

ΔP_2 与 S 的关系如下：

负荷 S（kVA）	100	200	300	400	500	600	630
损失 ΔP_2（kW）	2.836	3.662	5.040	6.968	9.448	12.478	13.495

(3) #1 及 #2 并列时的损失与负荷的关系。两台变压器的负荷分配为

$$S_1 = \frac{400+630}{\frac{400}{4}+\frac{630}{4.5}} \times \frac{400}{4} = 4.292 \times \frac{400}{4} = 429.2\ (\text{kVA})$$

$$S_2 = 4.292 \times \frac{630}{4.5} = 600.88\ (\text{kVA})$$

由计算可知，#1 变的 $U_{d1}\%=4$，小于 #2 变的 $U_{d2}\%=4.5$，若按两台容量之和运行，#1 变过载而 #2 变尚未满载。这是不可以的，必须按比例求出两台变压器允许的最大负荷。

$$S_{zd} = \frac{S_{n1}}{\frac{S_{n1}}{U_{d1}} \Big/ \left(\frac{S_{n1}}{U_{d1}} + \frac{S_{n2}}{U_{d2}}\right)} = 2.4 S_{n1} = 2.4 \times 400 = 960(\text{kVA})$$

再按 $S_{zd}=960\text{kVA}$，计算负荷分配为

$$S_1 = \frac{960}{\frac{400}{4} + \frac{630}{4.5}} \times \frac{400}{4} = 4 \times \frac{400}{4} = 400(\text{kVA})$$

仍然用求 S_1 的公式，$\sum S$ 代表表 8-9 中的总负荷，求出对应于总负荷时每台变压器分摊的负荷，然后再分别算各变压器的相应损失。

表 8-9　　两台变压器并列时损失与负荷的关系

总负荷$\sum S$（kVA）		200	300	400	600	700	800	960
#1 变	负荷 S_1（kVA）	83.3	125	166.7	250	291.7	333.3	400
	损失 ΔP_1（kW）	1.761	2.163	2.725	4.331	5.375	6.578	8.840
#2 变	负荷 S_2（kVA）	116.7	175	233.4	350	408.3	466.7	560
	损失 ΔP_2（kW）	2.935	3.404	4.061	5.935	7.153	8.561	11.200
总损失 $\Delta P_1+\Delta P_2$（kW）		4.696	5.567	6.786	10.266	12.528	15.139	20.040

$$S_{1(200)}=\frac{200}{\dfrac{400}{4}+\dfrac{630}{4.5}}\times\frac{400}{4}=83.3(\text{kVA})$$

$$\Delta P_{1(200)}=1.44+7.4\left(\frac{83.3}{400}\right)^2=1.761(\text{kW})$$

$$S_{2(200)}=\frac{200}{\dfrac{400}{4}+\dfrac{630}{4.5}}\times\frac{630}{4.5}=116.7(\text{kVA})$$

$$\Delta P_{2(200)}=2.56+10.935\left(\frac{116.7}{630}\right)^2=2.935(\text{kW})$$

将上面三个表中的损失值，描成三条曲线即成为负荷与损失的关系曲线。可供变电所在运行中使用，如图 8-7 所示。

从曲线上可以看出，当$\sum S=250$kVA 时，投#1 变与投#2 变的损耗相等；$\sum S<250$kVA 时投#1 变经济；$\sum S>250$kVA 时，投#2 变经济。当$\sum S=360$kVA 时。投#2 变与投两台的损耗相等；$250<\sum S<360$kVA 时，投#2 变运行经济；$\sum S>360$kVA 时，投两台运行经济。

尽管上述负荷的分界点，从曲线上可以明显地确定，但是由于任何一个工厂、企业的负荷都是在经常地变化的，因此若按上述办法及时地投、切变压器也是不妥的，因为那将使投切的次数过于频繁。办法是定出经济运行方式的范围，即在分界点 E、F 的左右各定一个点，如图 8-7 上的 A、B 和 C、D。若只投#1 变负荷达到 $P_E<P_1<P_B$ 的范围时，退出#1 变投入#2 变；当#2 变的负荷为$P_A<P_2<P_E$时，投入#1 变退出#2 变；若只投#2 变运行，当 $P_F<P_2<P_D$ 时投入#1 变并列运行；若负荷到 $P_C<P_2<P_F$ 范围时，改并列为#2 变单独运行。这样同样可以达到节电的目的，又能减少操作次数。

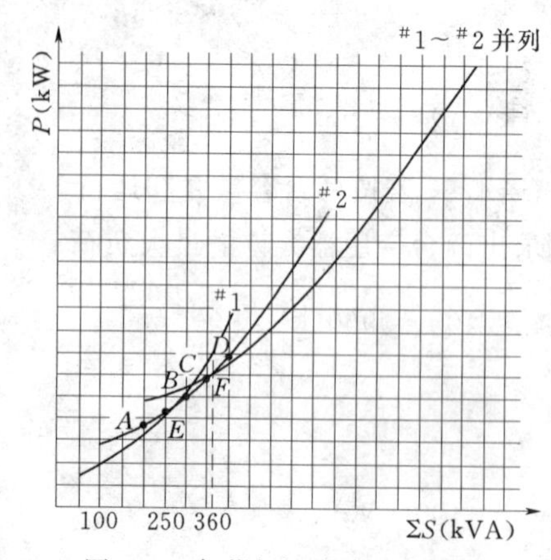

图 8-7　负荷与损失的关系曲线

第五节　配电变压器的保护装置配置

配电变压器的保护装置中，目前最常用的是在变压器一次侧装设跌落式熔断器，二次侧保安器内摆放低压熔丝。采用跌落式熔断器做配电变压器高压侧的保护装置是个经济、简便、有效的办法。这种装置具有熔断器和开关的双重作用，它既能在变压器内部故障时，使其脱离系统，又可作为投、切变压器，便于作业。但是，如果选择和使用不当，不仅起不到应有的作用，而且还可能酿成事故。现就其选择和使用问题，谈些看法，供使用者参考。

一、跌落式熔断器的选择

由于跌落式熔断器是依靠电弧的作用产气来灭弧的，所以安装地点的短路容量应在跌落式熔断器额定断流容量的上下限之内。超过上限，则可能因电流太大，产气太多而使熔管爆炸；低于下限，则又可能因电流太小，产气不够而吹不断电弧。因此，在选择跌落式熔断器的额定容量时，既要考虑其上限开断容量与安装点的最大短路电流相匹配，还要重视其下限开断容量与安装点的最小短路电流的关系。考虑到跌落式熔断器作为变压器内部故障的主保护，并包括低压套管到熔断器（或空气开关）一段引线，且作为低压熔断器的后备保护，应以低压出口短路（两相）作为短路电流最小值来选择其下限开断容量。例如，额定电流 50A 的 RW_3—10 型跌落式熔断器，只能作为短路容量为 10～50MVA 配电变压器的保护，对短路容量为 20～100MVA 配电变压器，应选用 100A 的 RW_7—10 型跌落式熔断器，不能因为负荷不大而选额定电流为 50A 的跌落式熔断器。

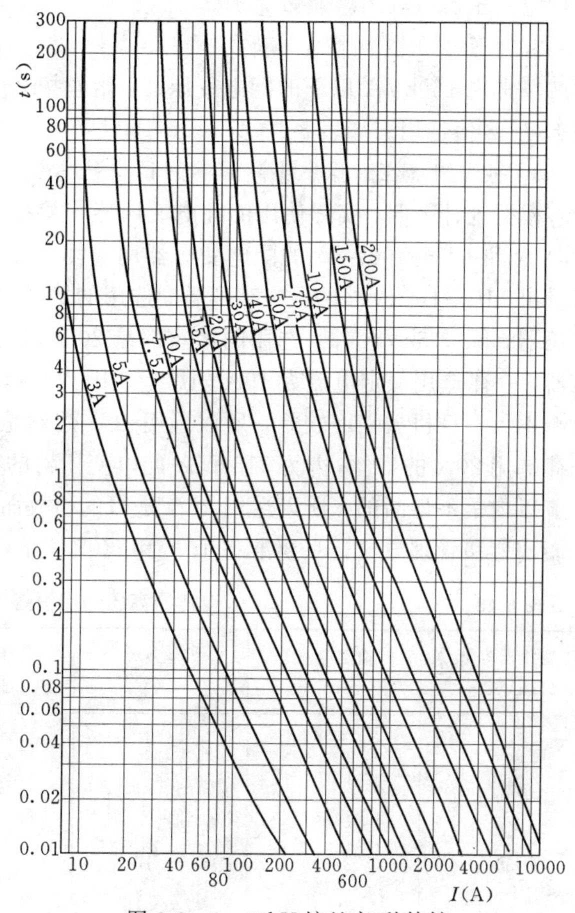

图 8-8　6～35kV 熔丝安-秒特性

注　1. 上图曲线以关中供电局 104 厂产品为主。

2. 对 3A 和 5A 熔丝，由于本身分散性较大，多应用于配电线路的末端作配电变压器的高压侧保护，因此一般 3A 和 5A 熔丝之间不存在相互配合的问题，这两种熔丝电流允许误差范围可以宽一些，约为±15%。

3. 对 7.5A 至 200A 的熔丝，其电流允许误差范围规定为±10%。

二、熔丝的选择

1. 高压侧熔丝的选择原则与条件

熔丝的选择原则是：应能保证配电变压器内部或高、低压出线套管发生短路时迅速熔断。额定容量在 160kVA 以上的配变，熔丝的电流为配电变压器额定电流的 1.5～2 倍。额定容量在

160kVA 及以下的配电变压器，熔丝的电流按变压器额定电流的 2.0～3.0 倍选用。不过对短路电流而言，因其值大，熔丝大些小些都无所谓，只要满足和上级保护达到配合就可以。

熔丝的熔断特性能否与上级保护时间相配合，是决定采用熔丝保护能否生效的关键问题。对于配电线路速断保护装置，因动作时间很短，仅 0.1s 左右，故要取得熔丝的配合，熔丝的熔断时间必须小于或等于 0.1s。按制造厂提供的熔丝的特性曲线（见图 8-8），在 0.1s 内使熔丝熔断的电流应不小于其额定电流的 20 倍。这一数据是保证熔丝与首端断路器配合的必要条件。对于具有 50MVA 以上的短路容量的变电所，50～150mm² 铝线作为干线，在距变电所 1km 以内的 1250kVA 以下的配电变压器或者 2km 以内的 800kVA 以下的配电变压器以及 10km 以内 400kVA 以下的配电变压器入口短路电流都可以达到熔丝额定电流 20 倍以上（熔丝按 1.5 倍选）。对于过流保护，动作时间就更容易配合了。由此可见，大多数配电变压器可以用熔丝做保护。

2. 高压侧熔丝规格的选择

按常规 160kVA 以下的配电变压器，熔丝按 2～3 倍额定电流选择，160kVA 及以上者按 1.5～2 倍选用。如表 8-10 所示。

3. 高压侧熔丝选择中实际问题的讨论

根据统计表明，实际使用的配电变压器容量在 50～100kVA 的约占 70%～80%。10～30kVA 和 125～400kVA 的配电变压器用量都不多，超过 400kVA 的更少。从表 8-10 中可以看出，10～100kVA 的配电变压器，选用的熔丝都在 10A 及以下。而 125～315kVA 配电变压器，除 315kVA 外，选用的熔丝都是 20A。因此，我们认为：对 100kVA 及以下的变压器，一律选用额定电流为 10A 的熔丝，因为对短路电流而言，10A 以下的熔丝电流差异影响不大，且机械强度较差，所以选用 10A 熔丝是可行的；125～315kVA 的配电变压器，一律选用 20A 的熔丝，因为 315kVA 配电变压器的额定电流为 18.19A，熔丝在 1.3 倍额定电流以内是不熔断的，所以选用 20A 是行的。故而，对供电部门，尤其是农电部门，为了统一购置和管理方便，只要准备 10A 和 20A 的熔丝就足够了。

表 8-10　　变压器高压侧保护熔丝选择表

变压器容量 (kVA)	额定电流 (A)	熔丝规格 (A)	变压器容量 (kVA)	额定电流 (A)	熔丝规格 (A)
10	0.58	3	100	5.77	10～15
20	1.15	3	125	7.22	15～20
30	1.73	3～5	160	9.24	15～20
50	2.89	5～10	200	11.55	20
63	3.64	7.5～10	315	18.19	30
80	4.62	10～15	400	23.09	40

三、低压侧熔丝的选择

配电变压器低压侧装设低压熔断器，其作用主要是保护变压器。当变压器过载或低压网络短路时，它能自己熔断，防止变压器烧损。熔丝的电流应与变压器二次额定电流相等，或者根据实际负荷安装。各种规格变压器的低压熔丝列于表 8-11 中。

表 8-11　　　　变压器低压侧保护熔丝选择表

变压器容量(kVA)	额定电流(A)	熔丝规格(A)	变压器容量(kVA)	额定电流(A)	熔丝规格(A)
10	15.19	15	100	151.93	160
20	30.39	30	125	189.92	200
30	45.58	45	160	243.09	260
50	75.96	80	200	303.87	300
63	95.72	100	315	478.59	450
80	121.55	125	400	607.73	600

对于大容量的配电变压器，二次电流很大，两片熔丝并联使用时，两片之间要留有空隙，使之散热良好。

关于低压熔丝规格的选择，必须注意，保持低压熔丝允许电流小于或者等于变压器低压侧额定电流。从表 8-12 低压熔丝（片）的试验情况看，不是电流达到额定电流值就熔断，而是在 1.5 倍额定电流下 1h 内还不熔断。在 1.3 倍额定电流时，只准持续 2h。针对这一情况而言，低压侧熔丝是不应该大于额定电流的。

表 8-12　　　　熔丝（片）的试验数据

名　称	熔片的额定电流 I_e（A）	试验电流（A）及时间			
		最低值	1h 内	最大值	1h 内
低压熔断器	6、10	$1.5I_e$	不熔断	$2.1I_e$	应熔断
低压熔断器	15、20、25	$1.4I_e$	不熔断	$1.75I_e$	
低压熔断器	35～350	$1.3I_e$	不熔断	$1.6I_e$	
高压熔断器	＜200	$1.3I_e$	不熔断	$2.0I_e$	

第六节　箱 式 变 电 站

一、住宅小区供电方案

改革开放以来，城市的住宅区的开发有了飞跃发展。住宅小区建设的特点是建筑物密集，高层，环境幽美，设施齐全。由于人们生活水平的提高，家用电器普及很快。因此，对供电的要求是用电量大、可靠性高。传统的架空线路、变压器台已经不适应现代住宅小区了，取而代之的是配电室（配电亭）、箱式变电站（箱变）及地下电缆。不但如此，还要求供电设施与周围的环境协调，供电模式先进、合理、灵活在城市人文、地理密集的自然条件下，要求供电设施紧凑、负荷密度大、可靠性高、布局合理，是当前与今后要研究的课题。同时也要求供电工作者要更新观念，以适应现代化建设的需要。

在环境幽美的小区中，对配电亭及箱变的要求首先是以一个建筑小品的形式屹立在楼群中，为小区增加光彩。有的建成了二层楼，楼下安装变压器、值班室、检修间等，楼上安装控制设备。有的为了适应环境，在外墙上装饰了各种图案。其次是要求配电亭的建筑结构紧凑，标准化、定型化、系列化。这样就可以在不同特点的小区中选择相应的型式，快速实施。

小区的规模可分为大、中、小三类。至于规模的划分，目前尚未见统一标准，各地众说纷纭。某行政区推出了建筑面积在3万m^2以下为小型小区；3万～10万m^2为中型小区；10万～50万m^2为大型小区；50万m^2以上者为特大型小区的概念。有了这个概念之后便于考虑电网的布局。例如小型小区，如果负荷密度按15～20W/m^2计算，总负载在450～600kW的范围，一般可以在原有的中压线路延伸或T接供电，对于有高层建筑及重要用户者，则可考虑双电源，在负荷中心建一个电源点供电即可；中型小区负荷为1500～2000kW范围内，可由两路电源延伸或T接供电，建两个电源点；大型小区负荷为7500～10000kW，应该考虑建设一座二次变电所供电，设置8～12个电源点；特大型小区负载在10000kW以上，至少应该新建一个有双路电源的变电所供电，还应考虑其他电源作为备用。电源点的设置应根据整个小区的地形形状具体安排，宜采用网格式中压网络供电。

小区中供热用电应与其他用电分开，即单设一台变压器供电。因供热是季节性的，在非取暖期供热点基本上不用电，供热点的照明可由另外的变压器给一个备用电源。这样做可以减少变压器的铁损，还可防止动力设备对声像设备的干扰。

配电亭或箱变位置的选择要考虑如下问题：

（1）要考虑设在负载中心。这会收到最大的经济效益。如提高电压质量、降低线损、节约有色金属等。

（2）要考虑进出线及设备运输方便。这会使施工方便，运行安全，节约投资。在对第（1）条影响不大时，服从本条。

（3）要考虑环境的影响。尽量设在污源的上风头，避开多尘、震动、高温、潮湿、爆炸和有火灾危险的场所。

（4）供电点应设独立配电室或箱变，最好不设在住宅楼内，一则变压器有火灾危险，另则变压器的噪声对居民有影响。

从建设规模的规划方面应考虑如下几点：

1）从我国目前的生活水平来看，配电亭或箱变，最大规模可按2×630kVA考虑，在负载未达到设计水平之前，先设较小容量的变压器运行，待数年后负载发展到超过1.0kW/户或15～20W/m^2时，再在小区中增加供电点或更换变压器。至于变压器的问题，在供电部门的范围内众多用户中可以调整；

2）邻近锅炉房附近的供电点，应考虑1台相当容量的变压器供居民用电，另一台根据锅炉房的全部用电量选择。

辐射式低压网络，一般应有备用电缆，以备电缆故障时，不致于长时间停电，影响正常供电。备用电缆应与主供电缆并列运行，既可降低线损，又可以防止备用电缆受潮。小区低压网络的供电半径以地理距离而言，不宜大于250m。

小区的路灯应由配电亭或箱变的低压开关柜的专用开关供电，采用三相四线制电缆，应力求各相负载分配均匀，保证三相负载平衡。每栋居民楼应在一楼楼梯下面设开关箱。开关箱的形式应结合低压网络的接线方式而定。若是辐射式网络，在开关箱中只装一只开关及熔断器即可。如果是环形网络，开关箱中应装三只开关，一只是进户开关，另两只是供电缆故障时倒换电源及甩除故障电缆之用。

小区中增加新用户时，容量较大者由配电亭或箱变单独的开关供电；容量较小者可由就近原有用户入口开关前引接电缆供电。

二、箱式变电站

箱式变电站是20世纪70年代的产物。其构造大体上是一个箱式结构，设有高压开关小室、变压器小室及低压配出开关小室三个部分，可安装630kVA及以下变压器。其特点是：占地面积小；工厂化生产、速度快、质量好；施工速度快，仅需现场施工基础部分；外形美观，能与住宅小区环境协调一致；适应性强，具有互换性，便于标准化、系列化；维护工作量小，节约投资。因此，箱式变电站无论国外、国内都受到重视与欢迎，得到普遍地应用，是非常有前途的电气设备。

箱式变电站外壳的材质多样化，分为钢板、铝板的板式结构及钢筋混凝土结构几种。梅兰日兰公司的产品还有镀锌钢板、铝合金板的外壳。

（一）箱变的应用范围和正常使用条件

1. 应用范围

箱式变电站已被广泛用于工厂、矿山、油田、港口、机场、车站、城市公共建筑、集中住宅区、商业大厅和地下设施等场所，并可采用电缆进出或架空进线、电缆出线的两种进出线方式。

2. 正常使用条件

1）海拔不超过1000m；

2）环境温度：最高日平均气温+30℃；最高年平均气温+20℃；最低气温－25℃（户外）、－5℃（户内）；

3）风速不超过35m/s；

4）空气相对湿度不超过90%（+25℃时）；

5）地震水平加速度为$0.4m/s^2$，垂直加速度为$0.2m/s^2$；

6）安装地点应无火灾、爆炸危险、化学腐蚀及剧烈振动的场所。

（二）箱变的结构及组合方式

箱式变电站典型结构，按各种接线设备所需空间设计。环网、终端供电线路方案，设计有封闭、半封闭两大类，高低设备室分为带操作走廊和不带操作走廊式结构，可满足6种负荷开关、真空开关等任意组合的需要。附加设备有终端供电、站内装配式变电站。高压室、变压器室、低压室为一字形排列，根据运输的要求设计有整体式和分单元拆装式两种。

箱体采用钢板夹层（可填充石棉）和复合板两种，顶盖喷涂彩砂乳胶或特殊设毡。吊装方式为上吊式，装配式变电站主体结构采用吊环形式。为监视、检修、更换设备需要设计通用门，既可双扇开启也可单扇开启，变压器室设有两侧开门的结构。

变电站的高低压侧均应装门，且应有足够的尺寸，门向外拉，门上应有把手、锁、暗闩，门的开启角度不得小于90°，门的开启应有相应的联锁。

高压侧应满足防止误合（分）断路器，防止带电拉（合）隔离开关，防止带电挂地线，防止带接地线送电，防止误入带电间隔的“五防”要求。不带电情况，门开启后应有可靠的接地装置，在无电压信号指示时，方能对带电部分进行检修。高低压侧门打开后，应有照明装置，确保操作检修的安全。

外壳应有通风孔和隔热措施，变压器小室内空气温度应符合有关变压器负载导则的规定，如表 8-13 所示。

表 8-13　　变压器小室引起环境温度增加的校正值

封闭小室的条件	小室内安装的变压器台数	环境温度的校正值（℃）（增加到加权环境温度上的值）			
		变　压　器　容　量（kVA）			
		250	500	800	1000
有良好通风或设有强迫吹风装置的变压器小室	1	3	4	5	6
	2	4	5	6	7

必要时可采用散热措施，防止内部温度过高。高低压开关设备小室内的空气温度应不致引起各元件的温度超过相应标准的要求。同时还应采取措施保证温度急剧变化时，内部无结露现象发生。当有通风口时，应有滤尘装置。变压器小室应有供变压器移动用的轨道。

外壳防护等级的分类应符合 GB4208 的规定。

采用金属外壳时，应有直径不小于 12mm 的接地螺钉，其构造应能可靠地接地。采用绝缘外壳时应加金属底座且可靠接地，均应标有接地符号。箱体元件的结构牢固，吊装时不致引起变形和损伤；在外壳的明显处设置铭牌和危险标志。

箱体的防雨性能：在装配完整的变电站试品上进行淋雨试验，淋雨装置应沿四周布置，使水滴同时由四周顶部落下，持续时间 1h，试验方法按 JB/DQ2080《高压开关设备防雨试验方法》的规定进行。

防噪声的性能：当变电站采用油浸变压器时，测点距变电站周围 0.3m（干式变压器为 1m）间距不大于 1m，高度在变压器外壳高度的 1/2 处，额定电压下测量，测量的声压级分别为不大于 55dB 及 65dB。特殊要求时用户与制造厂协商，测量方法按 GB7328《变压器和电抗器的声级测定》标准的规定。

箱式变电站的外形尺寸如表 8-14 所示。

表 8-14　　箱式变电站的外形尺寸（mm）

箱变的型式	长	宽	高	厂　　家	变压器容量	重量（kg）
XWB—2	2200	1600	2000	北京电器研究所	315 及以下	
XWB—2	2300	1800	2000	北京电器研究所	315～500	
XB—1	3400	2200	2550	沈阳市开关厂	630	
CTSC	3000	1900	2200	梅兰日兰公司	1000	1550
CTSW1	2270	1680	1950	梅兰日兰公司	500	1350
CTSW2	2850	2050	1950	梅兰日兰公司	1000	1930
CTSW11	2800	1900	2000	梅兰日兰公司	630	1700

箱式变电站的基础，如图 8-9 所示。基础的边缘应宽出箱变外墙 0.1m 左右。材料采用

砌砖、砌石均可，需抹面。另外，也可采用金属平台、混凝土板式基础。基础轮廓内最少应有 1m 深是空的，便于电缆的引进与引出。

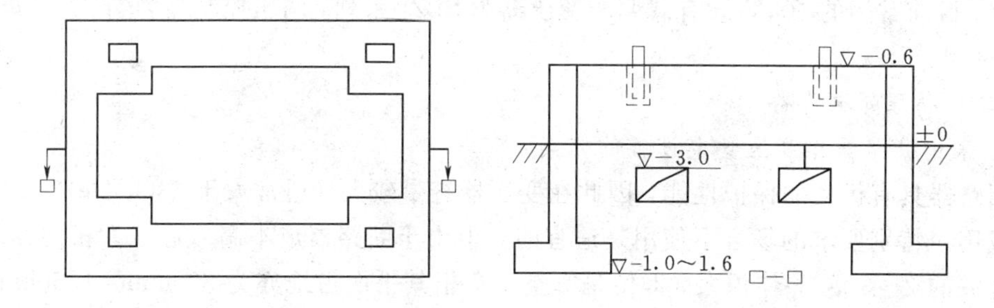

图 8-9 箱变基础

（三）箱变的产品型号及进出线方式

1. 产品型号

产品型号的组成：前两个字母为基本产品型号，其后边为设计序号、方案号、变压器容量及高压额定电压等级，在其中分别用短横隔开。

表示方法如下：

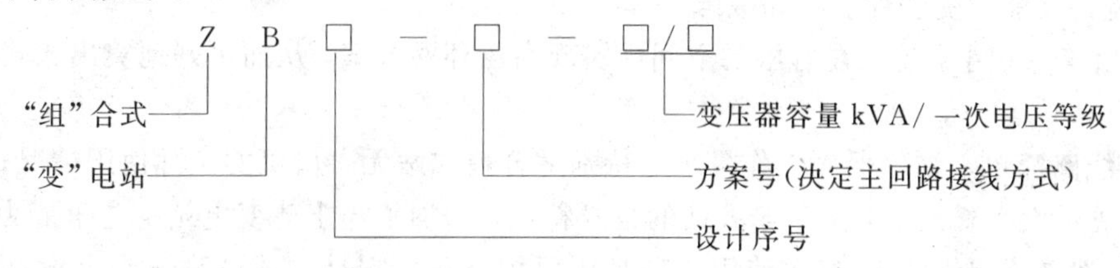

2. 进出线方式

进出线方式可为下列四种之一：架空线进出、电缆进出、架空线进，电缆出、电缆进，架空线出。

三、箱变元件的选择与有关问题

（一）变压器和变压器室

1. 变压器的容量范围

箱式变电站变压器容量的选择，现阶段以 800kVA 以下为宜，可适当放宽至 1000kVA。更大容量的箱式站可作为非标准处理。

2. 变压器室的通风散热

箱式站内变压器的通风散热是设计时所要考虑的一个重要问题。

从经济效益的观点出发，设计箱式站变压器散热条件的原则为：应优先考虑自然通风，在此基础上增加适当的强排风措施，以最大限度地保证箱内变压器满容量出力。

3. 日照辐射及防尘问题

目前就日照对变压器室温度影响问题采取了以下措施：

1）在变压器室的四壁添加隔热材料；

2）采取双层夹板结构；

3）箱式站顶盖，采用带空气垫或隔热材料的气楼结构。

4. 电压波动

当电网电压波动较大，而用户对电压质量要求较高时，箱式站中可选用有载调压电力变压器。目前常用的10kV级有载调压变压器为SLZ_7系列，调压控制器为JKY—3A，调压范围±10%。

（二）高压受电设备

1. 采用断路器作高压受电设备的方案

断路器具有优良的保护性能，因此在变压器容量较大（通常大于630kVA），负荷等级较高或用户特别要求的场合下使用是适宜的。但由于断路器成本高（通常为相同额定参数负荷开关的2～3倍）、体积大（即使是真空手车柜其平面占地亦为800mm×1250mm），若实现最典型的高压环路方案，则占地面积至少3倍于800mm×1250mm，从而使箱式站的体积大大增加。因此推广使用断路器的箱式站，在经济上和技术上有一定的困难。

2. 采用高压负荷开关串接熔断器作高压受电设备的方案

高压负荷开关串接熔断器的保护方案，目前在国外城网配电领域里得到了广泛的应用，特别是作为箱式站高压受电保护方案尤为适宜。这主要是由于：

1）这种保护方案基本能满足大多数箱式站使用场合的负荷情况，既能控制、分断正常负荷电流，又能承受和保护短路故障；

2）由于体积小，易于在有限的空间内实现高压环网方案，从而更好地突出箱式站体积小的特点；

3）线路简单，维修保养工作量小，特别适合箱式站无人值班的实际使用情况；

4）成本大大降低，突出了箱式站的自身特点，增加了与土建变电站的竞争能力。目前国内几乎所有的生产厂，都在使用这种高压保护方案，它是箱式站高压受电设备的发展方向。

3. 箱式站的过电压保护

目前大多数箱式站内都装有避雷器，作为站内变压器和其他高压受电设备的过电压保护。在选择避雷器类型和确定安装地点时，通常应作如下考虑：

1）由于10kV阀型避雷器FZ、FS系列工频放电电压有效值为26～31kV，氧化锌避雷器（MOA）的标称电压为19.5～21kV，因此对于10kV油浸变压器工频耐压35kV1min而言，阀型避雷器和MOA都能有效地对其进行保护。但当箱式站使用环氧树脂干式变压器时，由于其绝缘耐压为28kV1min，显然只有选用MOA作为电压保护才是合理的；

2）避雷器的安装地点应尽量靠近所要保护的变配电设备；箱式站进线电缆上杆处距离站内变压器不大于20m时，应优先考虑将避雷器放置在架空线与电缆连接处；当距离超过20m时，应分别在箱内和电缆上杆处加装避雷器，以便能有效地保护变压器和进线电缆头。对于环网接线开环运行的箱式站其开环处应考虑在开环断口以下设置避雷器；

3）在多雷区使用的箱式站，若配电变压器的接线为Y，yn0或Y，yn型，除在高压侧装设避雷器外，宜在低压侧装设一组220V避雷器，以防止低压侧雷电波侵入。

4. 箱式站的计量问题

目前各地区供电部门对箱式站用电计量是以高压计还是低压计的要求不同。西北地区供电规程上明确规定：凡容量超过160kVA以上的变电站，必须采用高压计量的办法。且计量柜的开启由供电部门掌握。而北京、天津等华北地区的供电部门，则认为箱式站的计量以低压侧计量为好。至于变压器本身损耗问题，可将其折合成电费一起由用户承担。因此箱式站究竟采取哪种计量办法，应由各地供电部门规定，但在统一设计时应给高压计量柜留位。

（三）低压馈电设备

1. 低压主开关的选型

国内箱式站变压器低压侧主开关大致采用DZ_{10}型、DW_{10}型、DW_{15}型 3 种自动开关，低压侧支路上采用的电器，大致有 RM、RT 系列熔断器和 DZ、DW 系列自动开关，在选择低压侧主开关时，除前面变压器部分提到的遮断容量外，还要考虑变压器出口处单相短路和开关保护性能，考虑各种开关的分断容量、成本及线路保护选择性，建议在箱式站变压器容量为 200～630kVA 时，可采用DW_{10}型或DW_{15}型作为低压主开关。当容量超过 800kVA 时，应尽量选用DW_{15}开关。

2. 零序保护

为提高单相接地保护的灵敏性，亦可考虑在变压器低压侧中性线上加装零序保护电路，当低压侧出现单相接地时，可通过零序互感器、电流继电器作用于低压主开关，使之分断电路。

第九章　常用配电设备选择

供配电系统中的电气设备和载流导体，在正常运行和发生短路故障时，都必须可靠地工作。为了保证电气装置的可靠性和经济性，必须正确地选择电气设备和载流导体，从事供配电系统工作的人员应该了解常用电气设备和载流导体的选择条件，以便保证它们在允许条件下可靠地工作。本章主要讲授常用电气设备和载流导体选择及校验的方法。

第一节　导体的热效应与机械效应计算

当电气设备和载流导体在短时间内通过短路电流时，会同时产生电动力和发热两种效应。使电气设备和载流导体受到很大的电动力的作用，同时使它们的温度骤然升高，有可能使电气设备及其绝缘损坏。

一、短路电流的电动力效应

短路电流的电动力效应，是指在短路电流通过三相导体时，由于各相导体都处于相邻相电流所产生的磁场中，且短路电流的数值很大，导体将受到巨大电动力的作用。尤其是冲击短路电流通过时，电动力的数值会很大。如果导体的机械强度不够，导体将会变形或损坏。因此，要求电气设备和载流导体有足够的机械强度，使其能够承受短路时电动力的作用。一般将电气设备和载流导体能够承受短路电流电动力作用的能力，称为电动力稳定，简称动稳定。

1. 两根平行载流导体间的电动力

当任意截面的两根平行导体中分别通过电流 i_1 和 i_2 时，考虑到导体的尺寸和形状的影响，导体间相互作用力的大小，可以按下式计算

$$F = 2Ki_1i_2\frac{l}{a} \times 10^{-7}$$

式中　i_1、i_2——两根平行导体中电流的瞬时值，A；

l——平行导体的长度，m；

a——两平行导体轴线间的距离，m；

K——形状系数；

F——电动力，N。

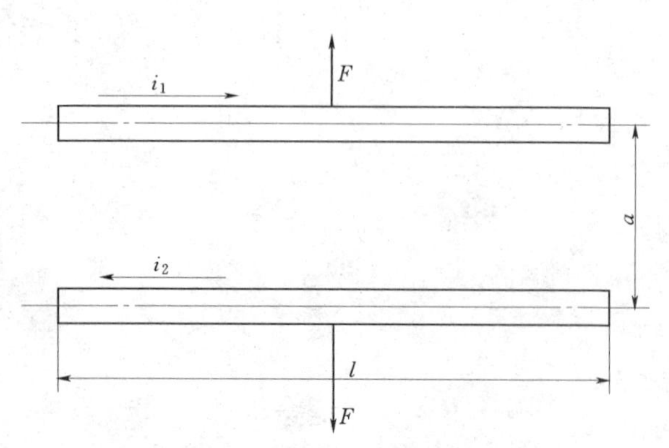

图 9-1　两根平行载流导体间的电动力（F）

电动力的方向与两导体电流的方向有关，电流同向时，电动力为引力，使

a 减小；电流反向时，电动力为斥力，使 a 增大。两根平行载流导体间的电动力如图 9-1 所示。电动力实际是沿导体长度均匀分布的，图中 F 是作用于导体中点的合力。

形状系数 K 与导体截面形状、尺寸及相间距离有关。供配电系统中 35kV 及以下母线大都采用矩形截面导体。对于矩形截面的导体，如截面的宽度为 h，厚度为 b，则对于不同的厚度与宽度的比值 $m=\frac{b}{h}$，形状系数 K 随 $\frac{a-b}{b+h}$ 而不同，变化曲线如图 9-2 所示。由图中可见，当 $m<1$ 时，$K<1$；当 $\frac{a-b}{b+h}$ 增大，即导体间的净距增大，K 趋近于 1；当导体间的净距足够大，即当 $\frac{a-b}{b+h}\geqslant 2$ 时，$K\approx 1$，这相当于电流集中在导体的轴线上，导体截面的形状对电动力无影响。对于圆形截面的导体，其形状系数 $K=1$。

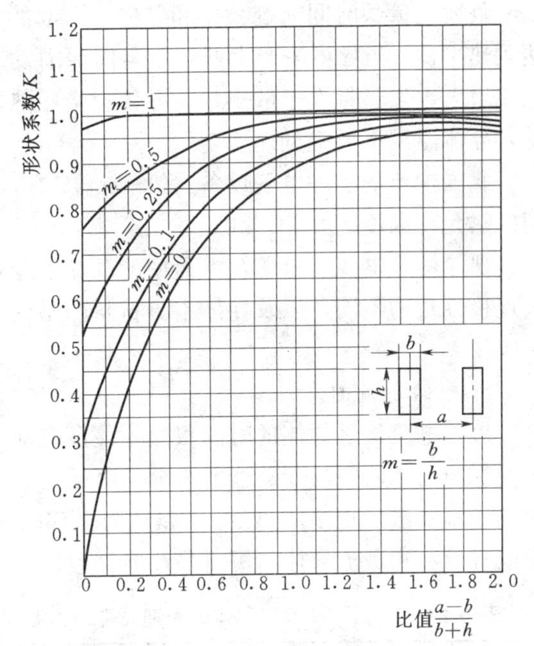

图 9-2　矩形截面导体的形状系数曲线

2. 短路时的电动力

一般在同一地点发生两相或三相短路时，三相短路电流大于两相短路电流，所以在选择电气设备和载流导体时，应采用三相短路电流进行动稳定校验。

三相短路时，如三相导体平行布置在同一平面内，中间相所受到的电动力最大，其关系式为

$$F^{(3)}=1.73K(i_{CJ}^{(3)})^{2}\frac{l}{a}\times 10^{-7}$$

式中　$i_{CJ}^{(3)}$——三相短路时的冲击短路电流，A；

$F^{(3)}$——三相短路的电动力，N。

二、短路电流的热效应

电气设备和载流导体在短路电流通过时，虽然继电保护会立即动作，将短路电流切除，流过短路电流的时间很短，但因短路电流超过正常工作电流很多倍，温度仍然上升得很高。电器和导体在从空载到负荷电流流过，再从流过短路电流到短路切除的过程中的温度变化，如图 9-3 所示。在 t_1 时刻以前，设备未投入工作，此时设备的温度与周围环境温度 T_a 相同；从时刻 t_1 到时刻 t_2 设备投入工作，负荷电流 I_{fz} 使其温度上升，稳定在 T_w；t_2 时刻发生短路，短路电流使其温度急剧上升，到 t_3 时刻短路切除时，温度达到最高值 T_{zd} 时刻以后，如设备退出工作，则其温度

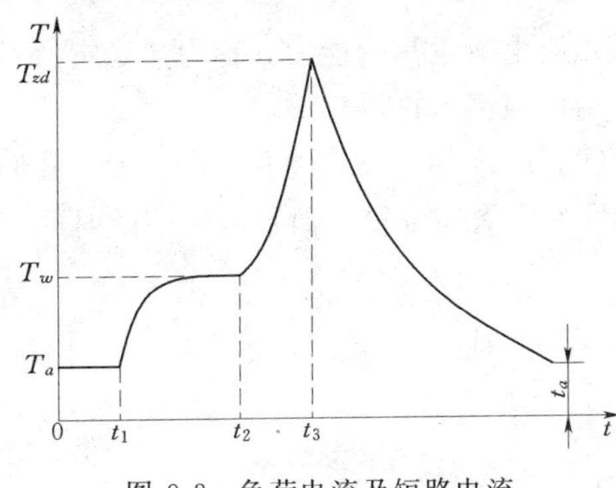

图 9-3　负荷电流及短路电流流过导体时的温度变化情况

下降到 T_a。

1. 长期负荷电流的发热

负荷电流长时间通过设备和导体，引起的发热称为长期发热。长期发热的特点是能够达到热平衡，当导体中产生的热量与向周围发散的热量相等时，导体的温度稳定在 T_w。若电流增大，发热量大于散热量，导体就会吸热使温度升高；若电流变小，发热量小于散热量，导体温度就要降低。

我国生产的各种电气设备，除熔断器、消弧线圈和避雷器外，基准环境温度为 40 ℃，长期发热允许温度按 80 ℃考虑。

裸导体、电线、电缆及电器中的载流部分，根据与其接触的绝缘材料的不同，导体接头连接方式的不同，以及导体本身材料的不同等因素，有不同的长期发热允许温度，见表 9-1。

2. 短路电流的发热

短路电流流过导体的时间很短，该段时间为自短路开始到短路切除为止，即等于电路中的保护动作时间与断路器的全分闸时间之和。由于短路电流作用时间很短，发热量很大，导体来不及散发更多的热量，可以认为全部的热量都被导体吸收，达到最大值 T_{zd}。T_{zd}应低于电气设备和载流导体的短时最高允许温度，见表 9-1。

表 9-1　　导体的长期允许工作温度和短时最高允许温度

导体种类和材料		导体长期允许工作温度（℃）	短路时导体最高允许温度（℃）	热稳定系数 C 值
母线	铝 铜	70 70	200 300	87 171
交联聚乙烯绝缘电缆	铝芯 铜芯	90 90	200 230	80 135
聚氯乙烯绝缘导线和电缆	铝芯 铜芯	65 65	130 130	65 100
橡皮绝缘导线和电缆	铝芯 铜芯	65 65	150 150	74 112

一般把电气设备和载流导体在短路时，能承受短路电流发热的能力，称为热稳定。对于电气设备，一般只给出有关热稳定的参数，而不给出最高允许温度。

电流 I 流过电气设备或导体的发热量与持续时间 t 和 I^2 的大小有关，由 I^2t 代表，我们把 I^2t 称为电流的热效应。由于短路电流有周期分量和非周期分量，而且其数值随时间变化，故短路电流的热效应的表达式为

$$Q_d = \int_0^{t_c} i_d^2 \mathrm{d}t = Q_z + Q_f$$

式中　t_c——短路电流持续时间，见图 9-3 中的 $t_3 - t_2$，s；

i_d——短路电流的瞬时值，A；

Q_z——短路电流周期分量热效应，$A^2 \cdot s$；

Q_f——短路电流非周期分量热效应，$A^2 \cdot s$。

在工程中，短路电流热效应的实用计算方法如下

(1) 周期分量热效应的计算

$$Q_z = \frac{(I'')^2 + 10I_{z\cdot\frac{t_c}{2}}^2 + I_{ztc}^2}{12} t_c$$

式中 I''——次暂态短路电流，A；

$I_{z\cdot\frac{t_c}{z}}$——时间为$\frac{t_c}{2}$时的周期分量有效值，A；

I_{ztc}——短路切除时的周期分量有效值，A；

t_c——短路电流持续时间，s。

在供配电系统中，由于短路点与电源的电气距离很远，大多数情况下，可按无限大容量系统进行计算，故上式可简化为

$$Q_z = (I'')^2 t_c$$

(2) 非周期分量热效应的计算，对于用户变电所，非周期分量热效应应按下式计算

$$Q_f = 0.05(I'')^2$$

若短路电流持续时间 $t_c>1s$ 时，导体的发热量由周期分量热效应决定。在此情况下，可以不考虑非周期分量热效应的影响。

第二节　常用高压配电设备选择

一、常用高压配电设备选择的原则

电气设备在工作时，要承受各种电压的作用，包括电源电压的波动与冲击电压的作用，应保证带电部分之间以及带电部分与地之间的绝缘。当负荷电流长期通过设备时，其发热不应超过允许值。绝缘问题是电力系统的基本问题。与绝缘有关的是温度、湿度等环境条件和工作电压、工作电流等电气设备的正常工作条件。当短路电流通过设备时，设备应能够承受可能的最大短路电流的作用，而保证其动、热稳定。因此，选择电气设备的普遍原则是：按正常工作条件选择电气设备，按短路条件校验其动、热稳定。

(一) 按正常工作条件选择

1. 高压电器使用的环境条件

高压电器使用的环境条件，有以下几方面：

1）环境温度，户内为－5～＋40 ℃；户外的下限一般不低于－30 ℃，高寒地区为－40 ℃；

2）海拔高度，一般使用条件为海拔高度不超过 1000m，海拔超过的 1000m 地区称为高原地区；

3）风速，不大于 35m/s；

4）户内相对湿度，不大于 90%；

5）地震烈度，不超过 8 度；

6）无严重污秽、化学腐蚀及剧烈振动等。

高压电器分为普通型、高原型、防污型、湿热带型等形式。在选择时应根据使用地区的环境条件，选择合适的类型。在选择高压电器的类型时，首先应区分户内型和户外型。在长江以南和沿海地区，如海南省、云南省的西双版纳地区、广东省的雷州半岛等地区，当相对湿度超过一般产品使用标准时，应选用湿热带型高压电器；其他地区可选用普通型高压电器。

在污秽地区，如距海岸 1～2km 以内的盐雾地区及污染严重企业附近空气中含有二氧化硫、硫化氢、氨、氯等腐蚀性和导电性物质地区使用的电器，应选用能适应相应污秽等级的防污型电器。

对容易引起爆炸的矿山、井下以及有大量易燃、易爆气体或粉尘的工厂等，应选用防爆型电器。

2. 按工作电压选择

电气设备的额定电压应不低于设备安装处电网的额定电压。电气设备除具有额定电压的规定外，还有最高工作电压的规定。一般情况下，当额定电压满足工作条件时，最高工作电压也能满足要求。

3. 按工作电流选择

电气设备的额定电流应不小于流过设备的计算电流。工作电流使设备发热，温度升高。设备工作时的温度与环境温度有关，当周围环境温度 T_a 和电器的额定环境温度 T_n 不等时，电器的长期允许电流 I_{yt} 可按下式修正

$$I_{yt} = I_n \sqrt{\frac{T_Y - T_a}{T_Y - T_n}}$$

式中 I_n——电器的额定电流，A；

T_Y——电器的长期允许工作温度，℃。

当环境温度低于 40 ℃时，每降低 1 ℃可增加额定电流 0.5%，但最大负荷不得超过额定电流的 20%；当环境温度高于 40 ℃时，每升高 1 ℃，额定电流减少 1.8%。

（二）按最大短路电流校验

1. 热稳定校验

对于一般电器，如开关电器等要求短路电流的热效应应不大于设备允许发热，即

$$Q_d \leqslant I_t^2 t$$

式中 I_t——t 秒内设备允许通过的热稳定电流的有效值，A；

t——设备允许的热稳定电流作用时间，一般为 1s、2s 或 4s。

对于母线、电缆和绝缘导线通常采用最小热稳定截面进行校验。应满足以下条件

$$A \geqslant \frac{I_\infty^{(3)}}{C} \sqrt{t_c}$$

式中 $I_\infty^{(3)}$——三相短路时的稳态短路电流，A；

A——满足热稳定的导体实际截面，mm^2；

C——导体的热稳定系数，$(A \cdot S)^{-2} \cdot mm^2$，见表 9-1。

校验裸导体的热稳定时，短路电流持续时间一般采用主保护动作时间加断路器全分闸时间。如主保护有死区时，则应采用能对该死区起作用的后备保护动作时间，并采用在该

死区短路时的短路电流。

校验电气设备及电缆热稳定时，短路电流持续时间一般采用后备保护动作时间加断路器全分闸时间。

对于断路器的全分闸时间，一般高速断路器为0.1s、中速断路器为0.15s、低速断路器为0.2s。

2. 动稳定校验

通过设备的最大可能的短路电流应不大于设备额定动稳定电流峰值，即

$$i_{cj}^{(3)} \leqslant i_{n \cdot d}$$

式中 $i_{n \cdot d}$——设备的额定动稳定电流（极限通过电流）峰值，kA；

$i_{cj}^{(3)}$——三相短路冲击电流，kA。

3. 短路电流的计算条件

供配电系统中，校验短路稳定时，电源容量一般按无限大容量系统考虑，可以使计算简化，而且短路类型按三相短路进行考虑。

计算短路电流时短路计算点的选择原则是，应使所选择的电气设备和载流导体，通过最大可能的短路电流。

二、高压电气设备的选择

1. 高压断路器的选择

1）选择高压断路器的类型。6～110kV电压的断路器可选用真空断路器、SF_6断路器或少油断路器；

2）根据安装地点选择户内型或户外型；

3）断路器的额定电压不小于断路器安装地点的电网额定电压；

4）断路器的额定电流不小于通过断路器的计算电流；

5）断路器的额定开断电流不小于通过断路器的次暂态短路电流；

6）热稳定校验短路电流热效应不大于断路器在规定时间内的允许热效应；

7）动稳定校验。冲击短路电流不大于断路器的额定动稳定电流峰值；

8）选择关合电流。断路器的额定关合电流不小于冲击短路电流；

9）操动机构及有关参数的选择。6～110kV的真空断路器，SF_6断路器及少油断路器一般配用电磁式或弹簧式操作机构，应根据具体情况选择它的操作电源的性质（DC或AC）及电压，某些情况下也可以选择液压操作机构。

2. 隔离开关的选择

隔离开关除不选开断电流及关合电流外，其余与断路器的选择和校验相同。

隔离开关一般采用手动操动机构，有时也可以配用电动操动机构。

3. 负荷开关的选择

1）选择负荷开关的类型：选择负荷开关时除按环境条件外，还要考虑操作的频繁程度和操作方式，负荷开关除可以三相联动外，还可以逐相操作；

2）负荷开关的额定电压不小于负荷开关安装地点的电网的额定电压；

3）负荷开关的额定电流不小于通过负荷开关的计算电流；

4）热稳定校验负荷开关的短路电流热效应不大于负荷开关在规定时间内的允许热

效应；

5）动稳定校验：冲击短路电流不大于负荷开关的额定动稳定电流峰值；

6）负荷开关的额定关合电流不小于冲击短路电流；

7）操动机构的选择：负荷开关操动机构是采用手动式、手动储能式还是动力操作，操作电路或电动机的电压、气压或液压的参数等，都要根据使用单位的具体条件来选择。配用手动操动机构的负荷开关，仅限于10kV及以下，其关合电流峰值不大于8kA。

4. 高压熔断器的选择

(1) 按环境条件选择。安装地点选择户内型或户外型。

(2)熔断器的额定电压应等于或高于安装处的电网额定电压，但若选择RN型户内限流熔断器或户外限流熔断器，其额定电压必须等于电网的额定电压。原因是这种熔断器熔断时将产生过电压，若将其用于低于它的额定电压的电网中，过电压倍数可达$3.5\sim4U_n$，有可能使电网中的其他设备损坏。若将其用于高于它的额定电压的电网中，则熔断时产生的过电压将引起电弧重燃，并难以熄灭，会导致熔断器爆炸损坏。当用在等于它的额定电压的电网中，熔断时的过电压倍数仅为$2\sim2.5U_n$，比设备线电压稍高一些，其他的设备可以承受，不会造成设备损坏。

RN2、RN6型和RW10—35/0.5、RXW10—35/0.5型等限流熔断器专供电压互感器高压侧的短路保护用，其他RN和RW型作为小容量变压器、电力线路和配电系统的短路及过负荷保护用。

(3) 按额定电流选择。按额定电流选择包括熔管和熔断体的额定电流。

熔管的额定电流应大于或等于熔断体的额定电流，以保证熔断器不致损坏。

选择熔断体时，应保证前后两级熔断器之间的选择性配合。对于保护35kV及以下电力变压器的熔断器，其熔断体额定电流可按下式选择

$$I_{re}=KI_{js}$$

式中 I_{re}——熔断体的额定电流，A；

I_{js}——变压器回路计算电流，A；

K——可靠系数，不考虑电动机自起动时，取$K=1.1\sim1.3$；考虑电动机自起动时，取$K=1.5\sim2.0$。

对于保护电力电容器的高压熔断器，为防止电路中由于电网电压升高及电容器投入和断开时产生的充、放电涌流而误动作，熔断体的额定电流可按下式选择

$$I_{re}=KI_{cn}$$

式中 I_{cn}——电力电容器回路的额定电流，A；

K——可靠系数，对于跌落式高压熔断器，取$K=1.2\sim1.3$；对于限流式高压熔断器，当有一台电力电容器时，取$K=1.5\sim2.0$；当有一组电力电容器时，取$K=1.3\sim1.8$。

(4) 熔断器开断电流校验。限流熔断器有最大开断电流和最小开断电流，流过熔断器的可能最大短路电流应小于其最大开断电流。当电源在最小运行方式时，短路电流要大于其最小开断电流，熔断器才能起保护作用。

户外跌落式熔断器的断路能力，也以断流容量的上限和下限表示。通过熔断器的最大

短路电流应在熔断器开断电流的上限和下限之间。

（5）由熔断器保护的导体和电器的动稳定及热稳定校验。由熔断器保护的导体和电器，可不验算热稳定。校验动稳定时，若熔断器为非限流型，则用最大非对称短路电流校验由其保护的导体和电器；若熔断器为限流型，则用熔断器开断极限短路电流时的最大电流峰值，对由其保护的导体和电器进校验。

5. 电流互感器的选择

（1）按环境条件选择。根据安装地点（户内、户外）、安装使用条件等选择电流互感器的类型。35kV 以下户内配电装置，采用瓷绝缘结构或树脂浇注绝缘结构；35kV 及以上配电装置一般采用油浸瓷箱式绝缘结构的独立式电流互感器。在有条件时，如回路中有变压器套管、穿墙套管时，优先采用套管式电流互感器，以节约投资、减少占地。

（2）电流互感器的额定电压不小于电流互感器安装地点的电网的额定电压。

（3）测量用电流互感器的一次额定电流不小于通过电流互感器的最大工作电流，并尽量接近最大工作电流，使设备在正常最大负荷运行时，电气仪表的指针能在标度尺的 2/3 以上，就会使误差减小，便于读数。继电保护用电流互感器的一次额定电流，按继电保护的要求选择。

（4）选择电流互感器的准确级。电流互感器的准确级不得低于所供测量仪表的准确级，以保证测量的准确度。对于各重要回路的电度表，应为 0.5～1 级，相应的电流互感器的准确度应为 0.5 级。运行监视和控制盘上的电流表、功率表一般采用 1～1.5 级，相应的电流互感器的准确级应为 1 级。当仪表只供估计电气参数时，电流互感器可用 3 级。当用于继电保护时，应根据继电保护的要求选用“B”或“D”级。

（5）校验电流互感器的二次负荷并选择二次导线的截面。电流互感器在一定的准确级下工作时，规定有相应的二次额定负荷，即在此准确级下允许的二次负荷最大值。当实际二次负荷超过此数值，准确度将下降。为保证电流互感器能在选定的准确级下工作，二次所接的负荷应不大于选定准确级下的二次额定负荷。电流互感器二次侧的导线截面应满足所选准确级对二次负荷数值的要求。二次侧导线采用铜芯控制电缆，考虑到机械强度的要求，导线的截面积不小于 1.5mm^2。

（6）热稳定校验。要求短路电流热效应应不大于电流互感器在规定时间内的允许热效应。电流互感器的热稳定能力也可以用热稳定倍数 K_{ts} 表示。热稳定倍数 K_{ts} 等于规定时间内的热稳定电流 I_t 与一次额定电流 I_{1n} 之比。

（7）动稳定校验。内部动稳定校验时要求，通过电流互感器的最大可能的短路电流应不大于设备额定动稳定电流峰值。有时也用动稳定倍数 K_{es} 表示，动稳定倍数 K_{es} 等于电流互感器内部额定动稳定电流峰值 i_{ns} 与一次额定电流 I_{1n} 之比。

短路电流不仅在电流互感器内部产生作用力，根据安装情况，相与相之间也将产生作用力到绝缘瓷瓶帽上。要求该作用力不大于电流互感器绝缘瓷瓶帽端部的允许作用力 F_p，相间作用力为

$$F^{(3)} = 0.5 \times 1.73(i_{Cj}^{(3)})^2 \frac{a}{l} \times 10^{-7}$$

式中 a——电流互感器安装处母线的相间距离，m；

l——绝缘瓷瓶帽到最近的支柱绝缘子的距离，m。

系数0.5是考虑作用力的分布，认为在距离l上的作用力中只有一半由电流互感器承受，另一半由支柱绝缘子承受。

6. 电压互感器的选择

（1）按环境条件选择。根据安装地点（户内、户外）、安装使用条件等选择电压互感器的类型。6～35kV配电装置一般采用油浸绝缘结构；在高压开关柜或位置狭窄的地方，可采用树脂浇注绝缘结构。35～110kV配电装置一般采用油浸绝缘结构电磁式电压互感器，当容量和准确度满足要求时，可以采用电容式电压互感器。110kV及以上线路侧的电压互感器，当线路上装有载波通讯设备时，统一选用电容式电压互感器。

（2）电压互感器一次侧的额定电压U_{1n}应大于或等于所接电网的额定电压U_{ns}，电网的额定电压U_n的变动范围应满足

$$1.1U_{1n} > U_{ns} > 0.9U_{1n}$$

（3）选择电压互感器的变比及结构形式：

1）若负荷需要如图9-4（a）或（b）所示的接线，则电压互感器的一次额定电压，变比为$U_{1n}/0.1$kV，一般$U_{1n} \leqslant 35 \sim 60$kV。

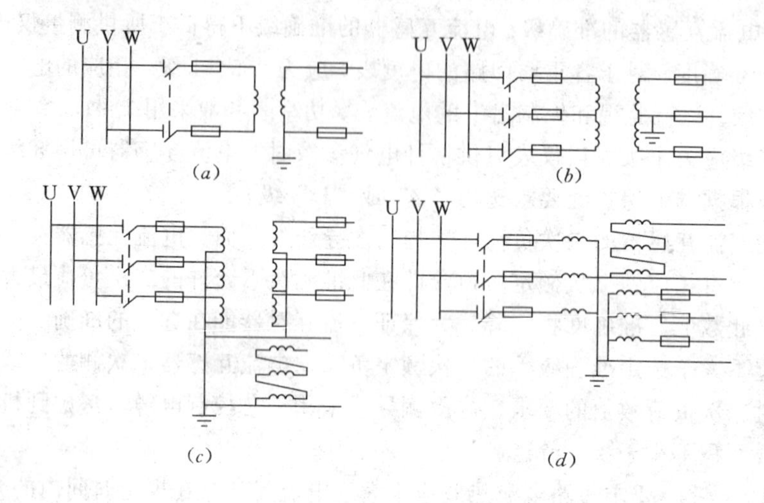

图9-4　电压互感器接线图

（a）一只单相的接线；（b）两只单相接成V，v接线；（c）三只单相接成YN，yn，开口d接线；（d）三相电压互感器的接线

2）若负荷需要如图9-4（c）或（d）所示的接线，对于中性点直接接地的110kV及以上系统，图9-4（c）中每个单相电压互感器的变比是$\frac{U_{1n}}{\sqrt{3}}\bigg/\frac{0.1}{\sqrt{3}}\bigg/0.1$kV；对于中性点不接地或经消弧线圈接地的35～60kV系统，图9-4（c）中每个单相电压互感器的变比是$\frac{U_{1e}}{\sqrt{3}}\bigg/\frac{0.1}{\sqrt{3}}\bigg/\frac{0.1}{3}$kV；对于6～10kV系统，可以用三相五柱式电压互感器，只需使其一次电压等于电网额定电压即可，也可以用三个单相电压互感器，每相变比同35～60kV系统。

（4）选择电压互感器的准确级。电压互感器准确级选择的原则参照电流互感器准确级

的选择。选定准确级后，要求在此准确级下的二次额定容量不小于电压互感器的二次负荷。

7. 并联电容器的选择

（1）确定电容器补偿容量。选择并联电容器以提高功率因数到预定值时，并联电容器的容量计算参考第三单元补偿容量的计算。

（2）确定并联电容器的主接线方式。并联电容器三相总容量确定后，应确定主接线方式：三角形或星形接线。高压并联电容器装置通常都采用图 9-5 (*a*) 所示的主接线，可避免因某一并联电容器击穿而造成相间短路。低压并联电容器装置通常采用图 9-5 (*b*) 所示的主接线，低压三相并联电容器已在内部接成三角形。

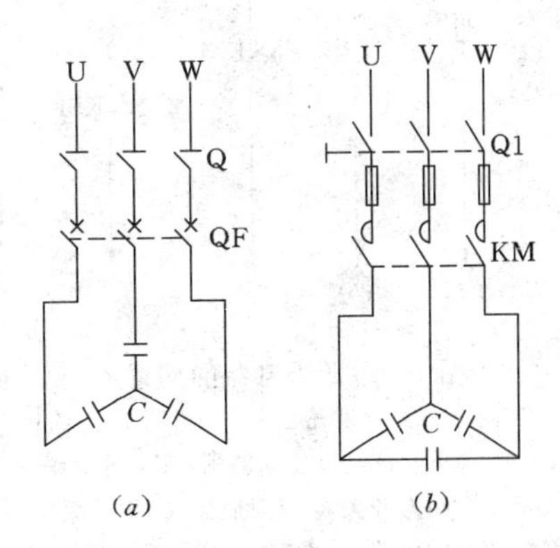

图 9-5　并联电容器装置的主接线方式
(*a*) 高压并联电容器主接线；
(*b*) 低压并联电容器主接线

（3）根据电容器的安装地点可选择户内型或户外型。

（4）并联电容器的额定电压应和所加的端电压一致。若所加电压高于并联电容器额定电压时，电容器损坏；若所加电压低于并联电容器额定电压时，并联电容器达不到应有的额定无功功率，将得不到充分利用。

（5）选择附加电器。在已确定并联电容器的容量后，最好选用成套补偿装置。否则，在选电容器后，还要选有关的附加电器，如放电电器、抑制谐波的电抗器，过电流保护设备和过电压保护设备等。

第三节　常用低压配电设备选择

一、概述

1. 低压配电设备的选择原则

低压电气设备选择的一般原则与高压电气设备的选择原则相同，既要使所选电器在正常时可靠运行，又要能够承受短路电流的破坏作用。

选择低压电器时应注意所有低压电器都应满足的共同条件：正常工作条件、工作制、使用类别、安装类别、防污等级、外壳防护等级、防触电等级、电流种类与额定频率和额定电压等。

2. 短路点的确定

在选择低压电气设备时，要校验设备的通断能力，必须采用流过设备的最大可能的短路电流，因此短路点的确定原则和高压电路相同。不同点是，在低压回路中，几十米长的电缆也能显著影响短路电流的数值，因此在同一变压器供电的回路中，对不同的分支线路，由于电缆的截面、长度等的不同，要分别取短路点计算短路电流。

3. 低压电器的配置

每一用电设备及配电电路都要配置适当的配电电器和控制电器。按照它们的作用一般分为正常操作电器、过载保护电器、短路保护电器和检修时用的隔离电器。隔离用电器传统为闸刀开关，新产品为隔离器，这两种电器当额定电流较小时一般具有接通、断开额定

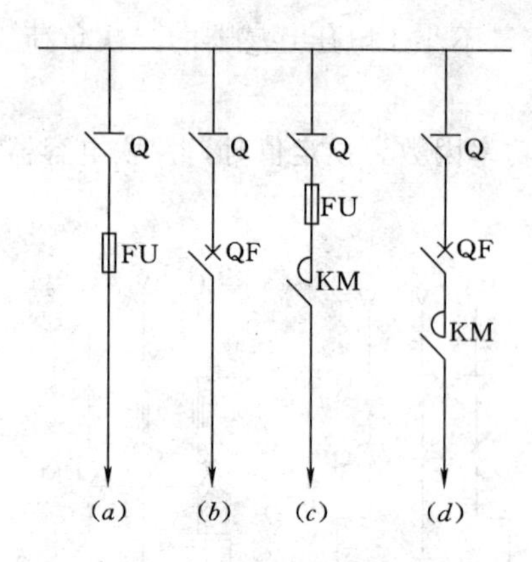

图 9-6　低压电器的配置
(*a*) 闸刀开关 *Q* 和熔断器 FU 串联的电路；(*b*) 闸刀开关 *Q* 和低压断路器 QF 串联的电路；(*c*) 闸刀开关 *Q*、熔断器 FU 和接触器 KM 串联的电路；(*d*) 闸刀开关 *Q*、低压断路器 QF 和接触器 KM 串联的电路

电流的能力，兼有正常操作电器和隔离电器的作用。短路保护电器有低压断路器和熔断器，操作电器为适于频繁操作的接触器或起动器。低压断路器和起动器具有过负荷保护的性能。

在配电线路和电动机回路一般采用如图 9-6 所示的电器。

对于不重要的配电线路、不频繁起动的小容量电动机，常配置如图 9-6 (*a*) 所示的电器。用闸刀开关 *Q* 正常操作，熔断器 FU 作为过负荷保护和短路保护电器。

对于配电线路和不频繁起动的电动机一般采用如图 9-6 (*b*) 所示电器。低压断路器 QF 起过负荷保护和短路保护作用。对于照明分支干线经常采用一台断路器而不用闸刀开关。

对于频繁起动的电动机，常配置如图 9-6 (*c*) 或 (*d*) 所示的电器。KM 为接触器或起动器，供频繁操作之用。

4. 低压电器间的配合

当低压电路发生故障或事故时，要求装于同一处的过负荷保护和短路保护之间或上下级短路保护之间应该有选择性地动作，尽可能地把事故限制在最小的范围，使电路中非故障部分仍能继续工作，并将导体、电器设备损伤及火灾的危险限制到最小程度。

当相邻串联的短路保护电器为熔断器时，要求上下级熔断器的额定电流之比不小于过电流选择比即可满足选择性。当相邻串联的短路保护电器为低压断路器，或下级为熔断器，上级为低压断路器，要求同一坐标上的下级电器的时间/电流特性应在上级的特性之下，相隔一定的距离且无交点，如图 9-7 所示。

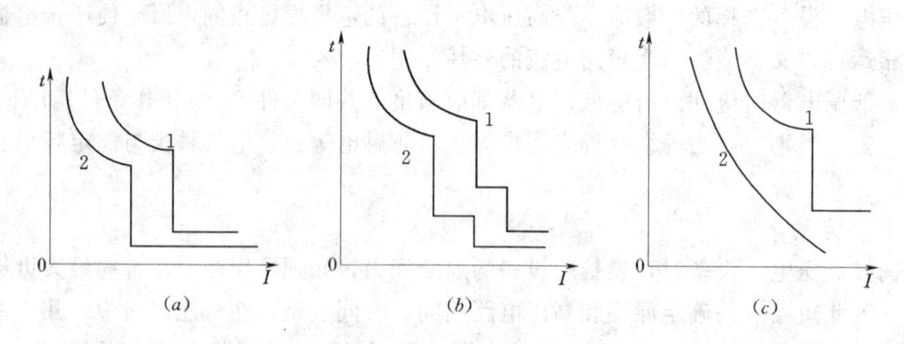

图 9-7　上下级短路保护电器保护特性的配合
(*a*) 断路器的两段式时间/电流特性的配合；(*b*) 断路器的三段式时间/电流特性的配合；(*c*) 熔断器（下级）和断路器的配合
1—上级电器的特性；2—下级电器的特性

在低压电路中，装于同一处的过负荷保护和短路保护可以是一台低压断路器，既能起过负荷保护作用，又能起短路保护作用。当电动机装有起动器，另配有断路器或熔断器作

为短路保护电器，起动器起过负荷保护作用，如图 9-6（c）、（d）所示，这时起动器与短路保护电器的时间/电流特性应有交点，这样才能在全部电流范围内有连续的保护动作特性，并且此合成的动作特性应高于电动机的起动电流曲线，电动机起动时才不会动作，如图 9-8 所示。在运行状态下发生故障时，当故障电流小于图 9-8 中 a 或 b 所对应的电流时，起动器动作断开电路；当故障电流大于交点的对应值时，短路保护电器动作断开电路。如交点对应的数值过大，在短路保护电器动作前，短路电流可能使起动器损坏。根据负荷的重要程度，交点对应的电流值一般可选择：电动机端子处短路时，起动器与短路保护电器为“C”型配合；起动器出线端短路时为“a”型或“b”型配合。b 型配合是除允许触头有轻度烧伤、熔焊外，还允许起动器的过负荷继电器的特性发生永久性改变。

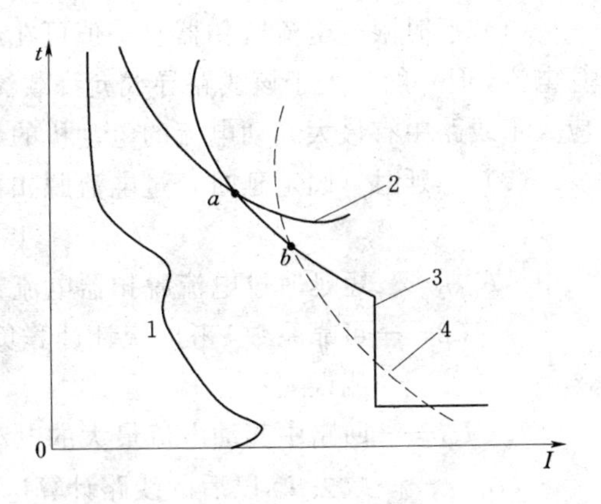

图 9-8 起动器与短路保护电器特性的配合

1—电动机的起动电流；2—起动器的动作特性；3—断路器的动作特性；4—熔断器的动作特性

随着配电变压器容量的增大，有些低压断路器的断路能力可能不够。这时可选择熔断器作为低压断路器的短路后备保护。两者动作特性曲线交点对应的电流应小于断路器的极限断路电流，也就是小于此值的短路电流由断路器断开，大于此值的短路电流由熔断器断开。

二、低压断路器的选择

（一）配电用低压断路器的选择

1. 按电流选择

断路器脱扣器的额定电流 I_n 不小于线路的计算电流 I_{js}，不大于断路器的壳架等级额定电流 I_{kn}，即

$$I_{kn} \geqslant I_n \geqslant I_{js}$$

2. 选择欠电压脱扣器

低压断路器欠电压脱扣器额定电压等于线路额定电压。欠电压脱扣器的释放电压和吸合电压，通常由产品自定。一般释放电压为额定电压的 35%～40%及以下，吸合电压为额定电压的 70%及以上。

3. 选择分励脱扣器和操作机构的电压

低压断路器分励脱扣器的额定电压等于控制电源电压；电动操动机构的工作电压等于控制电源电压。

4. 过电流脱扣器的动作电流整定

当配电变压器低压侧出口到用电设备之间有多级断路器串联使用时，必须保证在过负荷或短路时有选择性地动作。低压断路器一般都具有反时限动作特性的过电流脱扣器、瞬时动作的过电流脱扣器和固定延时动作的过电流脱扣器。断路器选择时按上式整定的动作电流不能满足选择性的要求时，需重新选择。

(1) 反时限过电流脱扣器整定值可在所选断路器的整定值范围内确定，大于线路的计算电流，但一般不大于该线路导线允许载流量的1.1倍。3倍长延时动作电流的可返回时间应大于线路中有最大起动电流的电动机的起动时间。

(2) 短延时（固定延时）过电流脱扣器动作电流整定值为

$$I_{set(d)} \geqslant 1.2[I_{st1} + I_{js(n-1)}]$$

式中　$I_{set(d)}$——短延时过电流脱扣器电流整定值，A；

1.2——可靠系数，考虑统计计算负荷的误差、电动机起动电流误差、脱扣器动作电流误差；

I_{st1}——回路中起动电流最大的电动机的起动电流，A；

$I_{js(n-1)}$——减去I_{st1}以后的线路计算电流，A。

短延时过电流脱扣器的动作时间一般分为0.2s、0.4s和0.6s三种，按前后保护装置保护选择性要求来整定，应使前一级保护的动作时间比后一级保护的动作时间长一个时间级差。

(3) 瞬时过电流脱扣器动作电流整定值为

$$I_{set} \geqslant 1.2[1.7I_{st1} + I_{js(n-1)}]$$

式中　I_{set}——瞬时过电流脱扣器动作电流整定值，A；

1.7——系数，考虑起动电流中的非周期分量。

5. 校验低压断路器的断路能力

(1) 对动作时间0.02s以上的万能式断路器，其极限分断电路I_{oc}应不小于通过它的三相短路电流周期分量有效值$I_d^{(3)}$，即

$$I_{oc} \geqslant I_d^{(3)}$$

(2) 对动作时间0.02s及以下的塑壳式断路器，其极限分断电流I_{oc}或i_{oc}应不小于通过它的三相短路的冲击电流$I_{cj}^{(3)}$或$i_{cj}^{(3)}$，即

$$I_{oc} \geqslant I_{cj}^{(3)}$$

或

$$i_{oc} \geqslant i_{cj}^{(3)}$$

6. 校验低压断路器动作的灵敏性和选择性

灵敏性以灵敏系数K_{sen}衡量。灵敏系数为被保护线路末端短路的最小短路电流与断路器瞬时或延时过电流脱扣器整定电流之比。对于中性点直接接地系统以单相接地短路电流校验灵敏性；对于中性点非直接接地系统，以两相短路校验灵敏性。要求灵敏系数K_{sen}不小于1.5。

校验动作的灵敏性后，在相邻串联的断路器之间还要校验动作的选择性。

低压断路器可不校验动稳定和热稳定，但其保护的母线应校验动稳定和热稳定，保护的绝缘导线和电缆应校验热稳定。绝缘导线和电缆的短时过负荷系数，对瞬时和短延时脱扣器，可取4.5；对长延时脱扣器，作短路保护时取1.1，只作过负荷保护时取1。

(二) 电动机用低压断路器的选择

保护电动机用的低压断路器与保护配电线路用的低压断路器的不同之处在于两者的反时限特性不同。保护电动机的低压断路器的整定方法如下：

(1) 长延时电流整定值等于电动机额定电流。

(2) 6倍长延时电流整定值的可返回时间应不小于电动机的实际启动时间。

(3) 瞬时动作电流整定值为：保护鼠笼式电动机的低压断路器可取8～15倍电动机额定电流，或考虑起动电流中的非周期分量，可定为$1.7I_{st}$；保护绕线式电动机的低压断路器可取3～6倍电动机额定电流。

(三) 照明电路用低压断路器的选择

低压断路器长延时动作特性曲线的起点为在约定时间内的约定不脱扣电流，约定不脱扣电流用标幺值表示，它是流过断路器的试验电流与电流整定值的比。约定不脱扣电流的值一般为1.05，即约定不脱扣电流$=\dfrac{试验电流}{整定电流值}=1.05$。若电路的计算电流等于试验电流，则在约定时间内（一般为1h或2h）断路器不脱扣。当计算电流确定时，若整定电流值稍大，则计算电流与整定电流的比值要小于约定不脱扣电流（1.05），断路器就不会脱扣。当电路过载时，脱扣时间由长延时动作特性确定。故脱扣器长延时动作电流整定值应略大于$\dfrac{1}{1.05}$计算电流；瞬时动作值等于3倍或6倍计算电流。

【例9-1】 已知电动机回路中绝缘电缆长度为30m，芯线截面95mm^2，允许载流量220A。电动机参数为：$P_n=100$kW，$I_n=182.4$A，$I_{st}=6.5$，不频繁轻负荷起动。电缆首端短路电流$I_{d1}=19.2$kA，末端短路电流$I_{d2}=12.3$kA。试选择电缆首端的低压断路器，并进行整定。

解 由于电动机为不频繁的轻负荷起动，可选择电动机用断路器作为起动和过负荷保护用电器。

已知计算电流$I_{js}=182.4$A，最大短路电流分别为19.2kA和12.3kA。查找产品样本选电动机保护用DZ20Y—200型三极塑料外壳式断路器，脱扣器额定电流$I_n=200$A。额定断路电流$I_{oc}=25$kA，6.0倍额定电流可返回时间大于3s，瞬时脱扣器整定电流值为$8I_n$和$12I_n$，断开时间20ms。

长延时脱扣器动作电流可按计算电流182.4A整定为200A，小于1.1倍导线允许电流$1.1\times220=242$A。6.0倍额定电流可返回时间大于3s。

瞬时脱扣器动作电流整定为$1.7I_{st}=1.7\times6.5\times182.4=2020$A，取为$12I_n=12\times200=2400$A。

低压断路器断路能力校验。25kA＞19.2kA，满足要求。

以线路末端两相短路电流校验灵敏性，则灵敏系数为

$$K_{lm}=\frac{0.866\times12.3}{24}=4.44>1.5$$

满足要求。

【例9-2】 有一条采用BLX—500—1×50mm^{2}铝芯橡皮绝缘线明敷的380V三相三线制配电线路，计算电流为145A，瞬时最大负荷电流为260A；线路首端的短路电流$I_{d1}=5.5$kA，末端短路电流$I_{d2}=2.7$kA。当地环境温度为30℃。试选择此线路首端装设的DW15型低压断路器及其过电流脱扣器参数，并进行校验。

解 已知$I_{js}=145$A，查产品手册初步选择DW15－200型低压断路器，其额定电流I_n

=200A。

过电流脱扣器选择电子式。其瞬时脱扣器整定值范围为600～2000A，其整定值为1.2×1.7×260=530.4A，取为$I_{set(x)}=600A$。长延时脱扣器选择热脱扣器，整定值范围80～200A，计算电流按$I_{js}=145A$选择，整定值为160A。

校验低压断路器的断路能力。查产品手册得DW15—200的$I_{oc}=20kA$，大于配电线路首端故障电流$I_{d1}=5.5kA$，满足断路要求。

校验低压断路器的保护的灵敏性。以线路末端两相短路电流考虑，则灵敏系数$K_{lm}=\frac{0.866\times 2.7}{0.6}=3.897>1.5$，故满足灵敏性要求。

校验低压断路器保护与导线的配合。导线BLX—500—1×50mm² 明敷时的允许载流量，在30℃时为163A，设绝缘导线的短时过负荷倍数为4.5，则绝缘导线的允许短时过负荷电流为4.5×163=733.5A，瞬时脱扣器整定值为$I_{set}=600A$，可见满足配合要求。

三、低压熔断器的选择

1．概述

选择低压熔断器时应注意的问题是：

1）根据使用对象是专职人员使用，还是非熟练人员使用来选择熔断器的结构形式；

2）注意非限流型和限流型的区别，常见的插入式（RC型）为非限流型，熔断体的额定电流不大于熔断器的额定电流；

3）选择熔断体的额定电流后，还要选择熔断体的尺码。每一型号熔断器熔断体都分为几个尺码，每一尺码包括了额定电流不同的几个熔断体，它们的尺寸相同，都可装在与该尺码对应的熔断器支持件内。不同尺码的熔断体可以有相同的额定电流。额定电流相同但尺码不同的熔断体，因尺寸不同，不能互相代替。如RT14系列有填料封闭管式圆筒形熔断器的熔断体有三个尺码：10×38、14×51、22×58。尺码10×38有额定电流分别为2、4、6、10、16、20A的熔断体；尺码14×51有2、4、6、10、16、20、32A的熔断体；尺码22×58有10、16、20、25、32、40、50、63A的熔断体。又如刀形触头熔断器按标准规定熔断体的尺码分为00、0、1、2、3、4共六档；

4）注意熔断体分断电流的范围和使用类别，若选用不当，则熔断体的保护特性和被保护设备的热特性不能很好配合，将达不到保护作用；

5）非限流熔断器的额定电压一般等于或高于安装处电网的额定电压，但限流熔断器的额定电压若高于安装处电网的额定电压，则灭弧时产生的过电压可能使设备损坏；

6）串联相邻两级熔断体的额定电流之比应不小于该型熔断体的过电流选择比，才能保证动作的选择性；

7）熔断体选择后必须校验分断能力，其额定分断能力应不小于线路可能出现的最大短路电流。

2．熔断体额定电流的选择

(1) 熔断体额定电流I_{rn}不小于线路的计算电流I_{js}，以使熔断体在线路正常最大负荷下运行时也不致熔断，即

$$I_{rn}\geqslant I_{js}$$

（2）熔断体额定电流还应躲过线路的瞬时最大负荷电流 I_{lzd}，以使熔断体在线路出现瞬时最大负荷电流时不致熔断。应满足以下条件

$$I_{rn} \geqslant KI_{lzd}$$

式中　K——小于1的计算系数。对于单台电动机的线路，如起动时间 $t_{st}>3s$（轻载起动），一般取0.25～0.35；$t_{st}\approx 3\sim 8s$（重载起动），一般取0.35～0.5；$t_{st}>8s$ 及频繁启动或反接制动，一般取0.5～0.6。对多台电动机的线路，视线路上最大一台电动机的起动情况、线路的计算电流与瞬时最大负荷电流的比值及熔断器的特性而定，一般取0.5～1；如线路的计算电流与瞬时最大负荷电流的比值接近于1，则取 $K=1$。

（3）熔断器保护还应与被保护的线路相配合，使之不致发生因线路过负荷或短路而引起绝缘导线、电缆过热甚至燃烧而熔断体不熔断的事故，即满足下列条件

$$I_{rn} \leqslant K_l I_y$$

式中　I_y——绝缘导线和电缆的允许载流量，A；

K_l——绝缘导线和电缆的允许短时过负荷系数。当熔断器只作短路保护时，对电缆和穿管绝缘导线，取2.5；对于明敷绝缘导线，取1.5。如熔断器不止作短路保护还要求做过负荷保护时，如居住建筑、重要仓库和公共建筑中的照明线路，有可能长时间过负荷的动力线路以及在可燃建筑物构架上明敷的有延燃性外皮的绝缘导线线路，应取1。

若按前面两式两个条件选择的熔断体电流不满足上式的配合要求，则应改选熔断器的型号规格，或者适当增大导线和电缆线芯的截面。

3. 其他参数的选择和校验

（1）熔断器的额定电压应 U_{rn} 不小于安装地点的电网额定电压 U_{ns}，即

$$U_{rn} \geqslant U_{ns}$$

（2）熔断器的额定电流应 I_{rn} 不小于其本身的熔断体的额定电流 I_{rtn}，即

$$I_{rn} \geqslant I_{rtn}$$

（3）熔断器的断路能力校验：对限流熔断器，由于可以在短路电流达到冲击值之前灭弧，应满足以下条件

$$I_{oc} \geqslant I''^{(3)}$$

式中　I_{oc}——熔断器的断路电流，A；

$I''^{(3)}$——熔断器安装地点的三相次暂态短路电流有效值，A。

对于非限流熔断器，由于它不能在短路电流达到最大瞬时值之前灭弧，应满足以下条件

$$I_{oc} \geqslant I_{CJ}^{(3)}$$

低压熔断器的动稳定、热稳定校验参考高压熔断器的选择部分。

（4）熔断器保护的灵敏性校验。为保证熔断器在其保护范围内发生最小故障时能可靠的熔断，要求灵敏系数 K_{sen} 不小于4。

【例9-3】　某异步电动机，额定电压380V，额定容量为18.5kW，额定电流为35.5A，起动电流倍数为7。采用 $10mm^2$ 的铝芯塑料线穿硬塑料管对电动机配电。采用RM10型熔

断器作短路保护。$I''^{(3)}=2000A$。当地环境温度为 30 ℃。试选择熔断器及其熔断体的额定电流，并进行校验。

解 （1）选择熔断器熔断体电流及熔断器电流

计算电流为 $I_{js}=35.5A$，瞬时最大负荷电流 $KI_{lzd}=0.3\times35.5\times7=74.55A$。查找产品样本，选择 RM10—100 型熔断器，其 $I_{rn}=100A$，而 $I_{rtn}=80A$。

校验熔断器的断路能力。从产品样本得 $I_{oc}=10kA$，由于 RM10—100 为非限流型，则 $I_{CJ}^{(3)}=1.09\times2=2.18kA<10kA$，该熔断器的断路能力满足要求。

（2）校验导线与熔断器保护的配合

假设该电动机安装在一般车间内，熔断器只作短路保护用，由已知条件查找产品样本，导线 BLV—500—1×10mm² 允许载流量为 $I_{P1}=35A$（30 ℃）。导线的允许短时过负荷电流为 $2.5\times35=87.5A$，大于熔断体的额定电流 80A，满足配合要求。

四、接触器、热继电器和起动器的选择

1．交流接触器的选择

接触器的选择除了按电压等一般条件外，主要按电流选择，但应注意以下几方面内容：

1）接触器的额定电流或额定接通、分断能力都和使用类别有关；

2）接触器的额定电流还与工作制有关，同一接触器用于不同的工作制时，允许电流是不相同的；在断续工作制当中，负荷因数不同，额定电流和分断能力也不同；

3）用于断续工作制，特别是点动工作制的接触器，由于其接通或断开的负荷电流都可能比负荷的额定电流大，还要校验接触器的通断能力；

4）根据被控制设备每小时的操作次数校验接触器的使用期限（电寿命）是否满足要求；

5）根据控制电源的性质与参数选择接触器线圈的参数。

2．热继电器的选择

在选择热继电器时，如果仅以电动机的额定电流作为选择的依据，是不恰当的。因为电动机的型式、起动特性、负载情况等，会影响热继电器的保护作用。

一般情况下，选择热继电器时应注意以下问题：

（1）电动机的型号、规格和特性。从原则上说，热继电器是按电动机的额定电流来选择，但对过载能力较差的电动机，其配用的热继电器的额定电流就要适当小些，一般取电动机额定电流的 60%～80%。

（2）定子绕组的连接方式。当三相异步电动机的绕组为星型连接时，需要选择一般的三极热继电器即可。若绕组为三角形连接，则必须选用带断相运行保护装置的热继电器。

（3）正常起动时的起动特性。为保证热继电器在电动机起动过程中不会误动作，在非频繁起动的场合，若起动电流倍数为 6、起动时间 6s，一般可按电动机的额定电流选择。

（4）电动机的使用条件和它所驱动机械的性质。对于驱动不允许停车的机械所用的电动机，即使过载会使其寿命缩短，也不宜让热继电器动作，以免生产上遭受比电动机价格高许多倍的损失。这时应采用由热继电器和其保护电器组合的装置，而且只有在最危险的过载时，才考虑脱扣。

（5）电动机负载的性质。在断续周期工作制时，应确定热继电器的允许操作频率。作可逆运行和密接通断的电动机，不宜用热继电器来保护，而应选择半导体电阻的装入式温度继电器。

3. 起动器的选择

起动器一般由接触器和热继电器组成，制造时已考虑了接触器和热继电器的参数配合，制造厂将热继电器按额定电流与接触器配合后列成表供用户选用。选用起动器时应注意以下问题：

1）根据使用环境确定起动器是开启式（无外壳）的还是保护式（有外壳）的；

2）根据线路的要求确定起动器是可逆式的或不可逆式的，是有热保护的还是无热保护的；

3）根据被控电动机的功率确定起动器级别，而不是根据电动机额定电流选择，产品样本中所列的额定电流是从发热方面规定的。如果是保护式产品，由于散热条件较差，应使起动器在额定电流方面留有裕度；

4）在各种工作制中都可应用起动器，但其操作频率在带热继电器时通常不得超过 60 次/h；在不带热继电器且通电持续率不大于 40%时，额定负载下允许 600 次/h，如降低容量使用，允许提高到 1200 次/h；

5）起动器是否具有断相保护功能，取决于其所配用的热继电器是否具有这项功能。

五、闸刀开关的选择

闸刀开关、隔离器以及它们与熔断器的组合电器都可以按电路中的计算电流选择，要求其额定电流不小于电路的计算电流。但是，当闸刀开关被用于控制电动机时，考虑到其起动电流达 6～7 倍额定电流，闸刀开关的额定电流一般取电动机额定电流的 3 倍左右。例如，电压 380V，4kW 的电动机要配用 30A 闸刀开关，5.5kW 电动机配用 60A 闸刀开关。

若电路中不是以熔断器作为短路保护电器，或者短路保护电器是非限流熔断器，这时应校验闸刀开关、隔离器承受短路电流的能力。

组合电器中的熔断器仍按熔断器的选择方法进行选择。

六、低压载流导体的选择

（一）母线的选择

在配电装置中，电流首先汇集到母线上，然后再从母线将电能分配到各支路。常用的母线材料是铜、铝和钢。

铜的导电能力强，机械强度高，抗腐蚀性强，是很好的导电材料。但是铜的储量较少，属于贵重金属。在变配电所中，除了在含有腐蚀性气体、有强烈振动的地区或使用空间狭小而使用铜母线外，一般都采用铝母线。铝的电阻率比铜高一些，约为铜的 1.63 倍。但储量大、比重小、加工方便，用铝母线比用铜母线经济。钢的电阻率很大，比铜大 7 倍，用于交流时有很强的趋肤效应，其优点是机械强度高和价格低，一般只应用在高压小容量回路、电流在 200A 以下的低压电路、直流电路以及接地装置中。

母线截面的形状有矩形、圆形和槽形等。在 35kV 及以下配电装置中，大多采用矩形截面母线。这是因为在同样的截面积下，矩形母线比圆形母线的周长要长，散热面积大，冷却条件好，也就是在相同的截面积和允许发热温度下，矩形截面母线要比圆形母线的允许工作电流大。为了改善冷却条件和趋肤效应的影响，并且考虑到母线的机械强度，一般铜和铝的矩形母线的边长之比为 1/5～1/12，最大的截面积为 $10mm \times 120mm = 1200mm^2$。如果截面积还不能满足要求，可将几条母线并列组成。在35kV以上配电装置中，为了防止电晕，采用圆形截面母线，即钢芯铝绞线或管形母线。

矩形母线的固定方式有平放及竖放两种，如图9-9所示，母线在绝缘子上的放置方式和三相母线的布置方式会影响母线的散热和机械强度。母线平放比竖放散热条件差，允许工作电流小。母线水平布置竖放时，机械强度差，散热条件好。母线垂直布置竖放时，散热和机械强度都较好，但增加了配电装置的高度。

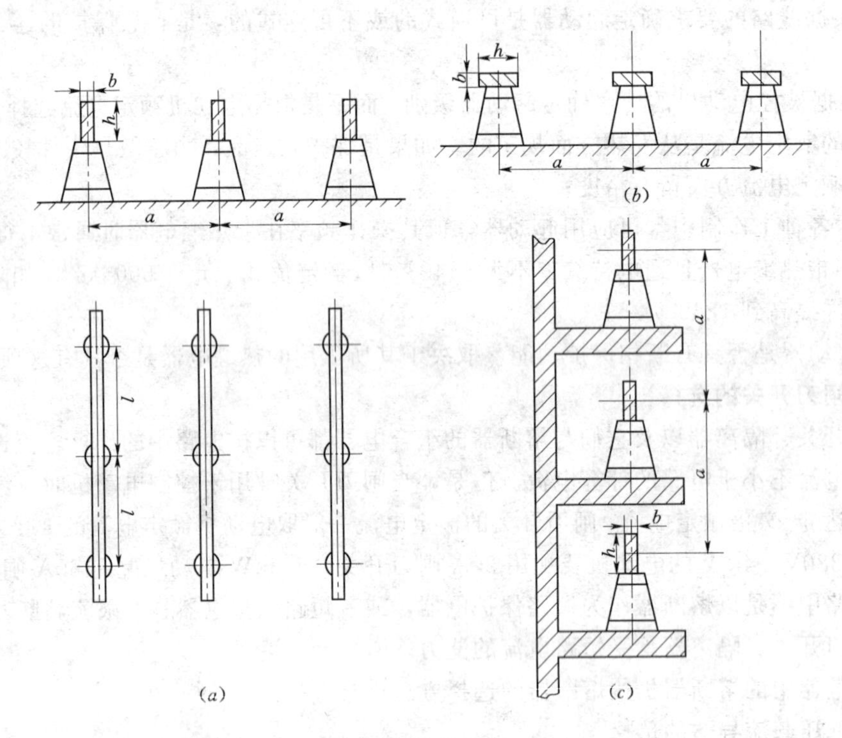

图 9-9　三相母线的布置方式

(a)、(b) 水平布置；(c) 垂直布置

配电装置汇流母线截面一般按长期允许电流选择，较长导体的截面应按经济电流密度选择并校验动热稳定。

(二) 导线的选择

1. 导体类型的选择

(1) 导体材料的选择。绝缘导线及电缆一般采用铝线。对于移动设备或有剧烈振动的场合、对铝有严重腐蚀而对铜腐蚀轻微、有爆炸危险或重要的操作回路，应采用铜芯绝缘导线或电缆。

(2) 绝缘及护套的选择。低压配电线路常用的绝缘导线有以下几种：

1) 塑料绝缘导线，其绝缘性能良好，制造工艺简便，价格较低，无论明敷或穿管都可取代橡皮绝缘导线。缺点是塑料绝缘对气候适应性较差，低温时容易变硬变脆，高温或日照下绝缘老化加快，因此，塑料绝缘导线不宜在户外敷设；

2) 橡皮绝缘导线，氯丁橡皮绝缘电线耐油性好，不易燃，适应气候环境好，老化过程缓慢，适宜在户外敷设；

3）架空绝缘导线，其耐压水平较高，对于解决树木与导线间的绝缘及导线与建筑物的间隔距离非常有利。当发生断线时，仅在断线的两个端头有电，减轻了对外界的危险程度。低压绝缘线可采用集束性敷设方式；

4）地埋线，主要用于农村低压线路。同架空线相比，有节省投资、使用安全、抗御自然灾害的侵袭等优点。缺点是发生故障时寻找故障点困难。白蚁、鼠类等地下小动物活动频繁的地区，若埋深不够或无防范措施，会受到损害；

5）聚氯乙烯绝缘及护套电力电缆，也称为全塑电缆。其主要优点是制造工艺简便，对敷设高度差没有限制，质量轻，弯曲性能好，接头制作简便，价格低；

6）橡皮绝缘电力电缆，其弯曲性能较好，能够在严寒气候下敷设，特别适用于敷设线路水平落差大或垂直敷设的场合。它不仅适用于固定敷设的线路，也可用于定期移动的固定敷设线路。移动式电气设备的供电回路应采用橡皮绝缘橡皮护套软电缆。

(3) 在低压配电系统中，对三相四线制供电线路，若第四芯为PEN（保护中线）线时，应采用四芯型电缆而不得采用三芯电缆加单芯电缆组合的方式；当PE线（保护线）作为专用而与带电导体N线（中性线）分开时，则应采用五芯型电缆。若无五芯型电缆，可用四芯型电缆加单芯电缆线捆扎组合的方式。PE线也可利用电缆的屏蔽层、铠装等金属外护层。分支单相回路带PE线时，应采用三芯电缆。如果是三相三线制系统，则采用四芯型电缆，第四芯为PE线。

(4) 铠装选择。对直埋敷设的电缆，在土壤可能发生位移的地段，如流沙、回填土及大型建筑物、构筑物附近应选用能承受机械张力的钢丝铠装电缆。塑料电缆直埋敷设时，若使用中可能承受较大压力和存在机械损伤危险时，应选用钢带铠装。电缆金属套或铠装外面应具有塑料防腐蚀外套。在导管或排管中敷设，宜选用塑料外护套或加强型铅保护套。

2. 导线和电缆的截面选择

根据设计经验，对于低压动力线路，一般先按发热条件来选择截面，然后校验机械强度和电压损耗。对于低压照明线路，由于对电压水平要求较高，所以一般先按允许电压损耗来选择截面，然后校验发热条件和机械强度。导线的截面应不小于最小允许截面。由于电缆的机械强度较好，因此电缆不必校验机械强度，但需要校验短路热稳定。

(1) 按发热条件选择相线截面。按发热条件选择三相线路中的相线截面A_{ph}时，应使其长期允许电流I_y不小于相线的计算电流I_{js}，即

$$I_y \geqslant I_{js}$$

导体的长期允许电流I_{P1}的计算可参考上式。按规定，选择导体所用的温度：在户外（含户外电缆沟），采用当地最热月的日最高气温平均值；在户内（含户内电缆沟），采用当地最热月的日最高气温平均值另加5℃；直埋式电缆，采用埋深处的最热月平均地温或近似地取当地最热月平均气温。

应注意的是，按发热条件选择的导体还应校验与其保护装置（熔断器或低压断路器）是否配合得当，否则应改选保护装置或适当增大导体截面。

(2) 中性线、保护线和保护中性线截面的选择。按规定，三相四线制（TN或TT）线路中的中性线（N线）的允许电流不应小于线路中的最大不平衡负荷电流，同时应考虑谐

波电流的影响。一般三相负荷基本平衡线路中的中性线截面 S_0，应不小于相线截面 S 的50%，即

$$S_0 \geqslant 0.5S$$

对于三次谐波电流突出的三相线路，由于各相的三次谐波电流都要通过中性线，使得中性线电流可能接近或等于甚至超过相电流，这时，应使中性线截面与相线截面相等。

对于由三相线路分出的两相三线线路和单相双线线路中的中性线，由于其中性线的电流与相电流完全相等，因此中性线截面应与相线截面相等。

低压系统中的保护线（PE 线），当其材质与相线相同时，其最小截面应符合表 9-2 的要求。

低压系统中的保护中线（PEN 线）的截面，应同时满足上述中性线（N 线）和保护线（PE 线）选择的条件，即

$$S_{PEN} = (0.5 \sim 1)S$$

当采用单芯导线为 PEN 干线时，铜芯截面不应小于 10mm²，铝芯截面不应小于 16mm²；采用多芯电缆的芯线为 PEN 干线时，截面不应小于 4mm²。

表 9-2　　PE 线的最小截面

相线芯线截面	$A_{ph} \leqslant 16mm^2$	$16mm^2 < A_{ph} \leqslant 35mm^2$	$A_{ph} > 35mm^2$
PE 线最小截面	$A_{PE} = A_{ph}$	$A_{PE} = 16mm^2$	$A_{PE} = A_{ph}/2$

【例 9-4】 有一条采用 BLV—500 型铝芯塑料线明敷的 220/380V 的 TN—S 线路，计算电流为 86A，敷设地点的环境温度为 35 ℃。试按发热条件选择此线路的导线截面。

解 此 TN—S 线路为具有单独 PE 线的三相四线制线路，包括相线、N 线和 PE 线。

相线截面的选择。查产品手册可知，35 ℃时明敷的 BLV—500 型铝芯塑料线 $S=25mm^2$，$I_y=90A$，而 $I_{js}=86A$，满足发热条件，故选择 $S=25mm^2$。

N 线截面的选择：选择 $S_0=16mm^2$。

PE 线截面的选择：选择 $S_{PE}=16mm^2$。

该线路所选择导线型号可表示为 BLV—500—（3×25+1×16+PE16）。

3. 按电压损失选择导线截面

按电压损失选择导线截面参考前述第七章有关内容。

参 考 文 献

1 孙成宝，李广泽主编．配电网实用技术．北京：中国水利水电出版社，1997
2 刘健等编．城乡电网建设与改造指南．北京：中国水利水电出版社，2001
3 胡国荣主编．输电线路基础．北京：中国电力出版社，1993
4 李俊主编．供用电网络及设备．北京：中国电力出版社，2001
5 吴安官，倪保珊编著．电力系统线损．北京：中国电力出版社，1996
6 陈章潮，唐德光编著．城市电网规划与改造．北京：中国电力出版社，1998
7 陈文高编著．配电系统可靠性实用基础．北京：中国电力出版社，1998
8 焦留成主编．供配电设计手册．北京：中国计划出版社，1999
9 阎士琦编．农村配电设计手册．北京：中国水利水电出版社，1997
10 王新学主编．电力网及电力系统．北京：水利水电出版社，1980
11 *E.* Lakervi E. J. Holmes 著．配电网络规划与设计．范明天，张祖平，岳宗斌译．北京：中国电力出版社，1999
12 萧国泉，王春，张福伟编著．电力负荷预测．北京：中国电力出版社 1997
13 西毓山，金开宇主编．用电与营业管理．北京：中国水利水电出版社，1998